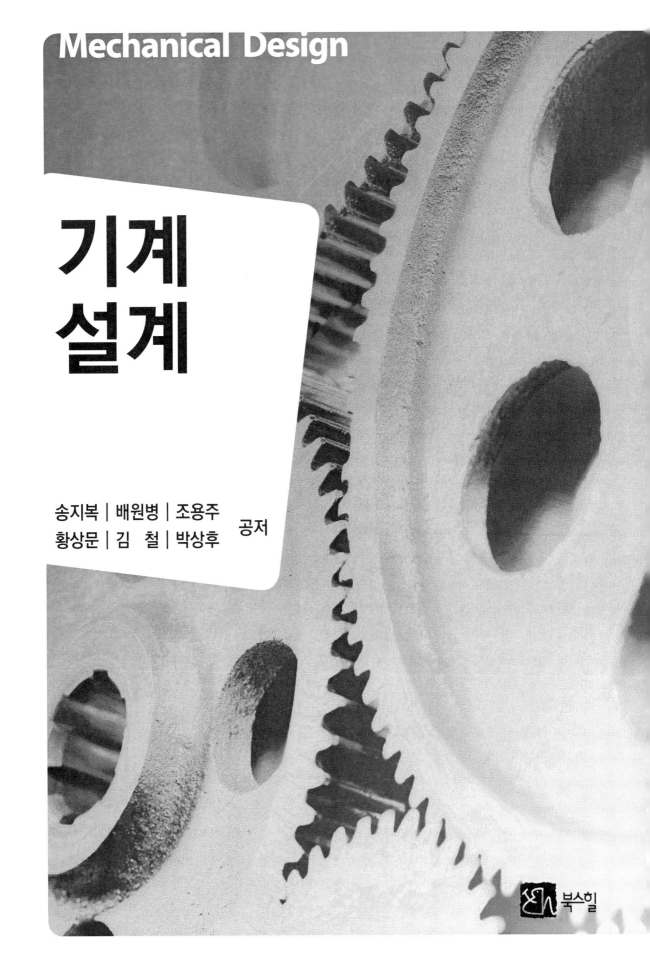

Mechanical Design

기계
설계

송지복 | 배원병 | 조용주
황상문 | 김 철 | 박상후   공저

북스힐

머리말

이 책은 저자들의 강의경험을 바탕으로 대학의 기계설계 강의 교재로 나아가서 산업현장의 요소설계 참고서로서 쓴 책이다. 대부분의 기계설계 교과서는 다루는 내용이 너무 많고 지나치게 상세하게 기술된 부분도 있어서 학생들이 제한된 시간 내에 다 배우기에는 어려움이 있었다.

저자들은 국내외의 기계설계 교재들을 참고하고 우리 기계공학도들에게 꼭 필요한 내용을 선택하여 바람직한 교과서로 만들고자 노력하였다. 교재는 크게 기초와 응용의 두 부분으로 구성되어 있다. 먼저 1장에서 3장까지는 설계의 기초가 되는 설계과정, 재료의 파손이론, 공차 등을 주로 다루고 있다. 4장 이후는 기초이론의 응용부분으로 기계를 구성하는 요소의 설계에 대해서 다루고 있다. 그런데 많은 대학들이 기계설계를 두 학기 중 한 학기는 필수이고 다른 한 학기는 선택으로 하고 있는 경우가 많다. 따라서 기계요소설계의 핵심인 축, 키, 축이음, 베어링, 마찰차, 기어 등을 앞에 배치하여 한 학기에 꼭 필요한 내용을 배울 수 있도록 하였다. 특히 공학교육인증제에서 중요시되는 실제 시스템의 설계능력을 기르는 데 도움을 주기 위하여 18장에서 설계 프로젝트의 수행절차와 사례를 제시하고, 학기말 프로젝트로 수행할 수 있는 과제들을 제시하고 있다.

이 교재에 미흡한 부분이 있을 것으로 생각된다. 독자들께서 좋은 의견을 주시면, 그 의견을 반영하여 더 나은 책을 만들도록 할 작정이다.

집필과정에서 참고한 문헌의 저자들에게 감사를 드리며, 교재의 뒷부분에 참고문헌 목록을 제시하였다. 또한 이 교재의 원고 수정을 도운 대학원생들과 책의 편집 및 출판에 수고한 북스힐 조승식 사장님을 비롯한 관계자들에게 깊은 감사를 드린다.

2013년 3월
저자 일동

차 례

PART

II

기 초

Chapter 01

서 론

1.1 기계와 요소

기계(machine)를 정의하기는 쉽지 않다. 그러나 B. W. Kennedy에 따르면, "기계란 저항력이 있는 물체가 서로 결합되어 외부에서 공급받은 에너지로 일정한 구속운동을 함으로써 유용한 일을 하는 것이다."라고 정의되어 있다. 여기서 기계를 구성하는 각 저항체를 기계요소(machine element)라고 한다.

예를 들면 교량과 철탑은 저항체로 결합되어 있지만, 저항체 상호 간에 운동이 없으므로 기계라 하지 아니하고 구조물(構造物; structure)이라 부른다. 또한 시계나 계측기는 저항체로 구성되어 있고 저항체 간에 상대운동이 있지만 외부에 유용한 일을 하지 않기 때문에 기계라 할 수 없으며 이러한 것들을 기구(器具; instrument)라고 한다.

위와 같은 관점에서 아무리 복잡한 기계라 할지라도

- 외부에서 에너지를 받아들이는 부분
- 받아들인 에너지를 전달 또는 변화시키는 부분
- 외부로 에너지를 내보내서 일을 하는 부분
- 저항체인 기계요소들을 고정하는 프레임(frame)

으로 구성되어 있다.

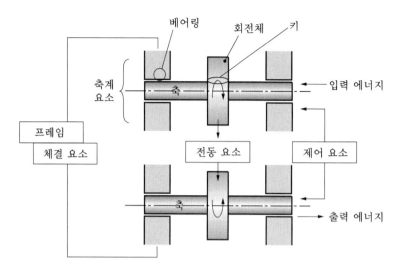

그림 1.1 기계요소군으로 구성된 기계의 개략도

기계는 용도에 따라 그 종류가 많으나 이들을 분해시켰을 때 모양과 크기가 다르지만 기능이 같은 몇 개의 기계요소로 이루어졌음을 알 수 있다. 그림 1.1은 몇 개의 기계요소 군으로 구성된 기계의 개략도이고, 이것을 다시 기계요소의 기능에 따라 분류하여 나타낸 것이 표 1.1이다.

표 1.1 기계요소의 기능

기계요소군	기계요소	기능
축계 요소	축 베어링 키 축이음	회전 및 동력전달 축지지 축과 회전체 연결 축과 축을 연결
전동 요소	직접 전동 - 마찰차, 기어, 캠 간접 전동 - 벨트, 체인, 로프	동력전달
제어 요소	브레이크, 플라이휠 스프링	속도조절 충격완화
체결 요소	나사 리벳	임시적 체결 반영구적 체결

1.2 기계설계

1.2.1 기계설계의 개요

설계는 인간의 필요성을 만족시키기 위하여 계획을 세우는 것이므로 인간의 필요성이 다양하듯이 설계의 종류도 그 목적에 따라 수많은 종류로 나눌 수 있다. 그 중에서 기계설계는 기계적 특성을 가진 시스템이나 기계요소를 설계하는 것이다.

기계설계 과정의 목표는 기계요소에 적합한 소재를 선정하고, 기계요소의 형상과 크기를 결정하며, 적합한 제작공정을 결정하여 완성된 기계가 파손되지 않고 원하는 기능을 수행하도록 하는 것이다. 실제 설계문제에서 제시된 제한조건을 만족시키는 가운데 관련된 여러 설계변수들을 어떻게 선택하느냐에 따라서 수많은 해가 있을 수 있다. 그 수많은 해 중에서 성능, 미관과 가격 조건을 모두 만족시키는 가장 적합한 해는 설계자가 경험이 많을수록 훨씬 빨리 찾을 수 있다.

일반적으로 성능, 미관과 가격의 조건을 만족시킬 때 좋은 설계라고 할 수 있다. 그렇지만 설계에서 놓쳐서는 안 되는 것이 제품의 안전이다. 안전의 중요성은 엔지니어의 윤리기준이 되고 있는 미국 전문엔지니어(Professional Engineer) 윤리헌장 제1조인 "엔지니어는 그들의 직업적인 의무를 수행함에 있어서 공중의 안전, 건강과 복지를 최우선으로 해야 한다."에서도 확인할 수 있다. 그러므로 엔지니어는 제품이 수명기간 내에 안전하게 사용될 수 있도록 설계해야 할 의무가 있다. 제품의 안전이란 제품이 사용자에게 상처를 입히지 않고, 재산의 손실을 입히지 않으며 환경에 해를 끼치지 않는 것을 의미한다.

설계과정에서는 학부과정에서 배운 모든 지식이 사용되는데, 기계설계 과정과 그에 필요한 지식을 살펴보면 다음과 같다.

- 기계에 요구되는 운동을 만족시킬 수 있는 기구(機構 ; mechanism) 선정
  : 기구학
- 기계요소에 작용하는 부하(힘과 모멘트) 계산 : 정역학, 동역학
- 기계요소에 사용할 재질 선정 : 재료과학

- 기계요소에 작용하는 응력 및 변형률 계산 : 고체역학, 유체역학, 열역학 등
- 기계요소를 적은 비용으로 효율적으로 제작할 수 있는 방법 선정 : 기계공작법
- 기계요소의 제작을 위한 도면 작성 : 기계제도

이 교재에서 다루는 기계요소설계에서는 기계요소에 발생하는 응력과 변형을 예측하여 기계요소가 하중을 안전하게 지지하도록 하는 것이 주목적이므로 고체역학 지식을 주로 활용한다.

하중을 받고 있는 기계요소에 대한 해를 구하기 위해서는 다음과 같은 세 가지를 고려해야 한다.

- 정역학적 평형방정식을 만족시켜야 한다.
- 소재에 따른 응력과 변형률 또는 힘과 변형의 관계를 적용한다.
- 부재의 변형은 인접한 부재의 변형과 기하학적으로 일치하여야 한다.

기계요소의 설계에 합당한 해는 위의 고려사항에 기계요소에 주어진 경계조건을 만족시켜야 한다.

1.2.2 설계과정

설계과정은 기본적으로 창의성을 기르는 과정이며 그림 1.2와 같이 각각의 과정이 전체적으로 수정되고 반복되는 피드백루프(feedback loop)를 갖는 설계흐름도로 설명할 수 있다. 이 절에서 모든 공학설계에서 공통적인 설계단계를 검토하려 한다. 대부분의 공학설계는 안전성, 경제성과 사회적 영향과 같은 모든 인자에 대하여 고려하기를 원하지만 설계자가 설계 영역의 모든 것을 아는 것은 불가능한 일이다. 설계에서 기본적인 행위는 설계문제의 필요성을 이해하여 해결 가능한 방안들을 찾아내고 평가하여 그중 최선의 방안을 선택하는 것이다.

설계과정에서 고려해야 할 사항을 완전히 이해하기 위해서는 그림 1.2의 단계별 특성을 먼저 이해해야 한다. 각 과정은 고정된 것이 아니고 주어진 설계과제에 맞도록 적절히 수정할 수 있다. 설계과정 전반에 대하여 개괄적으로 설명하고자 한다.

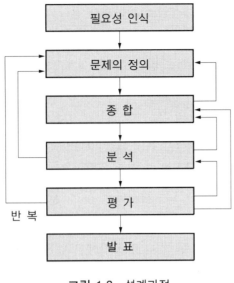

그림 1.2   설계과정

(1) 필요성 인식

제품에 대해 불편함이나 부족함을 느껴서 제품개선의 필요성을 인식하고 이에 대해 무엇인가를 하기로 결정할 때 설계가 시작된다. 필요성이란 막연한 불편함이나 분명하지 않지만 부족하게 느껴지는 것을 감지하는 것이기 때문에 필요성을 인식하고 표현하는 것은 매우 창조적인 활동이라 할 수 있다. 필요성의 인식은 어떤 곤경에 처하거나 그와 동시에 발생하는 일련의 상황에 의해 이뤄진다. 예를 들면, 자동변속기 차량에서 많이 발생하는 급발진사고는 차량이 손상됨은 물론이거니와 사람도 상해를 입는다. 그런데 자동차회사는 확실한 근거도 없이 그 사고원인을 운전자의 과실 탓으로만 돌리고 있다. 그래서 소비자단체에서는 급발진사고를 방지하기 위한 대책의 필요성을 절실히 인식하고 시동장치 부분의 설계개선을 자동차회사에 요청하고 있다.

(2) 문제의 정의

제품개선에 대한 필요성을 인식하는 것과 그 필요성을 만족시키기 위한 설계문제의 정의 사이에는 큰 차이가 있다. 왜냐하면 필요성은 추상적으로 표현될 수 있지만, 제품을 만들기 위한 설계문제는 구체적이고 실질적으로 표현되어야 하기 때문이다. 만약 신선한 공기를 원하는 것이 필요성이라면, 자동차 배기가스 감소방안, 공장 및 화력발전소의 매연 감소방안 등이 구체적인 설계문제가 된다. 설계문제의 정의는 고객이 필요로 하는 기능을 만족시키면서 제작 가능한 제품을 얻기 위한 요구사항을 담은 시방서 (specification)의 형태로 나타낸다. 일반적으로 설계시방서에는 제품의 특징과 제한조건을 정리해놓는데, 제품의 특징은 크기, 재질, 성능, 가격, 수량, 수명, 가공온도, 신뢰성 등을 들 수 있고, 제한조건은 온도, 속도, 크기나 무게의 제한 등을 들 수 있다.

설계시방서를 작성할 때, 설계자가 처해 있는 여건이나 설계문제 자체의 성질에 따라서 설계에 제약을 받을 수 있다. 이러한 것을 함축적인 설계시방서(implied specification) 라 한다. 예를 들어, 제품을 만드는 과정에서 특정 공장의 설비를 사용해야 한다면, 제조공정은 그 공장의 설비여건에 따라 설계자의 자유에 제한을 주게 되므로 이는 함축적인 설계시방서의 일부이다. 즉, 소규모 공장에는 대용량의 냉간가공 프레스가 없을 수도 있다. 이를 안다면, 설계자는 그 공장에서 사용 가능한 다른 가공 방법을 선택해야한다. 또한, 다양한 종류와 크기의 재료가 공급자의 카탈로그에 나와 있다 하더라도 항상 쉽게 공급 받을 수 있는 것은 아니며 자주 재고가 부족할 수도 있다. 이것은 재고 관리 측면에서 제조자는 최소한의 수량만을 보유하고 있기 때문이다. 이러한 경우에 설계자는 제품의 납품기한에 맞출 수 있는 범위에서 부품의 크기나 재료를 선택해야 한다.

(3) 종합 및 분석

설계문제의 정의에서 설계된 제품의 기능과 제작의 타당성이 입증되면, 설계될 요소들을 시스템으로 종합(synthesis)하는 과정이 필요하다. 이 과정은 앞서 정의된 설계항목들에 대해 문제점을 해결하고 완전한 형태의 시스템을 만든 것으로 가정하여 검토하는 것이다. 검토과정에서는 종합된 시스템 설계안의 성능이 만족스러운지를 평가하기 위한 분석 (analysis)을 수행하여야 한다. 시스템 설계안의 분석결과가 만족스럽지 못하면 설계안을 변경하거나 폐기하여야 한다. 가능성 있는 설계안은 시스템이 최고의 성능을 발휘할 수 있도록 최적화하여야 한다. 이어서 제안된 여러 설계안들을 비교함으로써 가장 경쟁력 있는 제품을 만들 수 있는 방안을 선택할 수 있다. 그림 1.2는 종합 및 분석의 단계가 서로 밀접하고, 반복적으로 연결되어 있음을 보여준다. 설계안의 종합은 설계자의 재능에 크게 의존한다. 이러한 반복 과정을 통해서 시방서 목록(specification set)이 만들어진다.

종합 및 분석과정에서는 비용을 줄이기 위하여 컴퓨터를 이용한 수치모사를 주로 수행하고 있다. 시스템의 분석 단계에서 컴퓨터에서 수치해석이 가능하도록 단순화된 모델이 필요하다. 수학적 모델을 정립할 때는 실제 물리적 시스템을 잘 모사할 수 있는 모델을 찾는 것이 바람직하다.

(4) 평가

평가(evaluation)는 전체 설계 과정에서 매우 중요한 단계이다. 평가는 성공적인 설계에 대한 최종 입증 단계이며, 일반적으로 실험실 수준의 시제품(prototype)을 이용한 실험을 통해 수행된다. 이를 통해 설계가 필요성에 잘 부합하는지를 찾고자 하는 것이다. 평가과정에서 검토해야 할 사항은 제품의 신뢰성, 시장 경쟁력, 유지보수의 용이성 등이다. 이상의 평가과정을 통하여 최종적으로 하나의 설계안이 결정된다.

(5) 발표

설계의 최종단계이자 가장 중요한 단계는 설계안을 회사의 정책이나 재정을 책임지는 부서의 간부나 임원 앞에서 발표(presentation)하는 것이다. 이 발표를 통하여 제시한 설계안을 그들이 받아들이도록 설득해야 한다. 만약 이러한 설득이 실패하면, 문제를 해결하기 위하여 투자한 시간과 노력이 모두 수포로 돌아간다. 설계자가 새로운 아이디어를 내놓을 때는 설계자 자신을 알리는 것이므로 여러 상황을 검토하여 최선의 안을 내놓도록 노력해야 한다. 이렇게 해서 설계자의 아이디어나 설계안을 회사의 간부나 임원이 승낙하는 경우가 많아지면, 설계자는 성취의 보람과 함께 연봉이 오르고 승진이 잘 이뤄질 것이다. 이것이 모든 엔지니어들이 직장에서 성공하는 지름길이다.

1.2.3 설계도구

최근 엔지니어가 설계 문제를 해결하기 위해 사용할 수 있는 방법과 자료들이 매우 다양해지고 있다. 저렴한 PC와 상용 소프트웨어를 이용하면 기계 구조물에 대한 설계 및 해석의 수치적 모사를 손쉽게 할 수 있다. 설계에 사용되는 소프트웨어와 자료들을 살펴보면 다음과 같다.

(1) 설계 소프트웨어

CAD(Computer-Aided Design) 소프트웨어를 이용하면 3차원 도면을 작성할 수 있으며, 이로부터 기존의 2차원 평면도 작성할 수 있다. 공작기계 공구의 경로 역시 3차원 모델로부터 생성할 수 있으며, 쾌속 조형기(rapid prototyping; RP)와 같은 제조 방법을 이용함으로써 인쇄된 설계도 없이 3차원 데이터베이스로부터 부품을 바로 제작할 수도 있다. CAD 관련 대표적인 소프트웨어로는 AutoCAD, I-Deas, Unigraphics, ProEngineer 등을 들 수 있다.

CAE(Computer-Aided Engineering)라는 용어는 일반적으로 컴퓨터와 관련된 모든 공학적 응용 분야에 적용된다. 이 정의에 의하면, CAD는 CAE의 일부로 생각할 수 있다. 컴퓨터 소프트웨어는 설계자를 도와주는 공학 해석이나 수치 모사를 하며 공학용과 비공학용으로 분류할 수 있다. 기계공학에 사용되는 공학용 소프트웨어는 다음과 같다.

- 유한요소해석(FEA) 프로그램 : ANSYS, NASTRAN, ABAQUS
- 전산유체동력학(CFD) 프로그램 : CFD++, FIDAP, Fluent
- 동적 힘/운동 모사 프로그램 : ADAMS, DADS, Working Models

비공학용 CAE 프로그램의 예는 다음과 같다.

- 문서 작업용, 계산용 프로그램 : Excel, Lotus
- 수치 해석 프로그램 : MathCad, Matlab, TKsolver

여기서 한 가지 주의해야 할 점은 컴퓨터는 인간의 사고 과정을 대신할 수는 없다는 것이다. 그러므로 컴퓨터를 사용할 때 컴퓨터는 해답을 얻는 과정에서 사용자를 돕기 위한 수단에 불과하다는 것을 잊지 말아야 한다. 만약 사용자가 컴퓨터에 잘못된 정보를 사용하거나, 계산결과를 잘못 이해하거나, 혹은 프로그램에 오류가 있다면 컴퓨터에서 나온 결과는 무의미한 숫자에 지나지 않는다. 계산결과의 타당성을 보장하는 것은 사용자의 책임이다. 따라서 문제와 계산결과를 주의 깊게 확인하고 해가 알려진 문제를 이용하여 검증하고, 소프트웨어 회사와 사용자 그룹의 소식지를 항상 살펴보아야 한다.

(2) 설계 자료수집

우리는 현재 놀라운 속도로 정보가 양산되는 정보화 시대에 살고 있다. 우리가 종사하는 학업이나 전문분야에서 과거와 현재의 발전 상황에 뒤떨어지지 않게 유지하는 것은 어렵지만 매우 중요한 일이다. 설계자가 필요로 하는 자료들은 다음과 같은 곳에서 구할 수 있다.

- 대학도서관 : 공학 사전과 백과사전, 교재, 논문, 핸드북, 색인과 초록 서비스, 정기간행물, 기술 보고서, 특허 정보
- 정부기관 : 국방, 통상, 에너지 그리고 특허청, 국가 기술 정보 서비스
- 제조업체 : 카탈로그, 전문서적, 가격정보
- 인터넷 : 위에 열거된 것과 관련 있는 웹사이트

위에 열거된 목록이 완벽한 것은 아니므로 독자들은 다양한 출처에서 필요한 자료를 찾고, 찾은 자료에서 유용한 정보들을 선택하여 보관하여야 한다.

1.3 하중과 일

기계설계를 하기 위해서는 기계요소에 작용하는 하중의 크기와 성격, 기계가 하는 일의 양을 알아야 한다. 여기서는 기계요소에 작용하는 하중을 구하기 위하여 평형 상태, 일과 일률에 대하여 살펴보고자 한다.

1.3.1 하중과 평형 상태

구조물이나 기계부재에 작용하는 하중은 표면력과 체적력으로 분류된다. 표면력은 한 점에 작용하거나 한정된 면적에 분포된다. 체적력은 부재의 전체에 분포되는 힘을 의미한다. 반력을 포함하여 물체에 작용하는 모든 힘과 체적력은 외력으로 간주되는 반면, 내력은 부재 안에서 입자가 서로 끌어당기는 힘을 의미한다.

정하중은 0으로부터 아주 천천히 점진적으로 최댓값에 이르러 일정하게 유지되는 하중이다. 그러므로 정하중은 시간에 따라 하중의 크기와 방향이 변하지 않는 힘이나 모멘트를 말한다. 반대로 동하중은 충격하중이나 구조물의 진동과 같이 시간에 따라 하중의 크기와 방향이 변하는 힘이나 모멘트를 말한다.

(1) 평형 상태

물체에 작용하는 모든 힘의 합력이 0일 경우, 물체는 평형 상태에 있다고 한다. 다시 말하면, 공간에서 물체가 정역학적으로 평형 상태에 있다는 것은 다음과 같은 평형방정식을 만족시킨다는 것을 의미한다.

$$\sum F_x = 0 \qquad \sum F_y = 0 \qquad \sum F_z = 0$$
$$\sum M_x = 0 \qquad \sum M_y = 0 \qquad \sum M_z = 0 \tag{1.1}$$

평면 내에서 물체가 힘을 받고 평형 상태에 있다면, 평형방정식은 다음과 같이 표현된다.

$$\sum F_x = 0 \qquad \sum F_y = 0 \qquad \sum M_z = 0 \tag{1.2}$$

물체가 가속도를 받을 때, 즉 속도의 크기나 방향이 변할 때, 뉴턴의 제2법칙을 사용하면 물체의 운동은 물체에 작용하는 힘과 관계된다. xy평면에 대칭이고 z축을 중심으로 회전하는 물체의 평면운동은

$$\sum F_x = ma_x \qquad \sum F_y = ma_y \qquad \sum M_z = J\alpha \tag{1.3}$$

로 표현된다. 여기서 m은 질량이고 J는 z축에 대한 주축 질량관성 모멘트이며, a_x, a_y, α는 각각 주축 x, y, z에 대한 질량중심 가속도와 각가속도를 나타낸다. 식 (1.3)에서 작용하는 외력과 모멘트는 질량중심에 작용하는 관성력(ma_x, ma_y)와 회전 모멘트 $J\alpha$와 같다. 식 (1.3)은 2차원 시스템에서 연결된 모든 부재에 적용되며, 힘과 모멘트는 평형방정식을 연립하여 구할 수 있다.

부재에 작용한 모든 힘을 평형방정식에 의해 구할 수 있다면 구조물이나 시스템은 정정계(statically determinate)라 하고, 그렇지 않으면 부정정계(statically indeterminate)

라 한다. 독립된 평형방정식의 수와 미지의 힘의 수의 차이를 부정정도(degree of indeterminate)라 한다. 정역학적으로 구할 수 있는 힘의 수를 초과한 반력을 잉여변수 (redundant)라 한다. 잉여변수의 수는 부정정도와 같다. 구조물을 효과적으로 연구하기 위해서 구조물 또는 구조물에 작용하고 있는 하중의 특성을 이상화하고 단순화할 필요가 있는데, 이는 자유물체도(free body diagram)를 그려 봄으로써 가능하다. 자유물체도는 서로 분리된 물체에 작용하는 모든 외력에 대한 개략도이다. 자유물체도로부터 관찰하고자 하는 물체의 가상단면에 대한 내력을 구할 수 있다.

(2) 부호규약

모멘트의 방향은 오른손법칙을 따르고 이중머리를 가진 벡터로 나타낸다. 3차원 문제에서 하중변환의 네 가지 모드는 축방향 힘 P, 전단력 V_y와 V_z, 토크 혹은 비틀림 모멘트 T, 그리고 굽힘 모멘트 M_y와 M_z이다.

외부로 향하는 수직력과 내력 혹은 모멘트 벡터의 성분이 (+) 좌표축 방향을 가리킬 때, 그 힘 혹은 모멘트를 (+)로 정의한다. 그러므로 그림 1.3은 (+)인 내력과 모멘트 성분들을 나타낸다. 구조물의 지지부에 반력(reaction)의 방향은 임의로 가정할 수 있고, 정역학 식에 의하여 결정된 답의 부호가 (+)이면 가정이 적합함을 나타내고 (−)이면 부적합함을 의미한다.

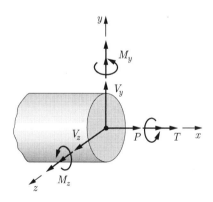

그림 1.3 내력과 모멘트의 방향

예제 1.1 그림 1.4(a)와 같이 조립된 구조물이 ABCD 및 CEF의 보와 BE의 봉으로 구성되고 핀으로 서로 연결되어 3000 kg의 하중이 작용한다. 구조물이 A점의 핀과 DG케이블로 지지된다. 치수의 단위가 m로 표시될 때, 각 부재에 작용하는 힘과 모멘트를 구하라.

풀이 먼저 구조물에 작용하는 하중을 구해보자. 작용하중은 A점에 작용하는 반력(R_{Ax}, R_{Ay})과 D점에 작용하는 인장력(T)이 있다. 그림 1.4(a)에 있는 구조물의 자유물체도에서 평형식은 다음과 같다.

$$\sum M_A = 3000 \times 5 - T\sin30° \times 8 = 0, \quad T = 3750 \text{ kg}$$

$$\sum F_x = R_{Ax} - 3750 \times \sin30° = 0, \quad R_{Ax} = 1875 \text{ kg}$$

$$\sum F_y = R_{Ay} - 3750 \times \cos30° - 3000 = 0, \quad R_{Ay} = 6248 \text{ kg}$$

구조물을 분해하면, 그림 1.4(b)와 같고, 부재 CEF에서 정역학적 평형을 살펴보면

$$\sum M_C = 3000 \times 5 - \frac{2}{\sqrt{13}} F_{BE} \times 3 = 0, \quad F_{BE} = 9014 \text{ kg}$$

$$\sum M_E = 3000 \times 2 - F_{Cy} \times 3 = 0, \quad F_{Cy} = 2000 \text{ kg}$$

$$\sum F_x = \frac{3}{\sqrt{13}} \times 9014 - F_{Cx} = 0, \quad F_{Cx} = 7500 \text{ kg}$$

계산결과에 의하면, 힘이 (+)로 표현되므로 처음 잡은 힘의 방향이 실제와 일치하는 것을 알 수 있다.

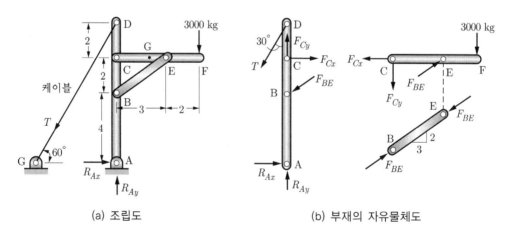

(a) 조립도

(b) 부재의 자유물체도

그림 1.4 구조물의 작용력

1.3.2 일과 일률

일(work)과 에너지(energy)는 여러 가지 하중을 받는 기계요소를 설계하는 데 매우 유용하다. 왜냐하면 몇 개의 부재로 구성된 기계는 하중을 받고 일과 에너지로 표현되는 운동을 하기 때문이다. 역학에서 일은 힘벡터와 변형벡터의 곱으로 표현된다. 힘 F가 작용하여 힘의 방향으로 s만큼의 변형을 일으키기 위하여 외부에 한 일 W는

$$W = Fs \tag{1.4}$$

로 표현된다. 마찬가지로 토크 T를 받는 휠과 같은 부재가 θ만큼 회전할 때 한 일은

$$W = T\theta \tag{1.5}$$

로 표현된다.

힘과 모멘트에 의한 일은 부재로 전달되는 에너지를 의미한다. 일반적으로 일은 위치에너지, 운동에너지, 내부에너지, 또는 이들의 조합으로 저장되거나 열에너지로 방출된다. 기계설계에서 기계요소에 저장된 에너지는 때때로 중요하게 고려된다. 부재는 충격하중을 받을 때, 에너지를 잘 흡수할 수 있도록 선정된다. 부재의 운동에너지(kinetic energy) E_k는 속도와 관련하여 일을 할 수 있는 용량을 나타낸다. 직선운동을 하는 기계요소의 운동에너지는

$$E_k = \frac{1}{2} m v^2 \tag{1.6}$$

이고, 여기서, m은 질량이고 v는 속도를 나타낸다. 또한 회전운동을 하는 기계요소의 운동에너지는

$$E_k = \frac{1}{2} J \omega^2 \tag{1.7}$$

이다. 여기서, J는 질량관성 모멘트이고 ω는 각속도를 나타낸다. 힘이 한 일은 부재의 운동에너지의 변화와 같은데, 이것을 일과 에너지의 원리라고 한다. 에너지의 보존장에서 부재의 운동에너지의 합은 항상 일정하다.

일과 에너지의 단위는 공학단위계로 kg·m, SI 단위계로 뉴턴·미터(N·m) 또는

줄(J), 미국단위계로 피트·파운드(ft·lb)이고 영국단위계로는 BTU이다.

일률 또는 동력(power)은 시간에 대한 일의 변화율로 정의된다. 모터나 엔진을 선정할 때, 일률은 일의 양보다 훨씬 중요한 기준이다. 에너지 전달률은 작용하는 힘 F와 속도 v의 곱이다.

$$일률 = Fv \tag{1.8}$$

축과 같은 부재가 토크 T에 의해 단위시간당 각속도 ω로 회전하는 경우, 일률은

$$일률 = T\omega \tag{1.9}$$

로 표현된다.

일률이 일의 시간 변화율로 정의되기 때문에 에너지와 시간의 단위로 표현될 수 있다. 그러므로 일률은 공학단위계로 kg·m/sec, SI 단위계로 J/sec인 와트(W)로 정의되고, 미국단위계로 ft·lb/s 또는 마력(ps)로 정의된다. 와트와 마력을 공학단위계로 나타내면

$$1\,kW = 102\,kg \cdot m/sec \tag{1.10a}$$
$$1\,ps = 75\,kg \cdot m/sec \tag{1.10b}$$

이다.

Chapter 02

재 료

기계요소나 구조물의 크기를 결정하기에 앞서 그 재료를 선정하는 것이 설계항목의 하나이다. 설계자가 사용할 재료와 가공방법을 결정하기 위해서는 재료의 기계적 성질과 파손형태를 잘 알아야 한다.

재료의 기계적 성질과 파손형태는 재료에 작용하는 하중과 온도에 따라 달라진다. 재료에 작용하는 하중은 정하중과 동하중으로 나누어지는데, 정하중은 시간에 따라 크기와 방향이 변하지 않는 하중이고 동하중은 시간에 따라 크기와 방향이 변하는 하중이다. 또한 동하중은 하중이 짧은 시간 동안에 작용하는 충격하중과 긴 시간 동안에 되풀이해서 작용하는 반복하중이 있다. 한편 재료의 사용온도는 대체로 상온과 고온으로 나눌 수 있다.

재료의 사용 조건에 따른 기계적 특성을 파악하기 위해 규정된 시험을 하게 된다. 정하중을 받는 재료는 주로 상온에서 인장시험을 하게 되고, 필요에 따라 압축시험도 한다. 동하중을 받는 재료는 충격하중의 경우에는 충격시험을, 반복하중의 경우에는 피로시험을 하게 된다. 한편 고온에서 정하중을 받는 경우에는 크리프시험을 하게 된다. 이하에서는 앞에서 언급된 시험에 따른 재료의 기계적 성질과 파손을 설명하고자 한다.

2.1 재료의 기계적 성질

재료의 성질 중 기계적 성질은 기계부품에 작용하는 힘에 관련된 것으로 재료가 힘에 저항할 수 있는 능력을 의미하는 강도(strength)와 강성(rigidity)이 대표적인 것이다. 그 밖에 경도(hardness), 연성(ductility), 탄성계수(elastic modulus), 프와송비 (Poisson's ratio) 등이 있다. 이하에서는 재료의 기계적 성질을 파악하는 시험에 관하여 설명하고자 한다.

2.1.1 응력과 변형률

그림 2.1은 보통 사용되고 있는 연강의 시편을 상온에서 인장시험을 하였을 때 응력과 변형률의 관계를 표시한 것이다. 그림 2.1에서 p 점을 비례한도(proportional limit)라 하고, 이 범위 내에서는 응력 σ 와 변형률 ε 과의 사이에는 $\sigma = E\varepsilon$ 인 후크의 법칙(Hook's law)이 성립된다. e 점은 외력을 없애면 변형도 없어지는 한계점으로 탄성한도(elastic limit)라 하며 이 점을 지나면 재료에는 영구변형(permanent set)이 남게 된다. 또 항복점 y_1 점에서는 응력이 그대로 있든지 감소를 하는 데도 변형률이 급격히 증대하여 재료가 탄성적 응집력을 잃어 소성변형 상태로 된다. 특히 연강에서는 상항복점 y_1

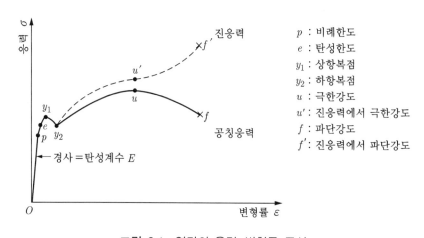

그림 2.1 연강의 응력-변형률 곡선

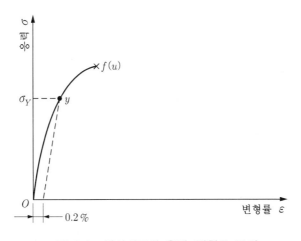

그림 2.2 취성재료의 응력-변형률 곡선

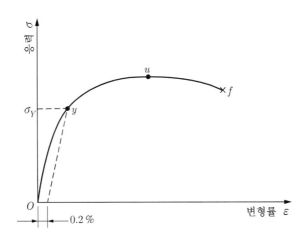

그림 2.3 알루미늄과 같이 항복점이 없는 재료의 응력-변형률 곡선

(upper yield point)과 하항복점 y_2 (lower yield point)가 있고, 상항복점은 시험속도와 시험편의 형상 등에 영향을 받게 되지만, 하항복점은 실제 재료의 특성치를 표시한다. 항복점을 넘으면 응력은 변형률에 비례하지 않으며 동시에 재료의 단면은 점차 가느다 랗게 되어 국부수축현상(local contraction)이 일어나 공칭응력과 실제응력과의 차는 증대되어 가고, 최대점 u 에 도달하면 갑자기 가느다란 네킹(necking)현상이 생겨 변형 이 급격히 증가하면서 f점에서 파단이 일어난다. 이때 u 점의 응력을 극한강도 (ultimate strength)라 하고, 인장시험의 경우에는 인장강도, 압축시험 및 비틀림시험

의 경우에는 압축강도와 전단강도라 한다. 또한 *f*점의 응력을 파단강도(fracture strength)라 한다. 그러나 주철과 같은 취성재료와 구리, 알루미늄, 고무 등과 같은 연성재료에서는 항복점이 명확히 나타나지 않으므로 그림 2.2와 그림 2.3과 같이 0.2%의 영구변형률이 남는 경우의 응력값을 항복점으로 생각하여 이를 항복강도(yield strength)라 한다. 표 2.1은 각종 금속재료의 특성을 표시한 것이다.

표 2.1 금속재료의 기계적 성질　　　　　　　　　　　　　　(단위: kg/mm²)

재　료	종탄성계수 E	횡탄성계수 G	탄성한도 σ_{el}	항복점 σ_Y	극한강도 인장강도	극한강도 압축강도	극한강도 전단강도
연강	21000	8100	18~23	20~30	37~45	37~45	30~38
반경강	21000	8100~8400	28~36	30~40	48~62	48~62	40~
경강	21000	8100~8400	50~	—	100~	100~	65~70
스프링강							
담금질 않음	21000	8500	50~	—	~100	—	—
담금질	21500	8800	75~	—	~170	—	—
니켈강(2.35 %)	20900	—	33~	38	56~67	—	—
주강	21500	8300	20~	21~	35~70	연질=21 경질=35~70	—
주철	10000	3800	없음	없음	12~34	60~85	13~26
황동　주물	8000	—	6.5	—	15	10	1.5
압연	—	—	—	—	30	—	—
인청동	9300	4300	—	40	23~39	—	—
알루미늄 주물	6750	2000	—	—	6~9	—	—
압연	7300	—	4.8	—	15	—	—
듀랄루민	5000~6000	—	—	24~34	38~48	—	—
포금	9000	4000	9	—	25	—	24

2.1.2 응력집중

단면형상이 균일한 재료가 인장하중을 받으면 그림 2.4(a)에서 보는 것처럼 단면 XX'에는 평균응력 σ_m이 고르게 분포한다. 그러나 그림 2.4(b)에서 보는 것처럼 노치(notch)가 있으면 홈 밑바닥을 통과하는 단면 XX'에는 응력이 균일하게 분포되지 않

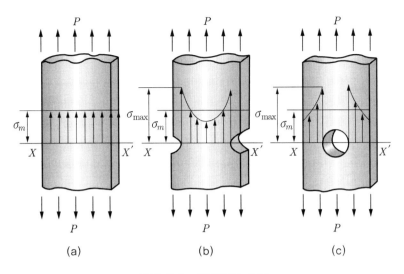

그림 2.4 응력집중 상태

고, 홈에 접하는 부분에는 최대의 응력 $\sigma_{\max}$가 발생하고 중심부의 응력은 평균응력 σ_m보다 작아진다. 그림 2.4(c)에서는 원에 구멍이 있는 경우의 응력분포를 나타낸다.

이와 같이 기계부품의 필렛(fillet), 노치(notch), 홈(groove), 구멍 등으로 단면이 급하게 변하는 부분에 국부적으로 특별히 큰 응력이 발생하는 현상을 응력집중(stress concentration)이라 하며 기계설계에 있어서 고려해야 할 중요한 문제 중의 하나이다. 응력집중의 정도는 $\sigma_{\max}$를 σ_m으로 나눈 값을 응력집중계수(stress concentration factor) 또는 형상계수(form factor)라 하고 이것을 K_c로 표시하면,

$$K_c = \sigma_{\max}/\sigma_m \tag{2.1}$$

응력집중계수는 부품의 형상(치수비)과 하중의 종류에 따라 달라진다. 즉, 동일한 노치에서도 응력집중계수의 크기는 인장의 경우 〉 굽힘의 경우 〉 비틀림의 경우이다. 그림 2.5는 단이 있는 축에 굽힘 모멘트와 비틀림 모멘트가 작용할 때의 응력집중계수를 나타낸 것이다. 여기서 응력집중계수는 필렛 반지름의 크기와 축지름 비에 의하여 변화하는 것을 알 수 있다.

그림 2.6은 축에 파진 키홈의 밑모서리 부위의 응력집중계수를 나타내며, 홈 밑바닥의 구석에 둥금새를 주면 응력집중을 상당히 완화시킬 수 있다. 일반적으로 기계의 설계상에 있어서 응력집중이 일어나지 않도록 완화대책에 유의해야 한다.

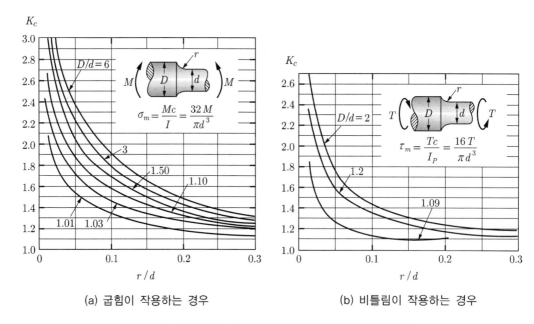

(a) 굽힘이 작용하는 경우

(b) 비틀림이 작용하는 경우

그림 2.5 단이 있는 축의 굽힘과 비틀림의 응력집중계수

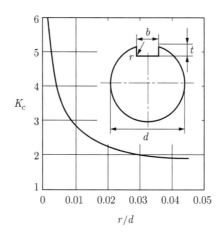

그림 2.6 키홈이 있는 축의 비틀림 응력집중계수

단이 있는 축에서 응력집중을 완화하는 방법은 그림 2.7(a)와 같이 필렛(fillet)의 반지름(r)을 크게 하거나 그림 2.7(b)처럼 축의 단면이 변하는 부분을 테이퍼로 만들어서 단면변화를 되도록 완만하게 한다. 또한 그림 2.7(c)와 같이 단면변화부분에 가깝게 홈을 만들어서 재료 내의 응력의 흐름을 완만하게 한다.

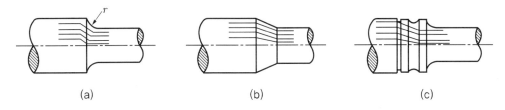

그림 2.7 축에서 응력집중의 완화방법

2.1.3 충격하중

구조물이나 기계부품의 최저 고유진동 주기의 1/3보다 짧은 시간에 외력이 작용할 때, 이를 충격하중(impact load)이라 하며 그 밖의 경우는 단순히 정하중이라고 한다.

재료에 충격하중이 작용할 경우의 재료 하중 부담능력을 결정하기 위하여 샤르피와 아이조드 충격시험(Charpy and Izod notched-bar tests)을 수행한다. 이 시험에서는 일정한 높이에서 진자를 떨어뜨려 시편을 타격시킨 후, 진자의 상승높이를 측정하여 충격치(impact value)로 시편에 흡수된 에너지를 계산한다.

체심입방격자를 가진 강철의 충격치에 대한 온도의 영향을 나타낸 것이 그림 2.8이다. 충격치가 급격히 변화하는 좁은 영역의 위험온도를 주의해야 한다. 저온 영역에서는 재료가 취약해져서 잘 부서지므로 충격치가 작고, 위험온도 이상의 영역에서는 질겨서 충격치가 높아진다. 이런 위험온도는 재료와 노치의 형상에 따라 달라지므로 제품을 설계할 때는 실제조건에 맞는 충격시험을 해야 한다.

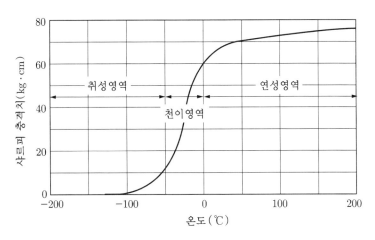

그림 2.8 강철의 충격치에 대한 온도의 영향

2.1.4 크리프

기계를 구성하고 있는 재료가 어느 정도 이상의 고온에서 일정하중을 걸어서 오랜 시간 놓아두면, 재료 내의 응력은 일정함에도 그 변형률은 시간이 지남에 따라 증가하는 크리프 (creep)현상이 발생한다. 여기서 고온이라 하는 것은 재료의 융점 절대온도의 1/3 이상의 온도를 의미한다. 최근 제트 엔진, 가스터빈 및 로켓, 고압발전보일러 등과 같이 고온에서 작동하는 재료에서는 크리프현상이 중요한 문제로 부각되고 있다.

크리프현상은 온도가 재료의 융점에 가까울수록 뚜렷하며, 융점이 327℃인 납(Pb)과 같은 저융점 금속에서는 상온에서도 크리프현상이 크게 나타나지만, 융점이 높은 탄소 강에서는 대체로 250℃ 이상에서 크리프현상이 나타나기 시작하여, 350~400℃ 이상 에서 극에 달하게 된다. 크리프시험은 온도를 일정하게 유지하고, 일정한 응력에서 변형률과 시간과의 관계를 구하는 방법을 채용하고 있다. 그림 2.9는 시간의 경과에 따른 크리프의 성장과정을 표시한 변형률－시간곡선을 나타낸 것으로 그림 2.9(a)와 같이 응력이 클수록 크리프량이 증가하고 파단될 때까지의 시간이 짧아진다.

크리프의 과정은 그림 2.9(b)와 같이 세 영역으로 나눈다. I기 크리프는 천이크리프 (transient creep)라고도 부르며 시간이 지남에 따라 크리프속도가 점차 감소한다. 이 영역에서는 재료의 변형에 따른 가공경화효과(hardening effect)가 열에 의한 풀림효

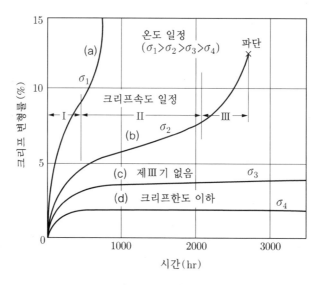

그림 2.9 크리프곡선

과(annealing effect) 또는 연화효과(softening effect)보다 크기 때문이다. II기 크리프는 시간과 더불어 크리프속도가 거의 일정한 영역으로 가공경화효과와 풀림효과가 같다. III기 크리프는 가속크리프(accelerating creep)라고도 하며 크리프속도가 시간과 더불어 점차 증가하여 파단이 일어나는데, 가공경화보다 풀림효과가 크기 때문이다.

그러나 그림 2.9(c)와 같이 응력이 작아질수록 크리프속도는 작아지고, 그림 2.9(d)와 같이 어느 한도 이하에서는 크리프속도가 0이 되어 크리프는 정지되고 파단이 일어나지 않는다. 이와 같이 정해진 온도에서 크리프가 정지되는 응력을 그 재료의 그 온도에서의 크리프한도(creep limit)라 한다. 따라서 고온에 사용하는 재료에 대하여는 그 재료의 크리프한도 이하의 응력이 작용하여야 한다. 크리프한도는 100~1000시간 이상 장시간의 시험이 필요하므로 측정 곤란하다. 실용상으로는 정해진 온도에서 일정시간 후에 일정한 크리프한도에 이르는 응력 또는 일정한 크리프변형률을 일으키는 응력을 크리프한도로 정하고 있다. 일반적으로 주어진 온도에서 1000시간에 1%의 크리프변형률을 발생시키는 응력을 크리프한도로 정한다.

2.2 재료의 파손

파손(failure)은 부품이 두 개 또는 그 이상으로 분리되거나 모양이 비틀려서 그 기능을 제대로 할 수 없게 된 상태를 말한다. 설계자가 기계부품을 제대로 설계하기 위해서는 파손의 형태와 그 가능성을 잘 알 수 있어야 한다. 파손은 정하중 상태에서 발생하는 정적파손과 동하중 상태에서 발생하는 피로파손으로 나누어진다. 2.2절에서는 정적파손 및 피로파손의 특징과 그들에 적용되는 이론들을 살펴보고자 한다.

2.2.1 정적파손(static failure)

기계부품에 정하중이 하나만 작용할 경우에는 직접 그 시험을 통하여 파손을 예측할 수 있다. 그러나 기계요소에 인장, 압축, 비틀림, 굽힘응력 등의 정하중이 복합적으로 작용할 경우, 파손을 예측하는 것은 비용이 많이 들기 때문에 실험이 어렵다. 따라서 파손이론을 이용하여 기계부품의 파손을 예측하여야 한다. 정하중 상태에서 금속재료의 파손이론은 재료의 변형거동이 연성인가 취성인가에 따라 적용이 달라진다. 연성재료는 인장시편의 단면감소율이 5 % 이상인 것으로 인장강도와 압축강도가 동일하지만, 취성재료는 인장시편의 단면감소율이 5 % 미만인 것으로 압축강도가 인장강도보다 훨씬 큰 값을 가진다. 일반적으로 잘 쓰이는 파손이론은 다음과 같다.

(1) 최대 전단응력 이론

최대 전단응력 이론(maximum shear stress theory; Tresca 이론)은 기계부품의 최대 전단응력이 단순 인장시편에서 항복이 일어날 때의 최대 전단응력과 같을 경우, 항복이 일어난다는 이론이다. 이 이론은 연성재료의 미끄럼 파손에 적용되는 것이므로 기계요소의 강도설계에 가장 많이 사용된다.

단순인장 상태에서 항복이 일어날 때의 최대 전단응력 $\tau_{\max} = \dfrac{\sigma_Y}{2}$이다. 여기서, σ_Y는 항복응력이다. 일반적인 응력 상태에서 기계부품의 세 개의 주응력이 $\sigma_1 > \sigma_2 > \sigma_3$라면, 최대 전단응력은

$$\tau_{\max} = \frac{|\sigma_1 - \sigma_3|}{2}$$

이다.

그러므로 최대 전단응력 이론은 다음과 같다. 즉 최대 주응력 σ_1과 최소 주응력 σ_3의 차이가 재료의 항복응력과 같을 때 항복파손이 일어난다.

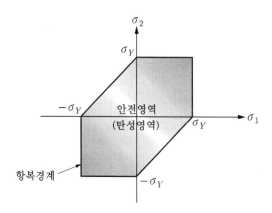

그림 2.10 최대 전단응력 이론($\sigma_3 = 0$)

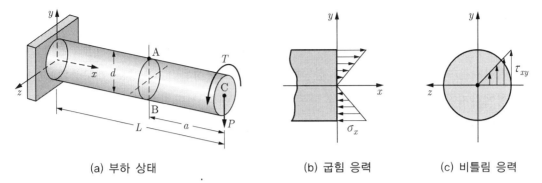

| (a) 부하 상태 | (b) 굽힘 응력 | (c) 비틀림 응력 |

그림 2.11 굽힘과 비틀림이 작용하는 기계부품

$$|\sigma_1 - \sigma_3| = \sigma_Y \tag{2.2}$$

만약 세 개의 주응력이 $\sigma_1 > \sigma_3 > \sigma_2$라면, 최대 전단응력 이론은 $|\sigma_1 - \sigma_2| = \sigma_Y$이고, 만약 세 개의 주응력이 $\sigma_2 > \sigma_1 > \sigma_3$라면, 최대 전단응력 이론은 $|\sigma_2 - \sigma_3| = \sigma_Y$ 이다.

그런데 주응력 중 $\sigma_3 = 0$이 되는 평면응력 상태에서 최대 전단응력 이론을 그래프로 나타내면 그림 2.10과 같다. 그림 2.10에서 기울어진 다이아몬드 형상의 각 변은 재료가 항복이 시작되는 경계를 의미한다. 또한 다이아몬드의 안쪽은 탄성변형이 일어나는 안전한 영역이고, 그 바깥쪽은 소성변형이 일어나는 불안전한 영역이다.

한편 그림 2.11과 같이 평면 굽힘(혹은 축방향 하중)과 비틀림을 받는 경우에 σ_x와 τ_{xy}를 제외한 응력성분들이 모두 0이므로 주응력은

$$\sigma_{1,2} = \frac{\sigma_x}{2} \pm \sqrt{\left(\frac{\sigma_x}{2}\right)^2 + \tau_{xy}^2}, \qquad \sigma_3 = 0 \tag{2.3a}$$

이고, σ_1과 σ_2의 부호가 반대이므로 σ_1이 최대 주응력, σ_2가 최소 주응력이 된다. 따라서 최대 전단응력은

$$\tau_{\max} = \frac{\sigma_1 - \sigma_2}{2} = \left[\left(\frac{\sigma_x}{2}\right)^2 + \tau_{xy}^2\right]^{\frac{1}{2}} \tag{2.3b}$$

이다.

(2) 전단변형에너지 이론

전단변형에너지 이론(distortion energy theory; von Mises 이론)은 기계부품의 변형에너지는 체적의 변형에너지와 전단변형에너지로 구성된다. 이 중 기계부품의 전단변형에너지가 단순 인장시편에서 항복이 일어날 때의 전단변형에너지와 같을 경우, 항복이 일어난다는 이론이다. 이 이론은 연성재료의 미끄럼파손에 가장 잘 일치한다.

일반적인 3차원응력 상태에서 기계부품의 전단변형에너지는

$$u_d = \frac{1+\nu}{3E} \left[\frac{(\sigma_1 - \sigma_2)^2 + (\sigma_2 - \sigma_3)^2 + (\sigma_3 - \sigma_1)^2}{2} \right] \qquad (2.4)$$

이다. 여기서, E는 재료의 종탄성계수이고 ν는 푸아송비이다.

단순인장 상태에서 항복이 일어날 때의 전단변형에너지는

$$u_d = \frac{1+\nu}{3E} \sigma_Y^2 \qquad (2.5)$$

이다. 그러므로 전단변형에너지 이론에 의하면, 식 (2.4)와 식 (2.5)의 값이 같아야 하므로

$$\left[\frac{(\sigma_1 - \sigma_2)^2 + (\sigma_2 - \sigma_3)^2 + (\sigma_3 - \sigma_1)^2}{2} \right]^{\frac{1}{2}} = \sigma_Y \qquad (2.6)$$

이다. 이때, 왼쪽을 유효응력(effective stress) 혹은 von Mises응력이라 하고 σ_{VM}으로 표현한다. 따라서 전단변형 이론은 유효응력 혹은 von Mises응력의 크기가 인장실험에서 얻은 항복응력의 크기와 같아졌을 때 항복이 일어난다는 것이다. 평면응력 상태에서 von Mises응력은

$$\sigma_{VM} = \left[\sigma_1^2 - \sigma_1\sigma_2 + \sigma_2^2 \right]^{\frac{1}{2}} \qquad (2.7a)$$

이고, 그림 2.12와 같이 타원으로 나타내진다. 그림 2.12에서 타원의 둘레는 재료의 항복이 시작되는 경계를 의미하고, 타원의 안쪽은 탄성변형이 일어나는 안전한 영역이고, 그 바깥쪽은 소성변형이 일어나는 불안전한 영역이다.

또한 평면응력 상태에서 von Mises응력은

$$\sigma_{VM} = \left[\sigma_x^2 + \sigma_y^2 - \sigma_x \sigma_y + 3\tau_{xy}^2 \right]^{\frac{1}{2}} \tag{2.7b}$$

이고, 평면 굽힘과 비틀림의 경우에 von Mises응력은

$$\sigma_{VM} = \left[\sigma_x^2 + 3\tau_{xy}^2 \right]^{\frac{1}{2}} \tag{2.7c}$$

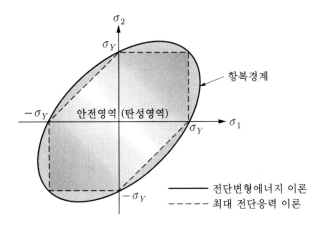

그림 2.12 전단변형에너지 이론($\sigma_3 = 0$)

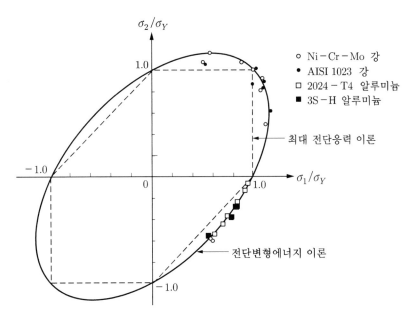

그림 2.13 연성재료의 파손이론 비교($\sigma_3 = 0$)

이다.

실제로 연성재료의 항복을 판단하는 데 최대 전단응력 이론과 전단변형에너지 이론이 다 적용될 수 있다. 그런데 전단변형에너지 이론은 식이 약간 복잡하므로 안전율에 여유가 적어서 한계치에 가까워지거나 파손의 실제 상태를 알아야 할 경우에 사용하고, 치수를 빨리 추정해야 하거나 안전율에 여유가 많을 경우에는 최대 전단응력 이론이 사용된다. 순수전단의 경우에 전단변형에너지 이론의 전단항복강도 $\tau_Y = \dfrac{\sigma_Y}{\sqrt{3}} = 0.577\sigma_Y$ 이므로 최대 전단응력 이론의 전단항복강도 $\tau_Y = \dfrac{\sigma_Y}{2} = 0.5\sigma_Y$ 보다 15 % 정도 큰 값이다. 2차원 응력 상태에서 두 이론을 연성재료의 실험결과와 비교한 것이 그림 2.13이다.

(3) 최대 주응력 이론

최대 주응력 이론(maximum principal stress theory; Rankine 이론)은 기계부품의 최대 주응력이 단순 인장 혹은 압축 시편의 최대 주응력과 같을 경우 파단이 일어난다는 이론이다. 그런데 단순 인장 혹은 압축시험의 최대 주응력은 그 극한강도인 인장강도나 압축강도와 같으므로

$$\sigma_{\max} = \sigma_u \tag{2.8a}$$

이다. 여기서, $\sigma_{\max}$ 은 최대 주응력, σ_u 극한강도이다. 이 이론은 취성재료의 분리파손에 적용되며, 취성재료는 항복점이 존재하지 않으므로 극한강도를 파손기준으로 잡아야 한다. 또한 취성재료는 압축강도가 인장강도보다 크므로 평면응력 상태에서 그림 2.14와 같다. 그림 2.14에서 직사각형의 각 변은 재료의 파단이 시작되는 경계를 의미하고, 직사각형의 안쪽은 파단이 일어나지 않는 안전한 영역이고, 그 바깥쪽은 파단이 일어난 불안전한 영역이다.

또한, 평면응력 상태에서 최대 주응력 $\sigma_{\max}$ 은 식 (2.8b)에서 구한 주응력 σ_1 과 σ_2 중에서 절댓값이 큰 것이 된다.

$$\sigma_{1,2} = \frac{\sigma_x + \sigma_y}{2} \pm \sqrt{\left(\frac{\sigma_x - \sigma_y}{2}\right)^2 + \tau_{xy}^2} \tag{2.8b}$$

또한, 평면 굽힘과 비틀림의 경우에 최대 주응력은

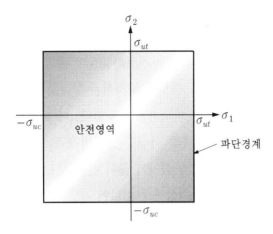

그림 2.14 취성재료의 주응력 이론($\sigma_3 = 0$)

$$\sigma_{\max} = \frac{\sigma_x}{2} + \sqrt{\left(\frac{\sigma_x}{2}\right)^2 + \tau_{xy}^2} \tag{2.8c}$$

이다.

그런데 그림 2.15와 같이 2분면과 4분면에서 실험값과 일치하지 않으므로 쿨롱-모어 수정 이론을 따른다.

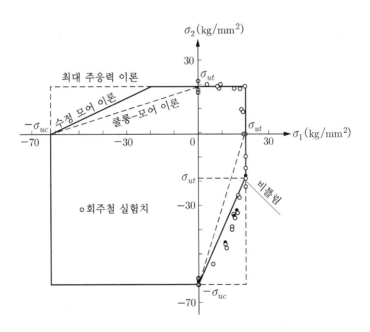

그림 2.15 취성재료의 쿨롱-모어 수정 이론($\sigma_3 = 0$)

2.2.2 피로파손(fatigue failure)

기계와 구조물에서는 그림 2.16과 같은 반복하중을 받는 곳이 아주 많으며, 그 반복회수가 많아지면 극한강도보다 작고, 경우에 따라서는 항복강도보다도 작은 값에도 파단이 일어나는 현상을 피로파손 또는 피로파괴라고 한다. 이 피로파손의 과정을 살펴보면 반복하중이 작용할 때 한 점에서 아주 미세한 균열발생과 함께 응력집중이 일어나고, 균열이 아주 빠르게 전파되어 재료가 갑자기 끊어지게 된다. 이와 같은 피로파단에서는 연성재료도 취성재료와 같이 거의 소성변형이 없이 파단되는 특징을 지니고 있다. 특히 정적 하중에 의한 연성재료의 파손은 파단이 발생하기 전에 큰 변형이 수반되므로 부품을 교환할 수 있으나, 피로파손은 경고 없이 갑자기 한꺼번에 생기므로 위험하다.

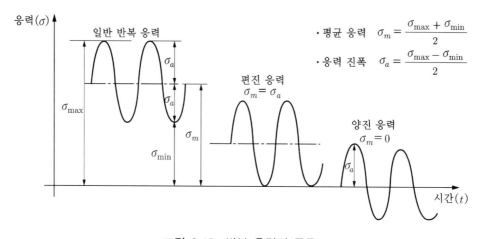

그림 2.16 반복 응력의 종류

(1) S-N 곡선

일반적으로 반복하중이 작용하여 피로파손이 일어나는 경우 재료의 강도를 결정하기 위하여 그림 2.17과 같은 회전보 피로시험기와 시편을 사용한 피로시험을 수행한다.

회전보 피로시험은 동일재료, 동일치수의 시험편을 여러 개 준비하여 응력진폭 σ_a를 시험편마다 변화시키면서 시험편이 파괴될 때까지의 응력반복회수를 구한다. 피로실험에서 얻은 응력진폭의 크기(S)와 응력반복회수(N)의 관계를 나타낸 것이 그림 2.18이고, 이를 $S-N$곡선이라 한다. $S-N$곡선의 수평부분은 그 응력크기에서는 반복회수

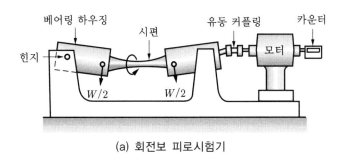

(a) 회전보 피로시험기

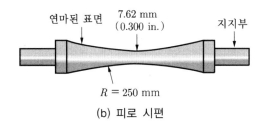

(b) 피로 시편

그림 2.17 회전보 피로시험기와 시편

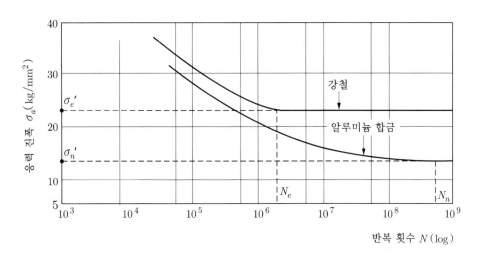

그림 2.18 두 대표적인 재료의 완전반전 회전보의 $S-N$ 선도

를 무한대로 가하더라도 재료가 파괴되지 않는 한계로서 피로한도(fatigue limit) 또는 내구한도(endurance limit)라 한다. 그림 2.18에서 보면, 연강은 반복횟수 $10^6 \sim 10^7$ 사이에서 피로한도가 뚜렷하게 나타나지만, 알루미늄과 같은 비철금속은 뚜렷하지 않다. 비철금속의 피로한도는 반복회수 5×10^8에 해당하는 응력크기를 피로한도로 정한

다. 반복응력을 받는 부분을 설계할 때에는 이 피로한도를 기준강도로 잡고, 이보다 작은 응력이 작용하도록 설계한다.

실험에 의하면 피로한도는 우리가 가장 얻기 쉬운 재료의 기계적 성질인 인장강도와 관련을 시킬 수 있다. 표 2.2는 작용하는 하중과 재료에 따른 피로한도와 인장강도의 관계를 나타낸다.

표 2.2 교번 하중에서 재료의 피로한도-인장강도 관계

하중 종류	재료	피로한도	적용범위
굽힘 하중	강철	$\sigma_e' = 0.5\,\sigma_{ut}$ $\sigma_e' = 70 \text{ kg/mm}^2$	$\sigma_{ut} < 140 \text{ kg/mm}^2$ $\sigma_{ut} \geq 140 \text{ kg/mm}^2$
	철	$\sigma_e' = 0.4\,\sigma_{ut}$ $\sigma_e' = 16 \text{ kg/mm}^2$	$\sigma_{ut} < 40 \text{ kg/mm}^2$ $\sigma_{ut} \geq 40 \text{ kg/mm}^2$
	알루미늄	$\sigma_e' = 0.4\,\sigma_{ut}$ $\sigma_e' = 13 \text{ kg/mm}^2$	$\sigma_{ut} < 33 \text{ kg/mm}^2$ $\sigma_{ut} \geq 33 \text{ kg/mm}^2$
	구리 합금	$\sigma_e' = 0.4\,\sigma_{ut}$ $\sigma_e' = 10 \text{ kg/mm}^2$	$\sigma_{ut} < 28 \text{ kg/mm}^2$ $\sigma_{ut} \geq 28 \text{ kg/mm}^2$
축 하중	강철	$\sigma_e' = 0.45\,\sigma_{ut}$	
비틀림 하중	강철	$\tau_e' = 0.29\,\sigma_{ut}$	
	철	$\tau_e' = 0.32\,\sigma_{ut}$	
	구리 합금	$\tau_e' = 0.22\,\sigma_{ut}$	

주 σ_e' – 시편의 피로한도, τ_e' – 시편의 전단 피로한도, σ_{ut} – 시편의 인장강도

(2) 수정피로한도

피로한도를 결정하기 위한 시편은 매우 정밀하게 가공하여 준비되고 확실히 제어된 조건에서 시험된다. 그러나 실제 기계부품은 시편과 다르므로 기계부품의 피로한도는 피로한도에 영향을 미치는 인자를 고려하여 적절히 수정한 값을 사용하여야 한다. 이러한 인자로서 기계부품의 표면 상태, 신뢰도, 크기, 사용온도, 응력 상태 등이 있다.

이러한 인자들을 고려하여 수정된 피로한도는 다음과 같다.

$$\sigma_e = C_f C_r C_s C_t (1/K_f)\sigma_e'$$ (2.9)

여기서 σ_e'은 시편의 피로한도

σ_e는 수정된 피로한도

C_f는 표면처리계수(surface finish factor)

C_r은 신뢰도계수(reliability factor)

C_s는 크기계수(size factor)

C_t는 온도계수(temperature factor)

K_f는 피로응력집중계수(fatigue stress concentration factor)

1) 표면처리계수 C_f

회전보 시편은 표면을 거울처럼 연마를 하지만 기계요소는 표면 상태가 좋지 않으므로 피로한도가 저하된다. 표면처리계수는 마무리의 정도와 인장강도에 따라 다르며 다음 식과 같이 표현된다.

$$C_f = A \cdot (10\sigma_{ut})^b$$ (2.10)

여기서 σ_{ut}는 인장강도로서 단위는 kg/mm^2이고, A와 b는 재료에 따른 상수로서 표 2.3과 같다.

표 2.3 표면처리계수식의 상수

표면처리	A	b
연마	1.58	-0.085
기계가공 또는 냉간인발	4.51	-0.265
열간압연	57.7	-0.718
단조	272	-0.955

2) 신뢰도계수 C_r

각 재료들의 강도 데이터는 평균값이므로 재료의 신뢰도에 따라 다르다.
표 2.4는 표준편차가 8%일 때 신뢰도계수를 나타낸다.

표 2.4 신뢰도계수 C_r (표준편차 8 %)

신뢰도(%)	신뢰도계수	신뢰도(%)	신뢰도계수
50	1.00	98	0.84
90	0.89	99	0.81
95	0.87	99.9	0.75

3) 크기계수 C_s

기계요소의 크기는 원형회전시편(지름 7.62 mm)과 다르므로 같은 응력을 받는 경우라도 부품이 커지면 큰 부피 내에 결함이 존재할 확률이 더 높아진다. 이와 같이 제품의 크기가 커지면 작은 응력에도 파괴될 가능성이 커지게 되어 이를 보정할 필요가 있다. 지름 d인 원형부재가 굽힘 또는 비틀림을 받는 경우에 근사적 결과는 다음과 같다.

$$C_s = 0.85 \ (13 \text{ mm} \langle d \le 50 \text{ mm})$$
$$C_s = 0.70 \ \ (d \rangle 50 \text{ mm}) \tag{2.11}$$

축방향 하중이 작용하는 경우 크기효과가 없기 때문에 C_s =1이다. 부품이 회전하지 않는 경우나 원형이 아닌 경우에는 지름 d 대신에 등가지름 d_e를 사용하고, 등가지름은 다음과 같이 산출한다.

지름이 d인 원형봉이 회전하지 않는 경우 $d_e = 0.360d$

폭 b, 높이 h인 직사각형 봉의 경우 $d_e = 0.808 (b \cdot h)^{\frac{1}{2}}$ (2.12)

4) 온도계수 C_t

피로실험은 주로 상온에서 실시되지만, 기계부품은 상온보다 높은 온도에서 사용되는 경우가 많으므로 이에 대한 보정이 필요하다. 강의 인장강도에 대한 자료로부터 온도계수의 근사적인 결과는 다음과 같다.

$T \le 450℃$ 일 때 $C_t = 1$

$450℃ \langle T \le 550℃$ 일 때 $C_t = 1 - 0.0058 (T - 450)$ (2.13)

5) 피로응력집중계수 K_f

기계부품에 노치가 있으면 하중이 작용할 때 노치가 있는 부분에 응력집중이 발생한다. 노치효과란 반복하중으로 인하여 노치부분에 균열이 발생하여 피로한도가 작아지는 현상을 말한다. 노치효과가 피로파괴에 미치는 정도를 나타내기 위하여 피로응력집중계수 또는 노치계수 K_f는 다음과 같이 정의한다.

$$K_f = \frac{\text{노치가 없는 시편의 피로한도}}{\text{노치가 있는 시편의 피로한도}}$$

피로응력집중계수는 재료의 노치민감도(notch sensitivity) q에 의하여 수정할 필요가 있다. 이 노치민감도는 아래 식과 같이 정하중에서 사용하는 응력집중계수 K_c와 피로하중에 대한 응력집중계수 K_f의 관계로 나타낸다.

$$q = \frac{K_f - 1}{K_c - 1} \quad \text{또는} \quad K_f = 1 + (K_c - 1)q \tag{2.14}$$

일반적으로 q는 0과 1 사이의 값을 갖는다. q값이 0이면 $K_f = 1$이 되어 노치에 민감성이 없는 재료가 된다. q값이 1이면 $K_f = K_c$가 되어 노치에 아주 민감한 재료가 된다.

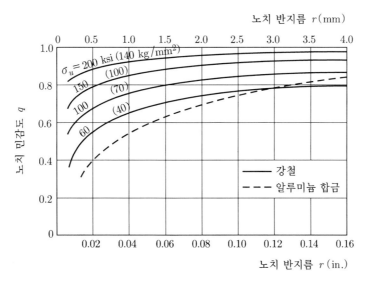

그림 2.19 굽힘 및 축 하중에 대한 피로 노치민감도 곡선

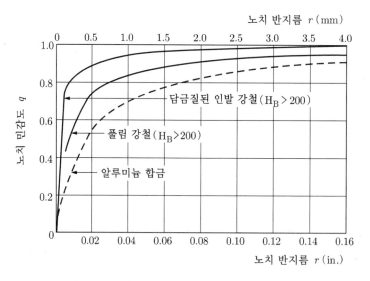

그림 2.20 비틀림에 대한 피로 노치민감도 곡선

취성재료는 노치에 민감하지만 연성재료는 노치에 민감하지 않다. 대체로 피로하중 응력집중계수 K_f는 정적하중에 사용하는 응력집중계수 K_c보다 작은 값을 가진다. 그림 2.19와 그림 2.20은 굽힘, 축하중과 비틀림이 작용하는 강과 알루미늄 합금의 노치 민감도를 나타낸다.

[예제 2.1] 그림 2.21과 같이 기계가공된 축이 500℃에서 굽힘을 받을 때, 축의 수정된 피로 한도를 구하라. 단, 축의 인장강도 $\sigma_{ut} = 70 \ \mathrm{kg/mm^2}$, 시편의 피로한도 $\sigma_e' = 35 \ \mathrm{kg/mm^2}$, 축의 지름 $D = 48 \ \mathrm{mm}$, $d = 40 \ \mathrm{mm}$이고, 축의 신뢰도는 98 %이다.

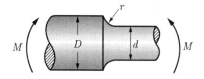

그림 2.21 고온에서 굽힘을 받는 축

풀이 표면처리계수는 표 2.3에 의하면, 기계가공된 축의 경우에 $A = 4.51$, $b = -0.265$이 므로 식 (2.10)에 의하여

$$C_f = A \cdot (10\sigma_{ut})^b = 4.51 \, (10 \times 70)^{-0.265} = 0.79$$

신뢰도계수는 표 2.4에서 신뢰도 98%의 경우에 $C_r = 0.84$이고, 크기계수는 축 지름이 50 mm 이하이므로 식 (2.11)에 의하여 $C_s = 0.85$이다.

온도계수는 축의 사용온도가 500이므로 식 (2.13)에 의하여

$$C_t = 1 - 0.0058(T - 450) = 1 - 0.0058(500 - 450) = 0.71$$

한편, 필렛지름은 $r = \dfrac{D-d}{2} = \dfrac{48-40}{2} = 4\,\mathrm{mm}$ 이므로

$$\frac{r}{d} = \frac{4}{40} = 0.1, \quad \frac{D}{d} = \frac{48}{40} = 1.2$$

$r = 4\,\mathrm{mm}$와 $\sigma_{ut} = 70\,\mathrm{kg/mm^2}$에 대해서 그림 2.19에서 노치 민감도 $q = 0.86$을 얻는다. 또한 그림 2.5(a)에서 응력집중계수 $K_c = 1.65$를 얻는다. 따라서 피로응력집중계수는 식 (2.14)를 이용하면

$$K_f = 1 + (K_c - 1)q = 1 + (1.65 - 1) \times 0.86 = 1.56$$

이 축의 수정된 피로한도는 식 (2.9)에 의하여

$$\begin{aligned} \sigma_e &= C_f C_r C_s C_t (1/K_f) \sigma_e{}' \\ &= 0.79 \times 0.84 \times 0.85 \times 0.71 \times \frac{35}{1.56} = 9.34\,(\mathrm{kg/mm^2}) \end{aligned}$$

(3) 파손선도

회전보 피로시험에서는 평균응력은 없이 교번응력(응력진폭)만 존재하지만, 일반적인 변동하중에서는 평균응력이 존재하므로 평균응력과 교번응력의 크기에 따라 파손의 양상이 달라진다. 이와 같이 평균응력과 교번응력이 동시에 존재할 때, 파손이 일어나는 것을 판단하기 위한 기준이 필요하며, 사용되는 파손기준들을 소개하면 다음과 같다.

Soderberg 기준

$$\frac{\sigma_a}{\sigma_e} + \frac{\sigma_m}{\sigma_Y} = 1 \tag{2.15}$$

Goodman 기준

$$\frac{\sigma_a}{\sigma_e} + \frac{\sigma_m}{\sigma_u} = 1 \tag{2.16}$$

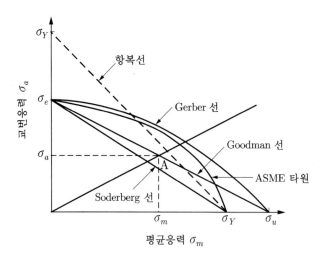

그림 2.22 인장영역의 파손선도

ASME 타원 기준

$$\left(\frac{\sigma_a}{\sigma_e}\right)^2 + \left(\frac{\sigma_m}{\sigma_Y}\right)^2 = 1 \qquad (2.17)$$

Gerber 기준

$$\frac{\sigma_a}{\sigma_e} + \left(\frac{\sigma_m}{\sigma_u}\right)^2 = 1 \qquad (2.18)$$

그림 2.22는 위의 파손기준들을 인장영역에서 평균응력에 대한 교번응력(응력진폭)의 변화로 표시한 것이다. 이런 형태의 파손선도(failure diagram)는 대개 설계를 위해 구성되며 직접 축척대로 그려서 손쉽게 사용할 수 있다. 각 기준에서 선 위는 파손이 일어나는 경계이고, 그 아래는 파손이 일어나지 않는 안전영역이다. 그림 2.22에서 파손기준들을 비교해보면, Gerber기준은 파단에 대해서 가장 안전 여유가 적고, 그 다음은 ASME 타원기준이다. 그렇지만 Gerber기준과 ASME 타원기준은 실험치와 잘 일치하므로 파손된 부재의 해석에 유용하게 사용된다. 한편 Goodman기준과 Soderberg 기준은 안전 여유가 많으므로 일반 기계부품의 설계에 사용된다. 그러나 Goodman기준은 최대 평균응력이 항복강도를 초과할 때는 파손이 발생하므로 항복선을 따라 부분적으로 수정해야 한다.

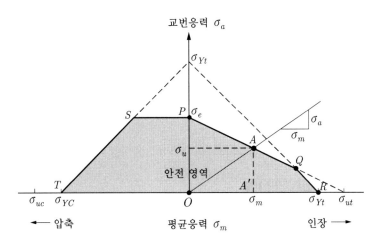

그림 2.23 인장과 압축영역의 파손선도

그림 2.23은 인장과 압축영역에서 평균응력에 대한 파손선도를 나타낸다. 특히 인장영역에서는 항복선을 고려하여 수정한 Goodman기준을 적용한 것이다. 그림 2.23에서 인장응력이 작용하는 경우에 직선 $\overline{PAQ}$는 피로파손경계를 나타내고, 직선 $\overline{QR}$은 항복파손경계를 의미한다. 압축응력이 작용하는 경우에는 직선 $\overline{PS}$는 피로파손경계를 나타내고 직선 $\overline{ST}$는 항복파손경계를 의미한다. 그러므로 설계응력이 수평축 위쪽과 파손경계선 아래쪽에 있으면 안전하다고 할 수 있다.

2.3 허용응력과 안전율

2.3.1 기준강도

기계와 구조물에 작용하는 하중이 점차로 커지면 그 부분에 생기는 응력과 변형률은 점차로 증가되어 결국은 파괴된다. 따라서 기계와 구조물이 안전하고 충분히 기능을 발휘하도록 설계하려면 우선 사용할 재료의 파손기준이 되는 기준강도(σ_s)를 알아야 한다.

이 기준강도는 재료의 종류, 하중형태, 사용조건에 따라 다른데, 일반적으로 상온에서 정하중이 작용하는 경우에 연강과 같은 연성재료는 항복강도 혹은 극한강도를, 주철과 같은 취성재료는 극한강도를 기준강도로 잡고, 반복하중이 작용하는 경우에는 피로한도를 기준강도를 잡는다. 고온에서 사용하는 재료는 크리프한도를 기준강도로 삼는다.

2.3.2 허용응력과 안전율

기계부품이 파손되지 않고 사용되기 위해서는 그 재료의 기준강도보다 작은 응력만을 허용해야 한다. 이 응력을 허용응력(σ_a)이라 하는데, 허용응력은 하중의 종류, 부품의 형상, 사용환경 등에 따라 달라진다. 표 2.5는 재료의 허용응력을 나타낸다.

표 2.5 재료의 허용응력   (단위: kg/mm^2)

응력	하중의 상태	경강	연강	주강	주철	인청동	황동
인장	I	12~18	9~15	6~12	3	7	2.1
	II	8~12	6~10	4~8	2	4.5	1.4
	III	4~6	3~5	2~4	1	–	–
압축	I	12~18	9~15	9~15	9	6~9	6~9
	II	8~12	6~10	6~10	6	–	2.7
전단	I	9.6~14.4	7.2~12	4.8~9.6	3	5	–
	II	6.4~9.6	4.8~8	3.2~6.4	2	3.2	–
	III	3.2~4.8	2.4~4	1.6~3.2	1	–	–
비틀림	I	9~14.4	6~12	4.8~9.6	–	3	–
	II	6~9.6	4~8	3.2~6.4	–	2	–
	III	3~4.8	2~4	1.6~3.2	–	–	–
굽힘	I	12~18	9~15	7.5~12	–	–	–
	II	8~12	6~10	5~8	–	–	–
	III	4~6	3~5	2.5~4	–	–	–

주 I은 정하중, II는 편진하중, III은 양진하중이며 충격이 있는 경우에는 위 값의 1/2로 한다.

기계를 사용하다보면 설계할 때 예상하지 못했던 큰 하중이 작용하거나 재료를 파손시킬 수 있는 여러 요인이 발생할 수 있다. 이런 것을 보충하기 위하여 기계가 충분한 안전여유를 가지도록 설계하여야 한다. 안전여유를 크게 잡으면 부품의 크기가 커지게 되고 재료비 및 가공비가 증가하여 경제성이 떨어진다. 그러므로 적절한 안전여유를 가져야 하는데, 안전여유의 정도를 안전율(S)이라 하며 사용하는 재료의 기준강도와 허용응력의 비로 표시한다.

$$S = \frac{기준강도}{허용응력} = \frac{\sigma_s}{\sigma_a} \tag{2.19}$$

안전율은 여러 가지 인자를 고려하여 각각의 경우에 대하여 결정되는 문제이므로 일반적으로 통용되는 값을 결정한다는 일은 매우 어려운 일이다. 실제로는 경험에서 얻은 안전율을 사용하는 경우가 많다. 표 2.6은 경험적인 안전율의 하나인 Unwin의 안전율을 나타낸 것이다.

표 2.6 Unwin의 안전율

재 료 명	정 하 중	반복하중		변동하중 및 충격하중
		편 진	양 진	
주철	4	6	10	12
강, 연철	3	5	8	15
목재	7	10	15	20
석재, 벽돌	20	30	−	−

예제 2.2 항복강도 $\sigma_{yt} = \sigma_{yc} = 28 \ \mathrm{kg/mm^2}$인 기계구조용 탄소강(SM20C)에 대하여 최대전단응력이론과 전단변형에너지이론으로 다음 각 응력상태에 대한 안전율을 구하라.

(1) $\sigma_x = 10 \ \mathrm{kg/mm^2}$, $\sigma_y = 2 \ \mathrm{kg/mm^2}$, $\tau_{xy} = 3 \ \mathrm{kg/mm^2}$

(2) $\sigma_x = -10 \ \mathrm{kg/mm^2}$, $\sigma_y = -2 \ \mathrm{kg/mm^2}$, $\tau_{xy} = 3 \ \mathrm{kg/mm^2}$

(3) $\sigma_x = 0$, $\sigma_y = 0$, $\tau_{xy} = 3 \ \mathrm{kg/mm^2}$

풀이 (1) 주응력은
$$\sigma_{1.2} = \frac{\sigma_x + \sigma_y}{2} \pm \sqrt{(\frac{\sigma_x - \sigma_y}{2})^2 + \tau_{xy}^2}$$

$$= \frac{10+2}{2} \pm \sqrt{(\frac{10-2}{2})^2 + 3^2} = 11, 1$$

$$\sigma_3 = 0$$

① 최대전단응력이론 $\tau_{\max} = \frac{\sigma_1 - \sigma_3}{2} = \frac{11-0}{2} = 5.5$

전단항복강도가 주어지지 않았으므로 $\tau_y = \frac{\sigma_{yt}}{2}$ 로 취급한다.

안전율 $S = \frac{\tau_y}{\tau_{\max}} = \frac{28/2}{5.5} = 2.55$

② 전단변형에너지이론 $\sigma_{VM} = \sqrt{\sigma_x^2 + \sigma_y^2 - \sigma_x \cdot \sigma_y + 3\tau_{xy}^2}$

$$= \sqrt{10^2 + 2^2 - 10 \times 2 + 3 \times 3^2} = 10.5$$

안전율 $S = \frac{\sigma_{yt}}{\sigma_{VM}} = \frac{28}{10.5} = 2.67$

(2) 주응력은 $\sigma_{1,2} = \frac{\sigma_x + \sigma_y}{2} \pm \sqrt{(\frac{\sigma_x - \sigma_y}{2})^2 + \tau_{xy}^2}$

$$= \frac{-10-2}{2} \pm \sqrt{(\frac{-10+2}{2})^2 + 3^2} = -1, -11$$

$$\sigma_3 = 0$$

① 최대전단응력이론 $\tau_{\max} = \frac{\sigma_1 - \sigma_3}{2} = \frac{-11-0}{2} = -5.5$

안전율 $S = \frac{\tau_y}{\tau_{\max}} = \frac{-28/2}{-5.5} = 2.55$

② 전단변형에너지이론 $\sigma_{VM} = \sqrt{\sigma_x^2 + \sigma_y^2 - \sigma_x \cdot \sigma_y + 3\tau_{xy}^2}$

$$= \sqrt{(-10)^2 + (-2)^2 - (-10) \times (-2) + 3 \times 3^2}$$

$$= 10.5$$

안전율 $S = \frac{\sigma_{yt}}{\sigma_{VM}} = \frac{28}{10.5} = 2.67$

(3) 주응력은 $\sigma_{1,2} = \frac{\sigma_x + \sigma_y}{2} \pm \sqrt{(\frac{\sigma_x - \sigma_y}{2})^2 + \tau_{xy}^2}$

$$= \frac{0+0}{2} \pm \sqrt{(\frac{0-0}{2})^2 + 3^2} = \pm 3$$

$$\sigma_3 = 0$$

① 최대전단응력이론 $\tau_{\max} = \frac{\sigma_1 - \sigma_2}{2} = \frac{3+3}{2} = 3$

$$\text{안전율 } S = \frac{\tau_y}{\tau_{\max}} = \frac{28/2}{3} = 4.67$$

② 전단변형에너지이론 $\sigma_{VM} = \sqrt{\sigma_x^2 + \sigma_y^2 - \sigma_x \cdot \sigma_y + 3\tau_{xy}^2}$

$$= \sqrt{(0)^2 + (0)^2 - (0) \cdot (0) + 3 \times 3^2} = 5.2$$

$$\text{안전율 } S = \frac{\sigma_{yt}}{\sigma_{VM}} = \frac{28}{5.2} = 5.38$$

예제 2.3 그림 2.24와 같은 원형단면의 외팔보에 인장하중 $P = 850\,\text{kg}$, 굽힘하중 $F = 300\,\text{kg}$, 비틀림 모멘트 $T = 17200\,\text{kg} \cdot \text{mm}$가 동시에 작용할 때, 최대 전단응력 이론과 전단변형에너지 이론에 의하여 원형봉의 안전율 S를 구하라. 단, 원형봉의 지름 $d = 35\,\text{mm}$, 항복강도 $\sigma_Y = 25\,\text{kg/mm}^2$이다.

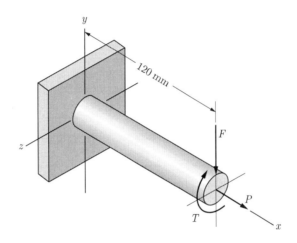

그림 2.24 복합하중을 받는 외팔보

풀이 봉의 고정단에서 최대 굽힘 모멘트가 작용하며 그 값은

$M = 300 \times 120 = 36000 (\text{kg.mm})$이고,

봉의 단면적은 $A = \dfrac{\pi d^2}{4} = \dfrac{\pi \times 35^2}{4} = 962(\text{mm}^2)$,

단면계수는 $Z = \dfrac{\pi d^3}{32} = \dfrac{\pi \times 35^3}{32} = 4207(\text{mm}^3)$이다.

따라서 x 방향의 수직응력은 다음과 같다.

$$\sigma_x = \frac{P}{A} + \frac{M}{Z} = \frac{850}{962} + \frac{36000}{4207} = 9.44(\text{kg/mm}^2)$$

한편 봉의 극단면계수 $Z_p = \dfrac{\pi d^3}{16} = \dfrac{\pi \times 35^3}{16} = 8414 (\text{mm}^3)$ 이므로 전단응력은

$$\tau_{xy} = \frac{T}{Z_p} = \frac{17200}{8414} = 2.04 (\text{kg/mm}^2)$$

이다.

그러므로 봉의 고정단에 작용하는 최대 전단응력은 식 (2.3b)에 의하여

$$\tau_{\max} = \left[\left(\frac{\sigma_x}{2} \right)^2 + \tau_{xy}^2 \right]^{\frac{1}{2}} = \left[\left(\frac{9.44}{2} \right)^2 + 2.04^2 \right]^{\frac{1}{2}} = 5.14 \, (\text{kg/mm}^2)$$

이고, 최대 전단응력 이론에 의한 안전율은

$$S = \frac{\tau_Y}{\tau_{\max}} = \frac{\sigma_Y}{2 \tau_{\max}} = \frac{25}{2 \times 5.14} = 2.43$$

이다.

한편 봉의 고정단에서 von Mises응력은 식 (2.7c)에 의하여

$$\sigma_{VM} = \left[\sigma_x^2 + 3\tau_{xy}^2 \right]^{\frac{1}{2}} = \left[9.44^2 + 3 \times 2.04^2 \right]^{\frac{1}{2}} = 10.08 (\text{kg/mm}^2)$$

이고, 전단변형에너지 이론에 의한 안전율은

$$S = \frac{\sigma_Y}{\sigma_{VM}} = \frac{25}{10.08} = 2.48$$

이다.

Chapter 03

표준화

3.1 표준규격

각종 기계에 사용되고 있는 기계요소들의 치수와 형상을 표준화 또는 규격화하여 통일시켜 놓으면 정밀도와 생산성이 높아질 뿐만 아니라 값이 싸지고 제품의 교환도 편리해진다.

이와 같이 표준화는 기계부품은 물론이고 일반 공산품의 재료, 성능, 치수, 시험검사법 등 광범위하게 적용되고 있다.

제품의 규격 통일과 표준화는 선진 각국에서는 오래전부터 제정되어 왔으며, 우리나라에서도 1962년 상공부 산하 공업진흥청에 표준국이 신설되어 기계요소를 비롯하여 각 방면으로 한국공업규격(Korean industrial Standard; KS)을 제정, 3년마다 공업계의 현황에 맞도록 재검토 개정하도록 하였다. 표 3.1은 KS 규격번호의 분류기호를, 표 3.2는 기계부분의 분류번호를 나타낸다.

표 3.1 KS에서 각 부문의 분류기호

분류기호	부 문	분류기호	부 문
A	기 본	KS K	섬 유
B	기 계	L	요 업
C	전 기	M	화 학
D	금 속	P	의 료
E	광 산	R	수 송 기 계
F	토목, 건축	V	조 선
G	일 용 품	W	항 공
H	식 료 품	X	정 보 통 신

표 3.2 KS에서 기계부분의 분류번호

분류번호	분 류
B0001~0905	기계기본
B1001~2809	기계요소
B3001~4000	기계공구
B4001~4920	공작기계
B5201~5631	측정계산용 기계기구, 물리기계
B6003~6831	일반기계
B7001~7099	산업기계
B7101~7920	농업기계
B8000~8204	열사용 및 가스기기

표 3.3은 세계 각국에서 현재 사용되고 있는 공업규격을 나타낸 것이다.

표 3.3 세계 각국의 공업규격

국 명	제정연도	규격기호	국 명	제정연도	규격기호
영 국	1901	BS	미 국	1918	ASA
독 일	1917	DIN	일 본	1921	JIS
프랑스	1918	NF	한 국	1962	KS

교통수단의 발달과 경제규모의 확대에 따라 지역 사이뿐만 아니라 국가 사이에도
인적 및 물적 교류가 활발해지게 되었다. 이에 따라 제품의 생산 및 관리유지비용을

줄이기 위하여 제품의 호환성이 매우 필요하게 되었다. 이 호환성을 높이기 위하여 1928년 국제적 표준화기구인 ISA(International Federation of the National Standardizing Association)가 설립되어 공산품규격의 국제적인 표준화를 시도하였다. 그러나 제2차 대전이 발발함과 동시에 그 기능이 정지되었다. 그 후 1949년에 ISA 대신 국제표준기구인 ISO(International Organization of Standardization)가 설립되면서 국제적인 각종 표준 규격을 제정하였다.

3.2 공차

도면에 기입된 치수는 설계에 의해 얻은 것으로 기본치수 혹은 호칭치수라고 한다. 그런데, 실제 가공되어 나온 제품의 치수는 가공정밀도에 따라 다르기 때문에 기본치수와 차이가 나게 된다. 이 기본치수와 가공치수의 차이를 오차라 하며, 제품의 가공에 편리하도록 이 오차의 허용범위를 정하여 그 안에 제품의 치수가 들어가도록 한계치수를 정하여야 한다. 제품에서 한계치수의 최댓값과 최솟값의 차이를 공차(tolerance)라 하며 이는 제품을 기본치수로 다듬질할 때 허용되는 오차이다. 공차의 크기는 요소의 형상과 기능에 따라 적절한 치수정밀도를 지정함으로써 정해진다. 그림 3.1은 제품의 치수공차를 표시한 예이다.

ISO에서는 제품의 정밀도에 따라 치수공차를 01급, 0급, 1~16급까지 18등급으로 나누어 각 치수의 구분에 대한 공차(이를 IT기본공차라 한다)를 규정하였고, 01~4급까

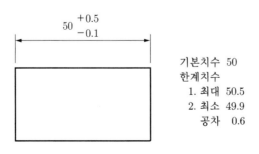

그림 3.1 치수공차의 예

지는 주로 게이지류에, 5~10급까지는 끼워맞춤 부분에, 11~16급까지는 끼워맞춤을 하지 않는 부분의 공차로 적용하도록 하였다. 표 3.4는 주로 사용되는 IT기본공차를 나타낸다.

표 3.4 주로 사용되는 IT기본공차 (단위: μm)

(a) 0~500 (mm)

치수 구분(mm) 초과	이하	IT 01 (01급)	IT 0 (0급)	IT 1 (1급)	IT 2 (2급)	IT 3 (3급)	IT 4 (4급)	IT 5 (5급)	IT 6 (6급)	IT 7 (7급)	IT 8 (8급)	IT 9 (9급)	IT 10 (10급)	IT 11 (11급)	IT 12 (12급)	IT 13 (13급)	IT 14 (14급)	IT 15 (15급)	IT 16 (16급)
	3	0.3	0.5	0.8	1.2	2	3	4	6	10	14	25	40	60	100	140	250	400	600
3	6	0.4	0.6	1	1.5	2.5	4	5	8	12	18	30	48	75	120	180	300	480	750
6	10	0.4	0.6	1	1.5	2.5	4	6	9	15	22	36	58	90	150	220	360	580	900
10	18	0.5	0.8	1.2	2	3	5	8	11	18	27	43	70	110	180	270	430	700	1100
18	30	0.6	1	1.5	2.5	4	6	9	13	21	33	52	84	130	210	330	520	840	1300
30	50	0.6	1	1.5	2.5	4	7	11	16	25	39	62	100	160	250	390	620	1000	1600
50	80	0.8	1.2	2	3	5	8	13	19	30	46	74	120	190	300	460	740	1200	1900
80	120	1	1.5	2.5	4	6	10	15	22	35	54	87	140	220	350	540	870	1400	2200
120	180	1.2	2	3.5	5	8	12	18	25	40	63	100	160	250	400	630	1000	1600	2500
180	250	2	3	4.5	7	10	14	20	29	46	72	115	185	290	460	720	1150	1850	2900
250	315	2.5	4	6	8	12	16	23	32	52	81	130	210	320	520	520	810	1300	2100
315	400	3	5	7	9	13	18	25	36	57	89	140	230	360	570	890	1400	2300	3600
400	500	4	6	8	10	15	20	27	40	63	97	155	250	400	630	970	1550	2500	4000

(b) 500~3150 (mm)

치수 구분(mm) 초과	이하	IT 6 (6급)	IT 7 (7급)	IT 8 (8급)	IT 9 (9급)	IT 10 (10급)	IT 11 (11급)	IT 12 (12급)	IT 13 (13급)	IT 14 (14급)	IT 15 (15급)	IT 16 (16급)
500	630	44	70	110	175	280	440	700	1100	1750	2800	4400
630	800	50	80	125	200	320	500	800	1250	2000	3200	5000
800	1000	56	90	140	230	360	560	900	1400	2300	3600	5600
1000	1250	66	105	165	260	420	660	1050	1650	2600	4200	6600
1250	1600	78	125	195	310	500	780	1250	1950	3100	5000	7800
1600	2000	92	150	230	370	600	920	1500	2300	3700	6000	9200
2000	2500	110	175	280	440	700	1100	1750	2800	4400	7000	11000
2500	3150	135	210	330	540	800	1350	2100	3300	5400	8600	13500

3.3 끼워맞춤

일반적으로 조립되는 두 개의 기계부품을 제작할 때에 지정된 방식을 택하면, 개개의 부품을 각각 다른 장소에서 만들어졌다 하더라도 다시 다듬질을 하지 않고 쉽게 끼워 맞출 수 있다. 그런데 두 부품을 끼워 맞출 때에 두 부품 사이에 치수 차이가 생기게 된다. 예를 들면, 축을 구멍에 끼울 경우에 구멍이 크고 축이 작아서 헐겁게 끼워 맞춰지는 치수차이를 틈새(clearance)라 하고, 구멍이 작고 축이 커서 억지로 끼워 맞춰지는 치수차이를 죔새(interference)라 한다. 그림 3.2는 틈새와 죔새의 예를 나타낸다.

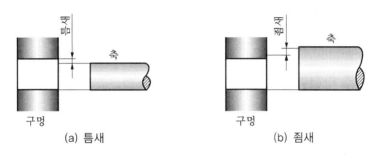

그림 3.2 틈새와 죔새

3.3.1 끼워맞춤의 종류

끼워맞춤의 종류에는 다음과 같이 세 종류(헐거운, 억지, 중간)의 끼워맞춤이 있으며, 그림 3.3은 헐거운 끼워맞춤과 억지 끼워맞춤의 예이다.

(1) 헐거운 끼워맞춤(clearance fit)

틈새가 있는 끼워맞춤으로 구멍의 최소 치수가 축의 최대 치수보다 크다.

최소 틈새 = 구멍의 최소 치수 − 축의 최대 치수

최대 틈새 = 구멍의 최대 치수 − 축의 최소 치수

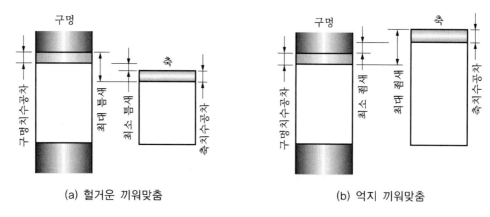

(a) 헐거운 끼워맞춤   (b) 억지 끼워맞춤

그림 3.3 끼워맞춤의 종류

(2) 억지 끼워맞춤(interference fit)

죔새가 있는 끼워맞춤으로 축의 최소치수가 구멍의 최대치수보다 크다.

최대 죔새 = 축의 최대 치수 – 구멍의 최소 치수

최소 죔새 = 축의 최소 치수 – 구멍의 최대 치수

(3) 중간 끼워맞춤(slide fit)

틈새와 죔새가 같이 생기는 끼워맞춤이다.

끼워 맞춰진 제품의 치수에 공차를 다 기입하고자 하면, 그림 3.4와 같이 구멍과 축의 공통 기준치수에 구멍의 공차기호와 축의 공차기호를 계속하여 표기한다.

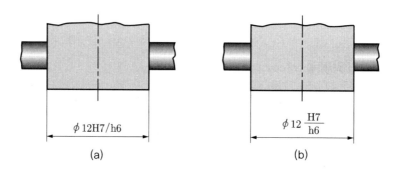

$\phi\,12\text{H7/h6}$ $\phi\,12\,\dfrac{\text{H7}}{\text{h6}}$

(a)   (b)

그림 3.4 끼워 맞춰진 제품에 공차를 기입한 예

3.3.2 끼워맞춤의 방식

끼워맞춤의 방식은 끼워 맞춰지는 부품을 가공할 경우, 구멍 또는 축 중에서 어느 한쪽의 공차역과 정밀도를 정하여 가공한 후에 그것을 기준으로 하여 다른 쪽을 원하는 끼워맞춤의 종류에 따라 공차역과 정밀도를 정하는 것을 말한다. 끼워맞춤의 기준은 구멍기준방식과 축기준방식이 있다.

(1) 구멍기준방식

구멍의 공차역을 H(H5~H10)로 정하고, 필요한 죔새 또는 틈새에 따라 구멍에 끼워 맞출 각종 축의 공차역을 정한다. 일정한 공차의 구멍에 대하여 축의 공차를 다양하게 주는 것이다. 즉, 구멍의 아래치수허용차가 0인 끼워맞춤방식이다.

(2) 축기준방식

축의 공차역을 h(h4~h9)로 정하고, 필요한 죔새 또는 틈새에 따라 축에 끼워 맞출 각종 구멍의 공차역을 정한다. 일정한 공차의 축에 대하여 구멍의 공차를 다양하게 주는 것이다. 즉, 축의 위치수허용차가 0인 끼워맞춤방식이다. 표 3.5는 주로 사용되는 끼워맞춤의 조합이다.

일반적으로 같은 등급의 공차를 가진 구멍과 축을 끼워 맞추는 경우에 구멍의 내면보다 축의 외면을 가공하기 쉽고, 가공된 것을 측정하기도 쉽다. 그러므로 구멍의 크기를 일정하게 해놓고 축의 바깥지름으로 끼워 맞춤 정밀도를 조절하는 것이 경제적이다. 일반적으로 가공하기 어려운 부품의 치수를 기준으로 하고, 가공하기 쉬운 부품의 치수를 조절하여 공차역 등급을 선택한다. 이런 이유로 부품을 가공하는 기준으로 구멍기준방식이 많이 채택된다. 표 3.6은 실제 기계부품의 조립에 사용되는 구멍기준 끼워맞춤의 예이다.

표 3.5(a) 주로 사용되는 구멍기준 끼워맞춤

기준구멍	축의 치수공차																
	헐거운 끼워맞춤							중간 끼워맞춤			억지 끼워맞춤						
H5						g4	h4	js4	k4	m4							
H6						g5	h5	js5	k5	m5							
					f6	g6	h6	js6	k6	m6	n6*	p6*					
H7					f6	g6	h6	js6	k6	m5	n6	p6*	r6*	s6	t6	u6	x6
				e7	f7		h7	js7									
H8					f7		h7										
			e8	f8			h8										
			d9	e9													
H9			d8	e8			h8										
		c9	d9	e9			h9										
H10	b9	c9	d9														

주* 끼워맞춤 구분은 치수 구분에 따라 예외가 생긴다.

표 3.5(b) 주로 사용되는 축기준 끼워맞춤

기준축	구멍의 치수공차																
	헐거운 끼워맞춤							중간 끼워맞춤			억지 끼워맞춤						
h4							H5	JS5	K5	M5							
h5							H6	JS6	K6	M6	N6*	P6					
h6					F6	G6	H6	JS6	K6	M6	N6	P6*					
					F7	G7	H7	JS7	K7	M7	N7	P7*	R7	S7	T7	U7	X7
h7				E7	F7		H7										
					F8		H8										
h8			D8	E8	F8		H8										
			D9	E9			H9										
h9			D8	E8			H8										
		C9	D9	E9			H9										
	B10	C10	D10														

주* 끼워맞춤 구분은 치수 구분에 따라 예외가 생긴다.

표 3.6 기계부품의 조립에 사용되는 구멍기준 끼워맞춤의 예

기준 구멍	축의 종류와 등급	적용 예	기준 구멍	축의 종류와 등급	적용 예
H5	g4 h4 js4 k4 mk	특별한 정밀기계기구 롤러 베어링	H7	e7 f7 (g7)	고속회전축의 끼워맞춤, 원심펌프축, 사진기 중속회전의 끼워맞춤, 공작기계 베어링, 크랭크축 저속베어링, 리머 볼트
H6	g5			h7 js7 (k7) (m7) (n7)	기어축, 이동축, 키, 커플링 기어축, 리머 볼트
	h5 js5 k5 m5	측정기, 사진기, 공기 잭 전동축, 피스톤 핀 전동축, 롤러 베어링 전동축, 롤러 베어링			
	f6 g6	롤러 베어링		(p7) (r7) (s7) (t7) (u7) (x7)	키, 회전기 회전기 회전기
	h6 js6 k6 m6	롤러 베어링, 억지끼워맞춤 때려박음 끼워맞춤, 사진기 때려박음 끼워맞춤, 사진기 때려박음 끼워맞춤, 사진기			
	n6 p6	억지끼워맞춤, 미션기어, 크랭크축, 캠, 부시 억지끼워맞춤, 캠, 부시	H8	f7 h7 e8 f8	윤활된 베어링, 기어축 일반 슬라이딩부 밸브, 크랭크축, 링크홈, 오일 펌프 중속회전의 끼워맞춤, 유압부, 슬라이딩부, 펌프축
H7	(e6) f6 g6	밸브, 베어링, 축 가동끼워맞춤, 방적기 축류, 베어링 위치결정끼워맞춤, 슬라이드 블록 스러스트 칼라, 부시		h8	일반슬라이딩부, 유압부, 연결기
				d9 e9	고속회전의 끼워맞춤, 차량, 산업기계의 베어링 작은 베어링
	h6 js6	기어차, 이동축, 실린더, 캠 때려박음, 지그 공구, 전동축, 핸들바퀴	H9	d8 e8	작은 베어링 작은 베어링
	k6 m6	때려박음 끼워맞춤, 롤러 베어링, 부시 커플링, 유압 피스톤 때려박음 끼워맞춤, 청동베어링		h8	작은 베어링, 키
	n6	기어, 크랭크, 부시		c9 d9 e9	큰 틈새의 끼워맞춤 사진기용 작은 베어링, 고정핀 가동끼워맞춤, 스프링 가이드
	p6 r6 s6 t6 u6 x6	때려박음 끼워맞춤, 캠축, 노크핀 때려박음 끼워맞춤, 캠축, 플랜지, 핀 압입부 때려박음 끼워맞춤, 미션 때려박음 끼워맞춤, 슬리브 열끼워맞춤, 실린더, 축파이프 열끼워맞춤, 실린더, 밸브기구		h9	차량축, 작은 베어링, 세그먼트 베어링
			H10	b9 c9 d9	큰 틈새의 끼워맞춤 키

PART

II

응 용

Chapter 04

축과 키

4.1 축

축은 베어링에 의해 지지되어서 회전에 의해 동력을 전달하는 기계요소로 용도에 따라 아래와 같이 분류한다.

(1) 축의 분류

- **차축(axle)** : 자동차나 기차에서 회전하지 않고 차체와 승객이나 화물의 중량을 차륜(wheel)에 전하는 축이다. 차체의 중량을 받는 위치와 차륜의 위치가 다르기 때문에 축은 굽힘 모멘트를 받는다.

- **전동축(transmission shaft)** : 자동차의 클러치에서 차동기어까지의 중간축과 같이 회전에 의해 동력을 전하는 축으로 주로 회전저항에 의한 비틀림 모멘트를 받지만 비틀림과 굽힘을 동시에 받는 경우도 있다. 일반기계의 전동축은 길기 때문에 비틀림 강도와 진동에 주의해야 한다.

- **스핀들(spindle)** : 선반, 밀링머신 등의 공작기계의 주축과 같이 비틀림 모멘트와 굽힘 모멘트를 동시에 받는 축으로 높은 정밀도가 요구되므로 강도가 충분하고 변형이 적어야 한다.

- **프로펠러축(propeller shaft)** : 선박의 원동축이나 항공기의 프로펠러축과 같이 주로

비틀림 모멘트와 축방향의 힘인 스러스트를 동시에 받는 축으로 스러스트가 축선과 일치하지 않으면 굽힘 모멘트에 의해 좌굴현상이 생길 수 있다.

- 크랭크축(crank shaft) : 자동차 엔진축과 같이 왕복운동을 회전운동으로 변환시키는 축으로 굽힘 모멘트와 비틀림 모멘트가 동시에 작용하고 거기에다 충격하중이 작용하므로 설계 시 주의를 요한다.

또한 축의 단면 모양에 따라 원형축, 사각축, 육각축 등이 있으나 일반적으로 사용되는 것은 원형축이며, 이에는 중실축(solid shaft)과 중공축(hollow shaft)이 있다.

(2) 축의 재료

표 4.1 축에 사용되는 재료

재료	기호	용도	인장강도 (kg/mm^2)
기계구조용 탄소강	SM 35 C ~ SM 40 C	차축, 일반축	52~62
	SM 45 C	크랭크축, 일반축	58~70
	SM 15 CK	캠축, 피스톤 핀	50 이상
크롬강	SCr 415, 420	캠축, 스플라인축	75~110
	SCr 430, 435, 440, 445	중형 일반축, 대형 일반축	
니켈크롬강	SNC 236, 415	소형축, 피스톤 핀	75~95
	SNC 631, 815, 836	크랭크축, 캠축, 추진축, 일반축	
니켈크롬 몰리브덴강	SNCM 220, 240	소형축, 중형축	85~110
	SNCM 415, 420	일반축	
	SNCM 431, 439, 447, 616, 625, 630, 815	크랭크축, 대형축, 피스톤 핀	
크롬 몰리브덴강	SCM 415	피스톤 핀	85~105
	SCM 420, 421	일반축, 피스톤 핀	
	SCM 430, 432, 435, 440	크랭크축, 차축, 각종축	
	SCM 445, 882	대형축	

축은 반복하중과 회전굽힘하중을 받을 경우가 많기 때문에 인성이 크고 강도가 높은 재료가 필요하다. 차축이나 일반축의 재료는 기계구조용 탄소강인 SM35C ~ SM40C 등을 열처리하여 사용하고 있다. 그러나 큰 하중이나 고속회전을 하는 크랭크축, 프로펠러축, 터빈축 등은 SM45C, SM50C 등의 기계구조용강이나 Ni, Cr, Mo 등이 들어있는 합금강(SNC, SCM, SNCM 등)을 열처리하여 사용하고 있다. 표 4.1은 축에 사용되는 재료의 예를 나타낸다.

(3) 축의 설계 시 고려사항

축을 설계할 때 고려할 사항은 다음과 같다.

- 강도(strength) : 축에 작용하는 하중에 의하여 파손되지 않도록 충분한 강도를 가지게 해야 한다. 특히 변동하중과 충격하중이 동시에 작용하는 경우도 많고, 축지름이 변화하는 곳(키홈, 단이 있는 축 등)에 집중응력이 발생하기 때문에 모서리 부분에는 큰 둥금새가 있어야 하며 피로파손에 주의해야 한다.

- 강성(rigidity) : 축의 굽힘과 비틀림의 양이 허용범위를 넘어서면 베어링의 이상마멸과 기어물림에 무리가 생기므로 변형이 최소화되도록 해야 한다.

- 진동(vibration) : 굽힘과 비틀림이 축에 생기면 그 복원력 때문에 진동이 발생한다. 이 진동의 고유진동주기인 위험속도와 축의 회전속도가 같으면 공진현상이 생겨서 축이 파괴된다. 그러므로 축의 회전속도를 그 위험속도에서 충분히 벗어나도록 해야 한다.

- 부식(corrosion) : 펌프나 선박의 프로펠러축과 같이 항상 액체 속에 있는 축은 부식되는 경우가 많으므로 축재료의 선택에 주의하여야 한다.

4.1.1 축의 강도설계

축은 굽힘, 비틀림과 스러스트를 받으면서 토크(torque)를 전달하는 기능을 갖고 있으며 축에 작용하는 하중에는 정하중, 주기적으로 변동하는 하중, 충격하중 등이 있다.

따라서 축의 강도 설계에서 그 평가는 어떠한 하중이 가해지는가에 따라 달라진다. 축이 전달하는 동력을 H (ps) 혹은 H'(kW), 회전속도를 N (rpm)이라 하면, 축에 가해지는 토크 T는 다음과 같다.

$$T = 716200 \frac{H}{N} \ (\text{kg} \cdot \text{mm}) \tag{4.1a}$$

$$T = 974000 \frac{H'}{N} \ (\text{kg} \cdot \text{mm}) \tag{4.1b}$$

(1) 정하중을 받는 축

1) 굽힘 모멘트만 받는 축

굽힘 모멘트의 크기는 축의 지지방법과 하중의 종류에 따라 다르지만 굽힘 모멘트 M이 축에 작용하면 σ_b인 최대 굽힘응력이 그 표면에 발생한다. 그런데 축이 안전하게 하중을 부담하기 위해서는 표면의 최대 굽힘응력 σ_b가 축의 허용 굽힘응력 σ_a 이하여야 한다. 그러므로 축의 단면계수를 Z라 하면, $\sigma_b = \dfrac{M}{Z} \leq \sigma_a$인 관계로부터 축지름이 구해진다.

① 중실축인 경우

그림 4.1과 같은 원형단면인 중실축의 지름을 d라 하면, 중실축의 단면계수 $Z = \dfrac{\pi d^3}{32}$이므로

$$d \geq \sqrt[3]{\frac{32M}{\pi \sigma_a}} \tag{4.2a}$$

이다. 그런데 허용 굽힘응력이

$$\sigma_a = \frac{\sigma_Y}{S}$$

이므로

$$d \geq \sqrt[3]{\frac{32SM}{\pi \sigma_Y}} \tag{4.2b}$$

이다. 여기서, σ_Y는 축의 항복강도, S는 안전율이다.

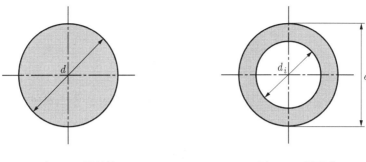

| 그림 4.1 중실축 | 그림 4.2 중공축 |

② 중공축인 경우

그림 4.2와 같은 원형 단면인 중공축의 안지름을 d_i, 바깥지름을 d_o라 하면, 단면계수

$Z = \dfrac{\pi(d_o^4 - d_i^4)}{32 d_o}$ 이고, $\dfrac{d_i}{d_o} = \lambda$ (안지름과 바깥지름의 비)라 하면, $Z = \dfrac{\pi d_o^3}{32}(1 - \lambda^4)$ 이므로

$$d_o \geq \sqrt[3]{\frac{32M}{\pi(1 - \lambda^4)\sigma_a}} \tag{4.3a}$$

또는, 다음 식과 같다.

$$d_o \geq \sqrt[3]{\frac{32SM}{\pi(1 - \lambda^4)\sigma_Y}} \tag{4.3b}$$

2) 비틀림 모멘트만 받는 축

축에 비틀림 모멘트 T 가 작용한다면 축의 표면에 τ 인 최대 전단응력이 발생한다. 이때 축의 극단면계수를 Z_p, 허용 전단응력을 τ_a라 하면, $\tau = \dfrac{T}{Z_p} \leq \tau_a$ 인 관계로부터 축지름이 구해진다.

① 중실축의 경우

원형단면인 중실축의 극단면계수는 $Z_p = \dfrac{\pi d^3}{16}$ 이므로

$$\therefore \ d \geq \sqrt[3]{\frac{16T}{\pi \tau_a}} \tag{4.4a}$$

그런데, 허용 전단응력은

$$\tau_a = \frac{\tau_Y}{S} = \frac{\sigma_Y}{2S}$$

여기서, τ_Y는 축의 전단 항복강도이고, 최대 전단응력 이론에 의하면 $\tau_Y = \frac{\sigma_Y}{2}$ 이다. 그러므로

$$d \geq \sqrt[3]{\frac{32ST}{\pi\sigma_Y}} \tag{4.4b}$$

② 중공축의 경우

원형단면인 중공축의 극단면계수는 $Z_p = \frac{\pi d_o^3}{16}(1-\lambda^4)$ 이므로

$$\therefore d_o \geq \sqrt[3]{\frac{16T}{\pi(1-\lambda^4)\tau_a}} \tag{4.5a}$$

또는

$$d_o \geq \sqrt[3]{\frac{32ST}{\pi(1-\lambda^4)\sigma_Y}} \tag{4.5b}$$

중공축은 항공기나 선박의 축과 같이 강도가 크고 무게가 가벼워야 되는 곳에 주로 사용된다. 중공축과 중실축의 재질이 같고, 바깥지름이 같을 경우에 중공축과 중실축의 전달토크의 비(T_H/T_S)와 중량의 비(W_H/W_S)는 다음 식과 같다.

$$\frac{T_H}{T_S} = 1 - \lambda^4$$

$$\frac{W_H}{W_S} = 1 - \lambda^2$$

그림 4.3은 중공축과 중실축의 전달토크 및 중량의 비를 나타낸 것이다. 안지름과 바깥지름의 비 $\lambda=0.4$인 경우, 중량은 16 % 감소하지만, 전달토크는 2.6 % 정도만 감소하는 것을 알 수 있다.

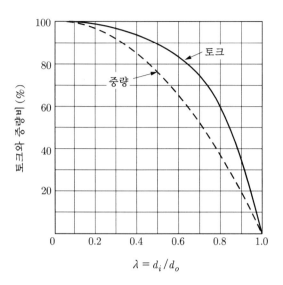

$$\lambda = d_i / d_o$$

그림 4.3 전달토크와 중량비

[예제 4.1] $N = 180\,\mathrm{rpm}$ 으로 $H = 20\,\mathrm{ps}$ 를 전달하는 중실축에 키홈을 팔 때의 축지름을 구하라. 단, 축재료의 허용 전단응력 $\tau_a = 4.0\,\mathrm{kg/mm^2}$ 이고, 키홈은 폭 $b = 12\,\mathrm{mm}$, 깊이 $t = 4.5\,\mathrm{mm}$ 이다.

[풀이] 축에 작용하는 비틀림 모멘트 T 는 식 (4.1a)에 의하여

$$T = 716200\frac{H}{N} = 716200 \times \frac{20}{180} = 79578\,(\mathrm{kg \cdot mm})$$

이다. 그런데 키홈에서 응력집중이 발생하므로 축지름은 응력집중을 고려한 아래 식으로 계산된다.

$$d \geq \sqrt[3]{\frac{16 K_c T}{\pi \tau_a}}$$

키홈의 밑모서리부의 반지름 r은 축지름의 3 %로 잡는다고 가정하면, 그림 2.6에서 응집력집중계수 $K_c = 2.0$ 으로 한다.

$$\therefore\ d \geq \sqrt[3]{\frac{16 \times 2 \times 79578}{\pi \times 4}} = 58.7\,(\mathrm{mm})$$

이므로 축지름 $d = 60\,\mathrm{mm}$ 로 결정한다.

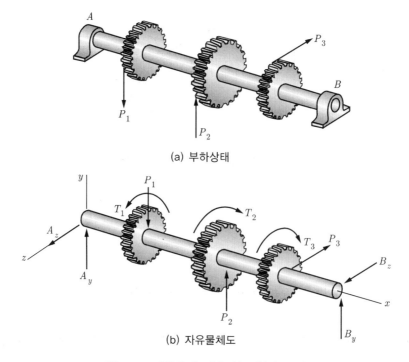

(a) 부하상태

(b) 자유물체도

그림 4.4 전동축에 작용하는 힘과 모멘트

3) 굽힘 모멘트와 비틀림 모멘트를 동시에 받는 축

그림 4.4와 같이 축이 기어나 스프로킷휠에 의해 동력을 전달할 때 비틀림 하중뿐만 아니라 축에 수직한 방향인 굽힘 하중도 받게 된다. 이 때 축의 표면에는 굽힘응력 σ_b와 전단응력 τ가 발생하는 조합응력 상태이므로 축의 지름은 2장에서 설명한 파손이론들을 적용하여 계산해야 한다.

① 연성재료의 경우

최대 전단응력 이론의 식 (2.3b)를 중실축에 적용하는 경우, $\sigma_x = \sigma_b$이고, $\tau_{xy} = \tau$이므로

$$\tau_{\max} = \frac{1}{2}\sqrt{\sigma_b^2 + 4\tau^2} = \frac{16}{\pi d^3}\sqrt{M^2 + T^2} = \frac{T_e}{Z_p} \tag{4.6}$$

여기서, T_e는 상당 비틀림 모멘트라고 하며, $T_e = \sqrt{M^2 + T^2}$이다.

또한 이 경우에 축 표면에 발생하는 최대 전단응력은 $\tau_{\max}$는 허용 전단응력 τ_a이하여야 하므로

$$\tau_{\max} = \frac{16\,T_e}{\pi d^3} \le \tau_a$$

이고, 축지름은

$$d \ge \left[\frac{16\,T_e}{\pi \tau_a}\right]^{\frac{1}{3}} \quad \text{또는} \quad d \ge \left[\frac{32S T_e}{\pi \sigma_Y}\right]^{\frac{1}{3}} \tag{4.7}$$

이다.

전단변형에너지 이론의 식 (2.7c)를 중실축에 적용하는 경우에 von Mises 응력 σ_{VM}은 허용 굽힘응력 σ_a이하여야 하므로

$$\sigma_{VM} = \sqrt{\sigma_b^2 + 3\tau^2} = \frac{32}{\pi d^3}\sqrt{M^2 + \frac{3}{4}\,T^2} \le \sigma_a \tag{4.8}$$

이고, 축지름은

$$d \ge \left[\frac{32}{\pi \sigma_a}\sqrt{M^2 + \frac{3}{4}\,T^2}\right]^{\frac{1}{3}} \tag{4.9a}$$

또는

$$d \ge \left[\frac{32S}{\pi \sigma_Y}\sqrt{M^2 + \frac{3}{4}\,T^2}\right]^{\frac{1}{3}} \tag{4.9b}$$

이다.

② 취성재료의 경우

최대 주응력 이론의 식 (2.8c)를 중실축에 적용하면, 축의 최대 주응력 $\sigma_{\max}$는

$$\sigma_{\max} = \frac{1}{2}\left[\sigma_b + \sqrt{\sigma_b^2 + 4\tau^2}\right] = \frac{1}{2}\frac{32}{\pi d^3}\left[M + \sqrt{M^2 + T^2}\right] = \frac{M_e}{Z} \tag{4.10}$$

여기서, M_e는 상당 굽힘 모멘트라고 하며, $M_e = \frac{1}{2}[M + \sqrt{M^2 + T^2}\,]$이다.

또한 최대 주응력 $\sigma_{\max}$는 허용 굽힘응력 σ_a이하여야 하므로

$$\sigma_{\max} = \frac{32 M_e}{\pi d^3} \le \sigma_a$$

이다. 그러므로 축지름은

$$d \ge \left[\frac{32 M_e}{\pi \sigma_a}\right]^{\frac{1}{3}} \tag{4.11a}$$

이다. 그런데 취성재료의 허용 굽힘응력은

$$\sigma_a = \frac{\sigma_u}{S}$$

이다. 여기서 σ_u는 축의 극한강도이다.

그러므로 축지름은 다음 식과 같다.

$$d \geq \left[\frac{32SM_e}{\pi\sigma_u} \right]^{\frac{1}{3}} \qquad (4.11b)$$

예제 4.2 $N = 180\,\text{rpm}$으로 $H = 20\,\text{ps}$를 전달하는 중실축에 최대 굽힘 모멘트 $M = 50000$ kg · mm 가 작용하는 경우에 중실축의 지름을 구하라. 단, 축은 강철이고, 항복강도 $\sigma_Y = 30\,\text{kg/mm}^2$, 안전율 $S = 5$이다.

풀이 축에 작용하는 비틀림 모멘트 T는 식 (4.1a)에 의하여

$$T = 716200\frac{H}{N} = 716200 \times \frac{20}{180} = 79578\,(\text{kg · mm})$$

이다. 따라서 굽힘 모멘트 M과 비틀림 모멘트 T가 동시에 작용하는 경우에, 상당비틀림 모멘트 T_e는

$$T_e = \sqrt{M^2 + T^2} = \sqrt{(50000)^2 + (79577)^2} = 93982\,(\text{kg · mm})$$

이다.

최대 전단응력 이론을 적용하면, 축지름은 식 (4.7)에 의하여

$$d = \left[\frac{32ST_e}{\pi\sigma_Y} \right]^{\frac{1}{3}} = \left[\frac{32 \times 5 \times 93982}{\pi \times 30} \right]^{\frac{1}{3}} = 54.2\,(\text{mm})$$

전단변형에너지 이론을 적용하면, 축지름은 식 (4.9b)에 의하여

$$d = \left[\frac{32S}{\pi\sigma_Y} \sqrt{M^2 + \frac{3}{4}T^2} \right]^{\frac{1}{3}}$$

$$= \left[\frac{32 \times 5}{\pi \times 30} \sqrt{50000^2 + \frac{3}{4} \times 79578^2} \right]^{\frac{1}{3}} = 52.5\,(\text{mm})$$

두 값 중에서 재료비를 줄이는 것과 안전을 확실히 보장하는 것 중에서 우선순위를 판단하여 선택한다.

(2) 동하중을 받는 축

일반적으로 동력을 전달하는 축에 가해지는 하중은 일정하지 않으며 복잡하게 변동을 하거나 충격적으로 작용하는 경우가 많다. 전동축은 회전하면서 굽힘 모멘트와 비틀림 모멘트를 동시에 받으며, 그 크기와 방향을 살펴보면,

- 굽힘 모멘트가 일정한 방향으로 작용하는 축은 축이 회전함에 따라 굽힘응력이 $+\sigma_b$에서 $-\sigma_b$까지 변한다.
- 비틀림 모멘트는 크기와 방향이 일정한 경우, 그 크기가 변동하는 경우와 방향과 크기가 동시에 변하여 비틀림 응력이 $+\tau$에서 $-\tau$까지 변화하는 경우가 있다.

이와 같은 변동하중은 같은 재료라 할지라도 항복강도보다 작은 응력에서 피로에 의하여 파손이 일어날 수 있으므로 피로한도를 고려하여 설계를 하여야 한다.

전동축과 같이 굽힘과 비틀림 하중이 결합된 변동하중과 충격하중을 받는 축을 생각해보자. 앞에서 설명한 것처럼 평균 굽힘 모멘트 M_m, 교번 굽힘 모멘트 M_a, 평균 비틀림 모멘트 T_m과 교번 비틀림 모멘트 T_a는 식 (4.12)와 같다.

$$
\begin{aligned}
M_m &= \frac{1}{2}(M_{\max} + M_{\min}) & M_a &= \frac{1}{2}(M_{\max} - M_{\min}) \\
T_m &= \frac{1}{2}(T_{\max} + T_{\min}) & T_a &= \frac{1}{2}(T_{\max} - T_{\min})
\end{aligned}
\tag{4.12}
$$

이들 굽힘 모멘트와 비틀림 모멘트를 받는 지름 d인 축의 표면에서 발생하는 평균응력(σ_{bm}, τ_m)과 교번응력(σ_{ba}, τ_a)의 최댓값은 식 (4.13)과 같다.

$$
\begin{aligned}
\sigma_{bm} &= \frac{32 M_m}{\pi d^3} & \tau_m &= \frac{16 T_m}{\pi d^3} \\
\sigma_{ba} &= \frac{32 M_a}{\pi d^3} & \tau_a &= \frac{16 T_a}{\pi d^3}
\end{aligned}
\tag{4.13}
$$

위의 응력들을 최대 전단응력의 식 (2.3)에 대입하면,

$$
\begin{aligned}
(\tau_{\max})_m &= \sqrt{\left(\frac{\sigma_{bm}}{2}\right)^2 + \tau_m^2} = \frac{16}{\pi d^3}\sqrt{M_m^2 + T_m^2} = \frac{\sigma_m'}{2} \\
(\tau_{\max})_a &= \sqrt{\left(\frac{\sigma_{ba}}{2}\right)^2 + \tau_a^2} = \frac{16}{\pi d^3}\sqrt{M_a^2 + T_a^2} = \frac{\sigma_a'}{2}
\end{aligned}
\tag{4.14}
$$

이다. 여기서, $\sigma_m{}'$과 $\sigma_a{}'$은 실제 축에 작용하는 평균 수직응력과 교번 수직응력을 나타낸다. 동하중을 받는 축의 설계에서 식 (4.15)와 같은 ASME의 타원 파손기준식이 실험과 잘 일치하므로 여기서도 그 식을 사용한다.

$$\left(\frac{\sigma_a}{\sigma_e}\right)^2 + \left(\frac{\sigma_m}{\sigma_Y}\right)^2 = 1 \tag{4.15}$$

여기서, σ_Y와 σ_e는 각각 축의 항복강도와 피로한도를 나타낸다. 식 (4.15)를 그래프로 나타내면 그림 4.5와 같다. 그림 4.5에서 A점은 파손이 일어나지 않는 상태의 실제 축에 작용하는 응력을 나타내고, B점은 응력비 $\dfrac{\sigma_a{}'}{\sigma_m{}'}$를 그대로 유지한 상태에서 파손이 일어나는 경우에 축에 작용하는 응력을 나타낸다. 파손점 B점에 해당하는 평균응력을 σ_m, 교번응력을 σ_a, 안전율을 S라 하면, 식 (4.14)는 다음과 같이 고쳐 쓸 수 있다.

$$\sigma_m{}' = \frac{32}{\pi d^3}\sqrt{M_m^2 + T_m^2} = \frac{\sigma_m}{S}$$

$$\sigma_a{}' = \frac{32}{\pi d^3}\sqrt{M_a^2 + T_a^2} = \frac{\sigma_a}{S} \tag{4.16}$$

식 (4.16)을 식 (4.15)에 대입하면 식 (4.17)과 같이 된다. 식 (4.17)은 최대 전단응력 −ASME 타원 파손이론을 적용하여 축지름을 구하는 식이다.

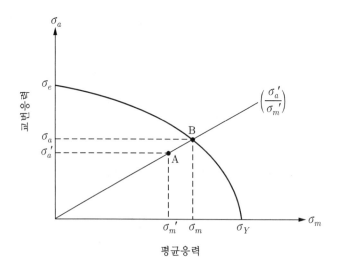

그림 4.5 ASME 타원 파손기준선도

$$d = \left[\frac{32S}{\pi} \sqrt{\left(\frac{M_a}{\sigma_e}\right)^2 + \left(\frac{T_a}{\sigma_e}\right)^2 + \left(\frac{M_m}{\sigma_Y}\right)^2 + \left(\frac{T_m}{\sigma_Y}\right)^2} \right]^{\frac{1}{3}} \tag{4.17}$$

또한 식 (4.13)의 응력들을 전단변형에너지 이론에서 나온 유효응력 식 (2.7c)에 대입하면

$$\sigma_m{}' = \sqrt{\sigma_{bm}^2 + 3\tau_m^2} = \frac{16}{\pi d^3}\sqrt{4M_m^2 + 3T_m^2}$$

$$\sigma_a{}' = \sqrt{\sigma_{ba}^2 + 3\tau_a^2} = \frac{16}{\pi d^3}\sqrt{4M_a^2 + 3T_a^2} \tag{4.18}$$

이고, ASME 타원 파손기준식 (4.15)에 대입하면 식 (4.19)와 같다. 식 (4.19)는 전단변형에너지-ASME 타원 파손이론을 적용하여 축지름을 구하는 식이다.

$$d = \left[\frac{32S}{\pi} \sqrt{\left(\frac{M_a}{\sigma_e}\right)^2 + \frac{3}{4}\left(\frac{T_a}{\sigma_e}\right)^2 + \left(\frac{M_m}{\sigma_Y}\right)^2 + \frac{3}{4}\left(\frac{T_m}{\sigma_Y}\right)^2} \right]^{\frac{1}{3}} \tag{4.19}$$

균일하중 상태에서 축이 회전하면, 완전 역전 굽힘응력(σ_{ba})과 비틀림 평균응력(τ_m)만이 작용하게 되므로 $M = M_{\max} = - M_{\min}$ 이고, $T = T_{\max} = T_{\min}$ 이다. 또한 식 (4.12)로부터

$$M_m = \frac{1}{2}[M + (-M)] = 0 \quad M_a = \frac{1}{2}[M - (-M)] = M$$

$$T_m = \frac{1}{2}(T + T) = T \quad T_a = \frac{1}{2}(T - T) = 0 \tag{4.20}$$

이다. 그리고 식 (4.17)과 (4.19)는 다음과 같이 간략하게 정리된다.

$$d = \left[\frac{32S}{\pi} \sqrt{\left(\frac{M}{\sigma_e}\right)^2 + \left(\frac{T}{\sigma_Y}\right)^2} \right]^{\frac{1}{3}} \tag{4.21a}$$

$$d = \left[\frac{32S}{\pi} \sqrt{\left(\frac{M}{\sigma_e}\right)^2 + \frac{3}{4}\left(\frac{T}{\sigma_Y}\right)^2} \right]^{\frac{1}{3}} \tag{4.21b}$$

식 (4.21)은 정상 상태에서 회전하는 축의 지름을 구하는 ASME식이다. 만약 기계에

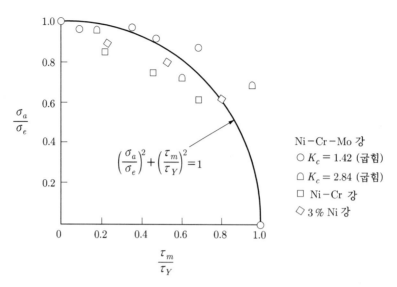

그림 4.6 ASME 타원 파손기준과 회전축의 실험결과

충격하중이 작용하는 경우에 축지름을 구하기 위해서는 앞의 식에 충격계수를 곱한 식 (4.22)를 사용한다.

$$d = \left[\frac{32S}{\pi} \sqrt{ K_{sb} \left(\frac{M}{\sigma_e} \right)^2 + K_{st} \left(\frac{T}{\sigma_Y} \right)^2 } \right]^{\frac{1}{3}} \tag{4.22a}$$

$$d = \left[\frac{32S}{\pi} \sqrt{ K_{sb} \left(\frac{M}{\sigma_e} \right)^2 + \frac{3}{4} K_{st} \left(\frac{T}{\sigma_Y} \right)^2 } \right]^{\frac{1}{3}} \tag{4.22b}$$

여기서, K_{sb}와 K_{st}는 각각 굽힘과 비틀림의 충격계수이고, 충격계수의 값은 충격이 거의 없는 경우는 1.0, 약한 충격에는 1.5, 강한 충격에는 2.0으로 잡는다.

그림 4.6은 ASME 타원 파손기준식을 실험결과와 비교한 것인데, 실험결과와 잘 일치하는 것을 볼 수 있다. 그런데 축의 지름이 계단식으로 변하여 응력집중이 발생하는 축에 대해서는 피로한도의 계산에 이 영향을 고려하여 축지름을 계산해야 한다.

[**예제 4.3**] 그림 4.7과 같이 길이 $L = 700\,\mathrm{mm}$ 인 원형단면 축의 중앙에 벨트 풀리가 설치되어 있고, 벨트를 당겨서 축을 회전시킨다. 벨트가 풀리를 수평으로 잡아당기는 힘 $T_1 = 390\,\mathrm{kg}$, $T_2 = 300\,\mathrm{kg}$이고, 풀리의 바깥지름 $D = 250\,\mathrm{mm}$, 무게 $W = 80\,\mathrm{kg}$이다. 또한 축의 인장강도 $\sigma_{ut} = 40\,\mathrm{kg/mm^2}$, 항복강도 $\sigma_Y = 25\,\mathrm{kg/mm^2}$, 안전율

$S = 2$, 피로 응력집중계수 $K_f = 1.4$이고, 축의 표면은 기계가공되어 있다. 이 때 전단변형에너지 이론을 이용하여 풀리가 설치된 곳의 축지름 d를 구하라.

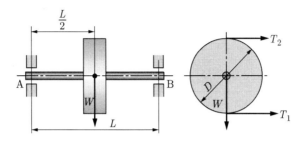

그림 4.7 벨트풀리로 동력을 전달하는 축

풀이   축의 중앙에 작용하는 집중하중의 합력은

$$F_R = \sqrt{(T_1 + T_2)^2 + W^2} = \sqrt{(390 + 300)^2 + 80^2} = 695 \text{ (kg)}$$

베어링으로 지지된 부분의 반력은

$$R_A = R_B = 347.5 \text{ (kg)}$$

이다.

또한 축에 중앙에서 발생하는 최대 굽힘 모멘트는

$$M = R_B \frac{L}{2} = 347.5 \times 350 = 121625 \text{ (kg} \cdot \text{mm)}$$

벨트풀리에 의해 축에 전달되는 비틀림 모멘트는

$$T = (T_1 - T_2) \frac{D}{2} = (390 - 300) \times \frac{250}{2} = 11250 \text{ (kg} \cdot \text{mm)}$$

표 2.2에 의하여 굽힘 교번하중을 받는 강철의 경우, 시편의 피로한도는

$$\sigma_e' = 0.5 \sigma_{ut} = 0.5 \times 40 = 20 \text{ (kg/mm}^2)$$

표면처리계수는 표 2.3에 의하면, 기계가공된 축의 경우, $A = 4.51$, $b = -0.265$이 므로 식 (2.10)에 의하여

$$C_f = A \cdot (10 \sigma_{ut})^b = 4.51 \times (10 \times 40)^{-0.265} = 0.92$$

신뢰도계수는 표 2.4에서 신뢰도 50 %의 경우, $C_r = 1$이고, 크기계수는 축지름이 50 mm를 넘는다고 가정하면 식 (2.11)에 의하여 $C_s = 0.7$이다. 온도계수는 축의 사용온도는 실온으로 450℃ 이하 이므로 식 (2.13)에 의하여 $C_t = 1$이다.

그러므로 축의 수정된 피로한도는 식 (2.9)에 의하여

$$\sigma_e = C_f C_r C_s C_t (1/K_f)\sigma_e' = 0.92 \times 1 \times 0.7 \times 1 \times \frac{20}{1.4} = 9.2 \,(\text{kg/mm}^2)$$

전단변형에너지 이론에 의하여 축지름을 계산하는 식 (4.21b)를 적용하면

$$d = \left[\frac{32S}{\pi} \sqrt{\left(\frac{M}{\sigma_e}\right)^2 + \frac{3}{4}\left(\frac{T}{\sigma_Y}\right)^2} \right]^{\frac{1}{3}}$$

$$= \left[\frac{32 \times 2}{\pi} \sqrt{\left(\frac{121625}{9.2}\right)^2 + \frac{3}{4}\left(\frac{11250}{25}\right)^2} \right]^{\frac{1}{3}}$$

$$= 64.6 \,(\text{mm})$$

가정한 것과 같이 축지름이 50 mm를 넘으므로 계산에 사용된 크기계수는 합당하다.

예제 4.4 그림 4.8과 같이 C점에 무게 $W_p = 120\,\text{kg}$인 풀리가 설치된 중실축이 수평으로 감긴 평벨트에 의하여 구동되고, B점에 설치된 기어를 통하여 다른 축으로 동력을 전달할 때, 최대전단응력이론으로 축지름 d를 구하라. 단, 풀리의 장력 $T_1 = 500\,\text{kg}$, $T_2 = 150\,\text{kg}$, 바깥지름은 $D_p = 600\,\text{mm}$ 이고, 기어의 회전력 $W = 800\,\text{kg}$, 반지름 방향 하중 $W_r = 300\,\text{kg}$, 피치원지름은 $D_g = 262.5\,\text{mm}$ 이다. 또한 축의 길이 $l_1 = 225\,\text{mm}$, $l_2 = 375\,\text{mm}$, $l_3 = 250\,\text{mm}$ 이고, 축의 항복강도 $\sigma_Y = 45\,\text{kg/mm}^2$, 피로한도 $\sigma_e = 13.5\,\text{kg/mm}^2$, 안전율 $S = 1.8$ 이다.

풀이

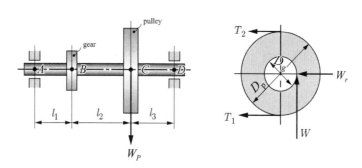

그림 4.8 풀리와 기어가 설치된 중간축

먼저 수직방향과 수평방향으로 나누어 베어링으로 지지되는 부분의 반력들을 구해보자. 축에 수직방향으로 작용하는 힘에 관한 자유물체도는 그림 4.9(a)와 같

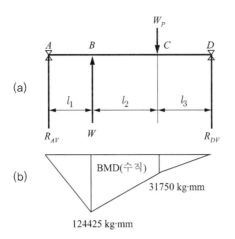

(a)

(b)

그림 4.9 수직방향 자유물체도와 굽힘모멘트선도

다. 그림 4.9(a)에서 힘의 평형식과 A점에 관한 굽힘모멘트의 평형식을 세우면

$$\sum F_V = 0 \ ; \ R_{AV} + R_{DV} = W_P - W$$

$$\sum M_{AV} = 0 \ ; \ R_{DV}(l_1 + l_2 + l_3) = W_P(l_1 + l_2) - Wl_1$$

이고, 두 평형식에 의하여 수직방향 반력들을 구하면 다음과 같다.

$$R_{DV} = \frac{W_P(l_1 + l_2) - Wl_1}{l_1 + l_2 + l_3} = \frac{120 \times 600 - 800 \times 225}{850} = -127 (\text{kg})$$

$$R_{AV} = W_P - W - R_{DV} = 120 - 800 + 127 = -553 (\text{kg})$$

B점과 C점의 수직방향 굽힘모멘트는

$$M_{BV} = R_{AV}l_1 = -553 \times 225 = -124425 (\text{kg.mm})$$

$$M_{CV} = R_{DV}l_3 = -127 \times 250 = -31750 (\text{kg.mm})$$

이고, 수직방향의 굽힘모멘트 선도(BMD)는 그림 4.9(b)와 같다.

한편 축에 수평방향으로 작용하는 힘에 관한 자유물체도는 그림 4.10(a)와 같다. 그림 4.10(a)에서 힘의 평형식과 A점에 관한 굽힘모멘트의 평형식을 세우면

$$\sum F_H = 0 \ ; \ R_{AH} + R_{DH} = W_r + T_1 + T_2$$

$$\sum M_{AH} = 0 \ ; \ R_{DH}(l_1 + l_2 + l_3) = W_r l_1 + (T_1 + T_2)(l_1 + l_2)$$

이고, 두 평형식에 의하여 수평방향 반력들을 구하면 다음과 같다.

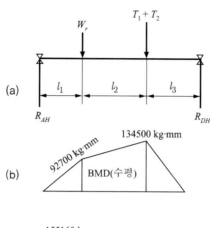

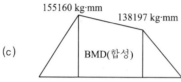

그림 4.10 수평방향 자유물체도와 굽힘모멘트선도

$$R_{DH} = \frac{W_r l_1 + (T_1 + T_2)(l_1 + l_2)}{l_1 + l_2 + l_3} = \frac{300 \times 225 + 650 \times 600}{850} = 538(kg)$$

$$R_{AH} = W_r + T_1 + T_2 - R_{DH} = 300 + 650 - 538 = 412(kg)$$

B점과 C점의 수평방향 굽힘모멘트는

$$M_{BH} = R_{AH} l_1 = 412 \times 225 = 92700(\text{kg.mm})$$

$$M_{CH} = R_{DH} l_3 = 538 \times 250 = 134500(\text{kg.mm})$$

이고, 수평방향의 굽힘모멘트 선도는 그림 4.10(b)와 같다. B점과 C점의 합성 굽힘모멘트는

$$M_B = \sqrt{(M_{BV})^2 + (M_{BH})^2} = \sqrt{124425^2 + 92700^2} = 155160(\text{kg.mm})$$

$$M_C = \sqrt{(M_{CV})^2 + (M_{CH})^2} = \sqrt{31750^2 + 134500^2} = 138197(\text{kg.mm})$$

이고, 합성 굽힘모멘트 선도는 그림 4.10(c)와 같다. 그림 4.10(c)에서 최대굽힘모멘트는 B점에서 발생하므로 B점을 기준으로 축지름을 계산한다. 축의 비틀림모멘트는

$$T = (T_1 - T_2)\frac{D_p}{2} = 350 \times \frac{600}{2} = 105000(kg.mm)$$

이므로 식 (4.21a)에 의하여 지름을 구하면 다음과 같다.

$$d = \left[\frac{32S}{\pi} \sqrt{\left(\frac{M}{\sigma_e}\right)^2 + \left(\frac{T}{\sigma_Y}\right)^2} \right]^{\frac{1}{3}}$$

$$= \left[\frac{32 \times 1.8}{\pi} \sqrt{\left(\frac{155160}{13.5}\right)^2 + \left(\frac{105000}{45}\right)^2} \right]^{\frac{1}{3}}$$

$$= 60(\text{mm})$$

4.1.2 축의 강성설계

축에 하중이 작용하면 축이 처지거나 비틀어진다. 축이 처지면 베어링에 이상마멸이 생기고, 비틀어지면 기어이의 물림에 무리가 따르게 된다. 그러므로 축의 변형된 양을 허용하는 값보다 적게 해야 한다.

축의 변형을 고려한 설계는 실제 변형된 양이 허용되는 양보다 적다는 조건을 만족하도록 축지름을 정해야 한다.

(1) 굽힘 모멘트에 의한 축의 변형

그림 4.11과 같이 단면이 균일한 원형축에 집중하중 W 가 작용할 경우에 지지점의 경사각 β 와 최대처짐 $\delta_{\max}$ 는 식 (4.22)와 같다.

$$\beta = \frac{Wl^2}{16EI} \tag{4.22a}$$

$$\delta_{\max} = \frac{Wl^3}{48EI} \tag{4.22b}$$

이 경우에 축의 굽힘에 의한 지지점의 경사각 β 는 허용 경사각 β_a 보다 작아야 하므로

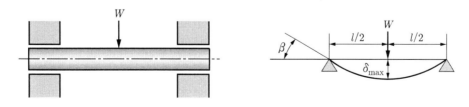

그림 4.11 집중하중이 작용하는 축

$\beta = \dfrac{Wl^2}{16EI} \le \beta_a$ 가 된다. 그런데 원형축의 단면 2차 모멘트 $I = \dfrac{\pi d^4}{64}$ 이므로 축지름은

$$d \ge \sqrt[4]{\dfrac{4Wl^2}{\pi E \beta_a}} \qquad\qquad (4.23)$$

이다. 또는 최대처짐 $\delta_{\max}$ 는 허용처짐 δ_a 보다 적어야 하므로 $\delta_{\max} = \dfrac{Wl^3}{48EI} \le \delta_a$ 되고, 축지름은

$$d \ge \sqrt[4]{\dfrac{4Wl^3}{3\pi E \delta_a}} \qquad\qquad (4.24)$$

이다.

일반 전동축에서 굽힘에 의한 축의 허용처짐각 $\beta_a = 1/1000\,(\mathrm{rad})$ 이다.

따라서 축의 중앙에 집중하중이 작용하는 경우의 허용처짐은

$$\delta_a = \beta_a \dfrac{l}{3} = \dfrac{l}{3000}$$

이므로 축의 길이 1 m에 대해서는 $\delta_a = \dfrac{1000}{3000} = 0.33\,(\mathrm{mm})$ 가 된다.

(2) 비틀림 모멘트에 의한 축의 변형

그림 4.12와 같이 단면이 균일한 원형축에 비틀림 모멘트 T 가 작용할 때, 축의 지름이 d 이고, 길이가 l 인 경우에 단면에서 비틀림각의 크기는 식 (4.25)와 같다.

$$\theta^{(\mathrm{Rad})} = \dfrac{Tl}{GI_p} \qquad\qquad (4.25a)$$

$$\theta^{(\circ)} = \dfrac{Tl}{GI_p} \cdot \dfrac{180}{\pi} \qquad\qquad (4.25b)$$

이 경우에 축의 비틀림에 의한 단면의 비틀림각 θ° 는 허용 비틀림각 θ_a° 보다 작아야 하므로 $\theta^{\circ} = \dfrac{Tl}{GI_p} \dfrac{180}{\pi} \le \theta_a^{\circ}$ 가 된다. 그런데 원형단면의 극관성 모멘트 $I_p = \dfrac{\pi d^4}{32}$ 이므로 $\theta^{\circ} = \dfrac{32}{\pi d^4} \dfrac{Tl}{G} \dfrac{180}{\pi} \le \theta_a^{\circ}$ 이고, 축지름은

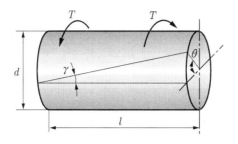

그림 4.12 단면이 균일한 원형축

$$d \geq \sqrt[4]{\frac{32 \times 180 \, Tl}{\pi^2 G \theta_a^\circ}} \tag{4.26}$$

일반축의 허용 비틀림각은

$$l = 20d \text{ 이면 } \theta_a^\circ = 1^\circ$$

$$l = 1 \, \text{m 이면 } \theta_a^\circ = 1/4^\circ \text{ (Bach의 조건)}$$

이다.

횡탄성계수 $G = 8300 \, \text{kg/mm}^2$인 연강으로 만든 축에 Bach의 제한조건을 적용하고, 식 (4.26)에 동력 $H(\text{ps})$, 회전속도 $N(\text{rpm})$인 경우의 $T = 716200\dfrac{H}{N}(\text{kg} \cdot \text{mm})$를 대입하여 정리하면, 축지름은

$$d \geq 120 \sqrt[4]{\frac{H}{N}} \, (\text{mm}) \tag{4.27a}$$

이다. 또한 동력이 kW 단위인 경우의 $T = 974000\dfrac{H'}{N}(\text{kg} \cdot \text{mm})$이므로 축지름은

$$d \geq 130 \sqrt[4]{\frac{H'}{N}} \, (\text{mm}) \tag{4.27b}$$

이다. 식 (4.27)을 축지름에 관한 Bach공식이라 한다.

그림 4.13과 같이 여러 개의 단이 있는 원형축에 비틀림 모멘트 T가 작용할 때, 전체 비틀림각은 각 단면의 비틀림각을 합하면 된다.

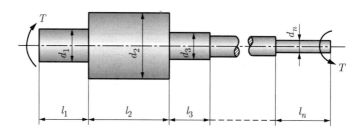

그림 4.13 여러 개의 단이 있는 원형축

$$\theta^{rad} = \frac{Tl_1}{GI_{p1}} + \frac{Tl_2}{GI_{p2}} + \frac{Tl_3}{GI_{p3}} + \cdots = \frac{32\,T}{\pi\,d_1^4\,G}\left[l_1 + \left(\frac{d_1}{d_2}\right)^4 l_2 + \left(\frac{d_1}{d_3}\right)^4 l_3 + \cdots\right] \quad (4.28)$$

위 식에서

$$l_1 + \left(\frac{d_1}{d_2}\right)^4 l_2 + \left(\frac{d_1}{d_3}\right)^4 l_3 + \cdots = l_e \qquad (4.29)$$

로 놓으면, 비틀림각은 다음 식으로 표시할 수 있다.

$$\theta = \frac{32\,T l_e}{\pi\,d_1^4\,G} \qquad (4.30)$$

여기서 l_e를 등가길이라고 하면, 식 (4.30)은 길이가 l_e이고, 지름 d_1인 균일단면인 축의 비틀림각을 구하는 식이 된다. 단이 있는 축에 비틀림 모멘트가 작용할 경우에 축지름 계산은 각 단의 지름비를 가정하여 등가길이를 계산한 다음, 식 (4.30)에 비틀림 변형 제한조건을 대입하여 구할 수 있다.

[예제 4.5] $N = 180\,\mathrm{rpm}$으로 $H = 30\,\mathrm{ps}$를 전달하는 중실축의 지름을 구하라. 단, 재료의 허용 전단응력 $\tau_a = 4.0\,\mathrm{kg/mm^2}$, 전단탄성계수 $G = 8300\,\mathrm{kg/mm^2}$이다.

[풀이] (a) 비틀림 강도에 의한 지름 계산

축에 가해지는 비틀림 모멘트는 식 (4.1a)에 의해

$$T = 716200\frac{H}{N} = 716200 \times \frac{30}{180} = 119367\,(\mathrm{kg \cdot mm})$$

이고, 축에 작용하는 최대 전단응력은

$$\tau_{\max} = \frac{T}{Z_p} = \frac{T}{\frac{\pi}{16}d^3} \leq \tau_a$$

이다. 따라서 축지름 d 는

$$d \geq \sqrt[3]{\frac{16\,T}{\pi\tau_a}} = \sqrt[3]{\frac{16 \times 119367}{\pi \times 4}} = 53.4\,(\mathrm{mm})$$

이다.

(b) 비틀림 강성에 의한 지름 계산

비틀림각을 축길이 1 m당 비틀림각 $0.25\,°$이내로 제한하면, 축지름은 식 (4.26)에 의해

$$d \geq \sqrt[4]{\frac{32 \times 180}{\pi^2}\frac{Tl}{G\theta_a^{\,°}}} = \sqrt[4]{\frac{32 \times 180}{\pi^2} \times \frac{119367 \times 1000}{8300 \times 0.25}} = 76.12\,(\mathrm{mm})$$

이다.

비틀림 강도에 의해서는 $d \geq 53.4\,\mathrm{mm}$ 이고, 비틀림 강성에 의해서는 $d \geq 76.12\,\mathrm{mm}$ 이므로 위의 두 조건을 모두 만족시킬 수 있도록 $d = 77\,\mathrm{mm}$ 로 한다.

4.1.3 축길이의 설계

축의 설계에서 길이는 축을 지지하는 베어링 사이의 거리를 의미하고, 베어링 사이의 거리가 멀수록 설비하는 데 경제적이지만, 베어링 사이의 거리가 멀수록 축에 발생하는 굽힘응력과 처짐이 커지므로 허용 굽힘응력과 허용처짐량(혹은 허용경사각)에 따라 제한해야 한다. 축에는 축의 자중, 축에 고정된 회전체의 중량, 전동에 따른 힘 등이 작용하여 다루기가 어려우므로 이들 하중이 전체길이에 균일하게 분포되고 있다고 가정하여 축의 길이를 계산한다.

(1) 굽힘강도에 의한 축길이

지금 원형 단면인 축의 자중($\frac{\pi}{4}d^2l\gamma$), 축에 고정된 회전체의 중량과 동력 전달에 의해 작용하는 힘의 합 W를 축 자중의 C배라고 하면

$$W = C\frac{\pi}{4}d^2l\gamma \tag{4.31}$$

이다. 여기서, d와 l은 축의 지름과 길이이고, γ는 축의 비중량이다.

축에 작용하는 전체하중 W가 그림 4.14와 같이 전체길이에 균일하게 분포하는 하중 $w(=\dfrac{W}{l}=\dfrac{\pi d^2 C \gamma}{4})$로 작용한다면, 축의 최대 굽힘 모멘트는

$$M=\frac{wl^2}{8}=\frac{\pi d^2 l^2 \, C\gamma}{32} \tag{4.32}$$

이고, 원형 단면인 축의 경우에 단면계수 $Z=\dfrac{\pi d^3}{32}$ 이므로 최대 굽힘응력 σ_b는 다음과 같다.

$$\sigma_b = \frac{M}{Z} = \frac{l^2 \, C\gamma}{d} \le \sigma_a$$

여기서, σ_a는 허용 굽힘응력이다. 따라서 베어링 사이의 축의 길이 l은 식 (4.33)과 같다.

$$l \le \sqrt{\frac{d\,\sigma_a}{C\gamma}} \tag{4.33}$$

축의 재료가 연강인 경우, 허용 굽힘응력 $\sigma_a=350\,\mathrm{kg/cm^2}$, 비중량 $\gamma=0.00785$ $\mathrm{kg/cm^3}$이고, 하중 상태가 명확하지 않을 경우에 Ten Bosch에 의하면 $C=4\sim4.5$로 잡을 수 있으므로 C의 값을 4.5로 잡으면, 베어링 사이의 축의 길이 l은

$$l \fallingdotseq 100\sqrt{d}\ (\mathrm{cm}) \tag{4.34}$$

이다.

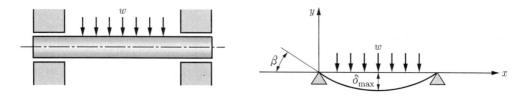

그림 4.14 균일분포하중이 작용하는 축

(2) 굽힘변형에 의한 축길이

그림 4.14와 같이 원형 단면인 축에 균일분포하중 w 가 작용할 경우, 베어링의 지지점에서 경사각 β 는 허용경사각 β_a 이하여야 하므로

$$\beta = \frac{wl^3}{24EI} = \frac{2Cl^3\gamma}{3Ed^2} \le \beta_a \tag{4.35}$$

이다. 따라서 베어링 사이의 축의 길이는

$$l \le \sqrt[3]{\frac{3Ed^2\beta_a}{2C\gamma}} \tag{4.36}$$

이다. 축의 재료가 연강인 경우, 종탄성계수 $E = 2.1 \times 10^6 \text{ kg/cm}^2$ 이고, 허용경사각 $\beta_a = \dfrac{1}{1000}$, $C = 4.5$ 로 할 때 베어링 사이의 축의 길이 l 은

$$l \fallingdotseq 45\sqrt[3]{d^2} \text{ (cm)} \tag{4.37}$$

이다. 축지름 $d = 3 \text{ cm}$ 인 경우, 굽힘강도에 의한 축길이는 $l = 100\sqrt{d} = 170 \text{ (cm)}$ 이고, 굽힘변형에 의한 축길이는 $l = 45\sqrt[3]{d^2} = 94 \text{ (cm)}$ 이므로 변형에 의한 값이 훨씬 작은 것을 알 수 있다. 그러므로 축의 길이는 안전한 94 cm를 선택한다.

4.1.4 축의 진동

축이 탄성을 가지고 있으므로 힘이 작용하면 축이 스프링처럼 탄성변형을 하여 그에너지를 재료의 내부에 저장한다. 그런데 그 탄성변형이 급격하면 축이 변형 전의상태를 회복하기 위해 저장된 탄성에너지를 방출하게 된다. 방출되는 탄성에너지는축에 설치된 회전체의 운동에너지로 변환되고, 그 회전체의 관성효과로 축이 변형되기전의 상태를 기준으로 하여 번갈아 변형을 반복하는 진동이 생기게 된다. 만약 회전체의무게에 의해 생기는 탄성변형에 의한 진동의 고유진동수와 축의 회전속도가 일치하거나 그 차이가 매우 적을 때에는 공진(resonance)이 일어나고, 그 진폭이 무한대로 커져서 결국 파괴된다. 공진을 일으키는 축의 회전속도를 위험속도(critical speed)라 하며, 회전축의 회전속도는 그 축의 위험속도에서 25 % 이상 벗어나야 한다.

회전축에서 주로 생기는 탄성변형은 처짐, 비틀림과 압축변형이므로 축의 진동은 처짐, 비틀림과 압축에 의한 세 가지 진동을 생각할 수 있다. 그런데 프로펠러 축처럼 길이 방향의 압축에 의한 진동에 대해서는 비교적 위험성이 적으므로 주로 처짐진동과 비틀림진동에 대해서만 고려한다. 터빈, 송풍기, 압축기의 축과 같이 길이가 긴 축에서는 주로 처짐진동을 고려하고, 실린더의 수가 적은 크랭크축과 같이 길이가 짧아서 처짐이 별로 없는 축에서는 주로 비틀림진동을 고려한다.

(1) 축의 처짐진동

1) 회전체가 1개인 경우

그림 4.15와 같이 질량 m인 회전체가 축에 설치되어 있는 경우에 회전체의 재료 불균질과 조립오차로 인하여 축이 중심으로부터 e만큼 편심되고, 회전체의 무게 W로 인해 축이 δ만큼 처짐이 생긴다. 이때 스프링 상수가 k인 축의 탄성복원력은 $k\delta$이다. 이렇게 처진 상태에서 회전체를 각속도 ω로 회전시키면 원심력 $m(\delta+e)\omega^2$가 작용하고, 이 원심력은 축의 탄성복원력 $k\delta$와 평형을 유지해야 하므로

$$m(\delta+e)\omega^2 = k\delta \tag{4.38}$$

이다. 식 (4.38)에서 축의 처짐은 $\delta = \dfrac{me\omega^2}{k-m\omega^2}$인데, 공진이 일어나는 경우에 회전체의 무게에 의한 축의 처짐 δ가 무한대가 되기 위해 처짐 식의 분모가 0이 되어야 하므로 $m\omega^2 = k$가 된다.

따라서 각속도 ω는 식 (4.39)와 같고, 바로 이 값이 위험각속도 ω_c이다.

$$\omega = \sqrt{\frac{k}{m}} = \omega_c\,(\mathrm{rad/sec}) \tag{4.39}$$

여기서, 회전체의 무게를 W, 회전체 무게에 의한 축의 처짐을 δ, 중력가속도를 g라고 하면, 축의 스프링상수 $k = \dfrac{W}{\delta}$이고, 회전체의 질량 $m = \dfrac{W}{g}$이므로

$$\omega_c = \sqrt{\frac{k}{m}} = \sqrt{\frac{g}{\delta}}\,(\mathrm{rad/sec}) \tag{4.40}$$

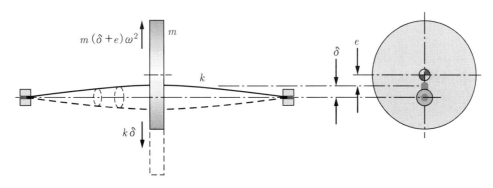

그림 4.15 회전체가 1개인 축

이다. 위 식을 회전수로 바꿔 쓰면, 위험속도 N_c는 식 (4.41)로 주어진다.

$$N_c = \frac{60}{2\pi}\omega_c = \frac{30}{\pi}\sqrt{\frac{g}{\delta}} \text{ (rpm)} \tag{4.41}$$

그림 4.16(a)와 같이 축의 양끝이 볼 베어링으로 지지되는 경우에 양단지지보로 가정하고 축의 자중을 무시한다면 회전체 무게에 의한 축의 처짐은

$$\delta = \frac{Wa^2b^2}{3EIl}$$

이므로, 위험속도는 식 (4.42)로 주어진다.

$$N_c = \frac{30}{\pi}\sqrt{\frac{g}{\delta}} = \frac{30}{\pi}\sqrt{\frac{3EI\,l\,g}{Wa^2b^2}} \text{ (rpm)} \tag{4.42}$$

그림 4.16(b)와 같이 축의 양단이 미끄럼 베어링으로 받쳐져 있을 경우에 양단고정보로 가정하고 축의 자중을 무시하면 회전체 무게에 의한 축의 처짐은

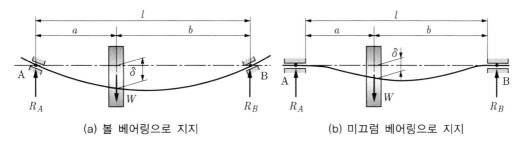

(a) 볼 베어링으로 지지 (b) 미끄럼 베어링으로 지지

그림 4.16 베어링으로 지지된 축의 예

$$\delta = \frac{Wa^3b^3}{3EIl^3}$$

이므로, 위험속도는 식 (4.43)으로 주어진다.

$$N_c = \frac{30}{\pi}\sqrt{\frac{3EIl^3g}{Wa^3b^3}} \ (\text{rpm}) \tag{4.43}$$

2) 회전체가 2개 이상인 경우

그림 4.17과 같이 무게가 W_1, W_2, W_3, …… 인 회전체가 달려 있는 축에서 축의 무게를 무시하고, 각 회전체가 설치된 위치에서 회전체의 무게 W_1, W_2, W_3, …… 에 의한 축의 최대 처짐을 각각 δ_1, δ_2, δ_3, …… 라고 하면, 처짐에 의해 축에 저장되는 최대 위치에너지(탄성변형에너지) E_p는 식(4.44)와 같다.

$$E_p = \frac{W_1\delta_1}{2} + \frac{W_2\delta_2}{2} + \frac{W_3\delta_3}{2} + \cdots\cdots \tag{4.44}$$

최대 처짐 위치는 회전체의 운동방향이 바뀌는 경계이고, 그 운동속도는 0이므로 운동에너지는 발생하지 않는다. 한편 회전체가 축의 처짐이 발생하지 않는 수평위치를 통과할 때는 탄성변형이 전혀 없으므로 위치에너지는 0이고, 운동에너지는 최대가 된다.

각 회전체의 무게가 작용하는 점에서 최대속도는 $\omega\delta_1$, $\omega\delta_2$, $\omega\delta_3$, …… 이므로 축에 설치된 회전체의 최대 운동에너지 E_k는 식 (4.45)로 주어진다.

$$\begin{aligned} E_k &= \frac{W_1}{2g}(\omega\delta_1)^2 + \frac{W_2}{2g}(\omega\delta_2)^2 + \frac{W_3}{2g}(\omega\delta_3)^2 + \cdots\cdots \\ &= \frac{\omega^2}{2g}(W_1\delta_1^2 + W_2\delta_2^2 + W_3\delta_3^2 + \cdots\cdots) \end{aligned} \tag{4.45}$$

에너지의 손실이 없다면 최대 처짐 상태의 에너지와 처짐이 없는 상태의 에너지는 같아야 하므로 최대 처짐 상태의 위치에너지 E_p는 처짐이 없는 상태의 최대 운동에너지 E_k와 같다. 즉,

$$\frac{1}{2}(W_1\delta_1 + W_2\delta_2 + W_3\delta_3 + \cdots\cdots) = \frac{\omega^2}{2g}(W_1\delta_1^2 + W_2\delta_2^2 + W_3\delta_3^2 + \cdots\cdots) \tag{4.46}$$

이고, 위험각속도는 식 (4.47)과 같다.

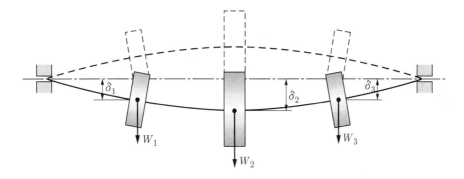

그림 4.17 회전체가 여러 개인 축

$$\therefore\ \omega = \sqrt{\frac{g\,(W_1\delta_1 + W_2\delta_2 + W_3\delta_3 + \cdots\cdots)}{W_1\delta_1^2 + W_2\delta_2^2 + W_3\delta_3^2 + \cdots\cdots}} = \omega_c\ (\mathrm{rad/sec}) \tag{4.47}$$

이때, 회전체의 무게로 인한 축의 처짐에 대한 위험속도는 식 (4.48)과 같다.

$$
\begin{aligned}
N_c &= \frac{30}{\pi}\sqrt{\frac{g\,(W_1\delta_1 + W_2\delta_2 + W_3\delta_3 + \cdots\cdots)}{W_1\delta_1^2 + W_2\delta_2^2 + W_3\delta_3^2 + \cdots\cdots}}\\[4pt]
&= \frac{30}{\pi}\sqrt{\frac{g\displaystyle\sum_{i=1}^{n} W_i\delta_i}{\displaystyle\sum_{i=1}^{n} W_i\delta_i^2}}\ (\mathrm{rpm})
\end{aligned} \tag{4.48}
$$

위 식에서 각 회전체가 설치된 위치의 처짐은 축에 설치된 모든 회전체 무게에 의한 처짐을 의미한다. 위와 같이 에너지 평형에 의하여 위험속도를 구하는 방법을 Rayleigh가 제안하였기 때문에 Rayleigh식이라고 한다.

한편 축의 자중을 고려하여 여러 개의 회전체를 가지고 있는 경우의 위험속도를 구하는 다음과 같은 실험식을 Dunkerley가 발표하였다.

$$\frac{1}{N_c^2} = \frac{1}{N_0^2} + \frac{1}{N_1^2} + \frac{1}{N_2^2} + \cdots\cdots \tag{4.49}$$

여기서, N_c : 축의 위험속도

N_0 : 축의 자중에 의한 위험속도

N_1, N_2 : 각 회전체를 단독으로 축에 설치하였을 경우의 위험속도

예제 4.6 그림 4.15와 같이 베어링 사이의 거리 $l = 1\,\mathrm{m}$, 축지름 $d = 60\,\mathrm{mm}$인 중실축의 중간에 중량 $W = 80\,\mathrm{kg}$의 풀리가 있을 경우에 축의 위험속도를 구하라. 단, 축의 종탄성계수 $E = 2.1 \times 10^4\,\mathrm{kg/mm^2}$이고, 축의 자중에 의한 위험속도는 무시한다.

풀이 축의 단면 2차 모멘트는

$$I = \frac{\pi}{64}d^4 = \frac{\pi}{64} \times 60^4 = 63.62 \times 10^4\,(\mathrm{mm^4})$$

풀리에 의한 처짐은

$$\delta = \frac{Wl^3}{48EI} = \frac{80 \times 1000^3}{48 \times 2.1 \times 10^4 \times 63.62 \times 10^4}$$

$$= 0.125\,(\mathrm{mm})$$

이므로 위험속도는

$$N_c = \frac{30}{\pi}\sqrt{\frac{g}{\delta}} = \frac{30}{\pi}\sqrt{\frac{9800}{0.125}} = 2675\,(\mathrm{rpm})$$

예제 4.7 그림 4.18과 같이 W_1과 W_2의 2개 회전체가 달려 있는 축의 위험속도를 구하라. 단, 회전체의 중량은 $W_1 = 40\,\mathrm{kg}$, $W_2 = 60\,\mathrm{kg}$이고, 축의 지름 $d = 60\,\mathrm{mm}$, 종탄성계수 $E = 2.1 \times 10^4\,\mathrm{kg/mm^2}$, 비중량 $\gamma = 0.00785\,\mathrm{kg/cm^3}$이다.

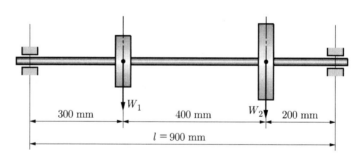

그림 4.18 회전체가 2개인 축

풀이 축의 단면 2차 모멘트는

$$I = \frac{\pi}{64}d^4 = \frac{\pi}{64} \times 60^4 = 63.62 \times 10^4\,(\mathrm{mm^4})$$

단위 길이당 축의 자중은

$$w = \frac{\pi d^2 \gamma}{4} = \frac{\pi \times 60^2 \times 0.00785}{4 \times 1000} = 0.0222 \, (\text{kg/mm})$$

축의 자중에 의한 처짐은

$$\delta_0 = \frac{5}{384} \frac{w l^4}{EI} = \frac{5 \times 0.0222 \times 900^4}{384 \times 2.1 \times 10^4 \times 63.62 \times 10^4}$$

$$= 0.0142 \, (\text{mm})$$

축의 자중에 의한 위험속도는

$$N_0 = \frac{30}{\pi} \sqrt{\frac{g}{\delta_0}} = \frac{30}{\pi} \sqrt{\frac{9800}{0.0142}} = 7937 \, (\text{rpm})$$

회전체 W_1에 의한 처짐은

$$\delta_1 = \frac{W_1 l_1^2 l_2^2}{3EIl} = \frac{40 \times 300^2 \times 600^2}{3 \times 2.1 \times 10^4 \times 63.62 \times 10^4 \times 900}$$

$$= 0.0359 \, (\text{mm})$$

회전체 W_1에 의한 위험속도는

$$N_1 = \frac{30}{\pi} \sqrt{\frac{g}{\delta_1}} = \frac{30}{\pi} \sqrt{\frac{9800}{0.0359}} = 4990 \, (\text{rpm})$$

회전체 W_2에 의한 처짐은

$$\delta_2 = \frac{W_2 l_1^2 l_2^2}{3EIl} = \frac{60 \times 700^2 \times 200^2}{3 \times 2.1 \times 10^4 \times 63.62 \times 10^4 \times 900}$$

$$= 0.0326 \, (\text{mm})$$

회전체 W_2에 의한 위험속도는

$$N_2 = \frac{30}{\pi} \sqrt{\frac{g}{\delta_2}} = \frac{30}{\pi} \sqrt{\frac{9800}{0.0326}} = 5238 \, (\text{rpm})$$

각각의 위험속도를 Dunkerley식에 대입하면

$$\frac{1}{N_c^2} = \frac{1}{N_0^2} + \frac{1}{N_1^2} + \frac{1}{N_2^2} = \frac{1}{7937^2} + \frac{1}{4990^2} + \frac{1}{5238^2}$$

이므로 축의 위험속도는

$$N_c = 3288 \, \text{rpm}$$

이다.

(2) 축의 비틀림진동

1) 회전체가 1개인 경우

그림 4.19와 같이 회전체가 1개 설치된 축에 비틀림 모멘트가 작용할 때, 축단면의 비틀림각 θ는

$$\theta = \frac{T\ell}{GI_p} \tag{4.50}$$

이고, 여기서 T는 회전체에 작용하는 토크, I_p는 축의 극단면 2차 모멘트, G는 축의 전단탄성계수, ℓ은 축의 길이이다. 이때, 축의 비틀림 강성계수 K는

$$K = \frac{T}{\theta} = \frac{GI_p}{\ell} \tag{4.51}$$

이다.

그림 4.19와 같이 회전체가 1개 있는 축에서 비틀림 진동이 발생할 때, 운동방정식은

$$J\ddot{\theta} + K\theta = 0 \tag{4.52}$$

이다. 여기서, J는 회전체의 질량관성 모멘트이다. 이 운동방정식의 일반해는

$$\theta = c_1 \cos\omega t + c_2 \sin\omega t \tag{4.53}$$

이고, 여기서 C_1, C_2는 임의 상수, t는 시간이다. 식 (4.53)에서 구한 각가속도 $\ddot{\theta}$는

$$\ddot{\theta} = -\omega^2 \theta \tag{4.54}$$

이다. 식 (4.53)과 (4.54)를 식 (4.52)에 대입하여 정리하면, 위험각속도는

$$\omega_c = \sqrt{\frac{K}{J}} \ \text{(rad/sec)} \tag{4.55}$$

이고, 이를 회전수로 표현하면

$$N_c = \frac{30}{\pi} \sqrt{\frac{K}{J}} = \frac{30}{\pi} \sqrt{\frac{GI_p}{J\ell}} \ \text{(rpm)} \tag{4.56}$$

이다.

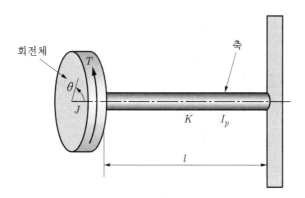

그림 4.19 비틀림 모멘트가 작용하는 축

한편, 회전체의 폭을 b, 회전체의 비중량을 γ, 중력 가속도 g라 할 때, 회전체의 질량관성 모멘트 J는

$$J = \int_m r^2\, dm = \frac{b\gamma}{g} \int_A r^2\, dA \tag{4.57}$$

이고, 회전체의 바깥지름이 D인 원형단면에서는

$$J = \frac{\pi D^4 b\gamma}{32g} = \frac{WD^2}{8g} \tag{4.58}$$

이다. 여기서, W는 회전체의 무게이다.

2) 회전체가 2개인 경우

그림 4.20(a)와 같이 질량관성 모멘트가 각각 J_1, J_2인 두 회전체가 있는 축에서 비틀림 진동이 발생할 경우, 운동방정식은

$$J_1 \ddot{\theta}_1 + K\theta_1 - K\theta_2 = 0 \tag{4.59a}$$

$$-K\theta_1 + J_2 \ddot{\theta}_2 + K\theta_2 = 0 \tag{4.59b}$$

여기서, θ_1, θ_2는 두 회전체가 설치된 위치에서 축단면의 비틀림각이다(그림 4.17(b) 참조). 이 운동방정식의 일반해는

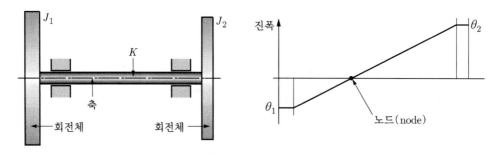

(a) 회전체가 2개인 축의 비틀림   (b) 주진동 모드

그림 4.20   회전체가 2개인 축의 비틀림

$$\theta_1 = c_1 \cos \omega t + c_2 \sin \omega t \tag{4.60a}$$

$$\theta_2 = c_3 \cos \omega t + c_4 \sin \omega t \tag{4.60b}$$

이고, 여기서 C_1, C_2, C_3, C_4는 임의상수이다. 식 (4.60)에서 구한 $\ddot{\theta}_1$, $\ddot{\theta}_2$와 θ_1, θ_2를 식 (4.59)에 대입하여 정리하면

$$(K - J_1 \omega^2)\theta_1 - K\theta_2 = 0 \tag{4.61a}$$

$$-K\theta_1 + (K - J_2 \omega^2)\theta_2 = 0 \tag{4.61b}$$

이다. 진동수 방정식은 식 (4.61)에서 비틀림각 θ_1, θ_2의 계수에 관한 행렬식이 0이 되게 함으로써 식 (4.62)와 같이 구할 수 있다.

$$\begin{vmatrix} K - J_1 \omega^2 & -K \\ -K & K - J_2 \omega^2 \end{vmatrix} = 0 \tag{4.62}$$

행렬식 (4.62)를 전개하고, 각 항을 $J_1 J_2$로 나누면

$$\omega^2 [\omega^2 - (K/J_1 + K/J_2)] = 0 \tag{4.63}$$

이다. 이 식의 해는 두 개인데, 그중 $\omega = 0$에서는 두 회전체가 함께 강체처럼 운동하므로 진동이 일어날 수 없고,

$$\omega = \sqrt{\frac{K(J_1 + J_2)}{J_1 J_2}} = \omega_c \, (\mathrm{rad/sec}) \tag{4.64}$$

에서만 진동이 일어날 수 있다. 그러므로 식 (4.64)가 위험각속도 ω_c가 된다.

이를 회전수로 표현하면

$$N_c = \frac{30}{\pi}\sqrt{\frac{K(J_1 + J_2)}{J_1 J_2}}\ (\text{rpm}) \tag{4.65}$$

이다.

4.2 키

키(key)는 그림 4.21과 같이 풀리, 기어, 플라이휠, 커플링, 클러치 등의 회전체를 축에 고정시켜 회전체가 토크를 전달하게 하는 기계요소이다.

키는 그림 4.22와 같이 길이 방향의 형상에 따라 경사키와 평행키로 나누어진다. 경사키는 회전체를 일정한 위치에 고정시키지만, 평행키는 필요에 따라 회전체를 축선 방향으로 이동할 수 있게 한다. 키 중에서 가장 많이 사용되는 것은 경사키인 묻힘키 (sunk key)이므로 여기서는 묻힘키의 설계에 대해서만 다룬다.

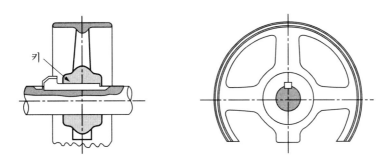

그림 4.21 키로 축에 고정된 풀리

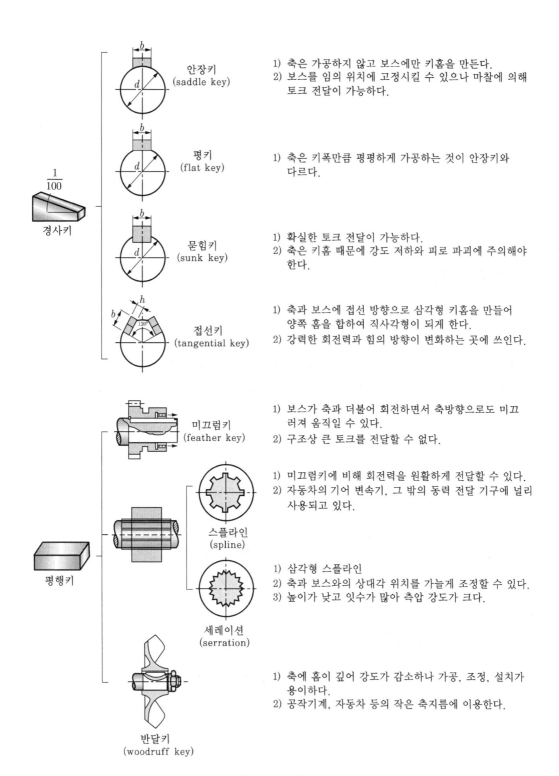

<table>
<tr><td></td><td>안장키
(saddle key)</td><td>1) 축은 가공하지 않고 보스에만 키홈을 만든다.
2) 보스를 임의 위치에 고정시킬 수 있으나 마찰에 의해 토크 전달이 가능하다.</td></tr>
<tr><td></td><td>평키
(flat key)</td><td>1) 축은 키폭만큼 평평하게 가공하는 것이 안장키와 다르다.</td></tr>
<tr><td></td><td>묻힘키
(sunk key)</td><td>1) 확실한 토크 전달이 가능하다.
2) 축은 키홈 때문에 강도 저하와 피로 파괴에 주의해야 한다.</td></tr>
<tr><td></td><td>접선키
(tangential key)</td><td>1) 축과 보스에 접선 방향으로 삼각형 키홈을 만들어 양쪽 홈을 합하여 직사각형이 되게 한다.
2) 강력한 회전력과 힘의 방향이 변화하는 곳에 쓰인다.</td></tr>
<tr><td></td><td>미끄럼키
(feather key)</td><td>1) 보스가 축과 더불어 회전하면서 축방향으로도 미끄러져 움직일 수 있다.
2) 구조상 큰 토크를 전달할 수 없다.</td></tr>
<tr><td></td><td>스플라인
(spline)</td><td>1) 미끄럼키에 비해 회전력을 원활하게 전달할 수 있다.
2) 자동차의 기어 변속기, 그 밖의 동력 전달 기구에 널리 사용되고 있다.</td></tr>
<tr><td></td><td>세레이션
(serration)</td><td>1) 삼각형 스플라인
2) 축과 보스와의 상대각 위치를 가늘게 조정할 수 있다.
3) 높이가 낮고 잇수가 많아 측압 강도가 크다.</td></tr>
<tr><td></td><td>반달키
(woodruff key)</td><td>1) 축에 홈이 깊어 강도가 감소하나 가공, 조정, 설치가 용이하다.
2) 공작기계, 자동차 등의 작은 축지름에 이용한다.</td></tr>
</table>

그림 4.22 키의 종류

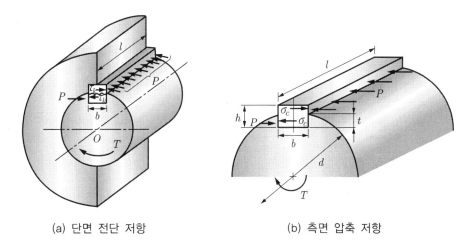

| (a) 단면 전단 저항 | (b) 측면 압축 저항 |

그림 4.23 묻힘키에 작용하는 힘

4.2.1 묻힘키의 설계

묻힘키가 축에 끼워져서 동력을 전달할 때, 파손될 수 있는 것은 그림 4.23과 같이 키가 폭 방향으로 전단되는 경우와 키 측면의 압축에 의한 키홈 측면이 찌그러지는 경우이다. 그러므로 키의 치수는 앞에서 설명한 파손이 생기지 않도록 해야 한다.

전달되는 토크 T에 의하여 지름 d인 축의 표면에 작용하는 회전력 P는

$$P = \frac{2T}{d} \qquad (4.66)$$

이다. 또한 키의 폭을 b, 높이를 h, 길이를 l이라 할 때, 그림 4.23(a)와 같이 축의 회전력 P에 의하여 키에 폭 방향으로 작용하는 전단응력 τ_k는

$$\tau_k = \frac{P}{bl} = \frac{2T}{bdl} \qquad (4.67)$$

이다. 그러므로 키의 전단저항에 의한 전달토크는 다음과 같이 정리된다.

$$T = \frac{bdl\tau_k}{2} \qquad (4.68)$$

그런데 축의 전단응력을 τ_s라고 하면, 축에 전달되는 토크는

$$T = \frac{\pi d^3}{16} \tau_s \qquad (4.69)$$

이다. 축에 전달되는 토크의 식 (4.68)과 식 (4.69)는 같아야 하므로

$$\frac{bdl\tau_k}{2} = \frac{\pi d^3}{16} \tau_s \qquad (4.70)$$

이다. 위 식을 키의 폭과 축 지름의 비로 정리하면

$$\frac{b}{d} = \frac{\pi}{8} \frac{d}{l} \frac{\tau_s}{\tau_k} \qquad (4.71)$$

이다. 여기서, 키의 길이 l은 좌굴을 고려하여 $l = 1.2 \sim 1.5d$로 정한다. 만약 $l = 1.5d$로 하고, 축과 키의 재질이 같다고 하면 $\tau_k = \tau_s$이므로

$$b = \frac{d}{4} \qquad (4.72)$$

이다.

한편 그림 4.23(b)와 같이 회전력 P에 의하여 키의 측면에 작용하는 압축응력 σ_c는

$$\sigma_c = \frac{P}{tl} = \frac{2T}{dtl} \qquad (4.73)$$

이다. 여기서 t는 축에 만들어진 키홈의 깊이인데, 보통 키 높이 h의 1/2 정도이다. 키의 압축저항에 의한 전달토크는 다음과 같이 정리된다.

$$T = \frac{dtl\sigma_c}{2} \qquad (4.74)$$

또한

$$T = \frac{\pi d^3 \tau_s}{16} = \frac{dtl\sigma_c}{2} \qquad (4.75)$$

이므로 키홈의 깊이와 축 지름의 비는

$$\frac{t}{d} = \frac{\pi}{8} \frac{d}{l} \frac{\tau_s}{\sigma_c} \qquad (4.76)$$

이고, 길이 $l = 1.5d$ 라 하면, 키 홈의 깊이는

$$t = \left(\frac{\pi}{12}\frac{\tau_s}{\sigma_c}\right)d \qquad (4.77)$$

이다. 여기서, σ_u를 축의 인장강도라 할 때, 축의 전단응력 $\tau_s = \dfrac{\sigma_u}{9}$, 키의 압축응력 $\sigma_c = \dfrac{\sigma_u}{4}$ 라 하면, 키홈의 깊이는

$$t = 0.11d\,(= 0.44b) \qquad (4.78)$$

이고, 키의 높이는

$$h = 2t = 0.22d\,(= 0.88b) \qquad (4.79)$$

이다. 보통 허용 압축응력 $\sigma_{ca} = 8 \sim 10\,\mathrm{kg/mm^2}$ 이다.

[예제 4.8] 정사각형 단면을 갖는 연성재료인 묻힘키에서 전단저항과 압축저항이 같음을 증명하라.

풀이 그림 4.23(a)와 같은 키의 전단저항에 의한 전달토크는 식 (4.68)에 의하여

$$T = \tau_k\, b\, l\, \frac{d}{2}$$

키의 압축저항에 의한 전달토크는 식 (4.74)에 의하여

$$T = \sigma_c \frac{h}{2}\, l\, \frac{d}{2}$$

이다. 그런데 연성 재료에서 $\sigma_c = 2\tau_k$ 이고, 주어진 조건과 같이 $b = h$ 라면

$$2\tau_k \frac{b}{2}\, l\, \frac{d}{2} = \tau_k\, b l \frac{d}{2}$$

이므로 전단저항과 압축저항은 같다.

[예제 4.9] 그림 4.24와 같이 지름 $D = 450\,\mathrm{mm}$ 인 평풀리를 지름 $d = 50\,\mathrm{mm}$ 인 축에 묻힘키 ($b \times h \times l = 12 \times 8 \times 80\,\mathrm{mm}$)로 축에 고정하고, 평풀리의 표면에 회전력 $W = 120\,\mathrm{kg}$ 을 작용시킬 경우, 키의 안전여부를 검토하라. 단, 축과 키의 재질은 같으며, 허용 전단응력 $\tau = 3.5\,\mathrm{kg/mm^2}$, 허용 압축응력 $\sigma_c = 10\,\mathrm{kg/mm^2}$ 이다.

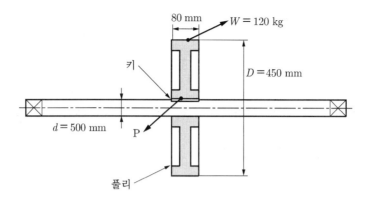

그림 4.24 평풀리 전동장치

풀이 축에 작용하는 회전력은

$$P = \frac{D}{d} \; W = \frac{450}{50} \times 120 = 1080 \; (\text{kg})$$

키에 작용하는 전단응력은

$$\tau_k = \frac{P}{bl} = \frac{1080}{12 \times 80} = 1.13 \; (\text{kg/mm}^2) \; < \; 3.5 \; \text{kg/mm}^2$$

이고, 키에 작용하는 압축응력은

$$\sigma_c = \frac{2P}{hl} = \frac{2 \times 1080}{8 \times 80} = 3.38 \; (\text{kg/mm}^2) \; < \; 10 \; \text{kg/mm}^2$$

이다. 작용하는 응력이 허용응력보다 작으므로 안전하다.

4.2.2 키의 참고자료

(1) 키홈의 형상

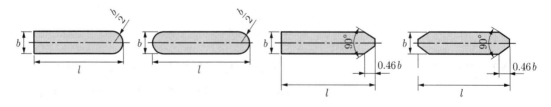

그림 4.25 키홈의 형상

(2) 안장키

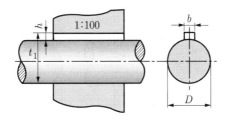

표 4.3a   (단위: mm)

축 지름 D		키의 치수		t_1
		$b \times h$	키 밑면의 반지름	
22 이상	30 미만	8×3	4	$D + 3$
30 이상	38 미만	10×3.5	5	$D + 3.5$
38 이상	44 미만	12×3.5	5	$D + 3.5$
44 이상	50 미만	14×4	5	$D + 4$
50 이상	58 미만	16×5	6	$D + 5$
58 이상	68 미만	18×5	7	$D + 5$
68 이상	78 미만	20×6	8	$D + 6$
78 이상	92 미만	24×7	9	$D + 7$
92 이상	110 미만	28×8	10	$D + 8$
110 이상	130 미만	32×9	11	$D + 9$
130 이상	150 미만	36×10	13	$D + 10$

(3) 평키

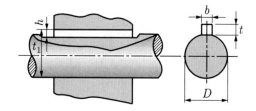

표 4.3b   (단위: mm)

축 지 름 D	키의 치수	키 홈	
	$b \times h$	t	t_1
25 이상 30 미만	7 × 4	1.0	$D + 3.0$
30 이상 40 미만	10 × 5	1.5	$D + 3.5$
40 이상 50 미만	12 × 6	1.5	$D + 4.5$
50 이상 60 미만	15 × 7	1.5	$D + 5.5$
60 이상 70 미만	18 × 8	2.0	$D + 6.0$
70 이상 80 미만	20 × 9	2.0	$D + 7.0$
80 이상 95 미만	24 × 11	2.5	$D + 8.5$
95 이상 110 미만	28 × 12	2.5	$D + 9.5$
110 이상 125 미만	32 × 13	3.0	$D + 10.0$
125 이상 140 미만	35 × 14	3.0	$D + 11.0$
140 이상 160 미만	38 × 15	3.0	$D + 12.0$
160 이상 180 미만	42 × 16	3.5	$D + 12.5$
180 이상 200 미만	45 × 18	3.5	$D + 14.5$
200 이상 230 미만	50 × 20	3.5	$D + 16.5$

(4) 묻힘키

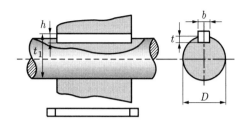

표 4.3c   (단위: mm)

축 지름 D		키의 치수	키 홈	
		$b \times h$	t	t_1
10 이상	13 미만	4 × 4	2.5	$D + 1.5$
13 이상	20 미만	5 × 5	3.0	$D + 2.0$
20 이상	30 미만	7 × 7	4.0	$D + 3.0$
30 이상	40 미만	10 × 8	4.5	$D + 3.5$
40 이상	50 미만	12 × 8	4.5	$D + 3.5$
50 이상	60 미만	15 × 10	5	$D + 5$
60 이상	70 미만	18 × 12	6	$D + 6$
70 이상	80 미만	20 × 13	7	$D + 6$
80 이상	95 미만	24 × 16	8	$D + 8$
95 이상	110 미만	28 × 18	9	$D + 9$
110 이상	125 미만	32 × 20	10	$D + 10$
125 이상	140 미만	35 × 22	11	$D + 11$
140 이상	160 미만	38 × 24	12	$D + 12$
160 이상	180 미만	42 × 26	13	$D + 13$
180 이상	200 미만	45 × 28	14	$D + 14$
200 이상	230 미만	50 × 30	15	$D + 15$
230 이상	260 미만	55 × 34	17	$D + 17$
260 이상	290 미만	60 × 36	18	$D + 18$
290 이상	330 미만	70 × 42	21	$D + 21$

(5) 접선키

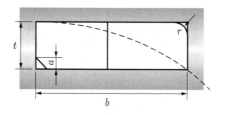

표 4.3d

(단위: mm)

축지름	보통인 경우		충격적인 경우		축지름	보통인 경우		충격적인 경우	
	높이 t	폭 b	높이 t	폭 b		높이 t	폭 b	높이 t	폭 b
60	7	19.3	–	–	210	14	52.4	21	63
70	7	21.0	–	–	220	16	57.1	22	66
80	8	24.0	–	–	230	16	58.5	23	69
90	8	25.6	–	–	240	16	59.9	24	72
100	9	28.6	10	30	250	18	64.6	25	75
110	9	30.1	11	33	260	18	66.0	26	78
120	10	33.2	12	36	270	18	67.4	27	81
130	10	34.6	13	39	280	20	72.1	28	84
140	11	37.7	14	42	290	20	73.5	29	87
150	11	39.1	15	45	300	20	74.8	30	90
160	12	42.1	16	48	320	22	81.0	32	96
170	12	43.5	17	51	340	22	83.6	34	102
180	12	44.9	18	54	360	26	93.2	36	108
190	14	49.6	19	57	380	26	95.9	38	114
200	14	51.0	20	60	400	26	98.6	40	120

표 4.3e

(단위: mm)

보통인 경우	축지름	60~150	160~240	250~340	360~460
	홈의 둥금새 r	1	1.5	2	2.5
	키의 모서리 a	1.5	2	2.5	3
충격적인 경우	축지름	100~220	230~360	380~460	480~580
	홈의 둥금새 r	2	3	4	5
	키의 모서리 a	3	4	5	6

(6) 미끄럼키

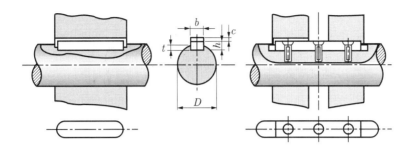

표 4.3f   (단위: mm)

축 지름 D	키의 치수 $b \times h$	키 홈	축 지름 D	키의 치수 $b \times h$	키 홈
10 이상 13 미만	4 × 4	2.5	110 이상 125 미만	32 × 20	10
13 이상 20 미만	5 × 5	3.0	125 이상 140 미만	35 × 22	11
20 이상 30 미만	7 × 7	4.0	140 이상 160 미만	38 × 24	12
30 이상 40 미만	10 × 8	4.5	160 이상 180 미만	42 × 26	13
40 이상 50 미만	12 × 8	4.5	180 이상 200 미만	45 × 28	14
50 이상 60 미만	15 × 10	5.0	200 이상 230 미만	50 × 30	15
60 이상 70 미만	18 × 12	6.0	230 이상 260 미만	55 × 34	17
70 이상 80 미만	20 × 13	7.0	260 이상 290 미만	60 × 36	18
80 이상 95 미만	24 × 16	8.0	290 이상 330 미만	70 × 42	21
95 이상 110 미만	28 × 18	9.0			

(7) 반달키(자동차용)

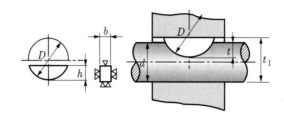

표 4.3g   (치수 단위: mm)

크 기	b	D	h	중량(g)	t	t_1 $\begin{array}{c}+0.3\\+0.3\end{array}$	대응축의 최소지름 d
3×10	3	10	3.7	0.62	2.7	$d+1$	8
3×13		13	5	1.12	4	$d+1$	9
4×13	4	13	5	1.49	3.5	$d+1.5$	11
4×16		16	6.5	2.43	5	$d+1.5$	12
5×16	5	16	6.5	3.03	4.5	$d+2$	13
5×19		19	7.5	4.11	5.5	$d+2$	15
5×22		22	9	5.74	7	$d+2$	16
7×22	7	22	9	8.03	6	$d+3$	19
7×25		25	10	10.3	7	$d+3$	20
7×28		28	11	12.3	8	$d+3$	21
7×32		32	13	19.2	10	$d+3$	23
7×38		38	15	23.1	12	$d+3$	25
7×45		45	16	28.1	13	$d+3$	27

(8) 스플라인

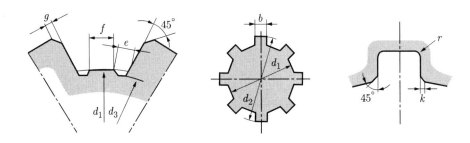

표 4.3h   (치수 단위: mm)

안지름 d_1	잇수 z	바깥지름 d_2	잇폭 b	d_3 최소치	e 최대치	f 최소치	g	k	r 최대치	면적 $S_0\,(\text{mm}^2)$
23	6	26	6	21.4	2.0	2.0	0.3	0.3	0.2	6.4
26	6	30	6	23.6	2.8	2.0	0.3	0.3	0.2	9.2
28	6	32	7	25.8	2.6	2.3	0.3	0.3	0.2	9.4
32	8	36	6	29.8	2.3	2.1	0.4	0.4	0.3	10.9
36	8	40	7	33.7	2.3	2.2	0.4	0.4	0.3	10.9
42	8	46	8	39.5	2.7	3.0	0.4	0.4	0.3	10.9
46	8	50	9	43.1	3.1	2.8	0.4	0.4	0.3	11.0
52	8	58	10	48.6	3.5	3.4	0.5	0.5	0.4	17.6
56	8	62	10	52.0	4.3	3.4	0.5	0.5	0.4	17.4
62	8	68	12	57.8	4.5	3.2	0.5	0.5	0.4	17.6
72	10	78	12	63.2	3.8	3.0	0.5	0.5	0.4	21.7
82	10	88	12	77.1	5.9	3.8	0.5	0.5	0.4	21.5
92	10	98	14	87.4	4.8	5.3	0.5	0.5	0.4	21.5
102	10	108	16	97.6	4.6	6.8	0.5	0.5	0.4	21.7
112	10	120	18	106.1	5.8	5.6	0.5	0.5	0.4	21.8

4.1 600 rpm으로 30 ps를 전달하는 전동축에서, 중실축과 중공축의 경우에 대해 각각 바깥 지름을 구하라. 단, 축재료는 동일하며, 재료의 허용 전단응력은 $4.0 \ \mathrm{kg/mm^2}$이고, 중공축의 경우 안지름과 바깥지름의 비는 0.8로 한다.

4.2 중실축이 굽힘 모멘트 $30000 \ \mathrm{kg \cdot mm}$와 비틀림 모멘트 $40000 \ \mathrm{kg \cdot mm}$을 동시에 받을 때, 최대 전단응력 이론에 의하여 중실축의 지름을 구하라. 단, 축의 항복강도는 $42 \ \mathrm{kg/mm^2}$, 피로한도는 $14 \ \mathrm{kg/mm^2}$, 안전율은 2이다.

4.3 그림 4.26과 같이 축에 무게 20 kg인 풀리가 설치되어 있는 중실축이 수평으로 감긴 평벨트에 의하여 1150 rpm으로 10마력을 전달하고 있다. 전단변형에너지 파손이론에 의하여 축의 지름을 구하라. 단, 풀리의 바깥지름은 75 mm, 벨트를 당기는 힘의 비 $T_1/T_2 = 1.25$이고, 축의 인장강도 $66 \ \mathrm{kg/mm^2}$, 항복강도 $55 \ \mathrm{kg/mm^2}$, 안전율 1.8, 피로 응력집중계수 1.5이고, 축의 표면은 기계가공되어 있다.

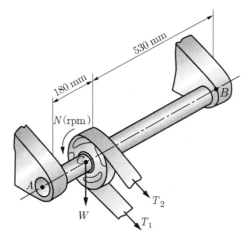

그림 4.26 벨트전동장치

4.4 두 기둥 사이의 거리가 3 m이다. 각각의 기둥에 베어링을 붙이고 두 기둥 사이에 중실축을 설치하고자 한다. 축에 작용하는 하중은 등분포하중으로 축 자중의 4.5배로 가정하고, 축재료는 연강이다. 굽힘변형을 고려할 때, 최소 축지름을 결정하라.

4.5 그림 4.27과 같이 무게 15 kg인 2개의 풀리가 축에 설치되어 있다. 축의 지름이 25 mm, 종탄성계수 $2.1 \times 10^4 \, \text{kg/mm}^2$, 비중량 $0.00785 \, \text{kg/cm}^3$일 때, 이 축의 위험속도를 구하라.

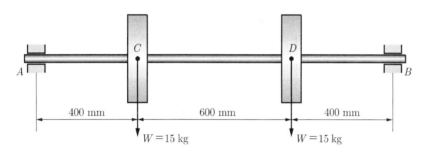

400 mm   600 mm   400 mm

$W = 15 \, \text{kg}$ $W = 15 \, \text{kg}$

그림 4.27 무게가 같은 폴리들이 설치된 축

4.6 그림 4.28과 같이 두 회전체가 설치되어 있는 축에서 축의 자중을 무시한 상태에서 위험속도가 3600 rpm 이상이 되도록 Rayleigh 식으로 축의 지름을 구하라. 단, 축의 종탄성계수 $2.1 \times 10^4 \, \text{kg/mm}^2$이고, 회전체의 무게는 각각 120 kg, 250 kg이다.

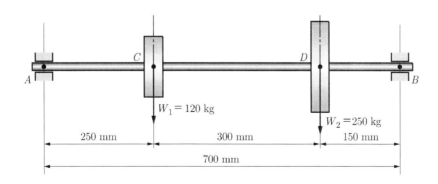

250 mm   300 mm   150 mm

$W_1 = 120 \, \text{kg}$ $W_2 = 250 \, \text{kg}$

700 mm

4.7 그림 4.29는 축에 묻힘키로 조립되어 있는 레버를 나타낸다. 키가 파손되지 않고 레버에 작용할 수 있는 하중 F를 구하라. 축지름은 25 mm, 레버의 길이 450 mm, 키의 치수 $7 \times 7 \times 40$ mm, 키의 허용 전단응력 5 kg/mm², 허용 압축응력 8 kg/mm²이다.

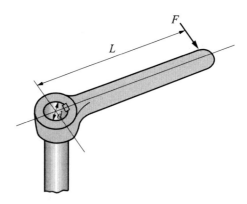

그림 4.29 축에 조립된 레버

4.8 5마력을 1150 rpm으로 전달하는 축에 기어가 $b \times h \times l = 10 \times 8 \times 50$ mm인 묻힘키로 고정되어 있다. 축지름은 32 mm, 키의 허용 전단응력 4 kg/mm², 허용 압축응력 6.5 kg/mm²일 때, 키의 안전여부를 검토하라.

Chapter 05

축이음

축이음은 축과 축을 연결하는 기계요소로서 굽힘과 축하중을 받기도 하지만 주로 회전력을 전달한다. 그러므로 축이음은 전달동력의 크기, 두 축의 상대 위치, 축의 회전속도 등을 고려하여 강도면에서 충분한 안전성을 갖도록 설계하여야 한다.

또한 축이음은 그 사용목적에 따라 회전 중에 접속과 분리가 불가능한 커플링(coupling)과 필요시 단속이 가능한 클러치(clutch)로 나눌 수 있다.

5.1 커플링

커플링으로 연결하는 두 축의 중심선은 원칙적으로 동일선상에 있어야 하지만 기계의 구조상 부득이 중심선이 어긋날 경우도 있다. 두 축의 상대위치에 따라 커플링의 종류를 나누면 표 5.1과 같다.

표 5.1 커플링의 종류

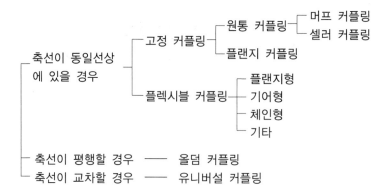

5.1.1 축선이 동일 직선상에 있을 경우

(1) 머프 커플링

두 축이 일직선상에 있을 때, 가장 간단한 이음 방식이 그림 5.1과 같은 머프 커플링 (muff coupling)이다. 그러나 머프 커플링은 원통을 축에 끼우거나 빼내는 것이 불편하기 때문에 그림 5.2와 그림 5.3과 같이 원통을 상하로 분리시켜 링이나 볼트로 결합한 것이 분할 원통형 커플링이다. 표 5.2는 클램프 커플링의 표준치수를 나타내고 있다.

표 5.2 클램프 커플링의 치수

d (mm)	25	30	35	40	45	50	55	60	80	100
D (mm)	82	100	115	125	140	155	170	185	220	280
L (mm)	90	110	125	145	160	180	200	220	275	350
C (mm)	40	52	58	68	78	85	95	65	92	110
Z(볼트 개수)	4	4	4	4	4	4	4	6	6	6
δ(볼트의 지름)	3/8″	3/8″	3/8″	1/2″	1/2″	1/2″	5/8″	5/8″	3/4″	1″

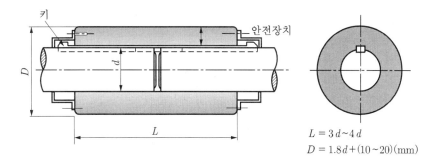

$L = 3\,d \sim 4\,d$

$D = 1.8\,d + (10 \sim 20)\,(\text{mm})$

그림 5.1 머프 커플링(muff coupling)

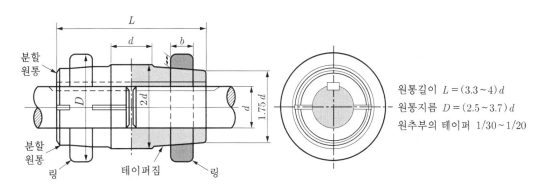

원통길이 $L = (3.3 \sim 4)\,d$

원통지름 $D = (2.5 \sim 3.7)\,d$

원추부의 테이퍼 $1/30 \sim 1/20$

그림 5.2 클립 커플링(clip coupling)

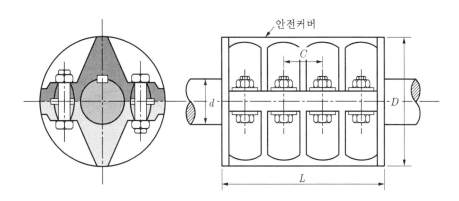

그림 5.3 클램프 커플링(clamp coupling)

1) 전달토크

그림 5.4(a)는 링으로 분할원통을 조이는 클립 커플링의 하중상태를 나타낸다. 그림
5.4(b)는 링으로 분할원통을 조여서 원통의 내면에 압력 p가 작용하는 상태를 나타낸

다. 이때 원통의 하반부에 작용하는 압력에 의한 힘의 수직성분이 원통을 조이는 힘 P와 평형을 이루어야 하므로

$$P = 2\int_0^{\frac{\pi}{2}} p\ dA \cos\phi = 2\int_0^{\frac{\pi}{2}} p\ \frac{d}{2}\ d\phi\ \frac{L}{2}\cos\phi = \frac{pdL}{2} \tag{5.1}$$

한편 분리된 원통을 링으로 결합하는 클립 커플링에서 전달할 수 있는 토크 T는 그림 5.4(b)를 참조하여 유도하면 다음과 같다.

$$T = \int_0^{2\pi} \mu\ p\ dA\ \frac{d}{2} = \int_0^{2\pi} \mu\ p\ \frac{d}{2}\ d\phi\ \frac{L}{2}\ \frac{d}{2} = \frac{\mu\pi d^2 Lp}{4} \tag{5.2}$$

여기서, μ : 마찰계수

d : 축의 지름

L : 원통의 길이

p : 원통과 축 사이의 접촉압력

이다. 따라서 식(5.1)에서 접촉압력 p를 구하여 식(5.2)에 대입하면

$$T = \frac{\mu\pi Pd}{2} \tag{5.3}$$

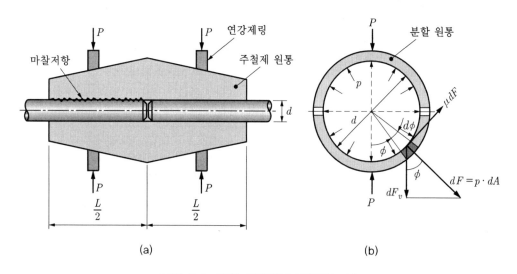

(a) (b)

그림 5.4 클립 커플링에 작용하는 힘

2) 볼트의 개수

그림 5.3과 같은 클램프 커플링에서 분할된 원통을 볼트와 너트로 축에 조여 붙일 때, 그 반력으로 볼트에 인장력이 발생하며, 볼트의 인장력은 볼트를 조이는 힘과 평형을 이루어야 하므로

$$P = \frac{\pi}{4}\delta_1^2 \sigma_t \frac{Z}{2} \tag{5.4}$$

여기서 δ_1은 볼트의 골지름, σ_t는 볼트의 인장응력, Z는 볼트의 개수이다. 한편, 클램프 커플링에 의한 전달토크 T는 식 (5.4)를 식 (5.3)에 대입하면

$$T = \frac{\mu \pi d}{2}\left(\frac{\pi}{4}\delta_1^2 \sigma_t \frac{Z}{2}\right) \tag{5.5}$$

이고, 커플링의 전달 토크는 축에 작용하는 토크와 같아야 하므로

$$T = \frac{\mu \pi d}{2}\left(\frac{\pi}{4}\delta_1^2 \sigma_t \frac{Z}{2}\right) = \frac{\pi d^3 \tau_s}{16}$$

클램프 커플링에 필요한 볼트의 개수 Z는

$$Z = \frac{d^2 \tau_s}{\mu \pi \delta_1^2 \sigma_t} \tag{5.6}$$

여기서, τ_s는 축의 허용 전단응력이다.

예제 5.1 지름 $d = 50\,\mathrm{mm}$인 축을 연결하는 그림 5.3과 같은 클램프 커플링에서 골지름 $\delta_1 = 11.835\,\mathrm{mm}$인 볼트 $Z = 8$개를 사용한다. 축에 의한 전달토크가 커플링에 의한 전달토크와 같도록 설계하는 경우 축의 전달토크 T, 볼트가 커플링을 조이는 힘 P, 볼트의 인장응력 σ_t를 구하라. 단, 축의 허용 전단응력 $\tau_s = 2\,\mathrm{kg/mm^2}$이고, 커플링에서 마찰계수 $\mu = 0.20$이다.

풀이 축의 전달토크 T는

$$T = \frac{\pi d^3}{16} \cdot \tau_s = \frac{\pi \times 50^3}{16} \times 2 = 49063\,(\mathrm{kg \cdot mm})$$

볼트가 커플링을 조이는 힘 P는 식 (5.3)에 의하여

$$P = \frac{2T}{\mu \pi d} = \frac{2 \times 49063}{0.2 \times \pi \times 50} = 3125 \,(\mathrm{kg})$$

볼트의 인장응력 σ_t는 식 (5.4)에 의하여

$$\sigma_t = \frac{8P}{\pi \delta_1^2 Z} = \frac{8 \times 3125}{\pi \times 11.835^2 \times 8} = 7.11 \,(\mathrm{kg/mm^2})$$

(2) 셀러 커플링

원통형 커플링의 예로서 그림 5.5와 같은 셀러 커플링(Seller's coupling)을 들 수 있다. 두 축의 끝에 내면이 원추면으로 되어 있는 바깥 슬리브를 끼우고 그 속에 외면이 원추로 되어 있는 안 슬리브 2개를 두 축의 끝에 넣어 3개의 볼트로 결합한 것이다.

이 셀러 커플링의 특징으로는 안전을 위한 별도의 덮개가 없어도 되며 두 축의 지름이 약간 달라도 된다. 이 커플링의 주요 설계치수는 축지름 d의 크기를 기준으로 하여 다음과 같이 정해진다.

작은 지름의 축에 대해서는 $L = 4d, \ D = 3.5d$

큰 지름의 축에 대해서는 $L = 3.3d, \ D = 2.7d$

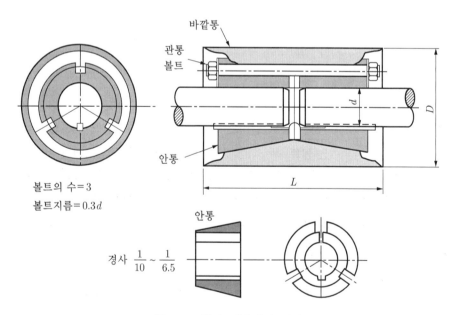

그림 5.5 셀러 커플링의 설계도

(3) 플랜지 커플링

플랜지 커플링(flange coupling)은 그림 5.6과 같이 키에 의해 두 축의 끝에 플랜지를 고정하고 이를 리머볼트(reamer bolt)로 결합한 커플링이다. 플랜지 커플링은 확실하게 토크를 전달할 수 있기 때문에 고정 커플링에서 가장 널리 사용되고 있다.

한편 축의 지름이 20 mm 이상이고, 큰 하중이나 충격을 받을 경우 축 끝의 일부를 단조하여 플랜지를 축과 일체로 만들면 커플링부위가 조립식에 비해 비교적 소형화가 되어 고속 회전하는 프로펠러 축, 선박의 엔진 축 등의 대형기계에 쓸 수 있다.

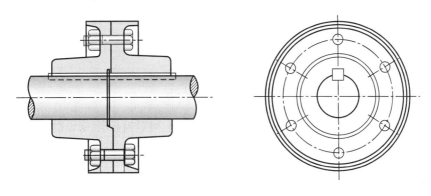

그림 5.6 플랜지 커플링

1) 전달 토크

플랜지가 전달할 수 있는 토크 T는 전단저항을 받는 볼트가 전달할 수 있는 토크 T_1과 플랜지 접촉면의 마찰저항에 의하여 전달할 수 있는 토크 T_2의 합이다(그림 5.7).

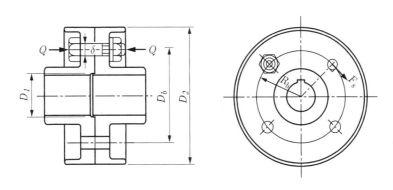

그림 5.7 플랜지 커플링에서 동력전달

① 커플링에서 전단저항을 받는 Z개 볼트가 전달할 수 있는 토크 T_1은

$$T_1 = \left(\frac{\pi}{4}\delta^2\right)\tau_b \cdot Z \cdot \left(\frac{D_b}{2}\right) \tag{5.7}$$

여기서, δ : 볼트의 바깥지름

　　　　τ_b : 볼트의 허용 전단응력

　　　　$D_b/2 = R_b$: 축 중심에서 볼트 중심까지의 거리

② 플랜지 접촉면의 마찰저항에 의하여 전달할 수 있는 토크 T_2는

$$T_2 = Z\mu Q\frac{D_m}{2} \tag{5.8}$$

여기서, Q : 볼트 한 개에 작용하는 인장력

　　　　D_m : 접촉면의 평균지름(=안지름과 바깥지름의 평균값 $= \dfrac{D_1 + D_2}{2}$)

③ 커플링이 전달할 수 있는 전체 토크는 $T = T_1 + T_2$이나 $T_1 \gg T_2$이므로 T_2를 무시한다.

$$T \fallingdotseq \left(\frac{\pi}{4}\delta^2\right)\tau_b \cdot Z \cdot \left(\frac{D_b}{2}\right) \tag{5.9}$$

2) 볼트의 지름

커플링이 전달할 수 있는 토크와 축이 전달할 수 있는 토크가 같아야 하므로 $\dfrac{\pi\delta^2\tau_b ZD_b}{8} = \dfrac{\pi d^3\tau_s}{16}$ 이고, 볼트의 바깥지름 δ는

$$\delta = \sqrt{\frac{d^3\tau_s}{2ZD_b\tau_b}} \tag{5.10}$$

이다.

축의 전단응력 τ_s와 볼트의 전단응력 τ_b가 같다면 볼트의 바깥지름 δ는 다음과 같다.

$$\delta = \sqrt{\frac{d^3}{2ZD_b}} \tag{5.11}$$

3) 플랜지 뿌리부의 전단저항 토크

그림 5.8에 나타낸 것과 같이 플랜지 뿌리부의 전단저항에 의하여 전달할 수 있는
토크는 다음과 같이 계산할 수 있다.

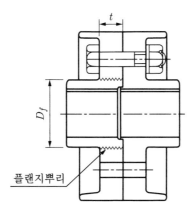

그림 5.8   플랜지 뿌리부의 전단

$$T = \tau_f(\pi D_f t)\frac{D_f}{2} \qquad\qquad (5.12)$$

여기서, τ_f : 플랜지 뿌리부의 허용 전단응력
$\quad\quad\quad$ D_f : 플랜지 뿌리부의 지름
$\quad\quad\quad$ t $\;$: 플랜지 뿌리부의 두께

표 5.3은 가장 많이 이용되고 있는 플랜지 커플링 설계치수이다(KS B 1551).

표 5.3   플랜지 커플링의 치수   (치수 단위: mm)

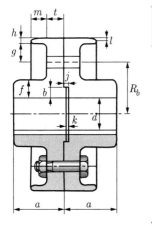

d	a	b	j	k	f	g	h	m	t	l	R_b	볼트 Z(개)	볼트 δ(inch)
50	90	20	6	2	27	28	17	22	23	6	80	4	5/8
60	100	24	6	2	32	28	17	25	25	6	90	4	3/4
70	112	28	7	2	35	35	17	26	29	6	105	4	7/8
80	125	32	8	2	41	38	17	30	32	6	120	4	1
90	135	35	9	2	43	40	17	30	35	7	130	4	1
100	145	40	9	2	50	42	17	30	40	7	145	4	1
110	155	44	10	2	52	43	18	30	45	7	155	6	1
120	167	48	11	2	55	43	20	33	50	7	165	6	1
130	178	52	12	2	57	45	22	35	55	8	175	6	1+1/8
140	190	56	12	2	60	45	23	40	60	8	185	8	1+1/4
150	200	60	12	2	63	50	24	40	65	8	200	8	1+1/4

예제 5.2 $H = 50\,\text{ps}$, $N = 800\,\text{rpm}$ 을 전달하는 플랜지 커플링을 설계하라. 단, 축과 볼트의 허용전단응력 $\tau_a = 2.1\,\text{kg/mm}^2$ 이고, 플랜지의 허용 전단응력 $\tau_{fa} = 1.5\,\text{kg/mm}^2$ 이다.

풀이 (a) 축지름 d 는 Bach의 식 (4.27a)를 이용하여

$$d = 120\sqrt[4]{\frac{H}{N}} = 120\sqrt[4]{\frac{50}{800}} = 60\,(\text{mm})$$

(b) 표 4.3c에서 축지름 $60\,\text{mm}$ 에 대한 묻힘키를 선택하면, $b \times h = 18 \times 12$ 이고, 키홈의 깊이는 $t = 6\,\text{mm}$ 이다.

(c) 플랜지 커플링 치수는 표 5.3을 참조하여 $d = 60\,\text{mm}$ 에 대하여 $f = 32, R_b = 90$, $t = 25$, 볼트의 지름 $\delta = 3/4$ 인치, 볼트의 개수 $Z = 4$ 이다.

(d) 축에 전달되는 토크와 볼트의 전단저항 토크가 같다고 하자.
축에 전달되는 토크

$$T = 716200\,\frac{H}{N} = 716200 \times \frac{50}{800} = 44763\,(\text{kg} \cdot \text{mm})$$

이고, 볼트의 전단저항 토크

$$T = \frac{\pi\delta^2 Z \tau_b R_b}{4}$$

이다. 그러므로 볼트에 작용하는 전단응력 τ_b 는

$$\tau_b = \frac{4T}{\pi\delta^2 Z R_b} = \frac{4 \times 44763}{\pi \times 19^2 \times 4 \times 90} = 0.44\,(\text{kg/mm}^2) < \tau_a = 2.1\,\text{kg/mm}^2$$

이므로 볼트는 안전하다.
한편 축에 전달되는 토크와 식 (5.12)의 플랜지 뿌리의 전단저항 토크가 같다고 하면, 플랜지 뿌리의 전단저항 토크는 $T = 2\pi R_f^2 t \tau_f$ 이므로 플랜지 뿌리에 작용하는 전단응력 τ_f 는

$$\tau_f = \frac{T}{2\pi R_f^2 t} = \frac{44763}{2 \times \pi \times 62^2 \times 25} = 0.074\,(\text{kg/mm}^2) < \tau_{fa} = 1.5\,\text{kg/mm}^2$$

이므로 안전하다.

(4) 플렉시블 커플링

플렉시블 커플링(flexible coupling)은 진동과 충격 그리고 축심이 약간 어긋날 가능

성이 있는 곳에 쓰이는 커플링으로 모터의 축을 원심펌프, 공작기계 등의 기계축에 직접 연결할 때 사용된다. 왜냐하면 두 축의 축선을 정확하게 일직선상에 설치한다는 것은 매우 곤란하고 처음에는 두 축이 일직선상에 설치되었다 하더라도 시간이 지남에 따라 베어링의 마모량이 서로 다르기 때문에 축선이 다소 어긋나서 진동이 생긴다.

많이 쓰이고 있는 플렉시블 커플링에는 가죽, 고무, 강판 스프링 등을 매개로 그 탄성을 이용하여 유연성을 주는 형식과 이음부위의 간격을 넓혀 축간의 편심을 완화시켜 주는 형식이 있다.

1) 탄성을 이용한 플렉시블 커플링

그림 5.9와 같이 한쪽 플랜지의 볼트 구멍에 고무링을 넣어 진동 충격 변형을 고무의 탄성으로 흡수케 한 것이다. 볼트와 고무링 사이의 마찰로 인해 고무의 마멸이 커 수명이 짧은 것이 흠이라 할 수 있으나 플렉시블 커플링에서 가장 많이 쓰이고 있다.

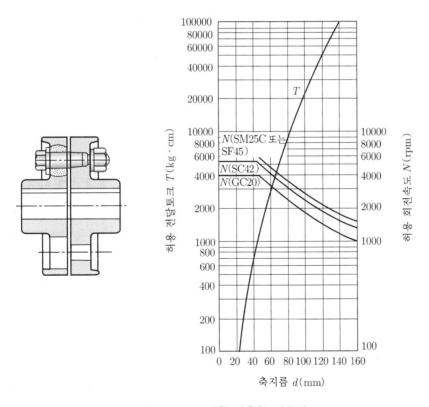

그림 5.9 고무링을 이용한 커플링

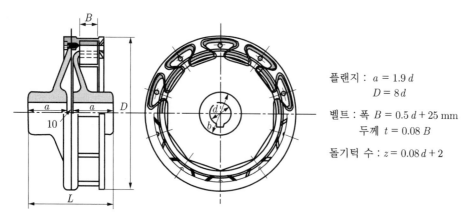

플랜지 : $a = 1.9\,d$
$\quad\quad\quad D = 8\,d$

벨트 : 폭 $B = 0.5\,d + 25\,\text{mm}$
$\quad\quad\quad$두께 $t = 0.08\,B$

돌기턱 수 : $z = 0.08\,d + 2$

그림 5.10 벨트의 유연성을 이용한 커플링

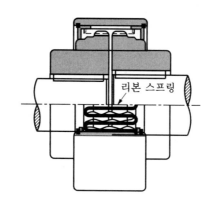

리본 스프링

그림 5.11 스프링의 탄성을 이용한 커플링

그림 5.10은 벨트의 탄성을 이용한 플렉시블 커플링으로 양축단에 고정되어 있는 원판형 플랜지의 외주에 각각 다수의 돌기턱을 만들어 이에 따라 한 개의 벨트를 파형으로 연결시킨 것이다. 장시간 사용하면 탄성이 감소되는 단점을 지니고 있으나 유연성과 전기적 절연작용이 좋아 수력원동기, 발전기 등에 널리 쓰이고 있다.

그림 5.11은 리본형상의 강판 스프링을 양축의 치형 돌기부에 감아 연결한 커플링으로 전단 탄성을 이용한 것이다.

2) 간격을 활용한 플렉시블 커플링

그림 5.12는 외치내통(外齒內筒)을 각각의 축에 고정하고 이것과 물림을 같이 하는 내치외통(內齒外筒)의 플랜지를 볼트로 연결한 플렉시블 커플링이다. 이 커플링은 기

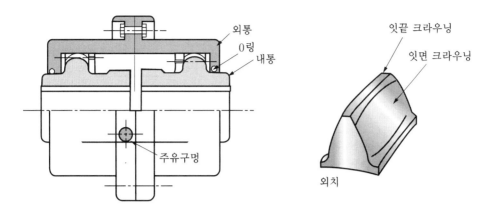

그림 5.12 기어형 커플링

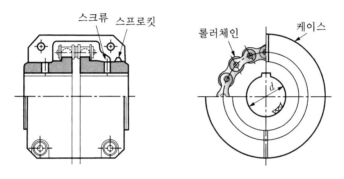

그림 5.13 체인형 커플링

어의 백래시와 이끝 틈새에 의해 축의 편심을 완화시켜 커다란 토크를 전달할 수 있지만, 치면의 허용면압에 따라 전달동력이 정해지기 때문에 설계상 치면의 윤활에 특별히 주의하여야 한다.

그림 5.13은 두 축의 끝에 설치된 스프로킷휠에 2열 체인을 감아 축간의 편심 여유를 흡수케 한 커플링으로 허용 전달토크는 롤러와 스프로킷 사이의 내압에 의해 결정된다.

5.1.2 축선이 평행할 경우

두 축이 평행하면서 약간 어긋나 있는 경우, 각속도의 변화 없이 회전력을 전달할 수 있는 커플링을 올덤 커플링(oldham coupling)이라 한다. 그림 5.14와 같이 서로 직교할 수 있는 홈을 판 플랜지 P와 돌기가 있는 플랜지 R을 각축에 고정하고, 두

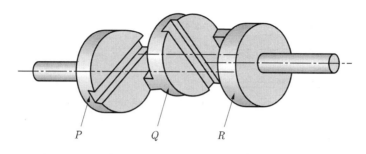

그림 5.14 올덤 커플링

플랜지의 사이에 양측면에 돌기와 홈을 가진 십자원판 Q를 끼워 한쪽 축을 회전시키면 중앙 십자원판이 홈에 따라 미끄러지면서 다른 한쪽 축에 회전을 전달한다. 이때 중앙원판은 양축의 중심 사이의 거리를 지름으로 하는 원주운동을 하게 되고 그 속도의 제곱에 비례하는 원심력으로 인해 진동을 일으키기 때문에 고속회전에는 부적합하다.

5.1.3 축선이 교차할 경우

두 축이 교차할 때 사용되는 축이음 요소를 유니버설 커플링(universal coupling)이라 하며 그림 5.15와 같이 두 축이 같은 평면 내에 있고 그 중심선의 교차각 $\alpha \leq 30°$인 경우가 적합하며 공작기계, 자동차의 추진축, 압연 롤러의 전동축 등에 쓰이고 있다.

유니버설 커플링은 그림 5.15와 같이 구면삼각(球面三角) 크랭크기구를 응용한 것으로 원동축과 종동축의 각속도를 각각 ω_1, ω_2 그리고 θ를 원동축의 회전각이라 하면, 이들 사이의 관계는 다음과 같다.

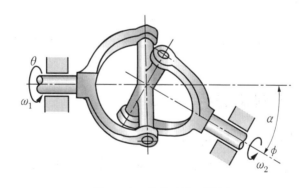

그림 5.15 유니버설 커플링

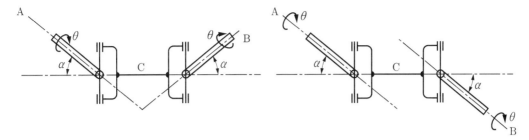

그림 5.16 등속 유니버설 커플링

$$\frac{\omega_2}{\omega_1} = \frac{\cos \alpha}{1 - \sin^2\theta \sin^2\alpha} \tag{5.13}$$

ω_1이 일정할 때 두 축 사이의 교차각 α와 원동축의 회전각 θ에 의해 ω_2는 1/4회전하는 동안 $\cos \alpha$와 $1/\cos \alpha$ 사이에서 변동하며 그 변동률은 $1/\cos^2 \alpha$이다. 또한 회전력도 이와 같은 주기로 변하므로 무거운 회전체를 갖고 있을 때 회전관성 때문에 전동이 불가능해진다. 따라서 원동축(A)과 종동축(B)의 각속도를 같게 하기 위해 그림 5.16과 같이 두 축사이의 교차각이 같은 중간축(C)을 설치한다.

[예제 5.3] 그림 5.15와 같은 유니버설 커플링에서 원동축의 회전력과 각속도가 일정할 때, 종동축의 토크 T_2의 변화와 축지름 d_2를 구하라.

풀이 전동 과정에서 마찰로 인한 에너지 손실이 없다면 입력에너지와 출력에너지는 언제나 같아야 하므로

$$T_1\omega_1 = T_2\omega_2$$

이다.

여기서, 종동축의 각속도는 식 (5.13)에 의하여

$$\omega_2 = \frac{\cos \alpha}{1 - \sin^2 \theta \sin^2\alpha}\omega_1$$

이므로 종동축의 토크는

$$T_2 = \frac{T_1(1 - \sin^2 \theta \sin^2\alpha)}{\cos \alpha}$$

이다.

지금 원동축의 회전각 θ에 대해서 종동축 토크 T_2의 변화는 아래 표와 같다. 이때

T_2의 최대치는 $T_1/\cos\alpha$이고 최소치는 $T_1\cos\alpha$이다.

회전각(θ)	0°	90°	180°	270°	360°
토크(T_2)	($T_1/\cos\alpha$)	$T_1\cos\alpha$	($T_1/\cos\alpha$)	$T_1\cos\alpha$	($T_1/\cos\alpha$)

따라서 종동축의 최대 토크는

$$T_{2\max} = \frac{T_1}{\cos\alpha} = \frac{\pi}{16}d_2^3\tau_s$$

이므로 종동축의 지름은

$$d_2 = \sqrt[3]{\frac{16\,T_1}{\pi\,\tau_s\cos\alpha}}$$

이 되지만, 종동축의 하중 변동으로 인한 부하계수 K_s를 고려하면

$$d_2 = \sqrt[3]{\frac{16\,K_s\,T_1}{\pi\,\tau_s\cos\alpha}}$$

이 된다. 이때 K_s의 값은 표 5.4와 같다.

표 5.4 유니버설 커플링의 부하계수 K_s

원동축 / 종동축	일정한 토크 (모터 터빈)	가벼운 변동 토크 (6기통 이상의 디젤 엔진, 4기통 이상의 가솔린 엔진)	변동 토크 (6기통 미만의 디젤 엔진, 4기통 미만의 가솔린 엔진)
일정부하 (송풍기, 원심펌프 발전기)	1 ~ 1.25	1.25 ~ 1.6	1.6 ~ 2
변동부하 (유압펌프, 회전압축기, 공작기계, 감속기)	1.4 ~ 1.8	1.8 ~ 2	2 ~ 2.5
충격부하 (왕복펌프 및 압축기, 프레스, 선박용 프로펠러축 등)	2 ~ 2.5	2.5 ~ 3	3 ~ 4

5.2 클러치

원동축의 회전운동을 종동축에 전달하면서 운전 중에 착탈이 가능한 클러치의 종류를 살펴보면 표 5.5와 같다.

표 5.5 클러치의 종류

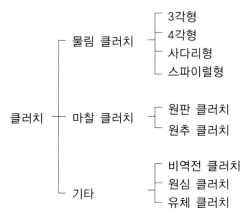

5.2.1 물림 클러치

그림 5.17은 물림 클러치(claw clutch)의 턱(jaw)의 형상을 표시한 것으로 용도에 따라 선정할 수 있다. 일반적으로 널리 쓰이고 있는 것은 스파이럴 물림 클러치(spiral claw clutch)이다.

스파이럴 물림 클러치는 그림 5.18과 같이 서로 물리는 한 쌍의 턱이 있어서 한쪽은 원동축에 고정하고 다른 쪽은 종동축에 미끄럼키 또는 스플라인에 의해 끼워져 축방향으로 이동할 수 있게 되어 있다. 그러나 물림은 축이 정지된 상태에서 이뤄져야 한다. 표 5.6은 스파이럴 물림 클러치의 주요치수를 나타낸다.

표 5.6 스파이럴 물림 클러치의 주요 치수   (치수 단위: mm)

d	40	50	60	70	80	90	100	110	120
D	100	125	150	175	200	225	250	275	300
a	20	23	25	30	35	40	45	50	55
b	40	50	60	70	80	90	100	110	120
c	20	25	30	35	40	45	50	55	60
e	16	18	20	22	24	26	28	30	32
f	30	32	34	36	38	40	42	44	46
g	72	86	100	114	128	142	156	170	186
물림턱 수	3	3	4	4	4	5	5	6	6

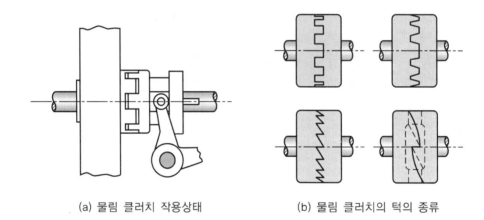

(a) 물림 클러치 작용상태   (b) 물림 클러치의 턱의 종류

그림 5.17 물림 클러치

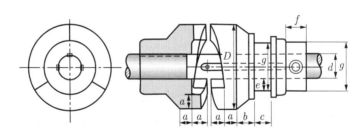

그림 5.18 스파이럴 물림 클러치

지금 물림턱의 중앙에 힘이 작용하여 그림 5.19(a)와 같이 턱의 단면에서 전단저항이 발생한다면, 턱의 전단저항에 의한 전달토크 T 는

$$T = A_s \cdot \tau_j \cdot R_m \qquad (5.14)$$

여기서, A_s : 물림턱의 전단면적 $= \dfrac{\pi}{8}\left(D_2^2 - D_1^2\right)$

τ_j : 턱의 허용 전단응력

R_m : 턱 중앙의 반지름 $= (D_1 + D_2)/4$

그러므로

$$T = \dfrac{\pi\tau_j}{32}(D_2^2 - D_1^2)(D_1 + D_2) \qquad (5.15)$$

한편 그림 5.19(b)와 같이 턱의 측면에서 작용하는 평균 접촉압력을 p_m 이라 하면, 턱의 접촉압력에 의한 전달토크 T 는

$$T = Z \cdot A_c \cdot p_m \cdot R_m \qquad (5.16)$$

여기서, A_c : 물림턱의 접촉 면적 $= \dfrac{1}{2}(D_2 - D_1)h$

h : 턱의 높이

Z : 물림턱의 수

그러므로

$$T = \dfrac{Z}{8}(D_2^2 - D_1^2)hp_m \qquad (5.17)$$

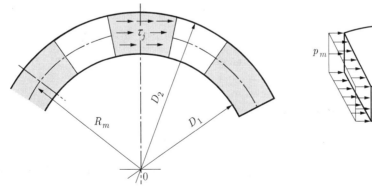

(a) 물림턱의 전단응력　　　　　(b) 물림턱의 접촉압력

그림 5.19 물림 클러치의 강도

예제 5.4 그림 5.18과 같은 스파이럴 물림 클러치의 축지름 $d = 50\,\text{mm}$, 턱의 수 $Z = 3$, 클러치 바깥지름 $D_2 = 125\,\text{mm}$, 안지름 $D_1 = 79\,\text{mm}$, 턱의 높이 $h = 23\,\text{mm}$일 때, 턱의 평균 접촉압력 p_m과 턱뿌리의 전단응력 τ_j를 구하라. 단, 축의 허용비틀림 응력 $\tau_a = 2.1\,\text{kg/mm}^2$이다.

풀이 축의 전달토크는

$$T = \frac{\pi d^3}{16} \tau_s = \frac{\pi}{16} \times 50^3 \times 2.1 = 51516\,(\text{kg} \cdot \text{mm})$$

클러치의 평균 접촉압력은 식 (5.17)에 의하여

$$p_m = \frac{8\,T}{Z(D_2^2 - D_1^2)\,h} = \frac{8 \times 51516}{3 \times (125^2 - 79^2) \times 23} = 0.636\,(\text{kg/mm}^2)$$

턱뿌리의 전단응력은 식 (5.15)에 의하여

$$\tau_j = \frac{32\,T}{\pi(D_2^2 - D_1^2)(D_2 + D_1)} = \frac{32 \times 51516}{\pi(125^2 - 79^2)(125 + 79)} = 0.274\,(\text{kg/mm}^2)$$

이다.

5.2.2 마찰 클러치

마찰 클러치(friction clutch)는 원동축과 종동축 사이의 마찰 접촉면에 의해 운전 중에 단속이 가능한 축이음으로서 공작 기계와 자동차, 그 밖의 일반 기계에 널리 사용되고 있다.

운전하고 있는 원동축에 정지된 종동축을 처음 물릴 때 약간의 미끄럼이 생기지만 서서히 가속되어 일체가 된다. 그러나 과대한 하중 저항이 종동축에 생기면 접촉면의 미끄럼으로 인해 마모와 과열은 피할 수 없다.

(1) 원판 클러치(disk clutch)

그림 5.20(a)는 마찰면이 1개인 클러치로 마찰 원판을 축방향의 힘 P로 밀어붙이면, 새 클러치 원판에서는 마모가 균일하지 않지만 마찰면의 압력은 균일하게 분포한다. 그러나 약간 사용 후에는 미끄럼마찰에 의한 클러치 원판의 마모가 균일하다고 가정할 수 있다. 그런데 원판의 마모율은 마찰일률 $\mu p r \omega$에 비례하므로 균일한 마모의 경우

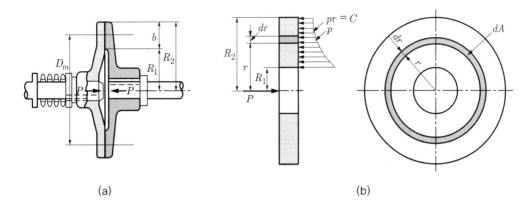

그림 5.20 단판 마찰 클러치와 접촉면에 작용하는 힘

$pr = C$라는 관계가 성립한다. 따라서 마찰면의 압력은 그림 5.20(b)와 같이 바깥으로 갈수록 작아진다.

원판이 균일하게 마모되는 경우, 그림 5.20(b)와 같이 원판의 임의 반지름 r에서 미소폭 dr인 링형상의 접촉면에 작용하는 압력을 p라고 하면, 수평방향의 힘의 평형에 의하여 클러치를 축방향으로 미는 힘 P는

$$P = \int_{R_1}^{R_2} p \cdot dA = \int_{R_1}^{R_2} 2\pi r \, dr \cdot p$$
$$= \int_{R_1}^{R_2} 2\pi C \, dr = 2\pi C (R_2 - R_1) \tag{5.18}$$

이므로 $pr = C$에서 상수 C는

$$C = \frac{P}{2\pi (R_2 - R_1)}$$

가 된다. 따라서 마찰에 의하여 전달되는 토크 T는

$$T = \int_{R_1}^{R_2} \mu (2\pi r \cdot dr \cdot p) r = \pi \mu C (R_2^2 - R_1^2) = \frac{\mu P (R_2^2 - R_1^2)}{2 (R_2 - R_1)} = \mu P R_m \tag{5.19}$$

식 (5.19)는 마찰 원판을 밀어붙이는 힘 P가 마찰면의 평균반지름 R_m에 집중하여 작용하는 것으로 생각할 때의 토크와 같은 것을 알 수 있다.

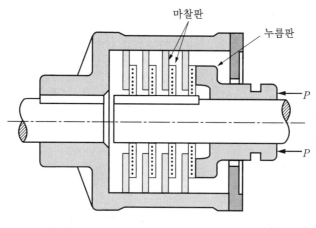

마찰판

누름판

P

P

그림 5.21 다판 클러치

한편 원판 마찰면의 압력이 일정하다고 가정할 경우, $P = \pi(R_2^2 - R_1^2)p$ 이므로 마찰전달토크 T는

$$T = 2\pi\mu \int_{R_1}^{R_2} pr^2 dr = \frac{2}{3}\pi\mu(R_2^3 - R_1^3)p = \frac{2\mu}{3}\left(\frac{R_2^3 - R_1^3}{R_2^2 - R_1^2}\right)P \tag{5.20}$$

실제로 $R_1 = (0.6 \sim 0.7)R_2$ 정도이므로 식 (5.20)은 $T \fallingdotseq \mu P R_m$ 이 되어 식 (5.19)와 같게 된다.

마찰 클러치에서 전달토크 T를 크게 하려면 μ, P, R_m을 각각 증가시켜야 하지만, μ와 P는 상반된 관계를 갖고 있으므로 R_m을 크게 하는 편이 좋다. 그러나 R_m이 커지면, 장치가 커지게 되고 제작에 어려움이 있기 때문에 접촉면의 수를 늘리는 것이 편리해진다.

그림 5.21은 접촉면이 여러 개인 다판 클러치의 개략도이며 접촉면의 수를 Z라고 하면 전달토크 T는 다음과 같다.

$$T = \mu P R_m Z \tag{5.21}$$

[예제 5.5] 원판 클러치의 회전수 $N = 1800\,\text{rpm}$, 접촉면의 바깥지름 $D_2 = 120\,\text{mm}$, 안지름 $D_1 = 90\,\text{mm}$, 접촉면의 마찰계수 $\mu = 0.3$으로 하여 $H = 15$마력을 전달할 때, 클러치를 밀어붙이는 힘 P와 접촉면의 평균압력 p를 구하라.

풀이 클러치 접촉면의 평균지름은

$$D_m = \frac{D_2 + D_1}{2} = \frac{120 + 90}{2} = 105 \, (\text{mm})$$

클러치에 전달되는 토크는 식 (4.1)에 의하여

$$T = 716200 \frac{H}{N}$$
$$= 716200 \times \frac{15}{1800} = 5968 \, (\text{kg} \cdot \text{mm})$$

클러치를 미는 힘은 식 (5.19)에 의하여

$$P = \frac{2T}{\mu D_m} = \frac{2 \times 5968}{0.3 \times 105} = 379 \, (\text{kg})$$

클러치 접촉면의 평균압력은

$$p = \frac{4P}{\pi(D_2^2 - D_1^2)} = \frac{4 \times 379}{\pi \times (120^2 - 90^2)} = 0.0766 \, (\text{kg/mm}^2)$$

(2) 원추 클러치

원판 클러치에 비해 원추 클러치(conical clutch)는 접촉면의 쐐기작용에 의해 더 큰 마찰저항을 얻을 수 있어 큰 토크를 전달할 수 있는 이점을 지니고 있다. 그러나 착탈시 관성으로 인한 균형 상태의 유지와 조작에 어려움이 있다.

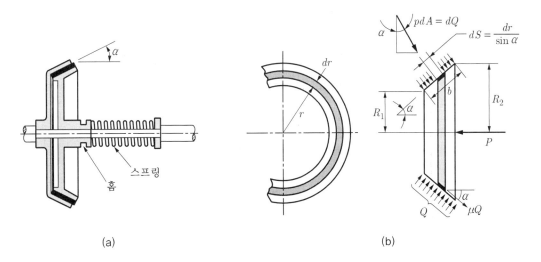

(a)　　　　　　　　　　　　　　(b)

그림 5.22 원추 클러치와 작용력의 관계

그림 5.22와 같이 축선방향으로 클러치를 밀어 넣기 위해 가하는 힘 P에 의해 접촉면에 작용하는 수직반력 Q에 의하여 접촉압력이 생긴다. 이때 그림 5.22(b)와 같이 원추의 접촉면에서 임의 반지름 r에서 미소폭 ds인 링형상의 표면에 작용하는 압력을 p라고 하면, 접촉면의 작용하는 수직반력은

$$Q = \int_{R_1}^{R_2} p \cdot dA = \int_{R_1}^{R_2} 2\pi r \cdot ds \cdot p = \int_{R_1}^{R_2} 2\pi r \frac{dr}{\sin\alpha} p \tag{5.22}$$

마찰면의 압력이 일정하다고 하면

$$Q = \pi p \frac{(R_2^2 - R_1^2)}{\sin\alpha} = \pi(R_2 + R_1)\frac{(R_2 - R_1)}{\sin\alpha} p = \pi D_m b p \tag{5.23}$$

여기서, D_m : 접촉면의 평균 지름 $= R_2 + R_1$

b : 접촉면의 폭 $= \dfrac{R_2 - R_1}{\sin\alpha}$

한편, 축을 미는 힘 P는 수평방향 힘의 평형에 의하여

$$P = Q\sin\alpha + \mu Q\cos\alpha = Q(\sin\alpha + \mu\cos\alpha) \tag{5.24}$$

이고, 접촉면의 수직반력 Q는 다음 식과 같다.

$$Q = \frac{P}{\sin\alpha + \mu\cos\alpha} \tag{5.25}$$

원추 클러치의 전달토크 T는 원판클러치의 계산결과처럼 접촉면의 수직반력 Q가 평균반지름 R_m의 위치에 작용한다고 가정하면

$$T = \mu Q R_m = \frac{\mu P R_m}{\sin\alpha + \mu\cos\alpha} \tag{5.26}$$

이다. 여기서

$$\frac{\mu}{\sin\alpha + \mu\cos\alpha} = \mu'$$

이라 하면

$$T = \mu' P R_m \tag{5.27}$$

이다. 여기서 μ' 을 유효마찰계수라 한다. 원추 클러치는 원판 클러치에 비해 마찰면이 원추이기 때문에 마찰계수가 μ 에서 μ' 으로 커지는 것과 같은 효과를 준다. 따라서 비교적 작은 힘 P 에 의해 큰 동력을 전달할 수 있지만, 각 α 가 너무 작으면 물릴 때 충격과 분리할 때 어려움을 겪게 되므로 보통 $\alpha \geq 12 \sim 15°$ 로 하고 설계상의 접촉압력은 원판인 경우와 같게 잡는다.

예제 5.6 마찰면의 바깥지름 $D_2 = 140\,\mathrm{mm}$, 안지름 $D_1 = 120\,\mathrm{mm}$, 폭 $b = 30\,\mathrm{mm}$ 인 주철제 원추클러치를 회전속도 $N = 500\,\mathrm{rpm}$ 으로 접촉면압력 $p = 0.03\,\mathrm{kg/mm^2}$ 이하가 되도록 사용할 때, 전달할 수 있는 최대동력과 축방향 작용력을 구하라. 단, 마찰계수 $\mu = 0.2$ 이다.

풀이 마찰면의 평균지름은

$$D_m = \frac{D_1 + D_2}{2} = \frac{120 + 140}{2} = 130 \,(\mathrm{mm})$$

접촉면의 수직반력은 식 (5.23)에 의하여

$$Q = \pi D_m b p = \pi \times 130 \times 30 \times 0.03 = 367.4 \,(\mathrm{kg})$$

클러치의 전달토크는 식 (5.26)에 의하여

$$T = \mu Q \frac{D_m}{2} = \frac{0.2 \times 367.4 \times 130}{2} = 4776 \,(\mathrm{kg \cdot mm})$$

그러므로 전달동력은 식 (4.1)에 의하여

$$H = \frac{TN}{716200} = \frac{4776 \times 500}{716200} = 3.33 \,(\mathrm{ps})$$

이다. 원추면의 경사각 α 는 그림 5.22에서

$$\sin \alpha = \frac{D_2 - D_1}{2b} = \frac{140 - 120}{2 \times 30} = 0.333$$

이므로 $\alpha = 19.5°$ 이다.

유효마찰계수 μ' 은

$$\mu' = \frac{\mu}{\sin \alpha + \mu \cos \alpha} = \frac{0.2}{\sin 19.5° + 0.2 \cos 19.5°} = 0.38$$

따라서, 축방향 작용력 P 는 식 (5.27)에서

$$P = \frac{2T}{\mu' D_m} = \frac{2 \times 4776}{0.38 \times 130} = 193 \,(\mathrm{kg})$$

5.2.3 기타 클러치

(1) 비역전 클러치

원동축이 종동축보다 속도가 느릴 경우, 종동축이 자유로 공전할 수 있도록 한 것이다. 따라서, 원동축에서 1방향의 토크만을 종동축에 전달시키고, 반대방향의 토크는 전달할 수 없는 클러치로서 비역전 클러치(one way clutch)라고 부른다. 비역전 클러치에는 롤러 클러치(roller clutch)와 래칫 클러치(ratchet clutch)의 두 가지 형식이 있다.

그림 5.23은 롤러 클러치인데 종동축의 둘레에 홈을 경사지게 만들어서, 그림 5.23에서 보는 바와 같이 원동축이 오른쪽으로 회전하면 롤러가 경사진 좁은 곳에 들어가서 쐐기와 같이 견고히 박혀진다. 이때 마찰력이 생겨서 종동축을 구동시키지만 역회전할 때는 롤러는 넓은 곳에 들어가 접촉하지 않게 된다. 즉, 이때는 종동축이 원동축보다 빨리 회전하는 경우이다. 이 클러치는 자전거의 프리 휠(free wheel)에 응용되고 있다.

래칫 클러치는 롤러 대신에 폴(pawl)에 의하여 롤러 클러치와 같은 작용을 하는 것으로서, 그림 5.24에서 보는 바와 같이 원동축이 오른쪽으로 회전하는 경우에는 종동축에 있는 폴이 걸려서 동력이 전달된다. 그러나 원동축이 반대로 왼쪽으로 회전하면, 스프링이 폴을 안쪽으로 잡아당겨서 종동축에 동력이 전달되지 않는다.

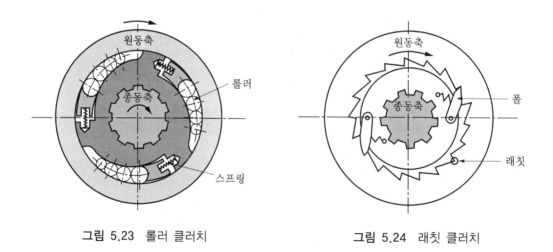

그림 5.23 롤러 클러치   그림 5.24 래칫 클러치

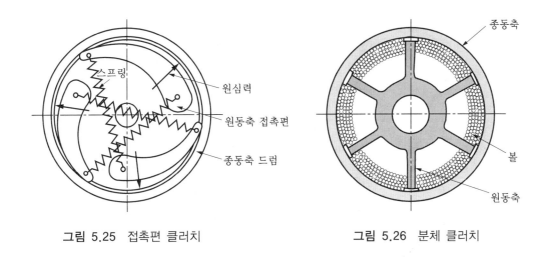

| 그림 5.25 접촉편 클러치 | 그림 5.26 분체 클러치 |

(2) 원심 클러치

원심 클러치(centrifugal clutch)는 축이 회전할 때 생기는 원심력을 이용하여 원동축의 동력을 종동축에 전달하는 것으로 접촉편 클러치와 분체 클러치를 들 수 있다. 그림 5.25에서 보는 것은 접촉편 클러치인데, 원동축이 고속회전할 때 원심력에 의해 원동축의 접촉편이 종동축 드럼 내부에 접촉하여 발생한 마찰 저항으로 동력을 전달한다. 그러나 원동축의 회전이 늦을 때에는 접촉편이 스프링의 힘으로 안쪽으로 수축되어 종동축 드럼에서 분리되어 동력이 전달되지 않는다. 이것은 직물기계나 제지기계에 사용되고, 또 부하가 걸리고 있어서 시동할 수 없는 내연기관 등에 사용된다.

분체 클러치는 그림 5.26과 같이 원동축에 날개가 6개인 바퀴를 설치하고 종동축에 원통이 고정되어 있다. 원통과 날개 사이에 분체와 같은 볼을 넣는다. 분체 대신에 상당히 큰 볼 또는 롤러를 넣는 수도 있다. 원동축이 회전하면 원심력에 의하여 분체(볼 또는 롤러)는 종동축 원통의 내벽에 압착하게 되어 마찰력으로 동력을 전달하게 된다.

(3) 유체 클러치

유체 클러치(fluid clutch)는 그림 5.27과 같이 원동축에 고정된 펌프의 날개바퀴, 종동축에 고정된 터빈의 날개바퀴와 그 사이에 충만된 유체로 구성되어 있다. 원동축의 회전에 따라 펌프가 구동되어 유체에 에너지를 공급하고, 이것을 터빈에 흘려보내 터빈을 회전시키는 것이다. 그 원리는 그림 5.28에서 보는 바와 같이 선풍기 두 대를 나란히

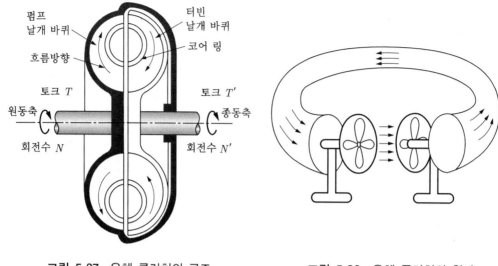

펌프
날개 바퀴

터빈
날개 바퀴

흐름방향

코어 링

토크 T

토크 T'

원동축

종동축

회전수 N

회전수 N'

그림 5.27 유체 클러치의 구조   **그림 5.28** 유체 클러치의 원리

맞대어 놓고, 한편을 회전시키면 그 회전에 의하여 생기는 공기의 흐름으로 다른 편의
선풍기도 돌아가는 것과 같다.

5.1 그림 5.6과 같은 플랜지 커플링이 $250\,\mathrm{rpm}$으로 회전할 때, 이 커플링의 전달마력을 구하라. 단, 볼트 수 4, 지름 $16\,\mathrm{mm}$, 축의 중심에서 볼트 중심까지의 거리 $80\,\mathrm{mm}$, 볼트의 허용 전단응력은 $2.1\,\mathrm{kg/mm^2}$이다.

5.2 두 축의 교차각이 $15°$인 유니버설 커플링이 있다. 지금 원동축에 $15\,\mathrm{kg \cdot m}$로 일정한 토크가 작용할 때, 종동축에 전달되는 토크 변동의 진폭을 구하라.

5.3 $300\,\mathrm{rpm}$으로 $16\,\mathrm{ps}$의 동력을 전달시키는 원판 클러치를 설계하라. 단, 접촉면의 허용 압력은 $1.5\,\mathrm{kg/cm^2}$, $D_2/D_1 = 1.5$, 마찰계수 0.3이다.

5.4 $1500\,\mathrm{rpm}$으로 $40\,\mathrm{ps}$를 전달시키는 기계에서 바깥지름 $250\,\mathrm{m}$, 안지름 $160\,\mathrm{mm}$의 단식 원판 클러치를 사용하고, 스프링으로 원판을 미는 힘 $500\,\mathrm{kg}$이 작용하도록 설계되어 있다. 접촉면의 마찰계수 및 적절한 마찰재료를 선정하라.

5.5 $1800\,\mathrm{rpm}$으로 $3\,\mathrm{kW}$의 동력을 전달하는 원추 클러치에서 평균반지름 $60\,\mathrm{mm}$, 허용 접촉면 압력 $0.12\,\mathrm{kg/mm^2}$, 원추면의 경사각 $15°$, 마찰계수 0.1로 할 때, 원추면의 폭, 바깥지름 및 안지름을 결정하라. 또한, 필요한 스러스트를 구하라.

Chapter 06

미끄럼 베어링

기계에서 회전하는 축을 지지하는 기계요소를 베어링(bearing)이라 하고, 베어링으로 지지되는 축부분을 저널(journal)이라 한다. 베어링을 접촉형식과 작용하중에 따라 분류해보면 아래와 같다.

```
                    ┌ 미끄럼 접촉 - 미끄럼 베어링(sliding bearing)
       ┌ 접촉 형식에 따라 ┤
       │            └ 구름 접촉   - 구름 베어링(rolling bearing)
베어링 ┤
       │            ┌ 축선에 수직한 하중 - 레이디얼 베어링(radial bearing)
       └ 작용 하중에 따라 ┤
                    └ 축선에 평행한 하중 - 스러스트 베어링(thrust bearing)
```

베어링은 축과 짝을 이루어 회전 시 마찰로 인해 열이 발생하기 때문에 설계할 때 재료의 선택과 구조, 그리고 윤활에 유의하여야 한다. 최근에는 이러한 문제점을 해결하기 위해 상대운동을 하는 두 접촉면에서 발생하는 마찰, 마멸과 윤활을 대상으로 한 트라이볼로지(tribology)의 연구가 활발히 진행되고 있다.

6장에서는 미끄럼 베어링의 설계에 대해서 다루고자 한다. 그림 6.1은 크랭크 축에 사용되는 미끄럼 베어링의 대표적인 예로 베어링과 축이 면접촉을 하여 축의 회전 시에 미끄럼 마찰이 발생하므로 그 적용 범위가 구름 베어링에 비하여 많이 줄어들었지만 큰 하중을 받는 부분에 잘 쓰이고 있다.

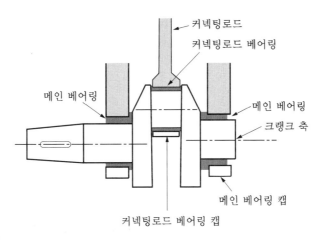

커넥팅로드
커넥팅로드 베어링
메인 베어링
메인 베어링
크랭크 축
메인 베어링 캡
커넥팅로드 베어링 캡

그림 6.1 크랭크 축에 사용된 미끄럼 베어링

저널의 설계

미끄럼 베어링은 규격화되어 있지 않으므로 베어링의 치수를 계산하여 자체제작하거나 주문제작하여야 한다. 미끄럼 베어링의 안지름과 폭이 미끄럼 베어링으로 지지되는 저널의 치수와 거의 같으므로 저널의 치수를 계산하여 미끄럼 베어링의 치수로 정한다. 저널의 치수는 베어링의 작용압력, 저널의 강도 및 저널과 베어링 사이의 마찰열을 고려하여 결정한다. 미끄럼 베어링에 사용되는 저널의 형상은 표 6.1과 같다.

6.1.1 레이디얼 저널의 설계

(1) 베어링압력

축이 회전함에 따라 저널과 베어링이 미끄럼접촉으로 발생된 열의 일부는 자연 발산되고 나머지 열은 축적되어 베어링이 타서 붙는 현상이 발생하므로 이를 방지하기 위해 윤활제를 공급하여 냉각과 윤활을 하여야 한다.

또한 축이 회전함에 따라 형성되는 윤활유의 압력은 축에 작용하는 하중을 지지하는 역할을 한다. 베어링의 윤활에 의하여 형성되는 압력은 축의 회전속도와 저널과 베어링의 접촉 위치에 따라 다르므로 미끄럼 베어링 설계에서는 베어링에 작용하는 평균압력을 베어링압력(bearing pressure)이라 하여 사용한다. 이 베어링압력이 너무 크면 베어링과 저널 사이의 유막이 파손되어 경계윤활이 되므로 제한되어야 한다. 그 허용값은 축의 회전속도, 축과 베어링 재질, 윤활제의 종류, 급유방법 등에 따라 다르며, 일반적으로 쓰이고 있는 허용 베어링압력은 표 6.2와 같다.

표 6.1 저널의 종류

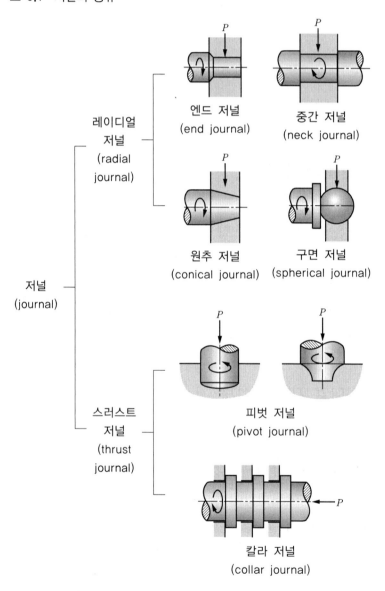

축과 베어링의 재질	허용 베어링압력(kg/mm^2)
강과 주철	0.2 ~ 0.3
강과 포금(gun metal)	0.7
강과 청동	1.5
강과 Pb계 화이트 메탈	0.35
강과 Sn계 화이트 메탈	0.6

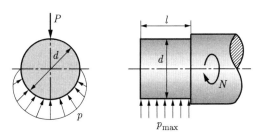

그림 6.2 레이디얼 저널의 압력분포

레이디얼 저널에 작용하는 하중 P를 지지하는 미끄럼 베어링에서 발생하는 압력은 그림 6.2와 같이 접촉면의 위치에 따라 다르고, 베어링의 하반부 중앙에서 최대압력이 발생한다. 그런데 베어링압력을 계산하기 쉽게 그림 6.3과 같이 원통의 하반부에 압력이 균일하게 작용한다고 가정하자. 수직선에서 임의 각 θ만큼 떨어진 위치에서 미소각 $d\theta$에 해당하는 표면에 작용하는 압력을 p라 하면, 수직 방향 힘의 평형에 의하여

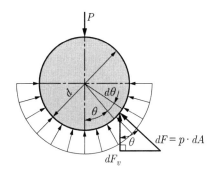

그림 6.3 레이디얼 저널의 가상 압력분포

$$P = 2 \int_0^{\frac{\pi}{2}} p \; dA \cos \theta \qquad (6.1)$$

여기서, $dA = \dfrac{d}{2} \, d\theta \; l$ 이고 p 는 균일하므로

$$P = p \, d \, l \int_0^{\frac{\pi}{2}} \cos \theta \cdot d\theta = p \, d \, l \qquad (6.2)$$

이고, 베어링압력은

$$p = \frac{P}{d \, l} \qquad (6.3)$$

즉, 레이디얼 저널의 베어링압력은 베어링에 작용하는 힘을 저널의 투영면적 ($A_{proj} = d \, l$)으로 나눈 값과 같다.

(2) 저널의 설계

레이디얼 저널에서는 강도면에서는 굽힘강도를 생각하고, 마찰열을 고려하여 설계해야 한다.

1) 강도를 고려한 경우

그림 6.4(a)는 엔드 저널에 하중이 작용하는 것을 나타내는데, 저널의 폭 l 이 좁으므로 그림 6.4(b)와 같이 가정할 수 있다. 또한 저널의 지름이 축의 다른 부분보다 작으므로 주로 저널에서 굽힘이 발생한다고 가정하면, 단면 $A - A$는 고정된 것으로 생각할 수 있다. 이때, 엔드 저널의 부하상태는 외팔보의 중간 부분에 하중 P 가 작용하는

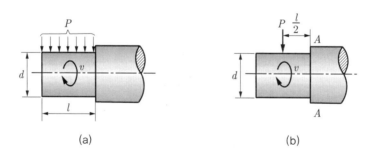

(a)   (b)

그림 6.4 엔드 저널의 강도설계

것과 같다. 외팔보에서 최대 굽힘 모멘트 M은 고정된 단면 $A-A$에 작용하고, 그 값은 다음과 같다.

$$M = \frac{P\,l}{2} \tag{6.4}$$

이다. 여기서, $M = \sigma_b \cdot Z$ 이고, 원형단면의 단면계수 $Z = \dfrac{\pi d^3}{32}$ 이므로 저널의 지름 d 는

$$d = \sqrt[3]{\frac{16P\,l}{\pi\,\sigma_b}} \tag{6.5}$$

이다. 여기서, σ_b는 축의 허용 굽힘응력이다.

식 (6.5)에 베어링 하중 P에 관한 식 (6.3)을 대입하면

$$\frac{l}{d} = \sqrt{\frac{\pi\,\sigma_b}{16p}} \tag{6.6}$$

이다. 여기서 p 는 허용 베어링압력이다.

2) 마찰열을 고려한 경우

그림 6.4와 같이 저널과 베어링 사이의 미끄럼속도를 v, 마찰계수를 μ, 베어링하중을 P라 할 때

① 마찰동력

$$H_f = \frac{\mu\,P v}{75} \ (\mathrm{ps}) \tag{6.7a}$$

② 마찰열

$$Q_f = \frac{\mu\,P v}{427} \ (\mathrm{kcal/sec}), \quad (\because 1\,\mathrm{kcal} = 427\,\mathrm{kg \cdot m}) \tag{6.7b}$$

③ 투영면적(A_{proj})당 마찰열

$$q_f = \frac{Q_f}{A_{proj}} = \frac{\mu\,p v}{427} \ (\mathrm{kcal/mm^2/sec}) \tag{6.7c}$$

여기서, pv를 발열계수라 한다. 그런데 pv값이 마찰열에 의한 온도상승의 원인이 되므로 이 값을 제한하여야 하며, 허용 발열계수는 표 6.3과 같다.

표 6.3 허용 발열계수

재료	최대 pv값($\text{kg/mm}^2 \cdot \text{m/sec}$)
Sn계 화이트 메탈	7
Pb계 화이트 메탈	8.5
Cd합금	20 이상
Kelmet	20 이상

마찰열의 발생을 억제하기 위해 pv값을 고려하여 저널의 치수를 검토해본다.

지금 레이디얼 엔드 저널에서 저널의 지름 $d\,(\text{mm})$, 폭 $l\,(\text{mm})$, 회전속도 $N\,(\text{rpm})$이고, 베어링압력 $p\,(\text{kg/mm}^2)$일 때, 베어링압력 $p = \dfrac{P}{dl}\,(\text{kg/mm}^2)$, 저널의 원주속도 $v = \dfrac{\pi d N}{1000 \times 60}\,(\text{m/sec})$이므로 발열계수 pv는

$$pv = \frac{\pi P N}{60000\ l}(\text{kg/mm}^2 \cdot \text{m/sec}) \tag{6.8}$$

이다. 따라서 저널의 폭 l은

$$l = \frac{\pi P N}{60000\ pv}(\text{mm}) \tag{6.9}$$

이다.

그런데 l이 너무 길면 변형이 일어나기 쉽고 저널과 베어링과의 접촉이 부적합해진다. 따라서, 저널의 지름 d와 원주속도 v를 고려하여 저널의 폭 l이 제한되어야 한다. Rötsher가 제시한 l과 d의 관계는 다음과 같다.

$$
\begin{array}{ll}
\text{저속일 때} & l = (0.25 \sim 1.0)d \\
v < 1\,\text{m/sec} & l \fallingdotseq 1.5\,d \\
v = 2 \sim 4\,\text{m/sec} & l = (1.8 \sim 2.5)d \\
v > 5\,\text{m/sec} & l = (2.5 \sim 4)d
\end{array}
$$

예제 6.1 회전속도 $N = 1000\,\mathrm{rpm}$으로 레이디얼 하중 $P = 1500\,\mathrm{kg}$을 지지하는 그림 6.4와 같은 엔드저널의 지름과 폭을 결정하라. 단, 저널의 허용 굽힘응력 $\sigma_b = 6.0\,\mathrm{kg/mm}^2$, 허용 베어링압력 $p = 0.2\,\mathrm{kg/mm}^2$, 발열계수의 최댓값은 $(pv)_{max} = 1.0\,\mathrm{kg/mm}^2 \cdot$ m/sec이다.

풀이 먼저 허용 굽힘응력과 허용 베어링압력을 이용하여 저널의 지름과 폭을 계산한 후, 발열계수 허용 여부를 검토하여 결정한다.

(a) 저널의 지름과 폭 계산

허용 굽힘응력을 이용한 강도 설계 식 (6.5)에 $P = 1500\,\mathrm{kg}$, $\sigma_b = 6.0\,\mathrm{kg/mm}^2$를 대입하여 정리하면, 저널의 지름 d는 저널의 폭 l의 함수로 다음과 같다.

$$d^3 = \frac{5.1}{6} \times 1500 \times l = 1275\,l \qquad \text{①}$$

또한 베어링압력 식 (6.3)에 허용 베어링압력 $p = 0.2\mathrm{kg/mm}^2$을 대입하여 정리하면 다음과 같다.

$$l = \frac{P}{pd} = \frac{1500}{0.2\,d} = \frac{7500}{d} \qquad \text{②}$$

식 ②를 식 ①에 대입하면

$$d^3 = 1275\,l = 1275 \times \frac{7500}{d}$$

이므로

$$d = \sqrt[4]{1275 \times 7500} \fallingdotseq 56\,\mathrm{mm}$$

이고, 이 값을 식 ②에 대입하면,

$$l = \frac{7500}{56} \fallingdotseq 134\,\mathrm{mm}$$

이다.

(b) 발열계수 검토

발열계수를 계산하면, 식 (6.8)에서

$$pv = \frac{\pi PN}{60000l} = \frac{\pi \times 1500 \times 1000}{60000 \times 134}$$

$$= 0.586\,(\mathrm{kg/mm}^2 \cdot \mathrm{m/sec}) < (pv)_{max} = 1.0\,(\mathrm{kg/mm}^2 \cdot \mathrm{m/sec})$$

이므로, (a)에서 정한 저널의 지름과 발열계수 허용범위 내에 있다.

(c) 저널의 지름과 저널의 폭 결정

따라서, 허용 굽힘응력, 허용 베어링압력과 발열계수를 고려하여 저널의 지름 $d = 56\,\text{mm}$, 저널의 폭 $l = 134\,\text{mm}$로 결정한다.

그런데 저널의 지름과 폭의 비를 검토해보면, 저널의 원주속도 v는

$$v = \frac{\pi d N}{60000} = \frac{\pi \times 56 \times 1000}{60000} = 2.9\,(\text{m/sec})$$

일 때, Rötsher는 $l = (1.8 \sim 2.5)\,d$를 제시하고 있는데, 본 예제의 결과도 $l = 2.4\,d$로서 Rötsher가 제시한 범위 내에 있다.

6.1.2 스러스트 저널의 설계

스러스트 저널에서는 굽힘강도는 생각할 필요가 없으며, 다만 베어링압력과 마찰열의 두 가지 측면에서 설계하여야 한다.

(1) 베어링압력을 고려한 경우

그림 6.5(a)와 같이 피벗 저널의 경우에서는 축이 설치된 초기에는 베어링압력이 균일하지만, 얼마 동안 운전한 후에는 베어링과 저널의 미끄럼속도 차이로 인한 마멸의 차이가 생겨서 압력이 그림 6.5(b)처럼 중심 부위에서 높고 바깥쪽으로 갈수록 낮아진다. 따라서 중심 부위는 높은 압력하에 유막이 파손되고, 축이 마멸되어 타붙는 현상이 생기므로 중심 부위를 오목하게 홈을 파든지 칼라 저널로 만들어야 한다.

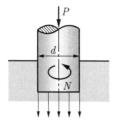

(a) 초기상태(마멸 전)

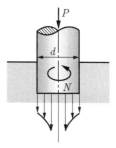

(b) 상당시간 운전 후(마멸 후)

그림 6.5 마멸에 따른 스러스트 저널의 압력변화

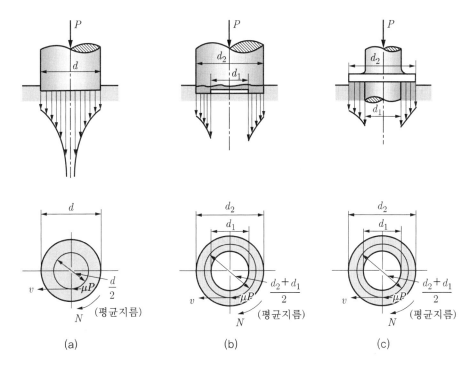

그림 6.6 스러스트 저널의 압력분포

그림 6.6은 스러스트 저널의 압력변화를 표시한 것이다. 홈이 없는 피벗 저널의 평균 베어링압력은

$$p = \frac{P}{\frac{\pi}{4} d^2} \tag{6.10}$$

이므로 피벗 저널의 지름 d는

$$d = \sqrt{\frac{4P}{\pi p}} \tag{6.11}$$

이다. 또한 안지름 d_1이고 바깥지름 d_2인 밑면에 홈이 있는 피벗 저널에서 베어링압력은

$$p = \frac{P}{\frac{\pi}{4}(d_2^2 - d_1^2)} \tag{6.12}$$

이므로

$$d_2^2 - d_1^2 = \frac{4P}{\pi p} \tag{6.13}$$

이다. 여기서 $\dfrac{d_1}{d_2}$의 값과 허용 베어링압력이 주어지면 피벗 저널의 지름을 구할 수 있다.

또한, 칼라 개수 Z인 칼라 저널에서 베어링압력은

$$p = \frac{P}{\dfrac{\pi}{4}(d_2^2 - d_1^2) \cdot Z} \tag{6.14}$$

이므로

$$d_2^2 - d_1^2 = \frac{4P}{\pi p Z} \tag{6.15}$$

이다. 여기서 칼라 개수 Z가 주어진다면 홈이 있는 피벗 저널에서와 같이 지름을 구할 수 있다.

한편, 허용 베어링압력은 피벗일 때는 $0.15 \sim 0.2\,\mathrm{kg/mm^2}$, 일반 칼라에서는 $0.03 \sim 0.06\,\mathrm{kg/mm^2}$ 정도이다.

(2) 마찰열을 고려한 경우

그림 6.6에서 접촉면의 원주속도 v는 반지름의 위치에 따라 다르므로 그 평균속도는 접촉면의 평균 반지름인 곳의 원주속도가 된다.

홈이 없는 피벗 저널에서는 베어링압력 $p = \dfrac{4P}{\pi d^2}\,(\mathrm{kg/mm^2})$, 평균속도 $v = \dfrac{\pi (d/2)N}{1000 \times 60}$ $(\mathrm{m/sec})$이므로 발열계수는

$$p\,v = \frac{PN}{30000\,d}\,(\mathrm{kg/mm^2 \cdot m/sec}) \tag{6.16}$$

이다. 그러므로 홈이 없는 피벗 저널의 지름 d는

$$d = \frac{PN}{30000 \cdot pv}\,(\mathrm{mm}) \tag{6.17}$$

이다.

한편, 홈이 있는 피벗과 칼라 저널에서는 베어링압력 $p = \dfrac{4P}{\pi(d_2^2 - d_1^2)Z}\,(\mathrm{kg/mm^2})$,

평균속도 $v = \dfrac{\pi[(d_2 + d_1)/2]N}{1000 \times 60}$ (m/sec)이므로 발열계수는

$$p\,v = \frac{PN}{30000\,(d_2 - d_1)\,Z}\ (\text{kg/mm}^2 \cdot \text{m/sec}) \tag{6.18}$$

이므로 저널의 지름은

$$d_2 - d_1 = \frac{P\,N}{30000\,Z \cdot p\,v}\ (\text{mm}) \tag{6.19}$$

이다. 식 (6.18)과 (6.19)에서 홈이 있는 피벗 저널은 $Z = 1$로 잡는다.

예제 6.2 스러스트 $P = 2000\,\text{kg}$을 받고, $N = 200\,\text{rpm}$으로 회전하는 칼라 저널에서, 칼라의 안지름 $d_1 = 200\,\text{mm}$, 바깥지름 $d_2 = 250\,\text{mm}$인 경우에 칼라 개수를 구하라. 단, 허용 베어링압력 $p = 0.04\,\text{kg/mm}^2$이고, 발열계수의 최대 허용치 $(pv)_{\max} = 0.1$ $\text{kg/mm}^2 \cdot \text{m/sec}$이다.

풀이 베어링압력 식 (6.14)에 $P = 2000\,\text{kg}$, $d_1 = 200\,\text{mm}$, $d_2 = 250\,\text{mm}$, $p = 0.04\,\text{kg/mm}^2$을 대입하여 정리하면

$$Z \geq \frac{P}{\dfrac{\pi}{4}(d_2^2 - d_1^2)\,p} = \frac{2000}{\dfrac{\pi}{4}(250^2 - 200^2) \times 0.04} = 2.83$$

이므로, 칼라 개수 $Z = 3$을 택한다.

발열계수를 검토하기 위해 식 (6.19)에 $P = 2000\,\text{kg}$, $d_1 = 200\,\text{mm}$, $d_2 = 250\,\text{mm}$, $Z = 3$, $N = 200\,\text{rpm}$을 대입하여 정리하면

$$pv = \frac{PN}{30000Z(d_2 - d_1)} = \frac{2000 \times 200}{30000 \times 3 \times (250 - 200)}$$

$$= 0.089(\text{kg/mm}^2 \cdot \text{m/sec}) < 0.1\ (\text{kg/mm}^2 \cdot \text{m/sec})$$

이므로 칼라 개수를 3개로 할 때, 발열계수는 최대 허용치보다 작다. 따라서, 칼라 개수는 3개로 정한다.

6.2 베어링 메탈

축에 직접 접촉하여 미끄럼면이 되는 금속을 베어링 메탈(bearing metal)이라 한다. 그러나 축의 회전속도와 하중이 작은 간단한 베어링에서는 별도의 베어링 메탈 없이 베어링 모체 자체가 베어링 메탈의 역할을 하는 것도 있다. 그러나 마찰을 적게 하고 마멸되었을 때 수리와 교환이 용이하도록 베어링 몸체에 베어링 메탈을 끼워 저널과 직접 접촉하도록 한다.

6.2.1 베어링 메탈의 모양

베어링 메탈을 원통형(이것을 베어링 부시라고 한다)으로 만들면 제작비는 싸게 되나 마멸되었을 때 교환·수리가 불가능하다. 그러므로 마멸되었을 때 베어링 메탈의 교환이 용이하고, 조절이 편리하도록 그림 6.7과 같이 마멸이 가장 적은 곳 또는 하중이 작용하는 방향에 직각이 되는 면에서 2개로 분할한다.

베어링 메탈에는 그림 6.7과 같이 베어링압력이 가장 낮은 곳에 급유 구멍을 마련하고 저널의 전체표면에 유막(oil film)을 형성하기 위하여 베어링 메탈 내면에 기름홈을 만든다.

또 화이트 메탈(white metal)과 같이 강도가 약한 재료에서는 그림 6.8과 같이 청동,

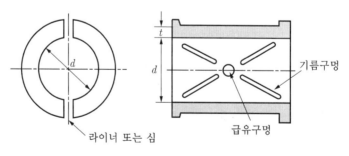

포금 또는 황동 : $t = 0.07\,d + 4\,(\mathrm{mm})$
주철 : $t = d/8 + 2.5\,(\mathrm{mm})$
화이트 메탈 : $t = (0.02\,d + 2) \sim (0.03\,d + 3)\,(\mathrm{mm})$

그림 6.7 분할 부시

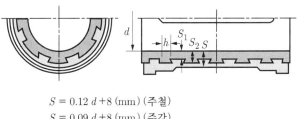

$S = 0.12\,d + 8\ (\mathrm{mm})\ (주철)$

$S = 0.09\,d + 8\ (\mathrm{mm})\ (주강)$

$S = 0.08\,d + 8\ (\mathrm{mm})\ (청동)$

$S_1 = (0.02 \sim 0.03)\,d + (2 \sim 3) < 16\ (\mathrm{mm})$

$S_2 = (1.6 \sim 1.8)\,S_1$

$h = (3 \sim 4)\,S_1$

그림 6.8 화이트 메탈을 라이닝한 베어링 메탈

주철, 주강 등을 백메탈(back metal)로 하고 화이트 메탈을 라이닝(lining)하여 베어링 메탈로 만든다.

베어링 메탈의 마멸을 조정하기 위하여 분할 부시 사이에 얇은 황동판(liner 또는 shim)을 여러 장 삽입하여 판의 두께를 가감함으로써 저널과의 끼워 맞춤을 적절히 조절한다.

6.2.2 베어링 메탈의 재료와 선정

베어링 메탈은 회전하는 축과 직접 접촉하는 부분이므로 타서 붙는 현상이 생기지 않으려면 운전 중 저널 표면에 유막을 형성하여 마찰 마멸이 억제되도록 해야 한다. 베어링 메탈의 구비 조건은 다음과 같다.

- 하중에 견딜 수 있도록 충분한 강도와 강성을 가져야 한다.
- 붙임성이 좋아서 유막 형성이 쉬워야 한다.
- 마찰 마멸이 적어야 한다.
- 열전도율이 높아야 한다.
- 내식성과 피로강도가 커야 한다.
- 타붙지 않아야 한다.
- 제작과 수리가 쉽고, 값이 싸야 한다.

이와 같은 조건을 모두 만족시킬 수 있는 베어링 메탈은 별로 없기 때문에 베어링에 가해지는 하중의 성질, 축의 재료, 속도, 정밀도, 사용 장소, 윤활 방법 등에 따라 사용자가 선정하여야 한다.

일반적으로 베어링 메탈은 종래에는 금속 재료가 주류를 이루고 있었으나 최근에는 비금속 재료도 상당 부분 활용되고 있다. 표 6.4는 현재 널리 쓰이고 있는 베어링 메탈을 표시한 것이다.

표 6.4 베어링 메탈용 재료

베어링 재료	선팽창 계 수 $10^{-6}\,(1/°C)$	경도 H_B	최대 허용압력 kg/mm²	최고온도 ℃	정마찰 계 수	*접착성	*윤활성	*내식성	*피로강도
주철	9.2~11.8	160~180	0.3~0.6	150	0.40	4	5	1	1
Sn 청동	18.3	50~100	0.7~2.0	200		3	5	1	1
황동		80~150	0.7~2.0	200	0.35	3	5	1	1
인청동	16.8	100~200	1.5~6.0	250	0.35	5	5	1	1
Sn계 화이트 메탈	22.8	20~30	0.6~1.0	150	0.80	1	1	1	1
Pb계 화이트 메탈		15~20	0.5~0.8	150	0.55	1	1	3	5
Cd 합금		30~40	1.0~1.4	250		1	2	5	4
연동	18.6	20~30	1.0~1.8	170		2	2	5	3
연청동	18.0	40~80	2.0~3.2	220~150		3	4	4	2
알루미늄 합금	24.0	45~50	2.8	100~150	0.40	5	3	1	2
은	19.7	25	3.0	250		2	3	1	1

* 숫자는 순위를 나타낸 것으로 1이 가장 좋은 경우이다.

6.3 베어링의 윤활 이론

베어링의 윤활은 마찰과 마멸을 억제하고 베어링 표면에 녹스는 것을 방지하며 방진에도 유효한 역할을 한다. 또 베어링 내의 냉각과 방열작용을 하여 균일한 부하상태로 만들어 수명연장에 큰 영향을 준다.

여기서는 미끄럼 베어링에서 발생하는 마찰현상과 윤활 이론에 대하여 살펴보고자 한다.

6.3.1 미끄럼면의 마찰

(1) 마찰현상

수직력 P가 작용하는 두 접촉면에서 미끄럼이 있을 때 마찰저항력 F가 발생하며 이들 사이의 관계를 나타낸 것이 그림 6.9이다.

마찰의 본질에 관해서는 여러 이론이 있으나, 그 어느 것도 마찰현상을 완벽하게 설명하지 못하며 부분적 이론에 지나지 않는다.

그림 6.9의 (Ⅰ)영역에서는 Coulomb 법칙이 성립하므로 $F = \mu P$이고, 여기서 μ는 마찰계수로서 보통 정수로 취급된다. 그러나 실제로는 마찰면의 재질, 접촉면의 상태, 윤활제의 유무, 하중의 크기, 온도, 상대운동 등 여러 가지 조건에 따라 변화하기 때문에 정수로 취급할 수 없다.

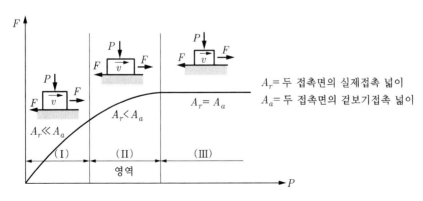

그림 6.9 수직력에 따른 마찰력의 변화

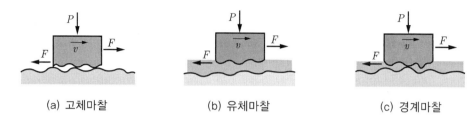

|(a) 고체마찰|(b) 유체마찰|(c) 경계마찰|

그림 6.10 접촉면에 따른 마찰상태

그림 6.10은 접촉면의 상태에 따라 마찰현상을 분류한 것이다.

1) 고체마찰(solid friction)

건조마찰(dry friction)이라고도 하며, 접촉면 사이에 윤활제의 공급이 없는 경우의 마찰상태이다. 마찰저항력 $F(=\mu_s P)$가 크고, 마모와 발열을 일으키므로 베어링에서는 절대로 존재해서는 안 될 마찰상태이다.

2) 유체마찰(fluid friction)

두 접촉면 사이에 완전 유막이 형성되어 있는 경우의 마찰상태이다. 마찰저항력은 윤활유의 점성에 관련되므로 마찰저항력 $F=(\mu_f P)$가 작아 베어링에서는 바람직한 마찰상태이다.

3) 경계마찰(boundary friction)

두 접촉면 사이에 유막이 아주 얇은 경우로 고체마찰과 유체마찰이 섞여 있는 경우이다. 마찰저항력은 유체마찰보다 크나, 고체마찰보다는 작다. 실제로 물체 표면의 파형도(waveness)와 거칠기(roughness)가 유막두께 정도이므로 미끄럼상태에 따라 고체마찰로 옮겨 갈 가능성이 많다.

유체마찰뿐인 윤활상태를 유체윤활(fluid lubrication 또는 perfect lubrication)이라 하고, 미끄럼 베어링은 원래 유체윤활상태에서 사용하도록 설계하여 운전 중 타붙는 현상이 발생하지 않도록 하여야 한다.

표 6.5는 마찰상태에 따른 마찰계수값이다.

표 6.5 마찰계수 μ의 값

마찰상태	고체마찰(μ_s)	경계마찰(μ_b)	유체마찰(μ_f)
μ의 범위	1~0.1	0.1~0.01	0.01~0.001
order	10^{-1}	10^{-2}	10^{-3}

(2) 베어링의 미끄럼면

1) 평행 미끄럼면

그림 6.11(a)와 같이 미끄럼면이 정지면에 대해서 평행한 것으로 미끄럼면이 화살표 방향으로 미끄러져갈 때 두 면 사이에 발생하는 베어링압력은 미끄럼면 전체에 걸쳐 균일하게 분포된다. 평행 미끄럼면은 공작 기계의 안내면과 칼라 스러스트 베어링의 미끄럼면에 사용된다.

2) 경사 미끄럼면

그림 6.11(b)와 같이 미끄럼면이 정지면에 대해 경사진 것으로 미끄럼면이 화살표방향으로 미끄러져 갈 때 그 압력분포는 균일하지 않고 입구와 출구에서 영이 되고 중앙부위에서 최고압력($p_{\max}$)으로 되는 포물선 분포를 이룬다. 경사 미끄럼면은 스러스트 베어링인 미첼 베어링(Michell bearing)에 응용되고 있다.

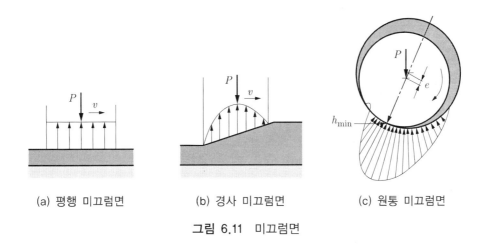

(a) 평행 미끄럼면   (b) 경사 미끄럼면   (c) 원통 미끄럼면

그림 6.11 미끄럼면

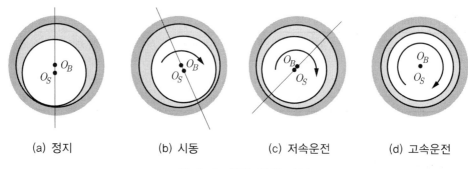

| (a) 정지 | (b) 시동 | (c) 저속운전 | (d) 고속운전 |

그림 6.12 유막 생성 과정

3) 원통 미끄럼면

원통 미끄럼면은 미소경사 미끄럼면들의 조합으로 볼 수 있으며, 원통 미끄럼면은 레이디얼 베어링에 사용된다. 베어링압력은 원통 미끄럼면에 해당되는 축이 시계방향으로 회전할 때 그림 6.11(c)와 같이 분포한다.

원통 미끄럼면에서 유막이 생성되는 과정은 그림 6.12와 같다. 그림 6.12(a)는 축이 정지되어 있는 경우이고, 축이 시계방향으로 회전을 시작하는 경우는 그림 6.12(b)와 같이 베어링에 접촉되어 있던 축이 점성 윤활유의 영향으로 초기에는 회전반대방향으로 이동한다. 축이 이동함으로써 유압을 형성하며 미소 유막이 생성되어 축이 베어링에서 분리되고 틈새가 만들어진다. 축과 베어링 사이의 틈새에 점성 윤활유가 충만하게 되면, 틈새 변화로 인하여 경사 미끄럼면의 성질이 나타난다. 정상운전상태가 되면 그림 6.12(c)와 같이 두 원의 하반부에 유막의 압력이 형성되고, 최대압력은 두 중심을 잇는 직선 부근에서 발생한다. 베어링 하중이 매우 작고, 회전속도가 무한대로 커지는 경우에는 그림 6.12(d)와 같이 두 원의 중심이 동심으로 접근하는 경향을 가진다.

6.3.2 윤활 이론

(1) 저하중 고속회전인 경우

1) Petroff의 법칙

베어링의 마찰현상을 Petroff는 그림 6.13과 같이 축과 베어링의 중심이 일치한다는 가정하에 처음으로 설명하였다.

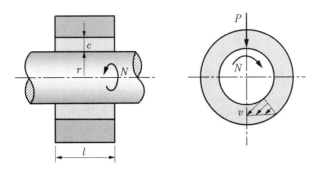

그림 6.13 저하중 고속회전 시의 유막

지금 베어링 길이 l, 반지름방향의 틈새 c에 점성계수 η인 윤활유가 충만되어 있고, 이에 접하여 축이 N rpm의 속도로 회전할 때, 윤활유의 전단저항 τ는 Newton의 점성법칙 $\tau = \eta \dfrac{du}{dy}$에서 속도구배 $\dfrac{du}{dy} = \dfrac{v}{c}$이므로

$$\tau = \eta \frac{v}{c} \tag{6.20a}$$

그런데 $v = \dfrac{2\pi r N}{60}$이므로 전단저항은

$$\tau = \frac{2\pi r}{c} \cdot \frac{\eta N}{60} \tag{6.20b}$$

이다. 이때 전단저항에 의한 토크 T는

$$T = \tau A_j r = \frac{2\pi r}{c} \cdot \frac{\eta N}{60} (2\pi rl)\, r = \frac{4\pi^2 r^3 l}{c} \cdot \frac{\eta N}{60} \tag{6.21}$$

여기서, A_j는 레이디얼 저널의 표면적이다.

한편 베어링 하중을 P, 마찰계수를 μ라 할 때, 마찰저항토크 T는 Coulomb의 법칙에 의해

$$T = \mu P r = \mu(2rlp)r = 2r^2 \mu l p \tag{6.22}$$

여기서, $p\left(= \dfrac{P}{2rl}\right)$는 베어링압력이다. 전단저항토크와 마찰저항토크는 같아야 하므로 식 (6.21)과 (6.22)를 같게 놓으면 마찰계수 μ가 구해진다.

$$\mu = \frac{\pi^2}{30} \cdot \frac{\eta N}{p} \cdot \frac{r}{c} \tag{6.23}$$

식 (6.23)은 1883년에 Petroff에 의해 발표된 것으로 이를 Petroff의 법칙 또는 Petroff의 식이라 하며, 식 (6.23)에서 $\frac{\eta N}{p}$과 $\frac{c}{r}$는 무차원값으로 각각 베어링계수 (bearing modulus)와 틈새비(clearance ratio)이고 미끄럼 베어링의 윤활에서 매우 중요한 계수들이다.

2) 안전 윤활

그림 6.14는 마찰실험에서 얻어진 베어링계수 $\frac{\eta N}{p}$에 대한 마찰계수의 변화 선도로 베어링의 안전성을 정의하는 데 도움이 된다. Petroff의 식에 의하면 μ는 $\frac{\eta N}{p}$에 비례하게 되어 있으나, 그림 6.14의 AB선 왼쪽에서는 전혀 다른 모양을 나타낸다. 그러므로 미끄럼베어링에서는 안전영역에서 회전하도록 $\frac{\eta N}{p}$의 값이 어느 정도 이상이 되도록 그 최소치를 제한하여야 한다. 실제로 $\frac{\eta N}{p}$의 값은 μ가 가장 작은 경우의 $\frac{\eta N}{p}$의 값보다 4~5배 정도로 잡는다.

이것은 실제 축과 베어링의 관계 위치는 회전 중에 편심이 되어 틈새는 균일하지 않고 최소 틈새가 존재하여 유막이 얇아져 완전윤활이 이루어지지 않고 경계마찰로 되기 때문이다.

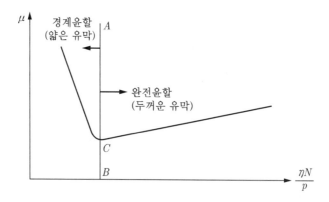

그림 6.14 베어링계수에 따른 마찰계수의 변화

따라서 Petroff식 중 틈새비 $\frac{c}{r}$가 너무 작으면 경계마찰이 되기 쉬우므로 그 표준값은 0.001이나 정밀 베어링에서는 0.0005 정도가 알맞다. 또한 고온 베어링에서는 냉각을 위하여 많은 윤활유가 필요할 때는 0.002 정도로 잡는다.

(2) 고하중 저회전인 경우

1) Reynolds의 윤활 방정식

윤활에 관한 현재의 수학적 이론은 Reynolds가 세웠다. Reynolds는 윤활유가 움직이는 면에 의해 쐐기 형상의 좁은 영역으로 끌어당겨짐으로써 하중을 지탱할 만큼 충분한 유막 압력을 형성하는 것이라고 생각하였다. 그는 문제를 단순화시키기 위해 매우 중요한 가정을 하였다.

먼저 유막두께가 베어링의 반지름에 비해 매우 작으므로 곡률을 무시할 수 있다는 것이다. 이 가정에 의해 그는 곡률을 가진 부분 베어링을 평면 미끄럼 베어링으로 대체할 수 있게 되었고, 그 밖에 사용된 가정들은 다음과 같다.

- 윤활유가 Newton의 점성 법칙에 따른다.
- 윤활유의 관성에 의한 힘은 무시한다.
- 윤활유는 비압축성이고, 점도가 유막 전체에 걸쳐 일정하다.
- 축방향의 압력변화는 없다.

그림 6.15는 고정된 베어링 위에 두께 h인 유막에 의해 지지되어 시계방향으로 회전하는 저널을 나타낸 것이다. 저널의 원주속도를 U라 하고 곡률을 무시할 수 있다는 Reynolds의 가정에 따라 x, y, z 좌표계를 고정 베어링에 위치시키고 다음과 같은 가정을 추가하였다.

- 베어링과 저널이 z방향으로 무한히 길어 윤활유의 유동이 없다.
- 유막의 압력은 y방향으로는 일정하며 x방향으로만 변화한다.
- 유막 내 윤활유 입자의 속도는 x, y좌표에 따라서만 변한다.

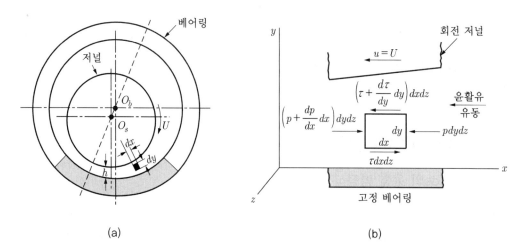

(a)　　　　　　　　　　　　　　(b)

그림 6.15 유막 속의 미소 요소의 역학적 평형

지금 유막 내 임의 위치에서 윤활유의 미소 요소 $dx \cdot dy \cdot dz$에 작용하는 힘의 평형을 생각하면

$$\Sigma F = \left(p + \frac{dp}{dx}\,dx\right)dydz + \tau\,dx\,dz - \left(\tau + \frac{d\tau}{dy}\,dy\right)dx\,dz - p\,dy\,dz = 0 \qquad (6.24)$$

$$\therefore \ \frac{dp}{dx} = \frac{d\tau}{dy} \qquad (6.25)$$

이고, Newton의 점성법칙 $\left(\tau = \eta\dfrac{du}{dy}\right)$에 의해 식 (6.25)는

$$\frac{dp}{dx} = \eta\frac{d^2u}{dy^2} \qquad (6.26)$$

이다. 여기서 η는 윤활유의 점성계수, u는 x방향의 윤활유 속도이고, p는 유막의 압력이다.

가정에 의해 p는 y에 대해 독립적이므로 식 (6.26)을 y에 대해 두 번 적분하면

$$u = \frac{1}{2\eta}\frac{dp}{dx}\,y^2 + C_1\,y + C_2 \qquad (6.27)$$

이고, 경계조건으로 $y = 0$에서 $u = 0$이고 $y = h$에서 $u = U$이므로

$$C_1 = \frac{U}{h} - \frac{h}{2\eta}\,\frac{dp}{dx}$$

$$C_2 = 0$$

이고, 따라서 속도 u 는 다음과 같다.

$$u = \frac{1}{2\eta}\,\frac{dp}{dx}\,(y^2 - hy) + \frac{U}{h}\,y \tag{6.28}$$

식 (6.28)은 유막 중에서 임의의 점의 속도를 나타내는 일반식으로 저널이 회전함에 따라 z 방향으로의 길이를 단위 길이로 하였을 때, x 방향으로 단위 시간당 유입되는 유량 Q 는

$$Q = \int_0^h u\,dy = \frac{Uh}{2} - \frac{h^3}{12\eta}\,\frac{dp}{dx} \tag{6.29}$$

이고, 질량보존의 법칙에서 윤활유가 비압축성이므로 유량은 어느 단면에서도 같다. 따라서 $\dfrac{dQ}{dx} = 0$ 이 되어야 하므로 식 (6.29)는

$$\frac{dQ}{dx} = \frac{U}{2}\,\frac{dh}{dx} - \frac{d}{dx}\left(\frac{h^3}{12\eta}\,\frac{dp}{dx}\right) = 0 \tag{6.30a}$$

이고,

$$\frac{d}{dx}\left(\frac{h^3}{\eta}\,\frac{dp}{dx}\right) = 6\,U\,\frac{dh}{dx} \tag{6.30b}$$

이다. 식 (6.30)이 바로 1차원 흐름에 대한 고전적인 Reynolds의 기초방정식이다. 이 식에서는 z 방향의 유동이 무시되어 있으나 그 흐름을 고려한다면

$$\frac{\partial}{\partial x}\left(\frac{h^3}{\eta}\,\frac{\partial p}{\partial x}\right) + \frac{\partial}{\partial z}\left(\frac{h^3}{\eta}\,\frac{\partial p}{\partial z}\right) = 6\,U\,\frac{\partial h}{\partial x} \tag{6.31}$$

이 된다. 식 (6.31)은 Reynolds가 1886년에 유도한 2차원 윤활 원리의 기초가 되는 정상상태의 압력방정식이다.

2) Sommerfeld number

Reynolds의 윤활압력방정식 식 (6.31)의 일반적인 해는 없고 다양한 방법에 의해 개략적인 해만이 존재한다. 여기서 Sommerfeld가 1904년에 제시한 해는 다음과 같다.

그림 6.16과 같이 O_s, O_b를 축과 베어링의 중심이라 하고 화살표방향으로 축이 회전할 때, 편심량 e, 임의의 회전각 θ에서 유막의 두께 h는

$$h = R + e\cos\theta - \sqrt{r^2 - e^2 \sin^2\theta}$$

$$= R + e\cos\theta - r\left[1 - \frac{1}{2}\left(\frac{e}{r}\right)^2 \sin^2\theta + \cdots\right]$$

여기서, r과 R은 축과 베어링의 반지름이고 편심량 e는 r에 비해 대단히 작으므로 [ ]안의 제2항 이하를 생략하면

$$h = R - r + e\cos\theta$$

$$= c + e\cos\theta \tag{6.32a}$$

$$= c(1 + n\cos\theta)$$

이다. 여기서 $c = R - r$로 베어링의 반지름방향의 틈새, $n = \dfrac{e}{c}$로 편심률(eccentricity ratio)이다.

따라서 최대 유막두께 $h_{\max}$는

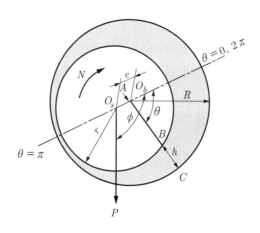

그림 6.16 미끄럼 베어링 유막두께

$$h_{\max} = c + e = c(1+n), \quad (\theta = 0,\, 2\pi) \tag{6.32b}$$

이고, 최소 유막두께 $h_{\min}$ 은

$$h_{\min} = c - e = c(1-n), \quad (\theta = \pi) \tag{6.32c}$$

이 된다.

지금 유압분포를 구하기 위해 Reynolds 방정식 (6.30b)에 $r\theta = x$, $h = c(1+n\cos\theta)$ 를 대입하면

$$\frac{d}{d\theta}\left[(1+n\cos\theta)^3\,\frac{dp}{d\theta}\right] = \frac{6\eta r U}{c^2}\,\frac{d}{d\theta}(1+n\cos\theta)$$

로 된다. Sommerfeld는 이 식을 풀어

$$p = p_0 + \frac{6\eta Ur}{c^2}\left[\frac{n\sin\theta(2+n\cos\theta)}{(2+n^2)(1+n\cos\theta)^2}\right] \tag{6.33}$$

로 산출하였다. 여기서 p_0 는 $\theta = 0$ 에서의 유막의 압력이다.

따라서 베어링의 부하용량 P 는

$$P = \eta\, Ul\left(\frac{r}{c}\right)^2\left[\frac{12\,\pi\,n}{(2+n^2)\sqrt{1-n^2}}\right] \tag{6.34}$$

이고, l 은 베어링의 폭이다. 또한 축에 작용하는 단위 폭에 대한 윤활유의 전달저항 토크를 T, 전단응력을 τ_0 라 하면

$$T = r^2\int_0^{2\pi}\tau_0\,d\theta = \frac{\eta\, Ur^2}{c}\left[\frac{4\pi(1+2n^2)}{(2+n^2)\sqrt{1-n^2}}\right] \tag{6.35}$$

이고, 마찰저항 토크 $T = \mu Pr$ 이므로 마찰계수 μ 는

$$\mu = \frac{T}{Pr} = \frac{c}{r}\left(\frac{1+2n^2}{3n}\right) \tag{6.36}$$

이 된다. 여기서, 식 (6.34)에 $P = 2rlp$ 와 $U = 2\pi r N$을 대입하여 정리하면

$$\left(\frac{r}{c}\right)^2 \frac{\eta N}{p} = \frac{(2+n^2)\sqrt{1-n^2}}{12\pi^2 n} \tag{6.37}$$

이 된다. 따라서 $\left(\frac{r}{c}\right)^2 \frac{\eta N}{p}$ 이 일정하면 n 이 일정하게 되고, n 의 일정한 값에 대해 베어링의 여러 가지 값들이 다음과 같이 결정된다.

$$\frac{h_{\min}}{c} = 1 - n \tag{6.38a}$$

$$\frac{r}{c}\mu = \frac{1+2n^2}{3n} \tag{6.38b}$$

이와 같이 $\left(\frac{r}{c}\right)^2 \frac{\eta N}{p}$ 은 미끄럼 베어링의 성능을 결정하는 매우 중요한 무차원의 양으로 이것을 Sommerfeld number라고 부르며 S 로 표기한다.

$$S = \left(\frac{r}{c}\right)^2 \frac{\eta N}{p} = \frac{(2+n^2)\sqrt{1-n^2}}{12\pi^2 n} \tag{6.39}$$

그리고 관습상 베어링계수 $\frac{\eta N}{p}$ 을 대신 쓰는 경우도 있다.

6.3.3 미끄럼 베어링의 성능 검토

미끄럼 베어링은 사용 조건으로부터 다음과 같은 사항들이 설계자에 의해 결정된다.

- 점성계수 η
- 베어링압력 p
- 축의 회전속도 N
- 베어링의 제원 r, c, β, l

여기서, β 는 레이디얼 미끄럼 베어링에서 미끄럼면이 축의 원둘레에 접촉하는 각도이다.

위 4가지 값들이 주어지면 이들로부터 간접적으로 얻을 수 있는 변수들은

- Sommerfeld Number S
- 베어링의 마찰계수 μ
- 최소 유막두께 $h_{\min}$
- 온도상승 $\varDelta T$
- 냉각, 윤활을 위한 공급 유량 Q

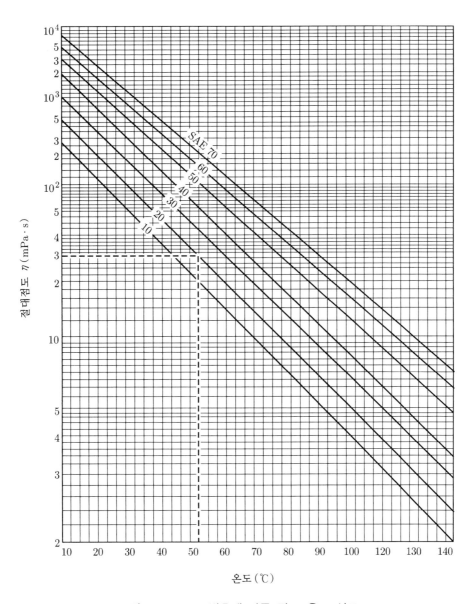

그림 6.17 SAE 번호에 따른 점도–온도 선도

이다. 안전한 베어링 성능을 위해서는 설계자가 이 변수들이 어느 범위 안에 있도록 제한하여야 하고, 이 변수들은 베어링의 재질과 윤활유의 특성에 의해 결정된다.

2차원 Reynolds 식 (6.31)의 컴퓨터해를 Raimondi와 Boyd에 의해 차트 형식으로 요약되었으며, 그림 6.17 ~ 6.24와 같다.

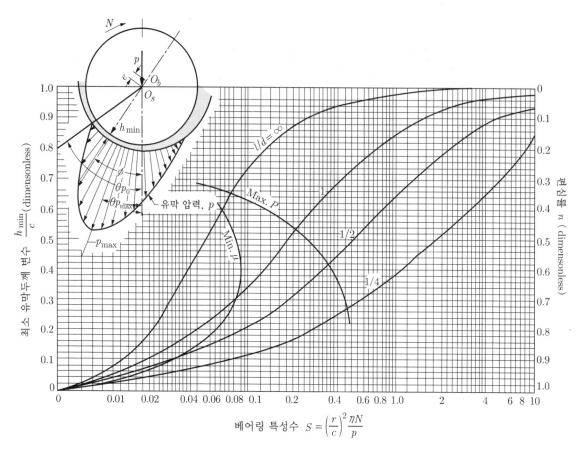

그림 6.18 최소 유막두께 변수와 편심률 선도

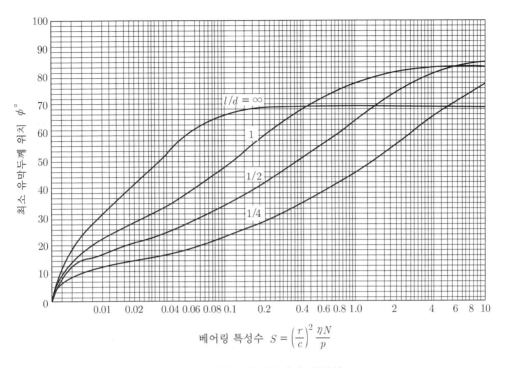

베어링 특성수 $S = \left(\dfrac{r}{c}\right)^2 \dfrac{\eta N}{p}$

그림 6.19 최소 유막두께의 위치선도

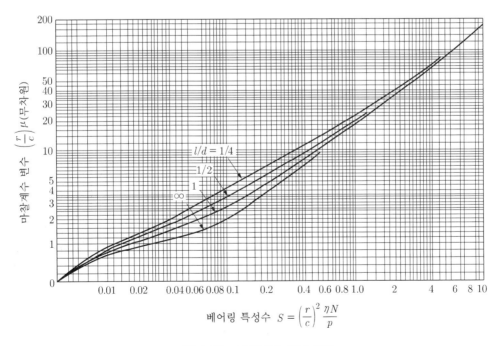

베어링 특성수 $S = \left(\dfrac{r}{c}\right)^2 \dfrac{\eta N}{p}$

그림 6.20 마찰계수 변수선도

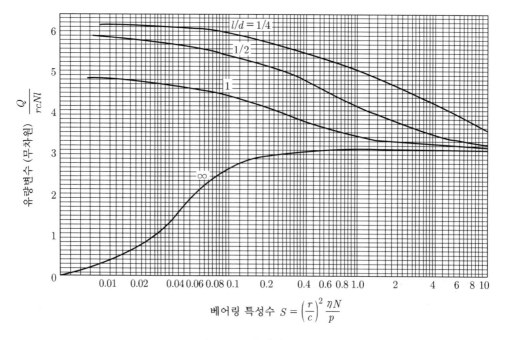

그림 6.21 유량변수선도

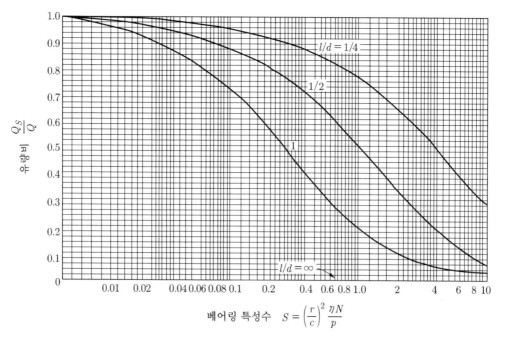

그림 6.22 유량선도

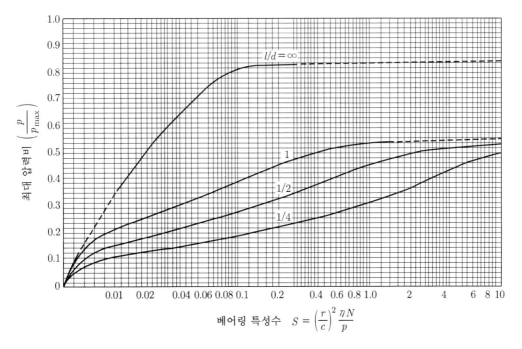

그림 6.23 최대 유막 압력선도

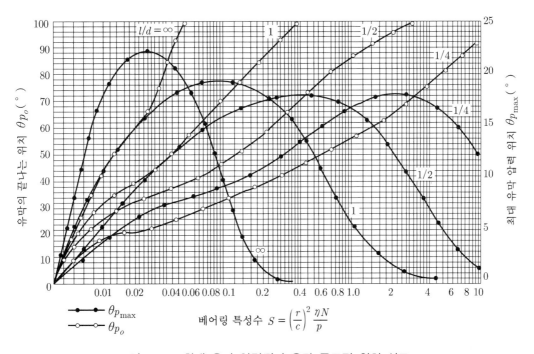

그림 6.24 최대 유막 압력점과 유막 종료점 위치 선도

예제 6.3 $\beta = 360°$인 레이디얼 베어링에서 윤활유의 점성계수 $\eta = 27.6\,\mathrm{cp} = 2.76 \times 10^{-9}\,\mathrm{kg \cdot sec/mm^2}$, 축의 반지름 $r = 20\,\mathrm{mm}$, 회전속도 $N = 1750\,\mathrm{rpm}$, 베어링의 반지름방향 틈새 $c = 0.04\,\mathrm{mm}$, 베어링의 폭 $l = 50\,\mathrm{mm}$, 베어링 부하용량 $P = 270\,\mathrm{kg}$일 때 베어링 성능을 검토하라.

풀이 (a) 베어링압력 p는 식 (6.3)에 의하여

$$p = \frac{P}{2rl} = \frac{270}{2 \times 20 \times 50} = 0.135(\mathrm{kg/mm^2})$$

(b) Sommerfeld Number S는 식 (6.39)에 의하여

$$S = \left(\frac{r}{c}\right)^2 \frac{\eta N}{p} = \frac{(2+n^2)\sqrt{1-n^2}}{12\,\pi^2\,n}$$

$$= \left(\frac{20}{0.04}\right)^2 \times \frac{2.76 \times 10^{-9} \times 1750}{60 \times 0.135} = 0.149$$

에서 $n = 0.113$이다

(c) 베어링의 마찰계수 μ는 식 (6.36)에 의하여

$$\mu = \left(\frac{c}{r}\right)\left(\frac{1+2\,n^2}{3n}\right) = \left(\frac{0.04}{20}\right)\left(\frac{1+2 \times 0.113^2}{3 \times 0.113}\right) = 0.006$$

(d) 최소 유막두께 $h_{\min}$는 식 (6.38a)에 의하여

$$\frac{h_{\min}}{c} = 1 - n = 0.887$$

$$h_{\min} = 0.04 \times 0.887 = 0.0345\,(\mathrm{mm})$$

(e) 마찰에 의한 손실동력 H_f는 식 (6.7a)에 의하여

$$H_f = \frac{\mu P 2\pi r N}{75 \times 60 \times 1000}$$

$$= \frac{0.006 \times 270 \times 2\pi \times 20 \times 1750}{75 \times 60 \times 1000} = 0.079\,(\mathrm{ps})$$

(f) 발생 열량 Q_f는 식 (6.7b)에 의하여

$$Q_f = \frac{75 H_f}{427} = \frac{75 \times 0.079}{427} = 0.0139\,(\mathrm{kcal/sec})$$

예제 6.4 지름 $d = 50\,\mathrm{mm}$, 길이 $l = 25\,\mathrm{mm}$, 반지름 틈새 $c = 0.035\,\mathrm{mm}$인 저널 베어링이 $N = 3000\,\mathrm{rpm}$으로 회전하는 축에서 $P = 450\,\mathrm{kg}$의 고정된 하중을 지탱하고 있다. SAE 20 오일로 윤활되며 오일은 대기압에서 제공되고 있다. 오일막의 평균 온도는 50 ℃ 정도로 평가된다. Raimondi와 Boyd 차트를 써서 최소 유막두께, 베어링 마찰계수, 오일막 안의 최대 압력과 각도 ϕ, $\theta_{p_{\max}}$, θ_{p_0} 및 베어링을 통한 전체 오일량 그리고 측면 누출량을 예측하라.

풀이 (a) 베어링압력 p는 식 (6.3)에 의하여

$$p = \frac{P}{dl} = \frac{450}{50 \times 25} = 0.36\,(\mathrm{kg/mm^2})$$

(b) 그림 6.17에서 $\eta \fallingdotseq 2.9 \times 10^{-9}\,\mathrm{kg \cdot sec/mm^2}$

(c) Sommerfeld Number S는 식 (6.39)에 의하여

$$S = \left(\frac{r}{c}\right)^2 \frac{\eta N}{p}$$

$$= \left(\frac{25}{0.035}\right)^2 \times \frac{2.9 \times 10^{-9} \times 3000}{60 \times 0.36} = 0.206$$

(d) $S = 0.206$, $l/d = 0.5$에 대하여 차트를 읽으면,

그림 6.18에서 $\dfrac{h_{\min}}{c} = 0.32$이므로 최소 유막두께 $h_{\min} = 0.0112\,\mathrm{mm}$

그림 6.20에서 $\left(\dfrac{r}{c}\right)\mu = 5.75$이므로 마찰계수 $\mu = 0.08$

그림 6.23에서 $\dfrac{p}{p_{\max}} = 0.33$이므로 최대 압력 $p_{\max} = 1.09\,\mathrm{kg/mm^2}$

그림 6.19에서 최소 유막두께 위치 $\phi = 42°$

그림 6.24에서 최대 유막 압력점 $\theta_{p_{\max}} = 17°$, 유막 종료점 $\theta_{p_0} = 56°$

그림 6.21에서 $\dfrac{Q}{rcNl} = 5.08$이므로 전체 오일량 $Q = 5556.25\,\mathrm{mm^3/sec}$

그림 6.22에서 $\dfrac{Q_s}{Q} = 0.82$이므로 측면 누출량 $Q_s = 4556.125\,\mathrm{mm^3/sec}$

6.1 레이디얼 하중 4000 kg을 지지하고 있는 엔드 저널의 폭과 지름을 결정하라. 단, 허용 베어링압력은 $0.2\,\text{kg/mm}^2$이고, 폭지름비는 2.0이다.

6.2 회전속도 800 rpm, 베어링 하중 1200 kg을 받고 있는 엔드 저널의 지름과 폭을 결정하고, 베어링압력과 발열계수를 계산하라. 단, 저널의 허용 굽힘응력은 $6.0\,\text{kg/mm}^2$이고, 저널의 폭은 저널의 지름의 2배로 한다.

6.3 안지름 40 mm, 길이 80 mm의 청동제 베어링 메탈을 끼운 엔드저널 베어링을 회전속도 300 rpm의 전동축에 사용할 때 지지할 수 있는 최대 베어링 하중을 구하라. 단, 허용 발열계수는 $0.2\,\text{kg/mm}^2 \cdot \text{m/sec}$이고, 허용 베어링압력은 $0.5\,\text{kg/mm}^2$이다.

6.4 회전속도 200 rpm으로 스러스트 2500 kg을 받고 있는 칼라 저널에서 칼라의 안지름은 200 mm, 바깥지름은 250 mm, 칼라의 개수가 4개일 때, 베어링압력과 발열계수를 구하라.

6.5 회전속도 600 rpm으로 바깥지름 120 mm, 안지름 30 mm인 피벗 저널이 지지할 수 있는 스러스트를 구하라. 단, 허용 발열계수는 $0.1\,\text{kg/mm}^2 \cdot \text{m/sec}$이고, 허용 베어링압력은 $0.2\,\text{kg/mm}^2$이다.

6.6 지름 40 mm, 길이 40 mm, 반지름 틈새 0.04 mm인 저널 베어링이 1750 rpm으로 회전하는 축에서 270 kg의 하중을 지탱하고 있다. SAE 30 오일로 윤활되며 오일은 대기압에서 공급되고 있다. 오일막의 평균 온도는 60 ℃ 정도로 평가된다. Raimondi와 Boyd 차트를 써서 최소 유막두께, 베어링 마찰계수, 오일막 안의 최대 압력과 각도 ϕ, $\theta_{p_{\text{max}}}$, θ_{p_0} 및 베어링을 통한 전체 오일량 그리고 측면 누출량을 예측하라.

구름 베어링

7.1 구름 베어링의 개요

미끄럼 베어링에서 축과 베어링 사이에 마찰과 마멸을 억제하기 위해 윤활제를 공급하는 대신 전동체를 넣어 구름 접촉(rolling contact)으로 전환시켜 마찰을 줄인 베어링을 구름 베어링(rolling bearing)이라 한다.

구름 베어링은 그림 7.1과 같이 외륜(또는 고정륜)과 내륜(또는 회전륜) 사이에 몇 개의 전동체를 넣고 이들 전동체가 서로 접촉하지 않도록 등간격으로 배치하기 위하여

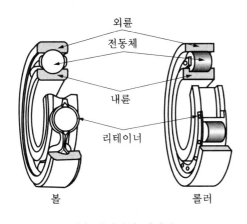

(a) 레이디얼 베어링

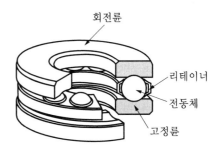

(b) 스러스트 베어링

그림 7.1 구름 베어링의 구조

리테이너(retainer)를 끼워 반지름방향의 하중(radial load)이나 축선방향의 하중 (thrust), 그리고 이들이 결합된 하중을 받도록 전문 제작회사에 의해 만들어진다. 구름 베어링의 형태와 치수는 규격화되어 있기 때문에 설계자는 사용목적에 따라 제작 회사 의 카탈로그에서 선택 주문하여 사용하면 된다. 이를 위해 베어링의 특징, 하중, 수명 등에 대해 잘 알 필요가 있다.

7.1.1 구름 베어링의 종류

구름 베어링은 전동체의 모양에 따라 볼 베어링(ball bearing)과 롤러 베어링(roller bearing)으로 대별되고, 작용하중의 방향에 따라 레이디얼 베어링(radial bearing)과 스러스트 베어링(thrust bearing)으로 나누어진다. 또한, 볼 또는 롤러가 1줄로 배열되어 있는 것을 단열(single row), 2줄 이상으로 되어 있는 것을 복렬(double row)이라 부른다. 그림 7.2와 7.3은 각각 볼 베어링과 롤러 베어링의 종류를 나타내며, 많이 쓰이는 베어링의 특징을 살펴보면 다음과 같다.

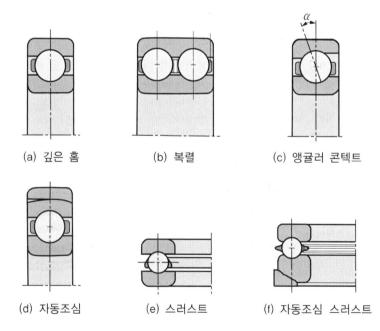

(a) 깊은 홈   (b) 복렬   (c) 앵귤러 콘텍트

(d) 자동조심   (e) 스러스트   (f) 자동조심 스러스트

그림 7.2 볼 베어링의 종류

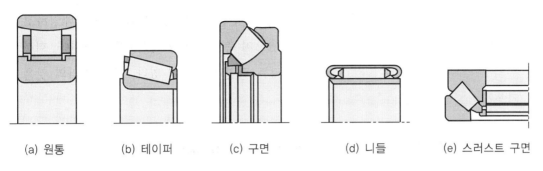

| (a) 원통 | (b) 테이퍼 | (c) 구면 | (d) 니들 | (e) 스러스트 구면 |

그림 7.3 롤러 베어링의 종류

(1) 단열 깊은 홈 볼 베어링(single row deep groove ball bearing)

구름 베어링 중 가장 많이 사용되는 대표적인 베어링이다. 궤도면에 홈이 비교적 깊으므로 깊은 홈이라 하며 주로 레이디얼 하중을 받으나 어느 정도의 스러스트도 받을 수 있다. 구조가 간단하여 정밀도가 높은 것을 만들 수 있고 고속회전용으로 적합하다.

(2) 단열 앵귤러 볼 베어링(single row angular contact ball bearing)

내륜과 외륜, 그리고 볼의 접촉점을 맺는 선이 베어링의 중심선에 대해 어느 정도의 각도를 가지고 있으므로 비교적 큰 볼을 사용할 수 있다. 구조상 레이디얼 하중에 대한 부하용량이 크고 큰 스러스트에도 잘 견딘다. 마찰저항이 크므로 고속에는 부적합하며 축간거리가 짧을 때만 사용한다.

(3) 자동조심 볼 베어링(self-aligning radial ball bearing)

이것은 외륜 궤도면이 구면으로 되어 그 중심이 베어링의 중심과 일치하고 있으므로 내륜이 기울어져도 내륜과 볼은 외륜에 대해 관계 위치는 변하지 않는 자동조심성이 있다. 따라서 축과 베어링 하우징의 설치 등에서 생긴 축심의 어긋남을 자동으로 조정하기 때문에 베어링에 무리한 힘이 작용하지 않는다.

(4) 단식 스러스트 볼 베어링(single row thrust ball bearing)

이것은 스러스트만을 받을 수 있으며 고속회전에는 부적합하다. 또 한쪽 방향의 스러스트만을 받을 수 있는 단식(single direction)과 양쪽 방향의 스러스트를 받을 수 있는 복식(double direction)이 있다. 단식에서는 회전륜과 고정륜 사이에 볼을 배열하고 복식에서는 상하 고정륜 중간에 회전륜이 있으며 축은 언제나 회전륜에 부착된다. 회전륜의 자리는 모두 평면이나 고정륜의 자리는 평면과 구면이 있다. 구면 자리의 것은 자동조심성이 있다.

(5) 원통 롤러 베어링(cylindrical roller bearing)

전동체로서 원통 롤러를 사용한 것이며 궤도륜과 선접촉을 하므로 레이디얼 방향의 부하용량이 크다. 롤러는 내륜과 외륜의 플랜지(flange)에 의해 안내되어 있으며 그 유무에 따라 여러 가지 형상이 있다.

(6) 테이퍼 롤러 베어링(taper roller bearing)

이것은 전동체가 테이퍼 롤러이기 때문에 원추형이다. 내륜과 외륜, 그리고 원추의 꼭짓점이 축선상의 한점에 모인다. 그러므로 레이디얼 하중과 스러스트의 합성 하중에 대한 부하능력이 크다. 그러나 레이디얼 하중만 작용하는 경우에는 축방향의 분력이 생기므로 보통 2개를 대칭되게 설치한다.

(7) 구면 롤러 베어링(spherical roller bearing)

구면인 롤러를 전동체로 사용하였기 때문에 자동조심성이 있다. 부하용량이 크고 저속 충격에 적합하다.

(8) 니들 롤러 베어링(needle roller bearing)

이 베어링은 바늘 모양의 롤러를 사용하기 때문에 축의 지름에 비하여 베어링의 바깥 지름이 작고 부하용량이 크므로 다른 롤러 베어링을 쓸 수 없는 좁은 장소라든가 충격이 있는 경우에 사용된다.

(9) 스러스트 구면 롤러 베어링(thrust spherical roller bearing)

구면 롤러를 접촉각이 40~50° 정도로 경사시켜 배열한 것으로 큰 하중을 받을 수 있으나 고속회전에는 부적합하다. 스러스트가 작용할 때 어느 정도의 레이디얼 하중도 받을 수 있고 궤도면이 구면이기 때문에 자동조심성이 있다.

7.1.2 구름 베어링의 표시

구름 베어링의 안지름, 바깥지름, 폭, 필렛 등의 주요치수는 미끄럼 베어링의 경우와
다르게 계산에 의하지 않고 호칭번호를 지정함으로써 결정된다.

베어링의 호칭번호는 표 7.1과 같이 기본기호와 보조기호로 표시한다. 기본기호는
계열기호, 안지름 번호와 접촉각 번호로 구성되고, 계열기호는 베어링의 형식을 표시하
는 형식기호와 바깥치수를 표시하는 치수기호로 구성된다. 한편 보조기호는 실드
(shield) 또는 실(seal)기호, 궤도륜 형상기호, 조합기호, 틈새기호와 등급기호로 구성
된다.

치수기호는 폭 계열기호(스러스트 베어링에서는 높이계열기호)와 바깥지름 계열기
호의 두 자리 수로 나타낸다. 치수기호는 동일한 베어링 안지름에 대해서도 하중의
크기에 따라 폭 혹은 높이와 바깥지름의 크기를 다양하게 취할 수 있다. 그림 7.4는

표 7.1 베어링의 호칭번호

기본기호				보조기호				
계열기호		안지름 번호	접촉각 번호	실드 또는 실 기호	궤도륜 형상기호	조합기호	틈새기호	등급기호
형식기호	치수기호							

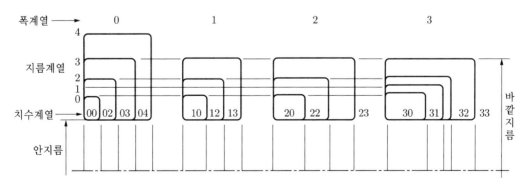

그림 7.4 레이디얼 베어링의 치수기호

레이디얼 베어링의 치수기호를 나타낸다. 표 7.2에서 베어링종류에 따른 계열기호를
알 수 있다.

안지름 번호는 안지름의 크기가 10 mm 미만인 것은 안지름 치수 그대로를 안지름
번호로 하고, 20 mm 이상 500 mm 미만은 5로 나눈 수를 안지름 번호(2자리)로 하고
있다. 표 7.3은 안지름 번호를 나타낸다.

표 7.2 구름 베어링의 계열기호

베어링의 종류		형식기호	치수기호	계열기호
레이디얼 볼 베어링	단열 깊은 홈	6	10, 02, 03, 04	60, 62, 63, 64
	단열 앵귤러	7	10, 02, 03, 04	70, 72, 73, 74
	자동조심	1, 2	02, 03, 22, 23	12, 13, 22, 23
스러스트 볼 베어링	단식 평면 자리	5	11, 12, 13, 14	511, 512, 513, 514
	복식 평면 자리	5	22, 23, 24	522, 523, 524
	단식 구면 자리	5	32, 33, 34	532, 533, 534
	복식 구면 자리	5	42, 43, 44	542, 543, 544
원통 롤러 베어링	N형(외륜턱 없음, 내륜양쪽턱붙이)	N	02, 03, 04	N2, N3, N4
	NF형(외륜한쪽턱붙이, 내륜양쪽턱붙이)	NF	02, 03	NF2, NF3
	NU형(외륜양쪽턱붙이, 내륜턱 없음)	NU	10, 02, 22, 03, 23, 04	NU10, NU2, NU22, NU3, NU23, NU4
	NJ형(외륜양쪽턱붙이, 내륜한쪽턱붙이)	NJ	02, 04, 04	NJ2, NJ3, NJ4
	NN형(외륜턱 없음, 내륜양쪽턱붙이)	NN	30	NN30
테이퍼 롤러 베어링		3	02, 22, 03, 23	302, 322, 303, 323
구면 롤러 베어링		2	30, 31, 22, 32, 13, 23	230, 231, 222, 232, 213, 223
니들 롤러 베어링		NA RNA	49	NA49 RNA49

표 7.3 안지름 번호

베어링 안지름(mm)	안지름 번호	베어링 안지름(mm)	안지름 번호	베어링 안지름(mm)	안지름	베어링 안지름(mm)	안지름 번호
0.6	/0.6	40	08	200	40	800	/800
1	1	45	09	220	44	850	/850
1.5	/1.5	50	10	240	48	900	/900
2	2	55	11	260	52	950	/950
2.5	/2.5	60	12	280	56	1000	/1000
3	3	65	13	300	60	1060	/1060
4	4	70	14	320	64	1120	/1120
5	5	75	15	340	68	1180	/1180
6	6	80	16	360	72	1250	/1250
7	7	85	17	380	76	1320	/1320
8	8	90	18	400	80	1400	/1400
9	9	95	19	420	84	1500	/1500
10	00	100	20	440	88	1600	/1600
12	01	105	21	460	92	1700	/1700
15	02	110	22	480	96	1800	/1800
17	03	120	24	500	/500	1900	/1900
20	04	130	26	530	/530	2000	/2000
22	/22	140	28	560	/560	2120	/2120
25	05	150	30	600	/600	2240	/2240
28	/28	160	32	630	/630	2360	/2360
30	06	170	34	670	/670	2500	/2500
32	/32	180	36	710	/710		
35	07	190	38	750	/750		

구름 베어링의 호칭번호를 예를 들어 설명하면 다음과 같다.

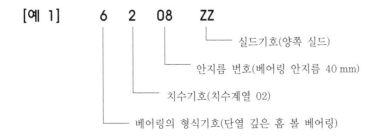

[예 1] 6 2 08 ZZ
└── 실드기호(양쪽 실드)
└── 안지름 번호(베어링 안지름 40 mm)
└── 치수기호(치수계열 02)
└── 베어링의 형식기호(단열 깊은 홈 볼 베어링)

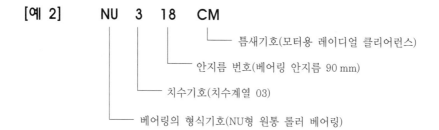

[예 2]　　NU　3　18　CM

틈새기호(모터용 레이디얼 클리어런스)

안지름 번호(베어링 안지름 90 mm)

치수기호(치수계열 03)

베어링의 형식기호(NU형 원통 롤러 베어링)

7.2　구름 베어링의 부하 용량

구름 베어링이 하중을 받을 때 견딜 수 있는 하중의 크기를 부하용량(load capacity)
이라 하고, 이에는 정적 부하용량(static capacity)과 동적 부하용량(dynamic capacity)
이 있다.

7.2.1　정적 부하용량

구름 베어링이 회전하지 않는 상태에서 정하중이 작용하였을 때 베어링이 견딜 수
있는 하중의 크기를 정적 부하용량이라 한다. 이 경우 전동체는 정지되어 있으므로
정적 부하용량은 하중방향으로 존재하는 각 전동체가 받을 수 있는 하중의 합으로 구해
진다. 각 전동체가 받을 수 있는 정하중은 Hertz의 접촉응력에 의해 결정된다.

(1) 전동체에 발생하는 응력과 변형

구름 베어링에서 전동체인 볼이나 롤러가 구면인 궤도륜과 접촉해서 전동체에 압축
하중 P_0가 작용하는 상태를 그림 7.5에 나타낸다. 이때 접촉면의 크기 a , 전동체의
압축량 δ_0, 최대압력 $p_{\max}$ 에 대한 Hertz의 탄성접촉이론식은 표 7.4와 같다.

표 7.4에서 볼과 궤도륜의 접촉면에서 발생하는 최대압력을 간략하게 정리하면

$$p_{\max} \propto \sqrt[3]{\frac{P_0}{d^2}}$$

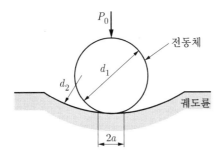

그림 7.5 전동체와 궤도륜의 접촉상태

표 7.4 전동체의 접촉점에서 접촉면의 크기, 압축량과 최대압력

	볼과 궤도륜 접촉	롤러와 궤도륜 접촉
접촉면 크기 a	$a = 0.88\sqrt[3]{\dfrac{P_0}{E}\left(\dfrac{d_1 d_2}{d_1 - d_2}\right)}$	$a = 1.076\sqrt{\dfrac{P_0}{LE}\left(\dfrac{d_1 d_2}{d_1 - d_2}\right)}$
압축량 δ_0	$\delta_0 = 1.54\sqrt[3]{\dfrac{P_0^2}{E^2}\left(\dfrac{1}{d_1} - \dfrac{1}{d_2}\right)}$	
최대압력 p_{max}	$p_{max} = 0.62\sqrt[3]{P_0 E^2\left(\dfrac{1}{d_1} - \dfrac{1}{d_2}\right)^2}$	$p_{max} = 0.592\sqrt{\dfrac{P_0 E}{L}\left(\dfrac{1}{d_1} - \dfrac{1}{d_2}\right)}$

* 주 : E – 전동체와 궤도륜의 종탄성계수, d_1 – 전동체의 지름, d_2 – 궤도륜의 곡률지름,
L – 롤러의 길이

으로 된다. 최대 접촉압력 p_{max}를 허용 접촉응력으로 잡으면, 전동체인 볼에 작용할
수 있는 허용 압축하중 P_0와 볼의 지름 d와의 관계는 다음과 같다.

$$P_0 = kd^2 \tag{7.1}$$

여기서, 상수 k를 비하중(specific load)이라 부르며, 궤도의 형상, 재료, 경도 등에
따라 그 값이 달라진다. 예를 들면, 단열 깊은 홈과 앵귤러에서는 6.2, 자동조심은 1.7,
원통, 원추 및 구면 롤러에서는 1.1 정도이다.

(2) 정적 부하용량의 기초방정식

구름 베어링이 견딜 수 있는 하중은 위에서와 같이 탄성한도 이내에서는 Hertz의 이론식을 이용하여 구할 수 있다.

1) 스러스트 볼 베어링인 경우

그림 7.6과 같이 스러스트 볼 베어링에서는 z개의 볼이 모두 같은 하중 P_0를 받는다고 생각할 수 있으므로 스러스트 볼 베어링의 정적 부하용량 P는

$$P = z P_0 = z k d^2 \tag{7.2}$$

또한, 볼의 접촉각이 θ이고 열수가 i일 때는

$$P = z k d^2 \, i \, \sin \theta \tag{7.3}$$

가 된다.

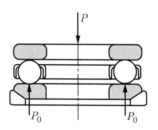

그림 7.6 스러스트 볼 베어링의 작용하중

2) 레이디얼 볼 베어링인 경우

그림 7.7과 같이 레이디얼 볼 베어링에 하중 P가 작용할 때, 베어링의 하반부에 있는 볼만이 하중을 나누어 받는다. 그중 맨 아래쪽에 있는 볼이 가장 큰 하중 P_0를 받게 되며 위로 갈수록 점점 작아진다.

따라서 베어링에 작용하는 하중 P방향의 힘의 평형을 생각하면

$$P = P_0 + 2P_1 \cos \alpha + 2P_2 \cos 2\alpha + \cdots + 2P_n \cos n\alpha \tag{7.4}$$

인 관계가 성립한다. 여기서 $n\alpha \leq 90°$이고, 각 볼에 작용하는 하중 P_1, P_2, $\cdots$, P_n은

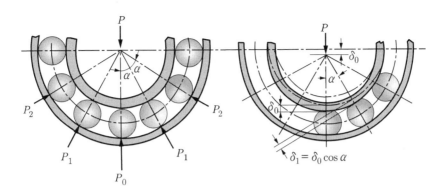

그림 7.7 레이디얼 볼 베어링의 작용하중과 변형

모르는 값이므로 이것을 구하기 위하여 내외륜의 모양은 변하지 않고 내륜만이 그 원형을 유지하면서 하중 P방향으로 δ_0만큼 이동하는 것으로 가정하면, P_0의 하중을 받은 볼에 대한 변위는 δ_0가 된다. 그다음 P_1, P_2, $\cdots$, P_n에 의한 볼의 하중 방향의 변위를 δ_1, δ_2 $\cdots$, δ_n이라고 하면

$$\delta_1 = \delta_0 \cos\alpha, \quad \delta_2 = \delta_0 \cos 2\alpha, \quad \cdots, \quad \delta_n = \delta_0 \cos n\alpha \tag{7.5}$$

한편 표 7.4에 의하면 접촉면에서 볼의 작용하중과 압축량의 관계는 $P \propto \delta^{\frac{3}{2}}$이므로 각 볼에 작용하는 하중은

$$P_1 = P_0 \cos^{\frac{3}{2}}\alpha, \quad P_2 = P_0 \cos^{\frac{3}{2}} 2\alpha, \quad \cdots, \quad P_n = P_0 \cos^{\frac{3}{2}} n\alpha \tag{7.6}$$

이 되고, 이들을 식 (7.4)에 대입하면

$$P = P_0 (1 + 2\cos^{\frac{5}{2}}\alpha + 2\cos^{\frac{5}{2}} 2\alpha + \cdots + 2\cos^{\frac{5}{2}} n\alpha) = k_2 P_0 \tag{7.7}$$

이 된다. 지금 볼 수를 z라 하면 $\alpha = \dfrac{360°}{z}$이고, $n = \dfrac{z}{4}$이다. 때문에 $z = 10 \sim 20$인 범위에서는

$$P = P_0 \frac{z}{(4.36 \sim 4.38)}$$

인 값을 얻을 수 있으나 실제 베어링에서는 위와 같은 이론적 관계가 성립할 수 없으므로

Stribeck은

$$P = \frac{z}{5} P_0 \tag{7.8}$$

또 1개의 볼이 허용할 수 있는 최대의 탄성하중은 Hertz에 의하면 $P_0 = kd^2$이므로 식 (7.8)은

$$P = \frac{1}{5} z k d^2 \tag{7.9}$$

일반적으로 볼 베어링에서 볼의 열수를 i, 볼의 접촉각을 θ라고 하면 식 (7.2)는

$$P = \frac{1}{5} z k d^2 i \cos\theta \tag{7.10}$$

이 되어, 우리는 이 식 (7.10)에 의해 구름 베어링의 정적 부하용량을 구할 수 있다.

(3) 기본 정적 부하용량

위에서 구한 정적 부하용량은 Hertz의 탄성이론으로부터 유도된 것이므로 볼의 변형은 어디까지나 영구변형이 생기지 않는 범위 이내에 있어야 한다.

그러나 약간의 영구변형이 생겨도 사용에는 지장이 없으므로 실제의 구름 베어링에서는 최대부하를 받고 있는 운동체와 궤도륜의 접촉부에 생기는 영구변형을 전동체의 지름의 0.0001만큼 허용하고 있다.

어떠한 정하중이 베어링에 작용하여 이와 같은 조건을 만족시킬 때, 그 정하중을 기본 정적 부하용량(specific static capacity) C_0라 하고 제작회사의 카탈로그에 명기되어 있으나 그 계산식을 예시하면 다음과 같다.

레이디얼 볼 베어링   – $C_0 = f_0 i z d^2 \cos\theta$

레이디얼 롤러 베어링 – $C_0 = f_0 i z l d \cos\theta$

스러스트 볼 베어링   – $C_0 = f_0 z d^2 \sin\theta$

스러스트 롤러 베어링 – $C_0 = f_0 z l d \sin\theta$

여기서, i: 열수, θ: 전동체의 접촉각, l: 롤러의 유효접촉길이, z: 전동체의 수, d: 전동체의 지름, f_0: 전동체의 재질, 궤도면, 전동체의 곡률 등에 의해 결정되는 인자이다(표 7.5).

표 7.5 f_0의 값

베어링 형식		$f_0 \,(\mathrm{kg}/\mathrm{mm}^2)$
레이디얼 베어링	자동조심 볼 베어링	0.34
	깊은 홈, 앵귤러 컨택트 볼 베어링	1.25
	롤러 베어링	2.2
스러스트 베어링	볼 베어링	5
	롤러 베어링	10

7.2.2 동적 부하용량

구름 베어링이 회전 중에 견딜 수 있는 하중을 동적 부하용량이라 하며 동적 부하용량은 반복응력에 의한 피로현상을 대상으로 하기 때문에 실험 데이터에 의하여 결정된다.

구름 베어링을 장시간 사용하면 전동체와 내외륜의 접촉면에 피로박리현상(fatigue flake-off)이 생겨 진동과 소음이 수반되기 때문에 쓸 수 없게 된다.

일반적으로 구름 베어링의 개개의 회전수명은 사용하기 시작하여 최초의 피로박리현상이 생겼을 때까지의 총회전수(또는 일정 회전수에서는 시간)로 정의한다.

따라서 구름 베어링의 회전수명은 구조와 치수가 같은 베어링을 같은 조건하에서 운전하여도 그 분산이 매우 크므로 KS에서는 「호칭번호가 같은 1군의 베어링을 동일한 조건에서 개개로 운전하였을 때 그중 90 %가 피로박리현상을 일으킴이 없이 회전할 수 있는 총회전수」를 베어링의 정격회전수명(rating life) 또는 이를 줄여서 정격수명이라 규정하였다. 정격수명은 설계 시 기준이 되며, 하중에 의해 변화하나 보통 사용조건에서는 회전속도와는 무관하고 온도에 의해 다소 영향을 받는다.

(1) 수명식

구름 베어링의 동적 부하용량과 수명에 관한 연구는 1896년에 Stribeck에 의해 시작되었으며, 그 후 Goodman, Stellecht 등 많은 학자가 실험적 연구를 계속하여 여러 개의 실험식을 구했다. 그 중 ISO에서 추천하는 식은 총회전수 L로 표시되는 다음 식이다.

$$L = \left(\frac{C}{P}\right)^r \times 10^6 \, (rev) \tag{7.11}$$

여기서, C는 기본 동적 부하용량으로 베어링전문제작회사의 카탈로그에 기재되어 있다(표 7.6). P는 베어링에 작용하는 실제 동하중이며, r은 많은 피로실험 결과로부터 얻어진 지수로 볼인 경우 3, 롤러인 경우에는 10/3이다.

실제 구름 베어링에서 주어진 수명과 작용하중(베어링의 실제 동하중을 줄여서 베어링 하중)에 대해 부하용량을 구하여 제작회사의 카탈로그에서 이에 상응하는 용량을 찾아 베어링을 선정하므로 식 (7.11)을 다음과 같이 변환하여 사용하는 것이 편리하다.

$$C = P\left(\frac{L}{10^6}\right)^{\frac{1}{r}} \tag{7.12}$$

또한 베어링 수명은 총회전수보다 운전시간과 회전속도로 표시되는 경우가 종종 있다. 지금 정격수명시간을 $L_h(\mathrm{hr})$, 회전속도 $N(\mathrm{rpm})$이라면, 총회전수는

$$L(rev) = 60NL_h \tag{7.13}$$

여기서 $10^6(rev) \fallingdotseq 33.3(\mathrm{rpm}) \times 500(\mathrm{hr}) \times 60(\mathrm{min/hr})$이므로 동적 부하용량 C는 다음과 같다.

$$C = P\sqrt[r]{\frac{N}{33.3}} \sqrt[r]{\frac{L_h}{500}} = P\left(\frac{f_h}{f_n}\right) \tag{7.14}$$

여기서, $f_n = \sqrt[r]{\dfrac{33.3}{N}}$: 속도계수(speed factor)

$\qquad f_h = \sqrt[r]{\dfrac{L_h}{500}}$: 수명계수(life factor)

이다. 속도계수 f_n과 수명계수 f_h는 계산하는 것보다 그림 7.8의 스케일(scale)을 이용하는 것이 편리하다.

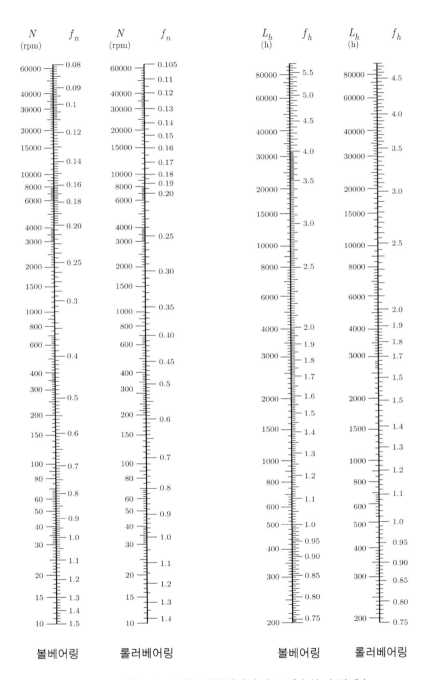

볼베어링   롤러베어링   볼베어링   롤러베어링

그림 7.8 구름 베어링에서 속도계수와 수명계수

표 7.6(a) 구름 베어링의 부하용량

종류	단열 깊은 홈 볼 베어링						단열 앵귤러 컨택트 볼 베어링				자동조심 볼 베어링				원통 롤러 베어링			
하중의 구분	경하중용		중간 하중용		무거운 하중용		경하중용		중간 하중용		경하중용		중간 하중용		경하중용		중간 하중용	
형번 안지름	6200		6300		6400		7200		7300		1200		1300		N200		N300	
번호 / d	C	C_0	C	C_0	C	C_0	C	C_0	C	C_0	C	C_0	C	C_0	C	C_0	C	C_0
00 / 10	400	195	640	380							430	135	560	185				
01 / 12	535	295	760	470							435	150	740	240				
02 / 15	600	355	900	545							585	205	750	265				
03 / 17	755	445	1060	660	1770	1100					650	245	975	375				
04 / 20	1010	625	1250	790	2400	1560					775	325	980	410	980	695	1370	965
05 / 25	1100	705	1660	1070	2810	1900	1270	850	2080	1460	940	410	1410	610	1100	850	1860	1370
06 / 30	1530	1010	2180	1450	3350	2320	1770	1270	2650	1910	1220	590	1670	790	1460	1160	2450	1930
07 / 35	2010	1380	2610	1810	4300	3050	2330	1720	3150	2350	1230	675	1960	1000	2120	1700	3000	2360
08 / 40	2280	1580	3200	2260	5000	3750	2770	2130	3850	2930	1440	820	2310	1240	2750	2320	3750	3100
09 / 45	2560	1800	4150	3050	5850	4400	3100	2430	5000	3950	1700	975	2970	1620	2900	2500	4800	3900
10 / 50	2750	2000	4850	3600	6800	5000	3250	2600	5850	4700	1780	1100	3400	1780	3050	2700	5850	4960
11 / 55	3400	2530	5650	4250	7850	6000	4000	3300	6750	5500	2090	1360	4000	2290	3650	3250	7100	5850
12 / 60	4100	3150	6450	4960	8450	6700	4850	4050	7700	6350	2350	1580	4450	2710	4400	4000	8500	7200
13 / 65	4500	3450	7300	5600	9250	7650	5500	4750	8700	7300	2410	1750	4850	2990	5100	4750	9500	8150
14 / 70	4850	3800	8150	6400	11100	10200	6000	5250	9800	8300	2710	1920	5800	3600	5300	5000	10400	9000
15 / 75	5150	4200	8900	7250	12000	11000	6200	5550	10600	9400	3050	2180	6200	3900	6200	5850	12700	11000
16 / 80	5700	4500	9650	8100	12700	12000	6950	6250	11500	10500	3100	2400	6900	4300	7100	6800	13400	12000
17 / 85	6500	5450	10400	9000	13600	13200	7800	7200	12400	11700	3850	2900	7600	4950	8150	7800	15000	13200
18 / 90	7500	6150	11200	10000	14500	14600	9200	8500	13400	13000	4450	3250	9050	5700	9800	9300	17300	15600
19 / 95	8500	7050	12000	11000			10500	9750	14300	14300	5000	3750	10300	6500	11400	11000	18600	17000
20 / 100	9550	8000	13600	13200			11300	10400	16200	17200	5400	4100	11100	7350	12700	12200	21600	19600
21 / 105	10400	9050	14400	14400			12300	11700	17200	18700	5800	4500	12100	8250	14000	13700	25000	22400
22 / 110	11300	10100	16100	16900			13300	13200	17300	22000	6850	5220	12700	9350	16300	15300	30000	26000
23 / 115																		
24 / 120	12100	11500	16200	16900			14300	14700	21000	25000					18300	18000	34000	30000

표 7.6(b) 구름 베어링의 부하용량

종 류		테이퍼 롤러 베어링				구면 롤러 베어링				단식 스러스트 볼 베어링				복식 스러스트 볼 베어링			
하중의 구분		경하중용		중간하중용		경하중용		중간하중용		경하중용		중간하중용		경하중용		중간하중용	
형번 안지름		30200		30300		22200		22300		51100		51200		52200		52300	
번호	d	C	C_0	C	C_0	C	C_0	C	C_0	C	C_0	C	C_0	C	C_0	C	C_0
00	10									570	1140	720	1400				
01	12									570	1140	770	1550				
02	15			1290	980					615	1250	990	2000	990	2200		
03	17	1040	850	1630	1250					690	1480	1060	2200				
04	20	1600	1290	2550	1600					920	2000	1400	3050	1400	3050		
05	25	1760	1560	3050	2160					1300	3000	1800	4100	1800	4100	2260	4990
06	30	2400	2080	3550	2850					1420	3400	1980	4700	1980	4700	2780	6400
07	35	3100	2650	4750	3750					1580	4050	2650	6350	2650	6350	3600	8500
08	40	3600	3100	5400	4500			6300	5850	1970	5100	3200	7980	3200	7980	4500	11000
09	45	4150	3600	6800	5700			8000	7500	2100	5600	3350	8500	3350	8500	5270	13300
10	50	4550	4050	8000	6700			11000	10000	2230	6150	3500	9050	3500	9050	6350	16400
11	55	5600	5200	9150	7800			12900	11800	2750	7550	4900	12900	4900	12900	7600	20000
12	60	6100	5600	10800	9150			15600	14000	3250	9150	5300	14500	5300	14500	8000	21700
13	65	7200	6550	12500	10800			17600	15300	3350	9550	5500	15300	5500	15300	8400	23300
14	70	7800	7100	14300	12200			22400	19600	3500	10300	5700	16100	5700	16100	9800	27600
15	75	8650	8150	16000	13700			23200	21200	3680	11100	5900	16900	5900	16900	11200	32000
16	80	9650	8800	17600	15300	9500	10200	27500	24500	3750	11400	6050	17700	6050	17700	11700	34000
17	85	11400	10600	20000	17000	12200	13200	30000	26500	3900	12200	7250	21400	7250	21400	13200	39700
18	90	12700	12000	21600	19000	15600	16000	35500	31000	5000	15400	8750	26500	8350	26500	13200	39700
19	95	14000	13200	25500	22800	18300	19000	38000	34000								
20	100	16300	15600	28000	25500	21200	21200	45500	40500	6950	21800	10760	33300	10700	33300	15600	48400
21	105	18300	17000	30500	27500												
22	110	20400	19600	33500	30000	27500	26000	56000	50000	7300	23400	11400	36700	11400	36700		
23	115																
24	120	22800	21600	40000	36500	34000	33500	68000	60000	7600	25000	11700	38800	11700	38800		

표 7.7 구름 베어링의 용도별 수명시간

사용 상태	기계의 종류	수명시간 L_h	수명계수 f_h
늘 회전할 필요가 없는 기구	도어개폐기, 자동차의 방향지시기	500	1
단시간 또는 가끔 사용하는 기계로 만일 사고로 정지되더라도 영향이 적은 경우	가정용 전기기구, 자전거, 기계공장의 호이스트, 농업용 기계, 단조공장 크레인, 핸드 그라인더 등	4000~8000	2~2.5
연속적으로는 사용되지 않으나 확실성이 필요한 기계	발전소의 보조기계, 컨베이어, 엘리베이터, 에스컬레이터, 일반하역 크레인, 기계톱, 건설기계	8000~14000	2.5~3.5
1일 8시간 연속운전기계	일반펌프, 공작기계, 윤전기, 원심분리기, 전동기, 철도차량, 테이블롤러, 기어감속장치, 바이브레이터, 조크러셔	20000~30000	3.5~4.5
24시간 연속운전이고 사고로 정지되어서는 안 될 기계	중요한 전동기, 발전소의 배수펌프, 제지기계, 볼밀, 송풍기, 크레인, 시내수도설비	50000~100000	4.5~6

한편 구름 베어링의 정격수명을 필요 이상으로 길게 잡으면 비경제적이므로 사용기계와 그 상태에 따라 채용되고 있는 수명시간은 표 7.7과 같다.

(2) 베어링 하중의 평가

지금까지의 베어링 하중은 레이디얼 베어링에서는 일정량의 순수 레이디얼 하중, 스러스트 베어링에서도 일정량의 순수 스러스트가 작용하는 경우만을 생각하였다. 그러나 실제로는 하중이 변동하는 경우가 많으므로 그 평가 방법에 대해 살펴본다.

1) 하중계수

실제 베어링에 작용하는 하중(실제 동하중)은 이론적으로 산출된 값보다는 크다. 이론상으로 베어링 하중은 축, 기어, 풀리 등의 자중과 이들의 전동에 의한 장력 등으로 계산되지만 베어링의 설치오차에 의한 진동과 충격, 전동에 의한 기어의 변형, 벨트에 가해지는 초기 장력의 영향 등은 이론적으로 계산할 수 없는 것들도 있다.

따라서 실제 베어링 하중 P는 이론적으로 구한 하중 P_{th}에 경험으로부터 얻은 하중계수 f_w를 고려하여 다음과 같이 계산된다(표 7.8).

$$P = f_w P_{th} \tag{7.15}$$

표 7.8 하중계수 f_w

기계의 조건	f_w
충격을 받지 않는 회전기계 　예 : 발전기, 전동기, 회전로, 터보송풍기	1.0~1.2
왕복부분을 가진 기계 　예 : 내연기관, 단동식 선별기, 크랭크 축	1.2~1.5
매우 심한 충격을 받는 기계 　예 : 압연기, 분쇄기	1.5~3.0

또, 기어전동축을 지지하고 있는 베어링에서는 기어의 제작 오차와 전동에 따른 변형 때문에 충격이 작용할 경우가 많다. 이러한 점을 참고하여 표 7.9에 있는 기어계수 f_g를 고려한 $P = f_g f_w P_{th}$를 실제하중으로 한다.

표 7.9 기어계수 f_g

기어의 종류	f_g
정밀기어(피치오차, 형상오차가 20 μm 미만)	1.05~1.1
보통기어(피치오차, 형상오차가 20~100 μm)	1.1 ~1.3

2) 평균하중

베어링에 작용하는 하중의 크기가 변하는 경우가 있다. 내연기관과 같이 일정 주기에 걸쳐 하중이 변하는 것이 그 예이다. 이러한 경우 다음 식으로 주어지는 평균등가하중

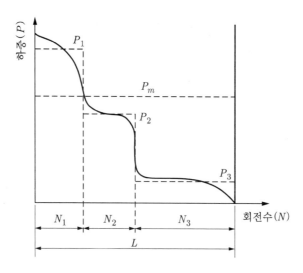

그림 7.9 단계적으로 변하는 하중

$$P_m = \left(\frac{1}{L}\int_0^L P^r\,dN\right)^{\frac{1}{r}} \qquad (7.16)$$

이 사용된다.

　지금 그림 7.9에서 보는 것처럼 하중 P와 회전수 $N(\mathrm{rpm})$의 관계가 단계적으로 변화한다면, 평균 회전수는

$$N_m = \frac{t_1 N_1 + t_2 N_2 + \cdots + t_r N_r}{t_0} \qquad (7.17)$$

여기서, t_i는 베어링에 각 하중이 작용한 시간이고, t_0는 하중이 작용한 총시간이다.

$$t_0 = t_1 + t_2 + \cdots + t_r$$

볼 베어링에 작용하는 평균유효하중은

$$\begin{aligned}
P_m &= \sqrt[3]{\frac{t_1 N_1 P_1{}^3 + t_2 N_2 P_2{}^3 + \cdots + t_r N_r P_r{}^3}{t_0 N_m}} \\
&= \sqrt[3]{\phi_1 \frac{N_1}{N_m}P_1{}^3 + \phi_2 \frac{N_2}{N_m}P_2{}^3 + \cdots + \phi_r \frac{N_r}{N_m}P_r{}^3} \qquad (7.18)
\end{aligned}$$

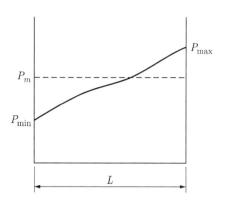

그림 7.10 단조롭게 변하는 하중

이고, 여기서, $\phi_1 = \dfrac{t_1}{t_0}$, $\phi_2 = \dfrac{t_2}{t_0}$, $\cdots$, $\phi_r = \dfrac{t_r}{t_0}$ 이다.

평균 유효하중의 일반식은

$$P_m = \sqrt[r]{\frac{N_1 P_1^{\ r} + N_2 P_2^{\ r} + \cdots + N_r P_r^{\ r}}{N_1 + N_2 + \cdots + N_r}} = \left(\frac{\sum\limits_{j=1}^{n} P_j^{\ r} N_j}{\sum\limits_{j=1}^{n} N_j} \right)^{\frac{1}{r}} \tag{7.19}$$

여기서 P_j는 하중이고 N_j는 하중의 작용회전수이다.

그림 7.10과 같이 하중이 단조롭게 최소하중 $P_{\min}$ 에서 최대하중 $P_{\max}$ 까지 연속적으로 변동하는 경우에 평균하중은

$$P_m = \frac{2}{3} P_{\max} + \frac{1}{3} P_{\min} \tag{7.20}$$

으로 계산된다. 또한 하중 $P_{\max}$과 $P_{\min}$의 방향이 반대이고, 그 절댓값이 P_1과 같고 사인곡선과 같이 규칙적으로 변동하는 경우에는

$$P_m = 0.65 P_1 \tag{7.21}$$

으로 하여 식 (7.15)의 P_{th} 대신에 P_m을 넣는다.

예제 7.1 하중 $P_{th} = 5\,\text{ton}$인 윈치(winch)의 후크에 사용할 단식 스러스트 볼 베어링을 선정하라.

풀이 충격적으로 $P_{th} = 5\,\text{ton}$이 작용한다고 하고 하중계수를 표 7.8에서 $f_w = 2.5$로 잡으면, 식 (7.15)에 의하여 베어링 하중은

$$P = f_w P_{th} = 2.5 \times 5000 = 12500\,(\text{kg})$$

윈치의 후크는 별로 움직이지 않으므로 정적 부하용량 C_o를 기준으로 선정하면 된다. 표 7.6(b)에서 베어링 하중보다 정적 부하용량이 약간 큰 No. 51118 ($C_o = 15400\,\text{kg}$)을 선정한다.

예제 7.2 회전속도 $250\,\text{rpm}$으로 레이디얼 하중 $100\,\text{kg}$을 받는 단열 볼 베어링을 선정하라.

풀이 수명시간 $L_h = 60000$ 시간으로 가정하면, 식 (7.13)에 의하여 회전수명은

$$L = 60NL_h = 60 \times 250 \times 60000 = 900 \times 10^6\,(\text{rev})$$

표 7.8에서 하중계수 $f_w = 1.2$로 하면, 베어링 하중은 식 (7.15)에 의하여

$$P = f_w P_{th} = 1.2 \times 100 = 120\,(\text{kg})$$

이고, 동적 부하용량은 식 (7.11)에 의하여

$$C = P\sqrt[3]{L/10^6} = 120 \times \sqrt[3]{900} = 1159\,(\text{kg})$$

이므로 표 7.6에서 동적 부하용량이 필요한 동적 부하용량보다 약간 큰 No. 6206 ($C = 1530\,\text{kg}$)을 선정한다.

예제 7.3 원통 롤러 베어링 N208이 $N = 800\,\text{rpm}$으로 $P_{th} = 270\,\text{kg}$의 베어링 하중을 받치고 있다. 이때의 수명시간을 계산하라. 단, 운전조건은 보통이다.

풀이 표 7.6(a)에서 N208의 동적 부하용량 $C = 2750\,\text{kg}$이고, 롤러 베어링의 경우 $r = 10/3$이다.

표 7.8에서 하중계수 $f_w = 1.5$라고 하면, 베어링 하중은 식 (7.15)에 의하여

$$P = f_w P_{th} = 1.5 \times 270 = 405\,\text{kg}$$

회전수명은 식 (7.11)에 의하여

$$L = \left(\frac{C}{P}\right)^{\frac{10}{3}} \times 10^6 = \left(\frac{2750}{405}\right)^{\frac{10}{3}} \times 10^6 = 589 \times 10^6\,(\text{rev})$$

이고, 수명시간은 식 (7.13)에 의하여

$$L_h = \frac{L}{60N} = \frac{589 \times 10^6}{60 \times 800} = 12271 \text{ (hr)}$$

3) 등가하중

구름 베어링에서 레이디얼 하중과 스러스트가 동시에 작용하는 경우의 수명과 같은 수명을 가지는 단일 레이디얼 하중 혹은 스러스트를 등가하중이라 하며, 이 등가하중을 이론상의 베어링 하중으로 하여 수명계산을 해야 한다.

지금 레이디얼 베어링에 레이디얼 하중 F_r 과 스러스트 F_a 가 동시에 가해질 때, 등가 레이디얼 하중 P_r 은

$$P_r = VXF_r + YF_a \tag{7.22}$$

이다.

여기서, X : 레이디얼 계수(radial factor)

Y : 스러스트 계수(thrust factor)

V : 회전계수(rotation factor)

이고, 내륜 회전일 때 $V = 1$, 외륜 회전일 때 $V = 1.2$ 로 잡는다. 특별한 언급이 없는 경우에는 대부분 내륜 회전이므로 $V = 1$ 로 잡아도 된다. 그리고 계수 X 와 Y 의 값은 표 7.10에서 구할 수 있다. 단열 레이디얼 베어링에서 $F_a/F_r \leqq e$ 인 경우 $X = 1$, $Y = 0$, $P_r = F_r$ 이 된다. 또 단열 고정형 레이디얼 볼 베어링에서 $(F_a/F_r) > e$ 일 때, Y 값이 e 값의 크기에 따라 변화한다. 여기서 e 값은 F_a/C_0 의 값에 의하여 결정된다.

복렬 레이디얼 볼 베어링과 구면 롤러 베어링에서도 $(F_a/F_r) \leqq e$ 또는 $(F_a/F_r) > e$ 에 따라 X, Y 값이 달라진다.

스러스트 볼 베어링은 스러스트만을 받기 때문에 등가 하중을 생각할 필요가 없다. 그러나 스러스트 구면 롤러 베어링인 경우, 스러스트 F_a 와 레이디얼 하중 F_r 을 동시에 받을 수 있다. 이때 등가 스러스트 P_a 는

$$P_a = F_a + 1.2 F_r \tag{7.23}$$

이 된다. 이 경우 레이디얼 하중이 스러스트의 55 %를 넘어서는 안 된다.

표 7.10   계수 X, Y의 값

(a) 단열 깊은 홈 볼 베어링

$\dfrac{F_a}{C_0}$	e	$\dfrac{F_a}{F_r} \leqq e$		$\dfrac{F_a}{F_r} > e$	
		X	Y	X	Y
0.014*	0.19				2.30
0.021	0.21				2.15
0.028	0.22				1.99
0.042	0.24				1.85
0.056	0.26				1.71
0.070	0.27				1.63
0.084	0.28	1	0	0.56	1.55
0.110	0.30				1.45
0.17	0.34				1.31
0.28	0.38				1.15
0.42	0.42				1.04
0.56	0.44				1.00

* 만일 $F_a/C_0 < 0.014$이면, 0.014의 값을 사용

(b) 앵귤러 컨택트 볼 베어링

접촉각	$\dfrac{iF_a^{**}}{C_0}$	e	단열 베어링				복렬 베어링			
			$\dfrac{F_a}{F_r} \leqq e$		$\dfrac{F_a}{F_r} > e$		$\dfrac{F_a}{F_r} \leqq e$		$\dfrac{F_a}{F_r} > e$	
			X	Y	X	Y	X	Y	X	Y
15°	0.015	0.38				1.47		1.65		2.39
	0.029	0.40				1.40		1.57		2.28
	0.058	0.43				1.30		1.46		2.11
	0.087	0.46				1.23		1.38		2.00
	0.12	0.47	1	0	0.44	1.19	1	1.34	0.72	1.93
	0.17	0.50				1.12		1.26		1.82
	0.29	0.55				1.02		1.14		1.66
	0.44	0.56				1.00		1.12		1.63
	0.58	0.56				1.00		1.12		1.63
25°	–	0.68	1	0	0.41	0.87	1.0	0.92	0.67	1.41
35°	–	0.95			0.37	0.66	1.0	0.66	0.60	1.07

** i는 볼의 열수

(c) 자동조심 레이디얼 볼 베어링

베어링 번호	e	$\dfrac{F_a}{F_r} \leqq e$		$\dfrac{F_a}{F_r} > e$	
		X	Y	X	Y
13300~13304	0.34		1.8		2.8
1200~1203	0.31		2.0		3.1
1204~1205	0.27		2.3		3.6
1206~1207	0.23		2.7		4.2
1208~1209	0.21		2.9		4.5
1210~1212	0.19		3.4		5.2
1213~1222	0.17		3.6		5.6
2204~2207	0.37	1	1.7	0.65	2.6
2208~2209	0.31		2.0		3.1
2210~2213	0.28		2.3		3.5
2214~2215	0.26		2.4		3.8
1300~1303	0.24		1.8		2.8
1304~1305	0.29		2.2		3.4
1306~1309	0.25		2.5		3.9
1310~1313	0.23		2.8		4.3
1314~1322	0.24		2.6		4.0

(d) 테이퍼 롤러 베어링

베어링 번호	e	$\dfrac{F_a}{F_r} \leq e$		$\dfrac{F_a}{F_r} > e$	
		X	Y	X	Y
30203~30204	0.34				1.75
30205~30213	0.37				1.6
30214~30230	0.41				1.45
30302~30303	0.28				2.1
30304~30307	0.31				1.95
30308~30324	0.34	1	0	0.4	1.75
31305~31314	0.82				0.73
32206~32213	0.37				1.6
32214~32224	0.41				1.45
32304~32307	0.31				1.95
32308~32324	0.34				1.75

예제 7.4 1300형의 복렬 자동조심 볼 베어링으로 $F_r = 300\,\text{kg}$의 레이디얼 하중과 $F_a = 100\,\text{kg}$의 스러스트를 받치고 있다. 회전속도 $N = 300\,\text{rpm}$으로 $L_h = 20000$시간의 수명을 주려고 할 때, 베어링을 선정하라. 단, 운전조건은 보통이다.

풀이 스러스트와 레이디얼 하중의 비는

$$\frac{F_a}{F_r} = \frac{100}{300} = 0.333 > e = 0.23 \sim 0.29$$

이므로 $X = 0.65$이고, 표 7.10(c)에서 1300계열 베어링의 경우에 $Y = 2.8 \sim 4.3$이므로 중간값인 $Y = 3.9$로 가정한다. 또한 하중계수는 표 7.8에서 $f_w = 1.5$로 잡으면, 등가 레이디얼 하중은

$$P_r = f_w(XF_r + YF_a) = 1.50(0.65 \times 300 + 3.9 \times 100) = 878\,(\text{kg})$$

이고, 회전수명은 식 (7.13)에 의하여

$$L = 60NL_h = 60 \times 300 \times 20000 = 360 \times 10^6\,(\text{rev})$$

동적 부하용량은 식 (7.11)에 의하여

$$C = P_r \sqrt[3]{L/10^6} = 878 \times \sqrt[3]{360} = 6246\,(\text{kg})$$

이므로 표 7.6(a)에서 동적 부하용량이 필요한 동적 부하용량보다 약간 큰 No.1316 ($C = 6900\,\text{kg}$) 베어링을 선택한다. 선택한 베어링에 대한 계수 $X = 0.65$, $Y = 4.0$을 사용하여 등가 레이디얼 하중을 다시 계산하면

$$P_r = 1.5(0.65 \times 300 + 4.0 \times 100) = 893\,(\text{kg})$$

이므로 회전수명은

$$L = \left(\frac{C}{P_r}\right)^3 \times 10^6 = \left(\frac{6900}{893}\right)^3 \times 10^6 = 461 \times 10^6\,(\text{rev}) > 360 \times 10^6\,(\text{rev})$$

이다. 베어링의 기대되는 수명이 요구하는 수명보다 길므로 베어링은 안전하다.

7.3 구름 베어링의 선정

구름 베어링은 설계자가 전문제작회사에서 만들어 놓은 것을 선택해야 하기 때문에 작용하는 하중과 사용 환경에 따라 수명을 예측하고 그 형상과 치수를 정하여 호칭번호에 의해 주문하여야 한다.

그러나 구름 베어링을 적절히 사용하기 위해서는 보다 구체적인 내용을 파악하고, 이들의 종합적 분석에 의해 베어링을 선정하여야 한다.

7.3.1 구름 베어링의 성능

설계에 있어서 요구조건으로부터 어느 베어링의 형식을 선택하느냐 하는 것은 중요한 문제이다. 종래는 미끄럼 베어링으로 설계되던 것이 구름 베어링의 정밀도와 성능이 개선됨에 따라 구름 베어링으로 전환되어 가고 있다. 표 7.11은 미끄럼 베어링과 구름 베어링의 성능을 비교한 것이다.

7.3.2 베어링의 정밀도

설계자가 임의로 베어링의 정밀도를 설정하는 것은 제조원가, 호환성 등의 면에서 바람직한 것이 못 되며 어느 정도의 제약을 둘 필요가 있다.

그러므로 설계자는 표준화된 구름 베어링의 정밀도 중에서 설계목적에 알맞은 정밀도를 선정하여야 한다. 베어링의 정밀도에는 베어링을 축 및 하우징(housing) 장착에 필요한 안지름, 바깥지름, 폭, 모떼기 치수의 허용차(許容差) 등을 규정한 치수 정밀도와 설치된 베어링을 회전시켰을 때 회전축의 지름 방향의 흔들림을 규제하는 회전정밀도로 나누어진다.

(1) 치수 정밀도

구름 베어링을 축 또는 하우징에 장착할 때 관계되는 치수는 베어링의 안지름(d), 바깥지름(D), 폭(B), 조립폭(T) 그리고 모떼기 치수(r)이다. 이들 치수의 허용차(치수정밀도) 중 특히 중요한 것은 축 또는 하우징과의 끼워맞춤에 관련되는 안지름치수 허용차(표 7.12)와 바깥지름치수 허용차(표 7.13)이며 그 치수 합차는 다른 기계 부품과 비교하여 보다 정밀하게 규정되어 있다.

표 7.11 구름 베어링의 성능

특성항목 \ 종류	미끄럼 베어링	구름 베어링
하중	스러스트, 레이디얼 하중을 1개의 베어링으로는 받을 수 없다.	양방향의 하중을 1개의 베어링으로 받을 수 있다.
모양, 치수	바깥지름은 작고, 폭은 크다.	바깥지름이 크고 폭이 작다(니들 베어링 제외).
마찰	마찰저항이 크다.	마찰저항이 작다.
내충격성	비교적 강하다.	약하다.
진동·소음	유막구성이 좋으며 매우 정숙하다.	전동체·궤도면의 정밀도에 따라 소음이 영향을 받는다.
부착조건	구조가 간단하므로 장착이 용이하다.	축과 베어링 하우징에 내외륜이 끼워지므로 끼워맞춤에 주의하여야 한다.
윤활	별도의 윤활장치가 필요하므로 주의해야 한다.	윤활이 용이하며, 그리스윤활인 경우 윤활장치가 필요 없다.
수명	마멸에 좌우되며, 완전유체마찰이면 반영구적인 수명을 가진다.	반복응력에 의한 피로손상(flaking)이 생기므로 수명이 한정된다.
온도	온도에 따라 점도가 변화하므로 윤활유의 선택에 주의해야 한다.	미끄럼 베어링만큼 온도의 영향이 크지 않다.
운전 속도	고속회전에 적당하나 마찰열의 제거가 필요하며, 저속회전에는 부적당(유체마찰이 어렵고 혼합마찰로 된다.)	고속회전에는 부적당하지만, 유막이 반드시 필요한 것은 아니므로 저속운전에 적당하다.
호환성	규격이 없으므로 호환성이 없고, 일반적으로 주문생산이다.	규격화되어 대량생산되기 때문에 호환성이 있어서 선택하여 사용하기가 쉽다.
보수	윤활장치가 있으므로 보수에 시간과 비용이 든다.	파손되면 교환할 수 있으므로 보수가 간단하다.
가격	일반적으로 저렴하다.	일반적으로 고가이다.

표 7.12 안지름 치수허용차(안지름 끼워맞춤)

베어링 등급	축의 종류와 등급								
	내륜회전하중 및 방향부정하중의 경우							외륜회전하중의 경우	
0급, 6급	r6	p6	n6	m5 m6	k5 k6	j5 j6	h5	h6	g6
5급, 4급	–	–	–	m4 m5	k4 k5	j4 j5	–	–	–

표 7.13 바깥지름 치수허용차(바깥지름 끼워맞춤)

베어링 등급	구멍의 종류와 등급												
	내륜회전하중의 경우							방향부정하중의 경우			외륜회전하중의 경우		
0급, 6급	P6	N6	M6	–	J6	H7 H8	G7	H7	K6 K7	J6 J7	P7	N7	M7
5급, 4급	–	N5	M5	K6	J6	–	–	–	–	–	–	–	–

(2) 회전정밀도

베어링으로 지지된 회전계의 회전중심축의 흔들림에는 ① 내륜 또는 외륜의 레이디얼 흔들림, ② 내륜의 옆 흔들림과 외륜의 바깥지름의 기울기, ③ 내륜 또는 외륜의 축방향의 흔들림이 있다. 이 흔들림 값들은 KS B 2015에 규정한 측정방법으로 구해진다.

(3) 베어링의 등급

베어링으로 지지된 축이 고속으로 회전할수록 또 진동을 적게 하려고 할수록 베어링의 주요 치수의 허용값을 적게 하여 회전정밀도를 높여야 한다.

이 때문에 베어링에는 정밀도에 대해 몇 단계의 등급이 설정되어 있으며 등급이 높을수록 회전정밀도의 허용값이 적게 된다.

KS 규정에 있는 정밀도의 등급은 0, 6, 5, 4급으로 나누어지며 0급은 보통급, 6급은 상급, 5급은 정밀급, 4급은 초정밀급이다. 일반적인 용도에 대해서는 0급으로 충분히

만족할 수 있는 기능이 얻어진다. 여기 베어링의 형식에 적용되는 등급은 표 7.14와
같다.

표 7.14 베어링 형식과 정밀도 등급

베어링 형식	정밀도 등급			
깊은 홈 볼 베어링	0급	6급	5급	4급
앵귤러 볼 베어링	0급	6급	5급	4급
자동조심 볼 베어링	0급	–	–	–
매그니토 볼 베어링	0급	6급	5급	–
원통 롤러 베어링	0급	6급	5급	4급
테이퍼 롤러 베어링	0급	6급	5급	–
자동조심 롤러 베어링	0급	–	–	–
니들 롤러 베어링	0급	–	–	–

표 7.15 윤활방법과 한계 dN 값

베어링 형식	그리스 윤활	기름 윤활				
		유액 비말	적하무상	강제	분무	제트
단열고정형 레이디얼 볼 베어링	200000	300000	400000[1]	600000[4]	700000[4]	1000000[4]
자동조심 복렬 볼 베어링	150000	250000	400000[1,2]	–	–	–
단열 앵귤러 볼 베어링	200000	300000	400000[1]	600000[4]	700000[4]	1000000[4]
원통 롤러 베어링	150000	300000	400000[1]	600000[4]	700000[4]	1000000[4]
테이퍼 롤러 베어링	100000	200000	250000[1]	300000[4]	–	–
구면 롤러 베어링	100000	200000	–	300000[2]	–	–
스러스트 볼 베어링	100000	150000	–	200000[2,3]	–	–

주 1) KS 상급 이상의 정밀도의 베어링을 사용할 것
　　2) 절삭가공 리테이너를 가진 베어링을 사용할 것
　　3) 가벼운 예압을 가하여 조립할 것
　　4) 정밀급 이상의 고속용 리테이너를 가진 베어링을 사용할 것

등급이 표시되어 있지 않은 경우에는 그 형식의 베어링으로는 제작상 정밀도를 높일 수 없으므로 높은 정밀도를 요구하는 하는 곳에는 사용하지 않는 것이 바람직하다.

7.3.3 구름 베어링의 사용한계속도

구름 베어링을 연속적으로 사용하는 경우 베어링의 형식, 윤활방법 등에 의해 허용한계속도가 정해져 있다.

지금 베어링의 안지름이 $d\,(\text{mm})$이고 매분 회전수가 $N\,(\text{rpm})$이라면 한계속도는 속도지수 dN으로 주어진다. 이 값은 제작회사의 카탈로그에 기재되어 있으므로 이에 따라 윤활방법에 의한 한계속도를 넘지 않도록 하여야 한다. 표 7.15는 한계 dN값을 표시한 것이다.

예제 7.5 베어링 번호 6310의 단열 볼 베어링에 그리스윤활로 $L_h = 30000$시간의 수명을 주려고 한다. 최고사용회전속도와 그때의 베어링 하중을 구하라.

풀이 베어링번호 6310의 안지름은 $50\,\text{mm}$이고, 표 7.15에서 한계 dN값은 $dN = 200000$이므로 최고사용회전속도는

$$N = \frac{dN}{d} = \frac{200000}{50} = 4000\,(\text{rpm})$$

회전수명은 식 (7.13)에 의하여

$$L = 60NL_h = 60 \times 4000 \times 30000 = 7200 \times 10^6\,(\text{rev})$$

표 7.6(a)에서 No. 6310에 대한 동적 부하용량은 $C = 4850\,\text{kg}$이므로 베어링 하중은 식 (7.11)에 의하여

$$P = \frac{C}{\sqrt[3]{L/10^6}} = \frac{4850}{\sqrt[3]{7200}} = 248\,(\text{kg})$$

7장 연습문제

7.1 베어링 안지름 40 mm의 자동조심 볼 베어링을 레이디얼 하중 500 kg, 회전속도 30 rpm으로 보통상태로서 사용한다. 시간수명이 5000시간일 때 호칭번호를 선정하라.

7.2 단열 깊은 홈 볼 베어링 6311에 레이디얼 하중 600 kg이 작용하고, 1000 rpm으로 회전할 때 회전수명을 계산하라.

7.3 130 rpm으로 회전하고 있는 단식 스러스트 볼 베어링 51224가 있다. 1000시간을 확보하려면 스러스트를 얼마로 제한할 것인가? 단, 하중계수는 1.0이라 한다.

7.4 900 kg의 레이디얼 하중을 받고 400 rpm으로서 10000시간을 확보하는 원통 롤러 베어링을 선정하라. 단, 하중계수는 1.2라 한다.

7.5 단열 깊은 홈 볼 베어링 6308이 600 rpm으로 레이디얼 하중 350 kg을 받을 때의 수명을 구하라.

7.6 단열 깊은 홈 볼 베어링이 900 rpm으로 레이디얼 하중 250 kg, 스러스트 100 kg을 받으면서 10000시간의 수명을 필요로 할 때, 적합한 베어링을 선정하라.

7.7 단열 깊은 홈 볼 베어링 6214가 레이디얼 하중 400 kg, 스러스트 200 kg을 받으면서, 회전속도 800 rpm으로 회전할 때 수명시간을 구하라. 단 하중계수 $f_w = 1.3$이라 한다.

7.8 레이디얼 하중 2000 kg, 스러스트 800 kg이 작용하면서 700 rpm으로 회전하는 테이퍼 롤러 베어링 30315의 수명시간을 구하라.

204   7장 구름 베어링

마찰차

두 축 사이에 동력을 전달하는 장치는 두 축 사이의 거리에 따라 표 8.1과 같이 회전체가 직접 접촉하는 직접전동과 직접 접촉하지 않는 간접전동이 있다. 그 중에서 마찰차의 전동은 직접 회전체가 접촉하는 전동방식이다.

마찰차(friction wheel)는 두 축 사이의 거리가 가까울 때 두 축에 알맞은 모양의 바퀴를 설치하고 서로 접촉하게 하여 원동축의 회전을 마찰에 의해 종동축에 전달하는 기계요소이다. 이와 같이 마찰에 의해 전동되는 마찰차는 종동축에 과부하가 생기면 미끄럼이 발생하기 때문에 정확한 속도비와 큰 동력을 전달할 수 없지만, 조용하게 운전하면서 무리 없이 마찰차를 붙이거나 뗄 수 있고, 연속적으로 속도를 변화시키고자 하는 경우에 유리하다. 현재 마찰차는 무단변속장치에 많이 사용된다.

표 8.1 축 사이 거리에 따른 전동방식

전동방식	직접전동	간접전동				
	마찰차, 기어	체인	V벨트	평 벨트	면 로프	와이어 로프
축 사이 거리(m)	2~3	4	5	10	10~30	100

8.1 정속 마찰차

8.1.1 원통 마찰차

(1) 속도비

그림 8.1과 같이 마찰차를 반지름방향으로 누르는 힘 P에 의해 마찰력 F가 생겨 원동차 A에서 종동차 B로 회전이 전달된다. 마찰차의 접촉점 C에서 구름 접촉을 한다 면, 원동차나 종동차의 원주속도 v는 같아야 하므로

$$v = R_A \omega_A = R_B \omega_B$$

이다.

여기서, R_A, R_B : 원동차와 종동차의 반지름

ω_A, ω_B : 원동차와 종동차의 각속도(rad/sec)

그러므로 종동차와 원동차의 속도비 i는 다음과 같이 마찰차의 크기에 반비례한다.

$$i = \frac{\omega_B}{\omega_A} = \frac{R_A}{R_B} \tag{8.1a}$$

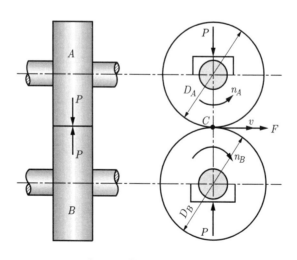

그림 8.1 원통 마찰 전동장치

이다. 그런데 마찰차의 회전속도를 $n \, (\mathrm{rpm})$이라 하면, 각속도 $\omega = \dfrac{2 \pi n}{60} \, (\mathrm{rad/sec})$이므로 종동차와 원동차의 속도비는 다음과 같이 정리된다.

$$i = \frac{\omega_B}{\omega_A} = \frac{n_B}{n_A} = \frac{R_A}{R_B} \tag{8.1b}$$

(2) 전달동력

원통 마찰차의 전달동력 H는

$$H = \frac{Fv}{75} = \frac{\mu P v}{75} \, (\mathrm{ps}) \tag{8.2}$$

여기서, v는 마찰차의 접선속도(m/sec)인데, 마찰차의 지름(mm)을 D라 하면 마찰차의 접선속도는 다음과 같이 구할 수 있다.

$$v = \frac{\pi D_A n_A}{1000 \times 60} = \frac{\pi D_B n_B}{1000 \times 60} \, (\mathrm{m/sec})$$

(3) 마찰차의 폭과 마찰계수

마찰차의 폭은 표 8.2에 있는 접촉면에서 단위 길이당 허용하는 힘 p_0에 의하여 다음과 같이 구할 수 있다.

$$b = \frac{P}{p_0} \tag{8.3}$$

폭 b를 크게 하면, 접촉면에서 접촉이 균일하게 이뤄지기 어려우므로 마찰차의 지름과 폭은 대략 같게 잡아야 한다.

베어링의 하중을 가능한 한 줄이고 회전력을 크게 하기 위해서는 되도록 마찰계수 μ가 큰 재질의 마찰차를 사용해야 한다. 일반적으로 마찰계수 μ를 크게 하기 위하여 원동차를 종동차보다 연질의 재료를 사용한다. 보통 원동차 표면에 목재, 고무, 가죽, 특수 섬유질 등을 라이닝(lining)하여 사용하고, 종동차는 주강, 주철 등의 금속재료를 사용한다. 원동차의 표면에 연질재료를 라이닝하는 이유는 원동차가 고르게 마모되는 장점이 있기 때문이다. 마찰차의 표면재질에 따른 마찰계수는 표 8.2와 같다.

표 8.2 마찰면의 마찰계수 μ와 허용력 p_0

마찰면의 재질		μ			p_0(kg/mm)
		주철	알루미늄	화이트 메탈	
목재		0.150	–	–	2.7
가죽		0.135	0.216	0.246	2.7
코르크 가공 재료		0.210	–	–	0.9
특수 섬유질 재료	황화 섬유	0.330	0.318	0.309	2.5
	볏짚 섬유	0.255	0.273	0.186	2.7
	가죽 섬유	0.309	0.297	0.183	3.4
	잘게 저민 섬유	0.150	0.183	0.165	4.3

8.1.2 홈 마찰차

원통 마찰차에서 큰 동력을 전달하려면, 두 마찰차를 반지름방향으로 미는 힘 P를 더 크게 해야 된다. 그런데 힘 P가 너무 커지면, 베어링 하중이 커지므로 베어링에서 마찰손실이 많이 생긴다. 따라서 미는 힘과 마찰차의 크기는 그대로 둔 상태에서 그림 8.2(a)와 같이 마찰차의 표면에 홈을 만들어서 쐐기효과를 이용하여 더 큰 동력을 전달하게 한 것이 홈 마찰차이다.

(1) 수직반력

그림 8.2와 같은 홈 마찰차에서 반지름방향으로 미는 힘 P에 의하여 접촉하는 홈의 측면에 수직반력 N이 생기고, 접촉면에는 마찰력 μN이 생긴다. 그림 8.2(b)에서 반지름방향에서 힘의 평형에 의하여

$$\sum F_r = 0: \quad P = N(\sin\alpha + \mu\cos\alpha)$$

이고, 홈의 측면에 작용하는 수직반력 N을 다음과 같이 구할 수 있다.

$$N = \frac{P}{\sin\alpha + \mu\cos\alpha} \tag{8.4}$$

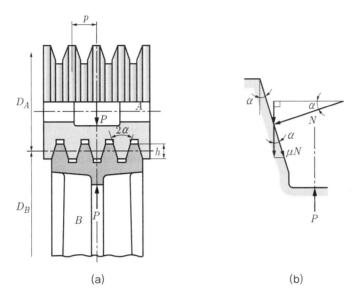

(a)
(b)

그림 8.2 홈 마찰차에 작용하는 힘

(2) 전달동력

홈 마찰차에서 전달동력 H는

$$H = \frac{\mu N v}{75} = \frac{P v}{75}\left(\frac{\mu}{\sin\alpha + \mu\cos\alpha}\right) = \frac{\mu' P v}{75} \tag{8.5}$$

이고, 여기서, $\mu' = \dfrac{\mu}{\sin\alpha + \mu\cos\alpha}$ 이고, 유효마찰계수라 부른다.

홈 마찰차의 동력 H를 원통 마찰차의 동력 H_0와 비교하면

$$\frac{H}{H_0} = \frac{\mu'}{\mu} = \frac{1}{\sin\alpha + \mu\cos\alpha}$$

이다. 만일 홈의 각도 $2\alpha = 30°$, 마찰계수 $\mu = 0.3$이라면, $\mu' = 0.54$이므로 $\dfrac{H}{H_0} = \dfrac{\mu'}{\mu}$ $= 1.8$이 되어 홈 마찰차의 전달동력이 80 %나 증가된다.

(3) 홈의 수

홈 마찰차가 서로 접촉했을 때, 전체 접촉길이 l은

$$\ell = \frac{2Zh}{\cos\alpha} \fallingdotseq 2Zh \qquad (8.6)$$

이다. 여기서 Z는 홈의 수, h는 홈의 깊이, α는 홈의 반각이다. 홈의 깊이는 다음과 같은 경험식으로 계산한다.

$$h = 0.94\sqrt{\mu'P} \text{ (mm)} \qquad (8.7)$$

한편, 홈의 단위 접촉 길이당 허용력을 p_0라 하면, 수직반력은

$$N = \ell p_0 = 2Zhp_0 \qquad (8.8)$$

이므로 홈의 수 Z는

$$Z = \frac{N}{2hp_0} = \frac{P}{2hp_0(\sin\alpha + \mu\cos\alpha)} \qquad (8.9)$$

이다.

홈의 각도는 $2\alpha = 30\sim40°$, 홈의 피치는 $3\sim20$ mm로 하고, 홈의 수가 너무 많으면 홈이 동시에 정확히 물릴 수 없으므로 보통 $Z = 5$개 정도로 한다.

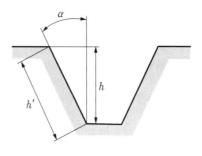

그림 8.3 홈의 깊이

[예제 8.1] 홈 마찰차에서 지름 $D_A = 250$ mm인 원동차가 $n_A = 750$ rpm으로 회전하여 지름 $D_B = 500$ mm인 종동차에 $H = 5$ ps를 전달하기 위한 하중 P와 홈의 수 Z를 구하라. 단, 허용 접촉력 $p_0 = 3.0$ kg/mm, 마찰계수 $\mu = 0.15$, 홈의 각도 $2\alpha = 40°$ 이다.

[풀이] 우선 유효마찰계수를 구하면

$$\mu' = \frac{\mu}{\sin\alpha + \mu\cos\alpha} = \frac{0.15}{\sin 20° + 0.15 \times \cos 20°} = 0.305$$

이고, 접선속도는

$$v = \frac{\pi D_A n_A}{60 \times 1000} = \frac{\pi \times 250 \times 750}{60 \times 1000} = 9.8\,(\mathrm{m/sec})$$

이다. 그러므로 반지름방향의 하중 P는 식 (8.5)에 의하여

$$P = \frac{75H}{\mu' v} = \frac{75 \times 5}{0.305 \times 9.8} = 125.4\,(\mathrm{kg})$$

이다. 또한 홈의 깊이는 식 (8.7)에 의하여

$$h = 0.94\sqrt{\mu' P}\,(\mathrm{mm}) = 0.94\sqrt{0.305 \times 125.4} = 5.8\,(\mathrm{mm})$$

이므로 홈의 수는 식 (8.9)에 의하여

$$Z = \frac{P}{2h p_0 (\sin\alpha + \mu\cos\alpha)} = \frac{125.4}{2 \times 5.8 \times 3 \times (\sin 20° + 0.15 \times \cos 20°)} = 7.46$$

이다. 따라서 $P = 125.4\,\mathrm{kg}$이고, 홈의 수 $Z = 8$개가 된다.

8.1.3 원추 마찰차

원추 마찰차는 두 축이 어느 각도로 교차할 때 사용되는 마찰차로서 베벨 마찰차라고
도 부른다. 그림 8.4는 원추 마찰차를 나타낸 것이다.

(1) 속도비

그림 8.4와 같이 원동축과 종동축에 축방향으로 미는 힘 P_A와 P_B를 작용시키면,
원추 마찰차의 모선 $\overline{OP}$에서 마찰차가 접촉하게 된다. 이때 두 마찰차가 구름 접촉을
한다면, 모선 위의 한 점 P의 접선속도 $v = R_A \omega_A = R_B \omega_B$이므로 속도비 i 는

$$i = \frac{\omega_B}{\omega_A} = \frac{R_A}{R_B} = \frac{n_B}{n_A} \tag{8.10}$$

이다. 그런데 그림 8.4에서 $R_A = \overline{OP}\sin\alpha$, $R_B = \overline{OP}\sin\beta$이므로

$$i = \frac{n_B}{n_A} = \frac{\sin\alpha}{\sin\beta} = \frac{\sin\alpha}{\sin(\Sigma - \alpha)} = \frac{\tan\alpha}{\sin\Sigma - \cos\Sigma\,\tan\alpha} \tag{8.11}$$

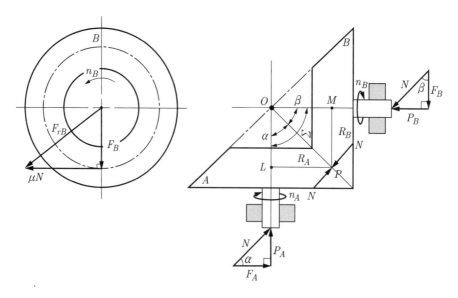

그림 8.4 원추 마찰차

이다. 여기서, α는 원동축의 원추각(원추 꼭지각의 1/2)이고, β는 종동축의 원추각이고, Σ는 원동축과 종동축이 교차하는 각으로서 축각(shaft angle)이라 한다. 식 (8.11)에서 원추각 α를 구하면 다음과 같다.

$$\tan \alpha = \frac{\sin \Sigma}{\dfrac{n_A}{n_B} + \cos \Sigma} \tag{8.12}$$

(2) 전달동력

원추 마찰차의 접촉면에서 수직반력 N이

$$N = \frac{P_A}{\sin \alpha} = \frac{P_B}{\sin \beta} \tag{8.13}$$

이고, 수직반력에 의한 마찰력 μN이므로 전달동력 H는

$$H = \frac{\mu N v}{75} = \frac{\mu P_A \, v}{75 \sin \alpha} = \frac{\mu P_B \, v}{75 \sin \beta} \tag{8.14}$$

이다.

(3) 베어링 하중

원추 마찰차의 베어링 하중은 그림 8.4에 의하여 반지름방향 성분과 축방향 성분, 즉 스러스트는 다음과 같다.

$$F_{rA} = \sqrt{(F_A)^2 + (\mu N)^2}, \qquad F_{rB} = \sqrt{(F_B)^2 + (\mu N)^2}$$

$$F_{tA} = P_A, \qquad F_{tB} = P_B \tag{8.15}$$

예제 8.2 $n_A = 250$ rpm, $n_B = 150$ rpm 인 한 쌍의 원추 마찰차의 축각 $\Sigma = 60°$일 때, 두 마찰차의 원추각 α, β를 구하라.

풀이 식 (8.12)에 주어진 값들을 대입하여 계산하면

$$\tan \alpha = \frac{\sin \Sigma}{\dfrac{n_A}{n_B} + \cos \Sigma} = \frac{\sin 60°}{\dfrac{250}{150} + \cos 60°} = \frac{0.866}{1.66 + 0.5} = 0.401$$

이므로 원동축의 원추각 α는

$$\alpha = 21.8°$$

이고, 종동축의 원추각 β는 $\Sigma = \alpha + \beta$에서

$$\beta = \Sigma - \alpha = 60° - 21.8° = 38.2°$$

이다.

8.2 변속 마찰차

마찰차는 속도비를 어느 범위 내에서 자유로이 연속적으로 변속할 수 있기 때문에 원동축의 회전속도를 일정하게 유지시키면서 종동축에 임의의 회전속도를 주고자 하는 경우에 자주 사용된다. 이와 같은 것을 무단 변속장치라 한다.

8.2.1 원판에 의한 변속

원판에 의한 무단 변속장치는 그림 8.5(a)와 같이 Ⅰ축에 원판 A를 붙이고 Ⅱ축에 미끄럼키 또는 스플라인축을 사용하여 원판 B를 자유로이 축방향으로 이동하면서 회전을 전달하는 경우이다.

마찰차가 구름 접촉을 한다면 접촉점 P에서 $v = x\omega_A = R_B \omega_B$이므로 속도비 i는

$$i = \frac{\omega_B}{\omega_A} = \frac{n_B}{n_A} = \frac{x}{R_B} \tag{8.16}$$

이고, 동력＝토크×각속도＝$T\omega$ 이므로 토크비는 다음과 같이 속도비의 역수이다.

$$\frac{T_B}{T_A} = \frac{R_B}{x} \tag{8.17}$$

식 (8.16)과 (8.17)에서 R_B는 일정하므로 x를 변화시키면 속도와 회전토크는 그림 8.5(b)와 같이 변한다.

또한, 그림 8.5(c)는 2개의 원판 사이에 작은 마찰차를 끼워 축의 휨이 일어나는 것을 방지하기 위해 만들어진 변속장치이다. 이 변속장치는 마찰 프레스(friction press)

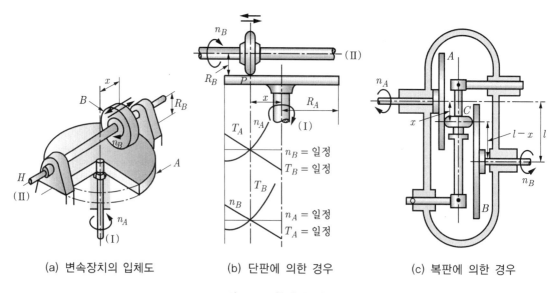

| (a) 변속장치의 입체도 | (b) 단판에 의한 경우 | (c) 복판에 의한 경우 |

그림 8.5 원판에 의한 변속장치

에 응용되고 있는데, 중간 마찰차인 롤러 C를 이동시킴으로써 두 원판차 A, B의 회전속도와 회전토크를 다음과 같이 바꿀 수 있다.

$$\frac{n_B}{n_A} = \frac{x}{l-x}$$

$$\frac{T_B}{T_A} = \frac{l-x}{x}$$

(8.18)

8.2.2 원추에 의한 변속

그림 8.6(a)는 원추차 A에 롤러 B를 접촉하여 좌우로 이동시키면 원추차 A와 롤러 B의 회전속도가 변화하게 된다. 그림 8.6(a)의 원추 변속장치의 속도비는

$$\frac{n_B}{n_A} = \frac{r_A}{R_B}$$

(8.19a)

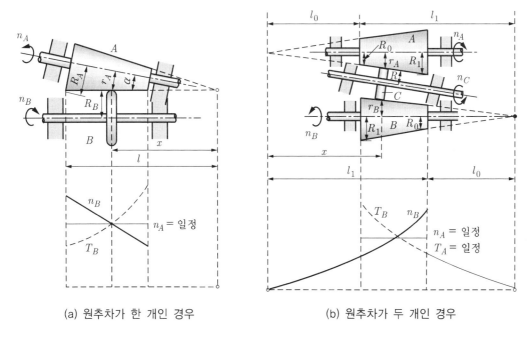

(a) 원추차가 한 개인 경우　　　(b) 원추차가 두 개인 경우

그림 8.6 원추에 의한 변속장치

이다. 그런데 그림 8.6(a)에서 $r_A = \dfrac{R_A x}{l}$ 이므로

$$\frac{n_B}{n_A} = \frac{R_A x}{R_B l} \tag{8.19b}$$

이고, 토크비는

$$\frac{T_B}{T_A} = \frac{R_B l}{R_A x} \tag{8.20}$$

이다. 그러므로 n_B는 x에 대해서 직선적으로 변화하고, T_B는 쌍곡선 형태로 변화함을 알 수 있다.

8.2.3 곡면에 의한 변속

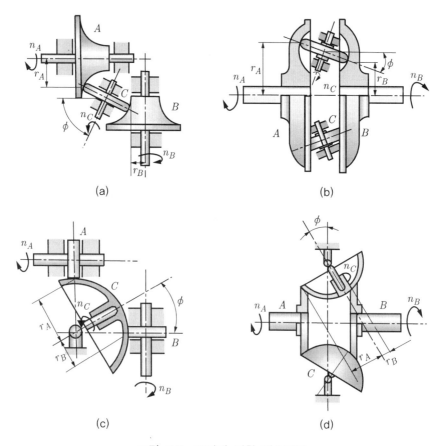

(a)

(b)

(c)

(d)

그림 8.7 구면에 의한 변속장치

그림 8.7(a), (b)는 단면이 원호인 회전체의 표면을 이용한 것이며 (c), (d)는 구면을 이용한 것이다. 또한 그림 8.7(a), (c)는 직각축, (b), (d)는 평행축인 경우이고, 어느 것이나 각 ϕ의 변화에 따라 무단변속이 가능하며 그 원리는 동일하다.

예제 8.3 그림 8.8에서 중간축에 있는 롤러 C를 움직여 C축과 A축의 교차각이 ϕ일 때, 접촉면이 구면인 전동축 A, B의 속도비를 구하라. 단, 원동축과 종동축의 크기는 같고, $b = R + a$이다.

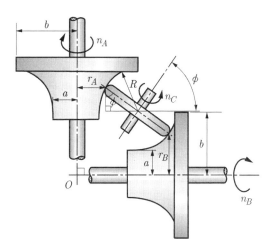

그림 8.8 구면원추에 의한 변속장치

풀이   중간 롤러의 회전속도를 n_C, 반지름을 R, 롤러와 접촉점에서 원동축과 종동축의 회전반지름을 각각 r_A, r_B라 하면, 중간 롤러와 원동차의 접촉점에서 선속도는 같아야 하므로

$$v_{AC} = r_A \omega_A = R \omega_C$$

이고, 중간 롤러와 원동축의 속도비는

$$i_{AC} = \frac{\omega_C}{\omega_A} = \frac{n_C}{n_A} = \frac{r_A}{R} \tag{a}$$

이다. 또한, 종동차와 중간 롤러의 접촉점에서 선속도도 같아야 하므로

$$v_{CB} = R\omega_C = r_B \omega_B$$

이고, 종동축과 중간 롤러의 속도비는

$$i_{CB} = \frac{\omega_B}{\omega_C} = \frac{n_B}{n_C} = \frac{R}{r_B} \qquad\qquad (b)$$

이다. 식 (a)와 (b)를 서로 곱하여, 종동차와 원동차의 속도비를 다음과 같이 구할 수 있다.

$$i_{AB} = \frac{\omega_B}{\omega_A} = \frac{n_B}{n_A} = \frac{r_A}{r_B} \qquad\qquad (c)$$

그런데 그림 8.8에서 $r_A = b - R\sin\phi$, $r_B = b - R\cos\phi$이므로 이 값들을 식 (c)에 대입하면, 종동차와 원동차의 속도비는 다음과 같다.

$$i_{AB} = \frac{\omega_B}{\omega_A} = \frac{n_B}{n_A} = \frac{b - R\,\sin\phi}{b - R\,\cos\phi}$$

8.1 원통 마찰 전동장치에서 원동차의 지름이 640 mm, 폭이 100 mm, 회전속도가 500 rpm이다. 원동차를 폭 1 mm당 2.5 kg의 힘으로 종동차에 밀어붙일 때 전달동력을 구하라. 단, 접촉면의 마찰계수는 0.25이다.

8.2 원동차 750 rpm, 종동차 250 rpm으로 5마력을 전달시키는 홈 마찰차의 피치원 지름과 홈의 수를 결정하라. 단, 홈의 각도는 30°, 마찰계수는 0.2, 접촉면의 허용력은 3 kg/mm, 중심거리는 240 mm이다.

8.3 원추 마찰 전동장치에서 축 사이의 각이 45°, 원동차의 회전수를 90 rpm, 이에 외접하는 종동차의 회전수를 30 rpm이 되도록 원동차와 종동차의 원추각을 구하라.

8.4 200 rpm으로 회전하는 원동차가 90°로 만나는 종동차의 접촉면에 430 kg으로 밀어붙여서 80 rpm으로 회전시킬 때, 두 마찰차에 생기는 스러스트를 계산하라.

8.5 그림 8.9와 같은 변속장치에서 100 rpm으로 회전하는 원동차 A와 종동차 B의 좌우에 두 개의 롤러 C를 넣고 기울여서 속도를 변화시킨다. 롤러의 경사각 $\phi = 45°$일 때, 종동차의 회전수를 구하라. 단, 그림 8.9에서 치수의 단위는 mm이다.

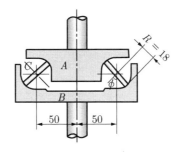

그림 8.9 롤러에 의한 변속장치

평기어

9.1 기어의 개요

기어(gear)는 마찰차의 원둘레에 일정한 모양을 가진 이(tooth)를 만들어 이의 물림에 의해 두 축 사이에서 정확한 속도비로 큰 동력을 전달하는 기계요소이다. 두 축 사이에 동력이 전달될 때, 동력을 전달하는 축을 원동축 또는 구동축이라 하고, 동력을 전달받는 축을 종동축 또는 피동축이라 한다. 맞물리는 두 기어에서 원동축에 설치된 기어를 원동기어, 종동축에 설치된 기어를 종동기어라 한다. 서로 맞물리는 한 쌍의 기어에서 큰 쪽을 기어(gear), 작은 쪽을 피니언(pinion)이라 부른다. 기어의 전동효율은 기어의 종류에 따라 다르지만 보통 90 % 이상이다.

9.1.1 기어의 분류

기어를 분류하는 방법에는 여러 가지가 있지만, 두 축의 상대적 위치에 따라 분류하면 다음과 같다.

(1) 두 축이 평행한 경우

그림 9.1은 두 축이 평행한 경우에 사용되는 기어들이다. 이 중에서 평기어와 헬리컬 기어가 가장 많이 사용된다.

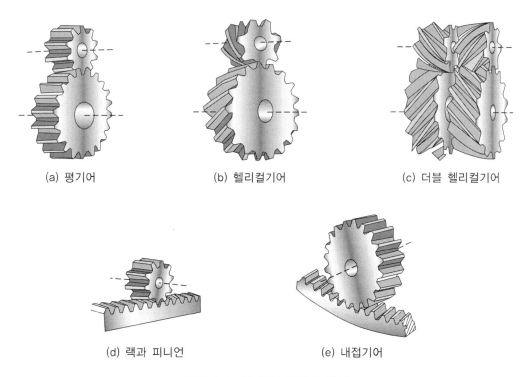

(a) 평기어　　　　　(b) 헬리컬기어　　　　(c) 더블 헬리컬기어

(d) 랙과 피니언　　　　　(e) 내접기어

그림 9.1 두 축이 평행한 기어

1) 평기어(spur gear) : 직선 치형을 가지며 잇줄이 축선에 평행하다. 제작이 용이하며 가장 많이 쓰인다.

2) 헬리컬기어(helical gear) : 잇줄이 축선과 평행하지 않고 비틀려 있는 기어이다. 이의 물림이 좋아 조용한 운전을 하나 축방향 하중이 발생하는 단점이 있다.

3) 더블 헬리컬기어(double helical gear) : 비틀림각 방향이 서로 반대인 한 쌍의 헬리컬기어를 조합한 것이다. 축방향 힘이 발생하지 않는다.

4) 랙(rack) : 작은 평기어와 맞물리고 잇줄이 축선에 평행하다. 평판이나 곧은 막대에 같은 간격으로 동일한 형태의 이를 만든 것으로 피치원의 반지름이 무한대인 평기어로 생각할 수 있다. 회전운동을 직선운동으로 바꾸는 데 사용된다.

5) 내접기어(internal gear) : 평기어와 맞물리며 원통의 안쪽에 이가 만들어져 있다. 잇줄이 축선에 평행하고, 맞물린 기어와 회전방향이 같다. 유성기어 감속장치 또는 기어형 축이음에 사용된다.

(2) 두 축이 교차하는 경우

두 축이 교차하는 경우에 사용되는 기어들은 그림 9.2와 같다.

1) 직선 베벨기어(straight bevel gear) : 잇줄이 피치원추의 모선과 평행한 베벨기어이다. 베벨기어 중 제작이 가장 간단하여 많이 쓰인다. 직선 베벨기어 중에서 두 축이 직각으로 만나며 물리는 두 기어의 잇수가 같은 베벨기어를 마이터기어(miter gear)라고 한다.
2) 앵귤러 베벨기어(angular bevel gear) : 두 축의 만나는 각도가 직각이 아닌 경우에 운동을 전달하는 베벨기어이다.
3) 크라운기어(crown gear) : 피치면이 평면으로 된 베벨기어로서 평기어에서 랙에 해당한다.
4) 스파이럴 베벨기어(spiral bevel gear) : 잇줄이 곡선이고 피치원추의 모선에 대하여 비틀려 있는 기어이다. 제작이 어려우나 이의 물림이 좋고 조용하게 회전한다.
5) 제롤 베벨기어(zerol bevel gear) : 스파이럴 베벨기어 중에서 이폭의 중앙에서 비틀림각이 영(zero)인 베벨기어이다.

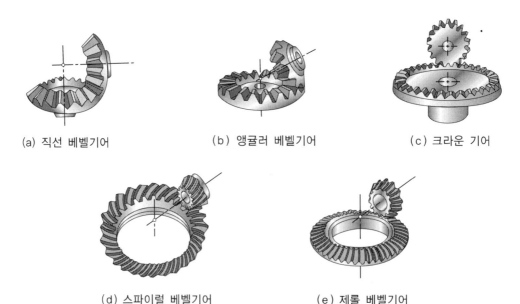

(a) 직선 베벨기어   (b) 앵귤러 베벨기어   (c) 크라운 기어

(d) 스파이럴 베벨기어   (e) 제롤 베벨기어

그림 9.2 두 축이 교차하는 기어

(3) 두 축이 공간에서 엇갈리는 경우

두 축이 평행하지도 않고, 만나지도 않을 때, 두 축 사이에서 동력을 전달하는 기어들은 그림 9.3과 같다. 이 기어들 중에서 웜기어가 주로 사용된다.

1) 원통 웜기어(worm gear) : 두 축이 직각을 이루는 경우에 사용되며, 원통형 웜과 이에 맞물리는 웜휠을 총칭하는 말이다. 큰 감속을 얻을 수 있으나 효율이 낮은 단점이 있다.
2) 장고형 웜기어(hourglass worm gear) : 원통 웜기어를 개선한 것으로서 웜을 장고형으로 만들어 웜휠과의 접촉면적을 크게 한 것이다.
3) 나사기어(screw gear) : 서로 교차하지도 않고 평행하지도 않는 두 축 사이의 운동을 전달하는 기어로서 헬리컬기어의 이 모양을 갖는다.
4) 하이포이드 기어(hypoid gear) : 서로 교차하지도 않고 평행하지도 않는 두 축 사이의 운동을 전달하는 스파이럴 베벨기어로서 일반 스파이럴 베벨기어에 비하여 피니언의 위치가 이동된 것이다.

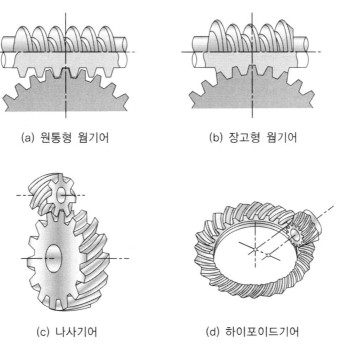

(a) 원통형 웜기어   (b) 장고형 웜기어

(c) 나사기어   (d) 하이포이드기어

그림 9.3 두 축이 공간에서 엇갈리는 기어

9.1.2 치형 곡선

(1) 기구학적 조건

　한 쌍의 기어가 맞물려 돌아갈 때 정확한 속도비로 동력을 연속적으로 전달하기 위한 치형 곡선의 운동학적 조건은 접촉점에서 그은 공통법선이 언제나 정해진 점을 지나야 한다는 것이다. 그림 9.4는 기어에서 한 쌍의 이가 C점에서 접촉하는 것을 나타내고 있다. 접촉하고 있는 기어의 이들이 접촉점 C에서 서로 떨어지지 않고 파고들지도 않으려면, 접촉점에서 공통법선 $\overline{N_1 N_2}$ 방향의 속도성분이 같아야 한다. 즉,

$$v_1 \cos \alpha_1 = v_2 \cos \alpha_2$$

이어야 하고, $v_1 = r_1 \omega_1$, $v_2 = r_2 \omega_2$ 이므로 속도비는

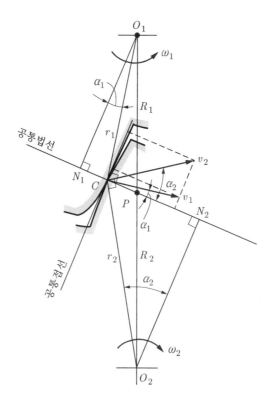

그림 9.4　기어에서 이의 접촉상태

$$i = \frac{\omega_2}{\omega_1} = \frac{r_1 \cos \alpha_1}{r_2 \cos \alpha_2} = \frac{\overline{O_1 N_1}}{\overline{O_2 N_2}}$$

이 된다.

또한, 접촉점 C에서 그은 공통법선이 두 기어의 중심을 연결한 선 $\overline{O_1 O_2}$ 위의 한 점 P를 지난다면 $\triangle O_1 PN_1 \backsim \triangle O_2 PN_2$이기 때문에 속도비는

$$i = \frac{\omega_2}{\omega_1} = \frac{\overline{O_1 N_1}}{\overline{O_2 N_2}} = \frac{\overline{O_1 P}}{\overline{O_2 P}}$$

이다.

따라서, 한 쌍의 기어의 속도비(ω_2/ω_1)가 일정하려면, 두 기어의 회전중심 O_1, O_2는 축의 중심거리에 의하여 정해지므로 선분 $\overline{O_1 O_2}$를 ω_2/ω_1인 비율로 내분하는 점 P 위치도 정해져야 한다. 그러므로 치형 곡선의 접촉점에서 그은 공통법선 $\overline{N_1 N_2}$는 중심거리 $\overline{O_1 O_2}$를 정해진 속도비로 내분하는 점 P를 지나는 치형이면, 일정한 속도비로 동력을 전달할 수 있다.

한편 그림 9.4에서 접선방향의 속도성분의 차이인 미끄럼속도 v_s는

$$v_s = v_2 \sin \alpha_2 - v_1 \sin \alpha_1$$

이다. 그런데 P점에서는 $\alpha_1 = \alpha_2 = 0°$이므로 미끄럼속도는 0이고, 두 기어의 공통법선 속도가 회전속도와 같다. 따라서 P점에서 두 기어의 회전속도가 같으므로 순수한 구름 접촉을 하게 된다. 기어에서 P점을 피치점(pitch point)이라 하며, 피치점을 통과하는 원을 피치원(pitch circle)이라 한다.

(2) 치형 곡선의 종류

한 쌍의 치형이 접촉점에서 기구학적 조건을 만족시키면 어떠한 모양의 곡선이라도 치형 곡선으로 가능하다. 현재 주로 사용되고 있는 치형 곡선은 사이클로이드 곡선 (cycloid curve)과 인벌류트 곡선(involute curve)이 있다.

1) 사이클로이드 치형

그림 9.5와 같이 작은 구름원이 피치원 둘레를 미끄럼 없이 굴러갈 때, 구름원 위의 한 점이 그리는 곡선을 사이클로이드 곡선이라 한다. 구름원이 피치원 둘레 밖에서 접촉하여 구를 때 생기는 곡선을 외전 사이클로이드(epicycloid) 곡선이라 하고, 피치원 둘레 안에서 접촉하여 구를 때 생기는 곡선을 내전 사이클로이드(hypocycloid) 곡선이라 한다. 외전 사이클로이드는 이끝면의 치형을 만들고, 내전 사이클로이드는 이뿌리면의 치형을 만든다.

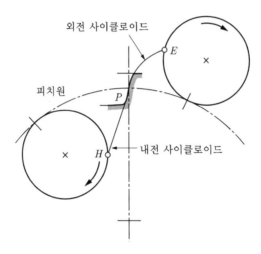

그림 9.5 사이클로이드 곡선

2) 인벌류트 치형

그림 9.6과 같이 고정된 원통 O에 감겨 있는 실의 끝을 팽팽히 당기면서 풀어갈 때, 실의 끝이 그리는 곡선 $\overset{\frown}{ab}$를 인벌류트(involute) 곡선이라 한다. 이때 원통의 원주를 기초원(base circle)이라 하며, 인벌류트 곡선을 따라 형성된 이가 인벌류트 치형이다. 기초원 내부에는 인벌류트 곡선을 형성할 수 없으므로 기초원 안쪽의 치형은 적절한 직선으로 연결한다.

그림 9.7과 같이 두 개의 인벌류트 곡선을 C점에서 서로 접촉시킬 때, 이 인벌류트 곡선들의 기초원에 그은 공통접선 $\overline{N_1 N_2}$와 중심선 $\overline{O_1 O_2}$의 교점 P가 피치점이 된다. 이 경우 2개의 인벌류트 곡선이 다 같이 직선 $\overline{N_1 C}$, $\overline{N_2 C}$가 곡률 반지름이고, N_1, N_2를 순간중심으로 한 곡선이므로 공통접선 $\overline{N_1 N_2}$는 두 치형의 접촉점 C를 지나는

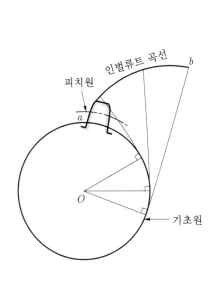

그림 9.6 인벌류트 곡선

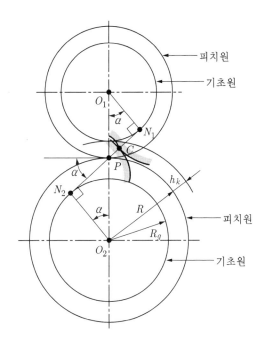

그림 9.7 인벌류트 치형과 압력각

공통법선과 일치하게 되어 치형 조건을 만족시키고, 일정각속도비의 회전을 전달할 수 있다. 이때 접촉점 C는 두 기어의 회전과 더불어 $\overline{N_1N_2}$ 위를 이동하므로 인벌류트 치형의 접촉점이 이동한 자취는 직선이 된다.

이 직선 $\overline{N_1N_2}$는 두 기어가 회전할 때 동력을 전달하기 위한 힘의 작용방향과 일치하므로 작용선(action line)이라 하며 그 경사각 α를 인벌류트 곡선의 압력각(pressure angle)이라 한다. 따라서 인벌류트에서는 압력각은 일정하고, $\alpha = 14.5°$나 $20°$를 사용한다. 그러나 사이클로이드 치형에서는 접촉위치에 따라 압력각이 변하며 피치점에서는 0이 된다.

그림 9.8은 인벌류트 함수를 나타낸 것으로 기초원 위의 한 점 a에서 뻗어나간 인벌류트 곡선 $\widehat{ab}$ 위의 한 점 b를 잡고 b에서 기초원에 접선 $\overline{bc}$를 긋는다. 이때 $\angle aOb = \theta$를 $\angle bOc = \alpha$로 표현한다면, $\widehat{ac} = \overline{bc}$에서 $R_g(\theta + \alpha) = R_g \tan \alpha$이므로

$$\theta = \tan \alpha - \alpha = \text{inv } \alpha \qquad (9.1)$$

로 표시한다. 여기서 각 θ를 각 α의 인벌류트 함수(involute function)라 하고, 이의

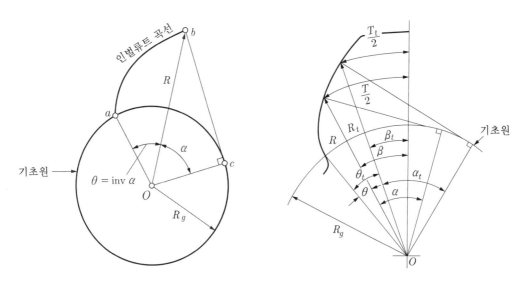

| 그림 9.8 인벌류트함수 | 그림 9.9 임의 위치의 이두께 계산 |

두께와 전위기어의 계산에 사용된다. 표 9.2는 통상범위의 α에 대한 인벌류트 함수의 값을 표시한 것이다. 그림 9.9와 같은 치형에서 반지름 R에 해당하는 이의 두께 T를 알고 있을 때, 반지름 R_t에 해당하는 이의 두께 T_t를 구할 수 있다. 그림 9.9에서 $\dfrac{T}{2} = R\beta$, $\dfrac{T_t}{2} = R_t\beta_t$이므로

$$\frac{T}{2R} - \frac{T_t}{2R_t} = \beta - \beta_t = \theta_t - \theta = inv\,\alpha_t - inv\,\alpha \tag{9.2}$$

$$T_t = 2R_t\left(\frac{T}{2R} + inv\,\alpha - inv\,\alpha_t\right) \tag{9.3}$$

3) 사이클로이드 치형과 인벌류트 치형의 비교

사이클로이드 치형과 인벌류트 치형을 비교하면 표 9.1과 같다.

표 9.1 사이클로이드 치형과 인벌류트 치형의 비교

특성 ＼ 종류	사이클로이드 치형	인벌류트 치형
압력각	압력각이 변화한다.	압력각이 일정하다.
미끄럼률 /마모	대체로 미끄럼률이 일정하다. 치면의 마모가 균일하다.	미끄럼률이 변화한다. 치면의 마모가 불균일하다.
절삭커터	커터가 사이클로이드 곡선이어야 하고, 구름원에 따라 여러 종류의 커터가 필요하다.	랙 커터 하나만으로 가공이 가능하고, 제작이 쉽고 값이 싸다.
공작방법	빈공간이라도 치수가 극히 정확해야 하고, 전위가공이 불가능하다.	빈공간은 다소 치수의 오차가 있어도 되고, 전위가공이 가능하다.
중심거리 /조립	중심거리가 정확해야 하고, 조립이 어렵다.	중심거리에 약간의 오차가 허용되고, 조립이 쉽다.
언더컷	언더컷이 발생 안 한다.	언더컷이 발생한다.
호환성	모듈과 구름원이 모두 같아야 호환성이 있다.	모듈과 압력각이 모두 같아야 호환성이 있다.
용도	정밀기계(시계, 계측기 등)	일반 전동용

예제 9.1 그림 9.9에서 $\alpha = 20°$, $R = 120 \, \mathrm{mm}$, $T = 15.708 \, \mathrm{mm}$ 라 할 때, $R_t = 127.5 \, \mathrm{mm}$ 인 곳의 두께 T_t를 구하라.

풀이 그림 9.9에서 $R_g = R\cos\alpha = 120\cos 20° = 112.76 \, (\mathrm{mm})$ 이고, 또한 $R_g = R_t \cos\alpha_t$ 이므로

$$\cos\alpha_t = \frac{R_g}{R_t} = \frac{112.76}{127.5} = 0.884$$

$$\therefore a_t = 27.87°$$

이다.

표 9.2에 의하여 인벌류트 함수는

$$\mathrm{inv}\,\alpha = \mathrm{inv}\,20° = 0.0149 = \theta$$

$$\mathrm{inv}\,\alpha_t = \mathrm{inv}\,(27.87°) = 0.0427 = \theta_t$$

이므로 식 (9.3)에 의하여 알고자 하는 두께는 다음과 같다.

$$T_t = 2R_t\left(\frac{T}{2R} + \mathrm{inv}\,\alpha - \mathrm{inv}\,\alpha_t\right)$$

$$= 2 \times 127.5\left(\frac{15.708}{2 \times 120} + 0.0149 - 0.0427\right)$$

$$= 9.60 \, (\mathrm{mm})$$

표 9.2 인벌류트 함숫값

α°	0.0	0.2	0.4	0.6	0.8
0	0.00000	0.00000	0.00000	0.00000	0.00000
1	0.00000	0.00000	0.00001	0.00001	0.00001
2	0.00001	0.00002	0.00003	0.00003	0.00004
3	0.00005	0.00006	0.00007	0.00008	0.00010
4	0.00011	0.00013	0.00015	0.00017	0.00020
5	0.00022	0.00025	0.00028	0.00031	0.00035
6	0.00038	0.00042	0.00047	0.00051	0.00056
7	0.00061	0.00067	0.00072	0.00078	0.00085
8	0.00091	0.00099	0.00106	0.00114	0.00122
9	0.00131	0.00139	0.00149	0.00159	0.00169
10	0.00179	0.00191	0.00202	0.00214	0.00227
11	0.00239	0.00253	0.00267	0.00281	0.00296
12	0.00312	0.00328	0.00344	0.00362	0.00379
13	0.00398	0.00416	0.00436	0.00456	0.00477
14	0.00498	0.00520	0.00543	0.00566	0.00590
15	0.00615	0.00640	0.00667	0.00693	0.00721
16	0.00749	0.00778	0.00808	0.00839	0.00870
17	0.00903	0.00936	0.00969	0.01004	0.01040
18	0.01076	0.01113	0.01152	0.01191	0.01231
19	0.01272	0.01313	0.01356	0.01400	0.01445
20	0.01490	0.01537	0.01585	0.01634	0.01684
21	0.01735	0.01787	0.01840	0.01894	0.01949
22	0.02005	0.02063	0.02122	0.02182	0.02243
23	0.02305	0.02368	0.02433	0.02499	0.02566
24	0.02635	0.02705	0.02776	0.02849	0.02922
25	0.02998	0.03074	0.03152	0.03232	0.03312
26	0.03395	0.03479	0.03564	0.03651	0.03739
27	0.03829	0.03920	0.04013	0.04108	0.04204
28	0.04302	0.04401	0.04502	0.04605	0.04710
29	0.04816	0.04925	0.05034	0.05146	0.05260
30	0.05375	0.05492	0.05612	0.05733	0.05356
31	0.05981	0.06108	0.06237	0.63638	0.06561
32	0.06636	0.06774	0.06913	0.07055	0.07199
33	0.07345	0.07493	0.07644	0.07797	0.07952
34	0.08110	0.08270	0.08432	0.08597	0.08764

표 9.2 인벌류트 함숫값(계속)

$\alpha°$	0.0	0.2	0.4	0.6	0.8
35	0.08934	0.09107	0.09282	0.09459	0.09640
36	0.09822	0.10008	0.10196	0.10388	0.10581
37	0.10778	0.10978	0.11180	0.11386	0.11594
38	0.11806	0.12021	0.12238	0.12459	0.12683
39	0.12911	0.13141	0.13375	0.13612	0.13853
40	0.14097	0.14344	0.14595	0.14850	0.15108
41	0.15370	0.15636	0.15905	0.16178	0.16456
42	0.16737	0.17022	0.17311	0.17604	0.17901
43	0.18202	0.18508	0.18818	0.19132	0.19451
44	0.19774	0.20102	0.20435	0.20772	0.21140
45	0.21460	0.21812	0.22168	0.22560	0.22896
46	0.23268	0.23645	0.24027	0.24415	0.24408
47	0.25206	0.25611	0.26021	0.26436	0.26858
48	0.27285	0.27719	0.28159	0.28605	0.29057
49	0.29516	0.29981	0.30453	0.30931	0.31417
50	0.31909	0.32408	0.32915	0.33428	0.33949
51	0.34478	0.35014	0.35558	0.36110	0.36669
52	0.37237	0.37813	0.38397	0.38990	0.39591
53	0.40202	0.40821	0.41450	0.42087	0.42734
54	0.43390	0.44057	0.44733	0.45419	0.46115

9.1.3 기어 각부의 명칭과 이의 크기

기어 각부의 명칭은 그림 9.10과 같이 한 개의 이는 피치원(pitch circle) 또는 피치선의 바깥쪽 부분과 안쪽 부분으로 이루어져 있으며, 바깥쪽 치면을 이끝면(tooth face), 안쪽의 치면을 이뿌리면(tooth flank)이라 하고 피치원에서 이끝까지의 반지름방향의 높이를 이끝높이(addendum), 피치원에서 이뿌리까지의 높이를 이뿌리높이(dedendum)라 한다. 이끝을 연결하는 원을 이끝원(addendum circle), 이뿌리를 연결하는 원을 이뿌리원(dedendum circle), 그 사이의 높이를 총이높이(whole depth)라고 한다. 또한 이뿌리높이는 오물, 제작오차, 온도상승에 따른 열팽창 등을 고려하여 이끝높이보다 크게 하며 이뿌리높이와 이끝높이의 차이를 이끝틈새(clearance)라 하고, 이 물림이 유효하게 이루어지는 높이를 유효높이(working depth)라 한다. 또한 한 쌍의 이가

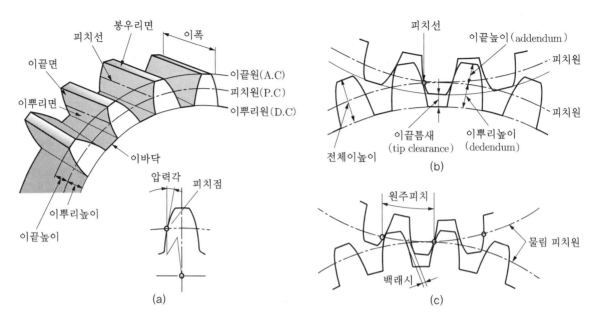

그림 9.10 기어 각부의 명칭

물려서 회전할 때에 물려 있는 이의 뒤에 생기는 틈을 뒤틈(backlash)이라 한다. 뒤틈
혹은 백래시는 치형의 가공오차와 기어 조립에서 발생하는 편심 때문에 이의 물림상태
에 무리가 생기지 않게 하는 여유이다. 또한 윤활유가 이 사이에서 유막을 형성하는
틈새가 된다.

이의 크기를 표시하는 방법은 다음과 같다.

(1) 원주피치(circular pitch) : p

원주피치는 피치원 둘레에서 이와 이 사이의 대응거리로서 피치원 둘레를 잇수로
나눈 값이다.

$$p = \frac{\pi D}{Z} \,(\text{mm, inch}) \tag{9.4}$$

여기서, D는 피치원의 지름, Z는 잇수이다.

(2) 모듈(module) : m

모듈은 피치원 지름 D를 잇수 Z로 나눈 값으로 원주피치는 무리수로 표현되지만,

모듈은 유리수로 표현된다.

$$m = \frac{D}{Z} = \frac{p}{\pi}\,(\text{mm}) \qquad (9.5)$$

또한, KS로 정해진 표준 모듈은 표 9.3과 같으며, 크기를 mm로 나타내는 기어에 쓰인다.

(3) 지름피치(diametral pitch) : p_d

지름피치는 잇수 Z를 피치원 지름 D(inch)로 나눈 값이다. 크기를 inch로 나타내는 기어에 쓰인다.

$$p_d = \frac{Z}{D}\,(1/\text{inch}) \qquad (9.6)$$

모듈과 지름피치의 관계는 다음과 같다.

$$p_d = \frac{25.4}{m} \qquad (9.7)$$

표 9.3 모듈의 표준값

제1계열	제2계열	제3계열	제1계열	제2계열	제3계열
0.1	0.15			3.5	3.75
0.2	0.25		4	4.5	
0.3	0.35		5	5.5	
0.4	0.45		6		6.5
0.5	0.55			7	
0.6		0.65	8	9	
	0.7		10	11	
	0.75		12	14	
0.8	0.9		16	18	
1			20	22	
1.25			25	28	
1.5	1.75		32	36	
2	2.25		40	45	
2.5	2.75		50		
3		3.25			

* 제1계열을 우선적으로 사용하고, 필요에 따라 제2계열, 제3계열의 순으로 선택한다.

평기어에서 사용되는 표준이의 크기는 표 9.4와 같다.

표 9.4 평기어에서 표준이의 크기

항 목	크 기(mm)
피치원 지름(D)	$D = mZ$
이끝원 지름(D_k)	$D_k = (Z+2)m = D + 2m$
이뿌리원 지름(D_r)	$D_r = D - 2h_f$
이끝높이(h_k)	$h_k = m$
이끝틈새(c_k)	$c_k = 0.25m$ (절삭치), $c_k = 0.35m$ (연삭 및 세이빙치)
이뿌리높이(h_f)	$h_f = h_k + c_k$
총이높이(h)	$h = h_k + h_f$
이두께(t)	$t = \dfrac{\pi m}{2} = \dfrac{p}{2} = 1.57m$
중심거리(C)	$C = \dfrac{(D_1 + D_2)}{2} = \dfrac{m(Z_1 + Z_2)}{2}$

9.2 기어의 물림 특성

9.2.1 미끄럼률

한 쌍의 기어가 맞물려 회전할 때 피치원상에서는 구름 접촉을 하므로, 피치원상의 한 점인 피치점에서는 구름 접촉을 하지만, 피치점이 아닌 다른 점에서는 미끄럼 접촉으로 이루어진다. 이로 인하여 마찰의 발생과 동력손실이 생기므로 효율을 저하시킨다. 미끄럼량은 피치원의 지름, 이의 형상, 물림압력각 등의 크기에 따라서 다르다. 이렇게 다른 값의 미끄럼 값을 직접 비교하는 것은 합리적이지 못하다. 그래서 미끄럼의 정도를 나타내는 무차원 값인 미끄럼률(specific sliding)으로 나타낸다.

그림 9.11에서 두 개의 이의 접촉점 C에서 이의 표면을 따라 이동한 거리를 각각 dS_1, dS_2라고 할 때, 두 이의 표면에서 일어나는 미끄럼량은 $dS_1 - dS_2$이다.

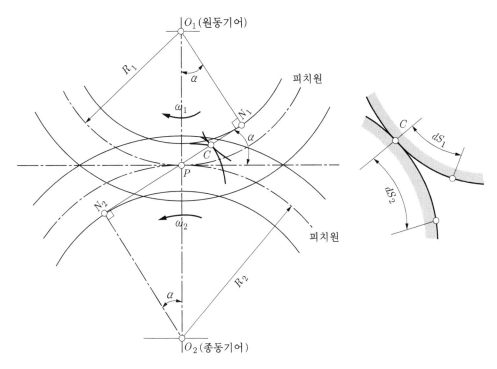

그림 9.11 인벌류트 곡선의 미끄럼 접촉

미끄럼률은 미끄럼의 정도를 나타내는 것이므로 원동기어 O_1, 종동기어 O_2의 각각 치면에 대한 미끄럼률을 σ_1, σ_2라고 하면

$$\sigma_1 = \frac{dS_2 - dS_1}{dS_1}$$
$$\sigma_2 = \frac{dS_1 - dS_2}{dS_2}$$

(9.8)

접촉점 C에서 원동기어와 종동기어의 각 치형 곡선의 곡률반지름을 ρ_1, ρ_2, 압력각을 α, 피치원의 반지름을 R_1, R_2, 피치점 P에서 접촉점 C까지의 거리를 l이라 하면 인벌류트 곡선의 기하학적 성질로부터

$$\rho_1 = R_1 \sin\alpha - l$$
$$\rho_2 = R_2 \sin\alpha + l$$

(9.9)

이다.

또한 기어의 회전에 의하여 피치원 둘레의 미소변위를 dx라고 하면, 각 기어의 미소

회전각 $d\theta_1$, $d\theta_2$는

$$d\theta_1 = \frac{dx}{R_1}$$
$$d\theta_2 = \frac{dx}{R_2}$$

(9.10)

로 표시되고 이 미소회전각은 접촉점에서 접선방향의 미소회전각과 같으므로

$$dS_1 = \rho_1 \cdot d\theta_1 = \rho_1 \frac{dx}{R_1}, \;\; dS_2 = \rho_2 \cdot d\theta_2 = \rho_2 \frac{dx}{R_2}$$

(9.11)

로 된다. 원동기어 O_1이 피치점에 접근하는 접근측과 피치점을 지난 퇴거측에 대한 미끄럼률은 다음과 같이 된다.

(1) 접근측

(원동기어의 이뿌리면) $\;\sigma_{1f} = \dfrac{dS_2 - dS_1}{dS_1} = \dfrac{(R_2\sin\alpha + l)\dfrac{dx}{R_2} - (R_1\sin\alpha - l)\dfrac{dx}{R_1}}{(R_1\sin\alpha - l)\dfrac{dx}{R_1}}$

(9.12)

$$= \frac{l(R_1 + R_2)}{R_2(R_1\sin\alpha - l)}$$

(종동기어의 이끝면) $\;\sigma_{2k} = \dfrac{dS_1 - dS_2}{dS_2} = \dfrac{(R_1\sin\alpha - l)\dfrac{dx}{R_1} - (R_2\sin\alpha + l)\dfrac{dx}{R_2}}{(R_2\sin\alpha + l)\dfrac{dx}{R_2}}$

(9.13)

$$= \frac{-l(R_1 + R_2)}{R_1(R_2\sin\alpha + l)}$$

(2) 퇴거측

(원동기어의 이끝면) $\;\sigma_{1k} = \dfrac{dS_2 - dS_1}{dS_1} = \dfrac{(R_2\sin\alpha - l)\dfrac{dx}{R_2} - (R_1\sin\alpha + l)\dfrac{dx}{R_1}}{(R_1\sin\alpha + l)\dfrac{dx}{R_1}}$

(9.14)

$$= \frac{-l(R_1 + R_2)}{R_2(R_1\sin\alpha + l)}$$

(종동기어의 이뿌리면) $\sigma_{2f} = \dfrac{dS_1 - dS_2}{dS_2} = \dfrac{(R_1 \sin\alpha + l)\dfrac{dx}{R_1} - (R_2 \sin\alpha - l)\dfrac{dx}{R_2}}{(R_2 \sin\alpha - l)\dfrac{dx}{R_2}}$ (9.15)

$$= \frac{l(R_1 + R_2)}{R_1(R_2 \sin\alpha - l)}$$

위 식에서 피치점에서는 접촉점까지의 거리 $l = 0$이므로 미끄럼률은 $\sigma = 0$이 되지만, 이끝과 이뿌리 부분으로 갈수록 l이 커지기 때문에 당연히 미끄럼률도 커지고, 이로 인한 이끝과 이뿌리 부분의 마모가 커진다. 그러나 사이클로이드 치형에서 미끄럼률은 이끝면과 이뿌리면에서 절댓값에 차이가 있으나 치면에 걸쳐서 거의 균일하게 분포되어 있어, 인벌류트 기어에 비하여 균일하고 마멸도 적다. 그림 9.12는 두 치형 곡선의 미끄럼률의 분포를 나타낸다.

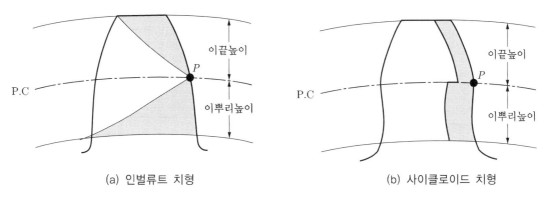

(a) 인벌류트 치형   (b) 사이클로이드 치형

그림 9.12 치형 곡선의 미끄럼률의 분포

9.2.2 물림률(contact ratio)

두 기어가 서로 맞물려서 중단하지 않고 연속적으로 회전하려면 항상 한 쌍 이상의 이가 작용선 위에서 물려 있어야 한다. 그림 9.13과 같이 이러한 조건이 만족되려면 작용선 위의 물림길이인 $\overline{ab}$가 작용선(공통법선) 위에서 측정한 이와 이 사이의 거리인 법선피치(p_n) 보다 커야 한다. 즉, 법선피치 p_n 은 그림 9.14와 같이 이의 작용선 위에서 잰 피치를 말하며, 인벌류트 곡선의 정의에 의하여 기초원 피치 p_b 와 같다.

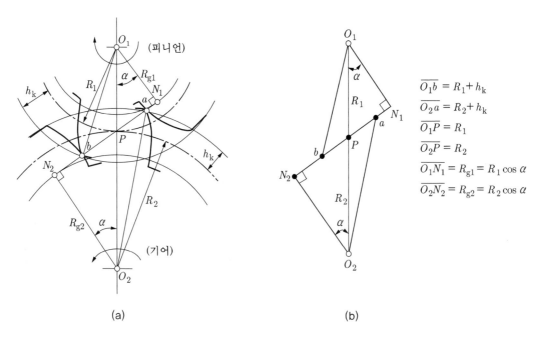

(a)   (b)

$$\overline{O_1 b} = R_1 + h_k$$
$$\overline{O_2 a} = R_2 + h_k$$
$$\overline{O_1 P} = R_1$$
$$\overline{O_2 P} = R_2$$
$$\overline{O_1 N_1} = R_{g1} = R_1 \cos \alpha$$
$$\overline{O_2 N_2} = R_{g2} = R_2 \cos \alpha$$

그림 9.13 이의 물림길이

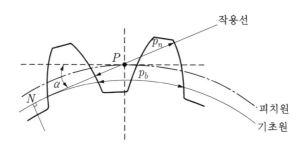

그림 9.14 인벌류트 치형에서 법선피치

그림 9.13에서 기어 1을 원동기어(피니언), 기어 2를 종동기어(기어)라고 하고, 기어
의 이끝원과 작용선의 교점을 a라 하고, 피니언의 이끝원과 작용선의 교점을 b라 하자.
기어는 a점에서 물림이 시작되어 b점에서 물림이 끝나게 된다. 접촉시작점부터 피치점
까지의 거리 $\overline{aP}$의 길이를 접근 물림길이 l_a라 하고, 피치점부터 접촉이 끝나는 점까지
의 거리 $\overline{Pb}$의 길이를 퇴거 물림길이 l_r이라고 한다. 두 길이의 합인 $\overline{ab}$의 길이를 물림길
이 l이라고 한다. 이끝높이를 h_k라 하였을 때 접근 물림길이 l_a와 퇴거 물림길이 l_r은
다음과 같다.

$$l_a = \sqrt{(R_2 + h_k)^2 - (R_2 \cos\alpha)^2} - R_2 \sin\alpha \tag{9.16}$$

$$l_r = \sqrt{(R_1 + h_k)^2 - (R_1 \cos\alpha)^2} - R_1 \sin\alpha \tag{9.17}$$

여기서, R_1, R_2는 피니언과 기어의 피치원 지름, α는 압력각이다. 총물림길이 l은 접근 물림길이와 퇴거 물림길이의 합이므로

$$l = l_a + l_r \tag{9.18}$$

접근물림길이(l_a)를 법선피치(p_n)로 나눈 값을 접근물림률(ε_a)이라 하고, 퇴거물림길이(l_r)를 법선피치(p_n)로 나눈 값을 퇴거물림률(ε_r)이라고 한다. 표준이의 경우 $h_k = m$이고, $p_n = p_b = p\cos\alpha$, $R_1 = mZ_1/2$, $R_2 = mZ_2/2$이므로 각 물림률은 다음과 같다.

$$\varepsilon_a = \frac{l_a}{p_n} = \frac{1}{2\pi\cos\alpha}\left\{\sqrt{(Z_2 + 2)^2 - (Z_2 \cos\alpha)^2} - Z_2 \sin\alpha\right\} \tag{9.19a}$$

$$\varepsilon_a = \frac{l_r}{p_n} = \frac{1}{2\pi\cos\alpha}\left\{\sqrt{(Z_1 + 2)^2 - (Z_1 \cos\alpha)^2} - Z_1 \sin\alpha\right\} \tag{9.19b}$$

전체물림률(ε)은 접근물림률과 퇴거물림률의 합이므로 다음과 같이 표현된다.

$$\varepsilon = \varepsilon_a + \varepsilon_r = \frac{1}{2\pi\cos\alpha}\left\{\sqrt{(Z_1 + 2)^2 - (Z_1 \cos\alpha)^2} + \sqrt{(Z_2 + 2)^2 - (Z_2 \cos\alpha)^2}\right.$$
$$\left. - (Z_1 + Z_2)\sin\alpha\right\} \tag{9.20}$$

물림률이 1보다 커야 물림길이가 법선피치보다 크게 되므로 한 쌍의 이가 물림이 끝나기 전에 다음 한 쌍의 이가 물리기 시작한다. 물림률은 압력각이 작을수록, 잇수가 많을수록 커진다. 그러나 잇수가 작아서 물림률이 1 이하로 되면 연속적인 회전이 불가능하게 된다. 보통 물림률은 1.2~1.8의 값을 사용하고 있다.

그림 9.15는 잇수 Z와 물림률 $\varepsilon(Z)$와의 관계를 압력각 $\alpha = 14.5°$와 $20°$에 대해 나타낸 것이다. 그림 9.15에서 Z_1과 Z_2에 대한 접근물림률 ε_a와 퇴거물림률 ε_r을 읽어 $\varepsilon = \varepsilon_a + \varepsilon_r$로 물림률을 구할 수가 있다. 물림률의 값은 압력각이 클수록, 잇수가 적을수록 작아지며 $\alpha = 20°$인 경우 $\varepsilon(Z) < 1$이므로 압력각 20°인 기어에서는 $\varepsilon = 2$로 할 수 없다. 그러나 $\alpha = 14.5°$인 경우에는 최대 $\varepsilon = 2.6$까지 얻을 수 있으므로 물림률의 관점에서는 $\alpha = 14.5°$ 쪽이 유리하다.

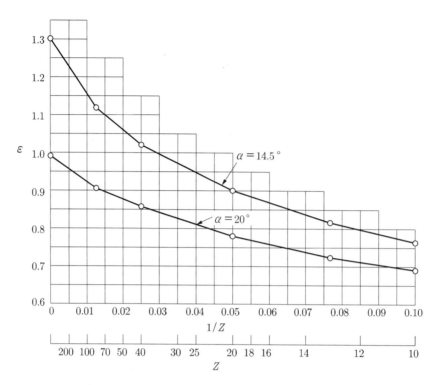

그림 9.15 잇수 (Z), 압력각 (α)과 물림률 (ε)의 상관관계

그러나 잇수가 적을 때는 압력각이 작을수록 기어의 간섭에 의해 언더컷이 생기면 치면의 손상으로 물림길이가 짧아져 물림률이 급격히 저하된다. 때문에 간섭이 생기지 않는 곳에서는 압력각이 작은 기어가 좋다.

9.2.3 이의 간섭과 한계 잇수

(1) 이의 간섭

이의 간섭(interference)이란 잇수의 차이가 많이 나는 한 쌍의 기어가 맞물려 회전할 때, 기어의 이끝이 피니언의 이뿌리에 부딪쳐서 회전할 수 없게 되는 현상을 말한다. 그림 9.13에서 N_1점이 간섭점이다. 왜냐하면 인벌류트 기어에서 기초원 안쪽에는 인벌류트 치형이 생성되지 않기 때문이다.

이에서 간섭이 일어난 상태로 회전시키면, 그림 9.16과 같이 기어의 이끝이 피니언의 이뿌리부위를 파먹게 된다. 이 현상을 언더컷(undercut)이라 한다. 언더컷이 생기면,

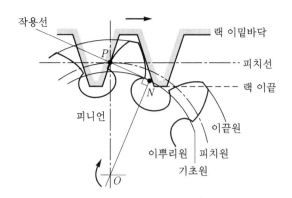

작용선 / 랙 이밑바닥 / 피치선 / 랙 이끝 / 이끝원 / 피니언 / 이끝원 / 이뿌리원 / 피치원 / 기초원

그림 9.16 이의 간섭과 언더컷

피니언의 이뿌리가 가늘게 되어 이의 강도가 약해질 뿐만 아니라 물림길이가 짧아진다. 이의 간섭을 방지하기 위한 방법은 다음과 같다.

- 피니언과 기어의 잇수의 차이를 줄인다.
- 기어의 이끝높이를 줄인 낮은 이를 사용한다. 낮은 이는 언더컷은 방지되지만, 물림 길이가 짧아져서 하중부담에 무리가 된다.
- 전위기어를 사용한다. 전위기어는 치형을 수정하여 간섭을 방지하면서 물림률을 그대로 유지할 수 있다.
- 압력각을 크게 한다. 압력각을 크게 하면 물림길이가 길어져서 간섭이 안 생긴다.

(2) 한계 잇수

이에서 간섭을 방지하기 위해서는 기어의 이끝원 반지름이 간섭이 일어나는 한계 반지름보다 작아야 한다. 따라서 그림 9.17에서 기어 이끝 반지름(R_{k2})과 한계 반지름 ($\overline{O_2N_1}$)의 관계는 다음과 같다.

$$\frac{D_2}{2} + h_k \leq \overline{O_2N_1} \tag{9.21}$$

$\triangle N_1N_2O_2$은 직각 삼각형이므로 다음의 관계가 성립한다.

$$\overline{O_2N_1}^2 = \overline{O_2N_2}^2 + (\overline{N_1P} + \overline{N_2P})^2 \tag{9.22}$$

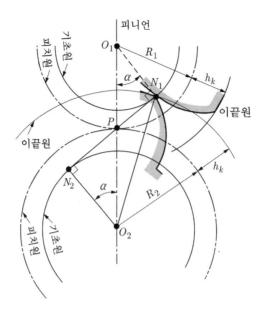

그림 9.17 한계 반지름

각 변의 길이는 다음과 같이 압력각과 피치원 지름으로 표시될 수 있다.

$$\overline{O_2N_2} = \frac{1}{2}D_2\cos\alpha$$

$$\overline{N_1P} = \frac{1}{2}D_1\sin\alpha$$

$$\overline{N_2P} = \frac{1}{2}D_2\sin\alpha$$

또한 피치원 지름 $D = mZ$이므로

$$
\begin{aligned}
(\overline{O_2N_1})^2 &= (\overline{O_2N_2})^2 + (\overline{N_1N_2})^2 \\
&= \left(\frac{D_2}{2}cos\alpha\right)^2 + \left[\frac{1}{2}(D_1 + D_2)\sin\alpha\right]^2 \\
&= \left(\frac{m}{2}\right)^2\{(Z_2^2\cos^2\alpha) + (Z_1^2 + Z_2^2 + 2Z_1Z_2)\sin^2\alpha\} \\
&= \left(\frac{m}{2}\right)^2\{Z_2^2 + (Z_1^2 + 2Z_1Z_2)\sin^2\alpha\}
\end{aligned}
$$

(9.23)

이다. 그러므로 한계 반지름 $\overline{O_2N_1}$은

$$\overline{O_2N_1} = \frac{m}{2}\left[Z_2^2 + (Z_1^2 + 2Z_1Z_2)\sin^2\alpha\right]^{\frac{1}{2}} \tag{9.24}$$

이다. 식 (9.24)를 식 (9.21)에 대입하면

$$\frac{mZ_2}{2} + h_k \leq \frac{m}{2}\left[Z_2^2 + (Z_1^2 + 2Z_1Z_2)\sin^2\alpha\right]^{\frac{1}{2}} \tag{9.25}$$

이다. 위 식 (9.25)의 양변을 제곱하여 정리하면

$$Z_2 \leq \frac{m^2Z_1^2\sin^2\alpha - 4h_k^2}{2m(2h_k - mZ_1\sin^2\alpha)} \tag{9.26a}$$

이고, 표준 평기어에서 이끝높이 $h_k = m$이므로

$$Z_2 \leq \frac{Z_1^2\sin^2\alpha - 4}{4 - 2Z_1\sin^2\alpha} \tag{9.26b}$$

이다. 여기서 Z_1, Z_2 가 피니언의 이뿌리 부분에서 간섭이 일어나지 않는 한계 잇수라고 한다. 표 9.5는 한계 잇수를 나타낸다.

그런데 기어의 잇수가 무한대인 랙과 피니언이 맞물리는 경우에는 식 (9.26b)의 분모가 0이 되어야 하므로

$$4 - 2Z_1\sin^2\alpha \leq 0$$

이다. 위 식을 다시 정리하면

$$Z_1 \geq \frac{2}{\sin^2\alpha} \tag{9.27}$$

이다. 이때 Z_1을 최소잇수라 하며, 표 9.6과 같다.

피니언이 랙과 물리지 않고 일반의 기어와 맞물리는 경우에는 상대 기어와의 잇수 차이가 적어지며, 백래시의 영향으로 식 (9.27)의 경우보다 적은 최소잇수가 허용될 수 있다.

표 9.5 한계 잇수

이높이	낮은이 $h_k = 0.8\,m$		보통이 $h_k = m$		높은이 $h_k = 1.2\,m$	
잇수 ⟍ 압력각	피니언의 최소잇수 Z_1	기어의 잇수 범위 Z_2	피니언의 최소잇수 Z_1	기어의 잇수 범위 Z_2	피니언의 최소잇수 Z_1	기어의 잇수 범위 Z_2
14.5°	18	18	23	23~26	27	27~28
	19	19~24	24	24~32	28	28~33
	20	20~32	25	25~40	29	29~40
	21	21~44	26	26~51	30	30~48
	22	22~62	27	27~67	31	31~59
	23	23~96	28	28~92	32	32~74
	24	24~175	29	29~133	33	33~94
	25	25~559	30	30~219	34	34~124
	26	26~∞	31	31~496	35	35~172
	−	−	32	32~∞	36	36~263
	−	−	−	−	37	37~497
	−	−	−	−	38	38~2382
	−	−	−	−	39	39~∞
20.0°	10	10	13	13~16	15	15
	11	11~18	14	14~26	16	16~22
	12	12~36	15	15~45	17	17~34
	13	34~108	16	16~101	18	18~54
	14	14~∞	17	17~1308	19	19~102
	−	−	18	18~∞	20	20~339
	−	−	−	−	21	21~∞

표 9.6 피니언의 최소잇수

공구 압력각(α)	최소잇수	
	이론적[1]	실용상[2]
$\alpha = 14.5°$	32	26
$\alpha = 20°$	17	14

1) 이론적이란 랙과 맞물리는 피니언의 최소잇수를 말한다.
2) 실용상이란 기어의 잇수가 피니언의 2배 이하인 경우 피니언의 최소잇수를 말한다.

9.2.4 전위기어

그림 9.18과 같이 기준랙 커터의 피치선이 가공하려는 기어의 기준 피치원에 접하지 않고, 바깥쪽으로나 안쪽으로 xm양만큼 이동시켜 절삭한 기어를 전위기어라 한다. 이때 xm를 전위량, x를 전위계수라 하고, 커터의 피치선이 기어의 기준 피치원에서

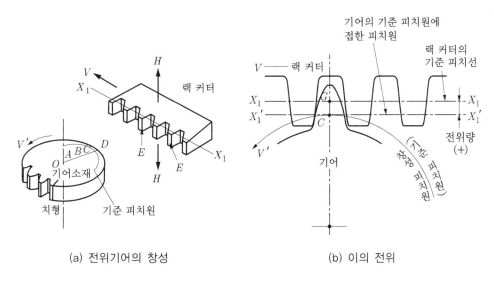

(a) 전위기어의 창성

(b) 이의 전위

그림 9.18 전위기어의 가공

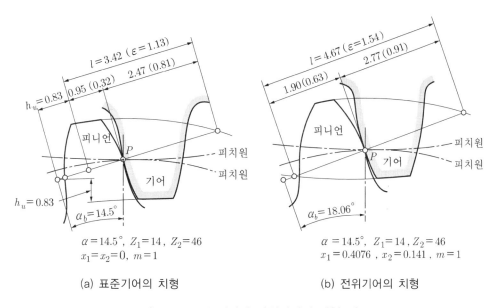

(a) 표준기어의 치형

(b) 전위기어의 치형

그림 9.19 표준기어와 전위기어의 치형 비교

바깥쪽으로 이동하는 것을 +전위, 안쪽으로 이동한 것을 −전위라 한다. 그림 9.19는 표준기어와 전위기어의 치형을 비교한 것이다. 그림 9.19(a)의 표준기어에서는 기어에 의해 생기는 언더컷 양 $h_u = 0.83$만큼 물림길이가 짧아지지만, 그림 9.19(b)의 전위기어에서는 언더컷이 없기 때문에 물림길이가 증가한다. 다만, 전위기어에서는 표준기어와 다르게 물림압력각 $\alpha_b = 18.06°$로 변한다.

(1) 전위기어의 기본식

랙형 공구를 표준기어의 절삭 위치보다 xm만큼 후퇴시켜 창성된 전위기어는 기초원의 크기와 법선 피치가 표준기어와 같아서 전위량에 관계없이 이의 물림이 가능하다. 그런데 기초원상의 인벌류트 곡선의 먼 부분을 치면으로 썼기 때문에 전위기어의 물림 피치원상의 압력각 (α_b)은 공구 압력각 (α_c)보다 크고, 이끝원 지름 (D_k), 이높이 (h), 두 기어의 중심거리 (C) 등이 변화하는 특징을 가지고 있다.

1) 물림방정식

기준 피치원상의 압력각 α는 공구의 압력각 α_c와 같지만, 전위기어에서 이의 두께가 원주 피치의 1/2이 되는 물림 피치원상에서 두 기어의 물림에 따른 압력각(물림압력각)은 일반적으로 공구의 압력각보다 크다.

지금 잇수 Z_1, Z_2, 전위계수 x_1, x_2, 중심거리 C인 한 쌍의 전위기어에서 물림압력각을 α_b라 하면, 이들 사이의 관계식은

$$\operatorname{inv} \alpha_b (= \tan \alpha_b - \alpha_b) = 2 \tan \alpha_c \frac{x_1 + x_2}{Z_1 + Z_2} + \operatorname{inv} \alpha_c \tag{9.28}$$

이 된다. 이것을 물림방정식이라고 하며 전위기어를 설계할 때 표준이 되는 식이다.

2) 중심거리 C

$$C = C_0 + ym \tag{9.29}$$

여기서 C_0는 표준기어의 중심거리 : $C_0 = \dfrac{(Z_1 + Z_2)m}{2}$

y 는 중심거리의 증가계수 : $\text{y} = \dfrac{(Z_1 + Z_2)}{2} \left(\dfrac{\cos \alpha_c}{\cos \alpha_b} - 1 \right)$

3) 물림 피치원 지름 D_{b1}, D_{b2}

$$D_{b1} = \frac{2Z_1 C}{(Z_1 + Z_2)} \tag{9.30}$$

$$D_{b2} = \frac{2Z_2 C}{(Z_1 + Z_2)}$$

4) 이끝원 지름 D_{k1}, D_{k2}

$$D_{k1} = D_{k1o} + 2(\text{y} - x_2)m \tag{9.31}$$

$$D_{k2} = D_{k2o} + 2(\text{y} - x_1)m$$

여기서 D_{k1o}, D_{k2o} 는 표준기어의 이끝원 지름

5) 기초원 지름 D_{g1}, D_{g2}

$$D_{g1} = Z_1 m \cos \alpha_c \tag{9.32}$$

$$D_{g2} = Z_2 m \cos \alpha_c$$

6) 총이높이 h

$$h = h_0 - (x_1 + x_2 - y)m \tag{9.33}$$

여기서 h_0는 표준기어의 총이높이 :

$$h_0 = 2m + c_k \geq 2.25m$$

7) 임의 지름 D인 원주상의 원호 이두께 t

$$t = \frac{D}{2} \left[\frac{1}{Z}(\pi + 4x \tan \alpha_c) - 2(\text{inv } \alpha_b - \text{inv } \alpha_c) \right] \tag{9.34}$$

일반적으로 전위기어를 설계할 때는 주어진 C_0, Z_1, Z_2에 의하여 전위계수 x_1, x_2의

값을 계산하고, 표 9.2에 있는 인벌류트 함숫값과 식 (9.28)에 의해 물림압력각 α_b를 계산한다. 여기서 α_b의 값이 구해지면, y의 함숫값을 구하여 중심거리를 계산한다.

(2) 전위계수의 선정

기어의 여러 가지 성질을 개선하기 위해 제안된 전위기어는 그 사용 목적에 따라 전위계수를 정하여야 한다.

1) 언더컷 방지

언더컷을 일으키는 공구의 이끝이 간섭점을 통과하는 경우이므로, 그림 9.20과 같이 간섭량 xm(=전위량), 압력각 α라고 하면

$$\overline{Pb} = (1-x)m \leq \overline{OP}\sin^2\alpha \tag{9.35}$$

이므로

$$(1-x)m \leq \frac{mZ}{2}\sin^2\alpha \tag{9.36}$$

$$x \geq 1 - \frac{Z}{2}\sin^2\alpha$$

가 된다. 그러므로 전위계수 x는 압력각의 크기에 따라

$$\alpha = 14.5° \text{ 일 때} \quad x \geq \frac{32-Z}{32} \tag{9.37}$$

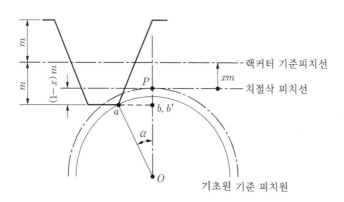

그림 9.20 언더컷 방지를 위한 전위량

$$\alpha = 20° \text{일 때} \qquad x \geq \frac{17 - Z}{17}$$

식 (9.37)에서 잇수 Z의 값이 적을수록 큰 전위량이 필요하게 되고, 그렇게 되면 이끝 부위가 뾰족해지므로 피니언의 전위계수를 결정할 때 주의해야 한다.

실제로 전위계수를 구할 경우, $(Z_1 + Z_2) \geq 60$일 때는 $x_1 = 0.41(1 - Z_1/Z_2)$과 $x_1 = 0.02(30 - Z_1)$에서 큰 쪽의 값을 x_1으로 하고 $x_2 = -x_1$으로 한다. 한편 $(Z_1 + Z_2) < 60$에서는 $x_1 = 0.02(30 - Z_1)$, $x_2 = 0.02(30 - Z_2)$로 정하도록 권장하고 있다.

2) 표준기어와 중심거리가 같은 전위기어

전위를 하면 기어의 지름이 변화한다. (+) 전위를 하면 지름이 커지고, (−) 전위를 하면 지름이 작아진다. 그러므로 피니언에 (+)의 전위계수를 주고, 기어에 같은 양의 (−)의 전위계수를 주면, $x_1 = -x_2$이다. 또한 물림방정식 (9.28)에서 $\alpha_b = \alpha_c$가 되고, 식 (9.29)에서 $y = 0$이 되어 중심거리는 표준기어와 같게 된다.

그러므로 복잡한 계산이 필요 없고, 물림률도 증가하므로 널리 사용된다. 그러나 기어에 (−) 전위를 주면, 이끝의 간섭이 커져서 언더컷이 발생할 가능성이 있으므로 (−) 전위를 주는 기어의 잇수는 다음과 같은 한계가 있다.

$$
\begin{array}{llll}
\text{이론 한계} & \alpha = 14.5° & Z_1 + Z_2 \geq 64 & \qquad (9.38) \\
& \alpha = 20° & Z_1 + Z_2 \geq 34 & \\
\text{실용 한계} & \alpha = 14.5° & Z_1 + Z_2 \geq 52 & \\
& \alpha = 20° & Z_1 + Z_2 \geq 28 &
\end{array}
$$

예제 9.2 잇수 $Z_1 = 24$, $Z_2 = 48$, 모듈 $m = 4$, 공구압력각 $\alpha_c = 14.5°$인 평기어에서 언터컷이 생기지 않고, 표준기어와 중심거리가 같도록 전위기어의 전위계수를 정하라.

풀이 공구압력각 14.5°에서 기어 잇수 $Z_2 = 48$는 한계 잇수 $Z_g = 32$보다 크므로 기어에서는 언더컷이 생기지 않는다. 그러나 피니언 잇수 $Z_1 = 24 < 32$이므로 언더컷이 발생한다. 언더컷 방지하기 위해서 식 (9.37)에서 전위계수를 구한다.

$$x_1 \geq \frac{32 - Z_1}{32} = \frac{32 - 24}{32} = 0.25$$

또한, 표준기어와 중심거리가 같기 위해서는 기어에

$$x_2 = -x_1 = -0.25$$

인 $-$의 전위계수가 필요하다. 그런데 $\alpha = 14.5°$에서 $Z_1 + Z_2 = 24 + 48 = 72 \geq 64$ 이므로 기어에 $-$전위계수를 사용할 수 있다.

그러므로 피니언과 기어의 전위계수는 각각 $x_1 = 0.25$, $x_2 = -0.25$이다.

예제 9.3 공구압력각 $\alpha_c = 20°$, 모듈 $m = 5$, 잇수 $Z_1 = 12$개, $Z_2 = 24$개인 한 쌍의 평기어에서 언더컷이 일어나지 않는 전위기어의 전위계수, 물림압력각, 중심거리와 기초 원지름을 구하라.

풀이 (a) 전위기어 구성

공구압력각 20°에서 한계 잇수 $Z_g = 17$이므로 기어 $Z_2 = 24$에서는 표준기어에서 언더컷이 발생하지 않으므로 기어는 표준기어를 사용한다. 그러나, 피니언 $Z_1 = 12$에서는 언더컷이 발생하므로 전위기어를 사용한다.

(b) 전위계수

식 (9.37)에 의하여 피니언의 전위계수를 계산하면

$$x_1 \geq \frac{17 - Z_1}{17} = \frac{17 - 12}{17} = 0.294$$

따라서, $x_1 = 0.3$, $x_2 = 0.0$으로 정한다.

(c) 물림압력각

물림방정식인 식 (9.28)에 필요한 인벌류트 함수를 계산하면

$$\text{inv}\,\alpha_b = 2 \times \frac{x_1 + x_2}{Z_1 + Z_2} \times \tan\alpha_c + \text{inv}\,\alpha_c$$
$$= 2 \times \frac{0.3}{12 + 24} \times \tan 20° + \text{inv}\,20° = 0.0297$$

이므로 표 9.2와 보간법을 이용하여 물림압력각 α_b를 구하면

$$\alpha = 22.2° \qquad \text{inv}\,\alpha = 0.02063$$
$$\alpha_b = ? \qquad \text{inv}\,\alpha_b = 0.02097$$
$$\alpha = 22.4° \qquad \text{inv}\,\alpha = 0.02122$$

에서 맞물림압력각은

$$\alpha_b = 22.2° + \frac{0.02097 - 0.02063}{0.02122 - 0.02063} \times 0.2° = 22.32°$$

(d) 중심거리

식 (9.29)에 의하여 중심거리를 계산하면

$$C = \frac{m(Z_1 + Z_2)}{2} + \frac{m(Z_1 + Z_2)}{2}\left(\frac{\cos \alpha_c}{\cos \alpha_b} - 1\right)$$

$$= \frac{5 \times (12 + 24)}{2} + \frac{5 \times (12 + 24)}{2}\left(\frac{\cos 20°}{\cos 22.32°} - 1\right)$$

$$= 91.42\,(\text{mm})$$

(e) 기초원 지름

식 (9.32)에 의하여 기초원 지름을 구하면

피니언 : $D_{g1} = Z_1\, m \cos \alpha_c = 12 \times 5 \times \cos 20° = 56.38\,(\text{mm})$

기　어 : $D_{g2} = Z_2\, m \cos \alpha_c = 24 \times 5 \times \cos 20° = 112.76\,(\text{mm})$

9.3 평기어의 설계

기어에 발생하는 손상에는 세 가지가 있다. 첫째는 이에 작용하는 큰 회전력에 의한 이뿌리 부분의 굽힘파손, 둘째는 반복적으로 작용하는 이의 접촉면 압력 때문에 이의 피치선 부근에서 미소부분이 탈락되어 작은 홈들이 생기는 피팅(pitting)현상, 셋째는 이가 반복적으로 큰 압력을 받으면서 미끄러지므로 이 표면이 융착과 분리되는 스코링 (scoring) 현상이 있다.

여기서는 이의 표면에서 비교적 많이 발생하는 손상형태인 굽힘파손과 피팅에 대해 살펴보자.

9.3.1 굽힘강도식

한 쌍의 기어가 맞물려 돌아갈 때 이의 접촉면에 수직으로 작용하는 하중 W_n은 그림 9.21과 같이 이의 중심선에 직각(원둘레방향)인 하중 W_1과 중심선방향(반지름방향) 의 하중 W_2로 나눠진다. W_1에 의해 이뿌리 부분에 굽힘응력 σ_b와 전단응력 τ가 발생하고, W_2에 의해 압축응력 σ_c가 발생하므로 이 응력들의 조합응력을 고려하여 이의

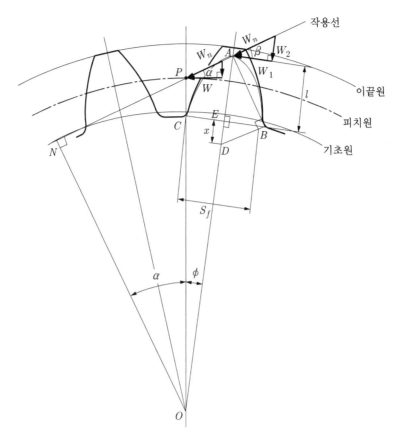

그림 9.21 이의 작용력과 균일 강도의 외팔보

강도설계를 해야 한다. 그러나 이의 형상이 너무 복잡하여 조합응력으로 강도설계를 하는 것이 어려우므로 일반적으로 굽힘응력만을 고려하여 1892년 W. Lewis가 제안한 굽힘강도식이 널리 사용되고 있다. Lewis는 다음과 같은 가정에 의하여 굽힘강도식을 유도하였다.

- 접촉면에 수직한 하중 W_n이 이끝에 작용한다.
- 이 한 쌍만 접촉한다.
- 치형을 이의 중심선과 하중작용선이 만나는 점(그림 9.21에서 A점)을 꼭짓점으로 하고, 이뿌리 부분에 내접하는 포물선을 횡단면으로 한 균일강도의 외팔보로 생각한다.

위 가정에 의해 그림 9.21과 같이 피니언의 이끝이 기어의 이뿌리에 접촉하는 경우에 W_1에 의하여 피니언 이뿌리 부분에 내접하는 포물선의 접점 B, C를 이은 단면인 외팔보의 고정단에 작용하는 굽힘 모멘트는

$$M = W_1 \ell \tag{9.39}$$

이다. 단면 $\overline{BC}$에 발생하는 굽힘응력 σ_b는

$$\sigma_b = \frac{M}{Z_s} = \frac{W_1 \ell}{Z_s} \tag{9.40}$$

이다. 여기서, Z_s는 이뿌리 부분의 단면계수로서 $Z_s = \frac{bS_f^2}{6}$이고, $W_1 = W_n \cos\beta$이므로 굽힘응력은

$$\sigma_b = \frac{6 W_n \ell \cos\beta}{bS_f^2} \tag{9.41}$$

이다. 그런데 피치점 P에서 $W_n = \frac{W}{\cos\alpha}$이므로 식 (9.41)을 정리하면, 피치점의 회전력 W는

$$W = \sigma_b \, b \, \frac{\cos\alpha}{\cos\beta} \, \frac{S_f^2}{6\ell} \tag{9.42}$$

이다.

그런데 $\triangle ABE \backsim \triangle BDE$이므로 $\dfrac{(S_f/2)}{x} = \dfrac{\ell}{(S_f/2)}$인데, 이를 정리하면

$$S_f^2 = 4\ell x$$

위 식을 식 (9.42)에 대입하면, 피치점의 회전력은

$$W = \sigma_b b \, m \left(\frac{\cos\alpha}{\cos\beta} \frac{2x}{3m} \right) = \sigma_b \, b \, m \, y \tag{9.43}$$

여기서, $y = \dfrac{\cos\alpha}{\cos\beta} \dfrac{2x}{3m}$이고, 이를 치형계수라 하며 표 9.7에서 그 값을 찾을 수 있다. 이끝에 하중이 작용하는 경우($\beta > \alpha$)가 가장 위험하므로 표 9.7에서 치형계수는

$\alpha \neq \beta$인 경우의 값을 선택한다. 또한, 기어재료의 허용 굽힘응력은 표 9.8에서 선택한다.

표 9.7 표준 평기어의 치형계수 y의 값(모듈기준)

잇 수 Z	압력각 $\alpha = 14.5°$ 표준기어		압력각 $\alpha = 20°$ 표준기어	
	y	$y(\beta = \alpha)$	y	$y(\beta = \alpha)$
12	0.237	0.355	0.277	0.415
13	0.249	0.377	0.292	0.443
14	0.261	0.399	0.308	0.468
15	0.270	0.415	0.319	0.490
16	0.279	0.430	0.325	0.503
17	0.289	0.446	0.330	0.512
18	0.293	0.459	0.335	0.522
19	0.299	0.471	0.340	0.534
20	0.305	0.481	0.346	0.543
21	0.311	0.490	0.352	0.553
22	0.313	0.496	0.354	0.559
24	0.318	0.509	0.359	0.572
26	0.327	0.522	0.367	0.587
28	0.332	0.534	0.372	0.597
30	0.334	0.540	0.377	0.606
34	0.342	0.553	0.388	0.628
38	0.347	0.565	0.400	0.650
43	0.352	0.575	0.411	0.672
50	0.357	0.587	0.422	0.694
60	0.365	0.603	0.433	0.713
75	0.369	0.613	0.443	0.735
100	0.374	0.622	0.454	0.757
150	0.378	0.635	0.464	0.779
300	0.385	0.650	0.474	0.801
랙	0.390	0.660	0.484	0.823

표 9.8 기어재료의 허용 굽힘응력

종별	재질 기호	인장강도 σ_t (kg/mm²)	경도 H_B	허용반복굽힘응력 σ_b (kg/mm²)
주철	GC15	> 15	140~160	7
	GC20	> 20	160~180	9
	GC25	> 25	180~240	11
	GC30	> 30	190~240	13
주강	SC42	> 42	140	12
	SC46	> 46	160	19
	SC49	> 49	190	20
기계구조용 탄소강	SM25C	> 45	123~183	21
	SM35C	> 52	149~207	26
	SM45C	> 58	167~229	30
표면경화강	SM15CK	> 50	기름담금질 400	30
	SNC21	> 80	물담금질 600	35~40
	SNC22	> 95	물담금질 600	40~55
니켈·크롬강	SNC1	> 70	212~255	35~40
	SNC2	> 80	248~302	40~60
	SNC3	> 90	269~321	40~60
건메탈(gun metal)		> 18	85	> 5
델타메탈(delta metal)	–	35~60	–	10~20
인청동(주물)		19~30	70~100	5~7
니켈청동(단조)		64~90	180~260	20~30
페놀수지 등	–	–	–	3~5

　기어의 이에 작용하는 굽힘하중이 반복적으로 가해지고 이의 접촉면에서 미끄럼 속도가 주기적 변화하므로 이는 동적인 굽힘하중을 받게 된다. 이의 동적 굽힘하중은 기어의 원주속도의 영향을 받기 때문에 Carl G. Barth는 속도계수 f_v를 고려하여 Lewis의 굽힘강도식을 다음 식 (9.44)과 같이 수정하였다. 속도계수 f_v값과 적용범위는 표 9.9와 같다.

$$W = f_v\, \sigma_b\, b\, m\, y \tag{9.44}$$

표 9.9 속도계수 f_v

속도계수	적용 범위	적용 예
$f_v = \dfrac{3.05}{3.05+v}$	기계다듬질을 하지 않거나, 거친 기계 다듬질을 한 기어 $v = 0.5 \sim 10 \text{ m/s}$(저속용)	크레인, 윈치, 시멘트 밀 등
$f_v = \dfrac{6.1}{6.1+v}$	기계다듬질을 한 기어 $v = 5 \sim 20 \text{ m/s}$(중속용)	전동기, 전기기관차, 일반기계
$f_v = \dfrac{5.55}{5.55+v}$	정밀한 절삭가공, 세이빙, 연삭다듬질, 래핑다듬질을 한 기어 $v = 20 \sim 50 \text{ m/s}$(고속용)	증기터빈, 송풍기 그 밖의 고속기계
$f_v = \dfrac{0.75}{1+v} + 0.25$	비금속 기어 $v < 20 \text{ m/s}$	전동기용 소형 기어 경부하용 소형 기어

여기서, W : 피치점에서 이폭에 작용하는 수직력

   f_v : 속도계수(표 9.9)

   σ_b : 기어재료의 허용 굽힘응력(표 9.8)

   b : 이폭(보통 $b = 5 \sim 15 \text{ m}$)

   m : 모듈(mm)

   y : 치형계수(표 9.7)

9.3.2 면압강도식

한 쌍의 기어에서 이가 맞물려 돌아갈 때 이의 접촉면에 작용하는 수직하중 W_n이 너무 크면, 이의 접촉면이 마모되는 동시에 반복응력에 의한 피로파손으로 작은 구멍이 많이 생기는데 이런 현상을 피팅(pitting)이라 한다. 이와 같이 피로에 의해 손상된 이의 표면은 동력을 전달하는 동안 진동과 소음을 일으키므로 이의 표면에 작용하는 접촉응력을 기어재료의 피로한도보다 작게 해야 한다.

일반적으로 이의 표면의 압축강도를 계산하는 데는 Hertz의 탄성이론식이 널리 사용되고 있다. Hertz의 이론에 의하면 그림 9.22(a)와 같이 각 원통의 곡률반지름 ρ_1, ρ_2, 탄성계수 E_1, E_2, 폭 b인 2개의 원통에 W_n인 힘이 반지름방향으로 작용할 때,

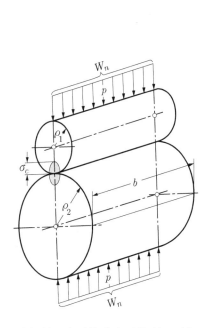 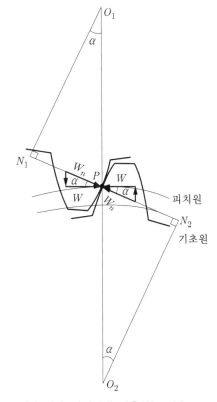

| (a) 원통에 압축력이 작용하는 경우 | (b) 이가 피치점에 접촉하는 경우 |

그림 9.22 피치점에서 이의 작용력

접촉면에 발생하는 최대 접촉응력 σ_c는

$$\sigma_c^2 = \frac{0.35\,W_n\left(\dfrac{1}{\rho_1} + \dfrac{1}{\rho_2}\right)}{b\left(\dfrac{1}{E_1} + \dfrac{1}{E_2}\right)} \tag{9.45}$$

이 된다.

식 (9.45)를 그림 9.22(b)와 같이 피치점에서 접촉하는 기어 이에 적용시키면

$$\rho_1 = \overline{\mathrm{PN_1}} = \overline{\mathrm{O_1P}}\sin\alpha = \frac{\mathrm{D_1}}{2}\sin\alpha$$

$$\rho_2 = \overline{\mathrm{PN_2}} = \overline{\mathrm{O_2P}}\sin\alpha = \frac{\mathrm{D_2}}{2}\sin\alpha$$

이고, 접촉면 수직으로 작용하는 힘은

$$W_n = \frac{W}{\cos \alpha}$$

이므로 식 (9.45)에 대입하여 정리하면

$$\sigma_c^2 = \frac{0.35\, W \dfrac{2}{D_1 \sin \alpha} \cdot \dfrac{D_1 + D_2}{D_2}}{b \cos \alpha \left(\dfrac{1}{E_1} + \dfrac{1}{E_2} \right)} \qquad (9.46)$$

가 된다. 여기서 피니언과 기어의 피치원 지름은 각각 $D_1 = mZ_1$, $D_2 = mZ_2$이므로 위 식을 정리하면, 피치점에서 회전력은

$$W = Kbm \frac{2Z_1 Z_2}{Z_1 + Z_2} \qquad (9.47)$$

이다.

여기서

$$K = \frac{\sigma_c^2 \sin 2\alpha}{2.8} \left(\frac{1}{E_1} + \frac{1}{E_2} \right)$$

이고, 접촉면 응력계수라고 부른다. 접촉면 응력계수는 기어의 압력각과 재질에 따라 다르며 표 9.10은 일반적으로 사용되는 기어재료의 K 값을 나타낸다.

그런데, 굽힘강도식과 마찬가지로 동적효과를 고려하기 위하여 속도계수 f_v를 도입하면

$$W = f_v Kbm \frac{2Z_1 Z_2}{Z_1 + Z_2} \qquad (9.48)$$

이 된다.

실제 설계에서는 굽힘강도와 면압강도를 동시에 검토한 다음 안전한 쪽을 취하지만, 경부하이고 마멸이 적을 때는 굽힘강도로 계산하고, 장시간에 걸쳐 전부하로 운전할 때는 면압강도로 계산하는 것이 편리하다.

표 9.10 기어재료의 접촉면 응력계수 K의 값

기어 재료		$\sigma_a(\mathrm{kg/mm^2})$	$K(\mathrm{kg/mm^2})$	
피니언(경도 H_B)	기어(경도 H_B)		$\alpha = 14.5°$	$\alpha = 20°$
강 (150)	강 (150)	35	0.020	0.027
〃 (200)	〃 (150)	42	0.029	0.039
〃 (250)	〃 (150)	49	0.040	0.053
강 (200)	강 (200)	49	0.040	0.053
〃 (250)	〃 (200)	56	0.052	0.069
〃 (300)	〃 (200)	63	0.066	0.086
강 (250)	강 (250)	63	0.066	0.086
〃 (300)	〃 (250)	70	0.081	0.107
〃 (350)	〃 (250)	77	0.098	0.130
강 (300)	강 (300)	77	0.098	0.130
〃 (350)	〃 (300)	84	0.116	0.154
〃 (400)	〃 (300)	88	0.127	0.168
강 (350)	강 (350)	91	0.137	0.182
〃 (400)	〃 (350)	99	0.159	0.210
〃 (500)	〃 (350)	102	0.170	0.226
강 (400)	강 (400)	120	0.234	0.311
〃 (500)	〃 (400)	123	0.248	0.329
〃 (600)	〃 (400)	127	0.262	0.348
강 (500)	강 (500)	134	0.293	0.389
〃 (600)	〃 (600)	162	0.430	0.569
강 (150)	주철	35	0.030	0.039
〃 (200)	〃	49	0.059	0.079
〃 (250)	〃	63	0.098	0.130
〃 (300)	〃	65	0.105	0.139
강 (150)	인청동	35	0.031	0.041
〃 (200)	〃	49	0.062	0.082
〃 (250)	〃	60	0.092	0.135
주철	주철	63	0.132	0.188
니켈주철	니켈주철	65	0.140	0.186
니켈주철	인청동	58	0.116	0.155

9.3.3 평기어의 전달동력

회전력 W가 피치원 둘레에 작용하여 기어를 회전시킬 때에 전달동력은

$$H = \frac{Wv}{75} \, (\text{ps})\tag{9.49}$$

$$H' = \frac{Wv}{102} \, (\text{kW})$$

가 된다.

[예제 9.4] 다음 표와 같은 평기어 한 쌍의 전달동력(ps)을 구하라.

	재질	잇수	회전속도	
피니언	GC30	$Z_1 = 20$	$n_1 = 250 \, \text{rpm}$	모듈 $m = 5$ 압력각 $\alpha = 20°$
기어	GC20	$Z_2 = 100$	$n_2 = 50 \, \text{rpm}$	이폭 $b = 50 \, \text{mm}$

풀이 재질은 같은 주철이나, 강도가 다르므로 피니언 및 기어의 각각에 대하여 굽힘
강도를 검토한다.
먼저 피치원주속도 v를 구하면

$$v = \frac{\pi D_1 n_1}{1000 \times 60} = \frac{\pi \times 5 \times 20 \times 250}{1000 \times 60} = 1.30 \, (\text{m/s})$$

따라서 속도계수 f_v는 표 9.9에서 저속용 식을 사용하여

$$f_v = \frac{3.05}{3.05 + v} = \frac{3.05}{3.05 + 1.30} = 0.70$$

(a) 굽힘강도

    ⅰ) 피니언에 대하여

       치형계수 $y_1 = 0.346$(표 9.7), 허용 굽힘응력 $\sigma_b = 13 \, \text{kg/mm}^2$(표 9.8)이므
로 피니언의 전달하중 W는 식 (9.44)에 의하여

$$W = f_v \sigma_b b m y_1 = 0.70 \times 13 \times 50 \times 5 \times 0.346 = 787 \, (\text{kg})$$

ii) 기어에 대하여

치형계수 $y_2 = 0.454$, 허용 굽힘응력 $\sigma_b = 9\,\mathrm{kg/mm^2}$ 이므로 기어의 전달하중 W는 식 (9.44)에 의하여

$$W = f_v \sigma_b b m y_2 = 0.70 \times 9 \times 50 \times 5 \times 0.454 = 715\,(\mathrm{kg})$$

(b) 면압강도

표 9.10에서 접촉면 응력계수 $K = 0.188\,\mathrm{kg/mm^2}$(주철과 주철)이므로 전달하중 W는 식 (9.48)에 의하여

$$W = f_v K b m \frac{2Z_1 Z_2}{Z_1 + Z_2} = 0.70 \times 0.188 \times 50 \times 5 \times \frac{2 \times 20 \times 100}{20 + 100} = 1096\,(\mathrm{kg})$$

이상의 결과로부터 허용 전달하중은 최소하중인 715 kg이므로 전달동력은 식 (9.49)에 의하여

$$H = \frac{Wv}{75} = \frac{715 \times 1.30}{75} = 12.4\,(\mathrm{ps})$$

예제 9.5 피니언의 재질 SM45C, 브리넬 경도 $H_B = 250$, 회전속도 $n_1 = 600\,\mathrm{rpm}$ 이고, 기어의 재질 GC30, 회전속도 $n_2 = 200\,\mathrm{rpm}$ 이다. 이때, 중심거리 $C = 300\,\mathrm{mm}$, 압력각 $\alpha = 14.5°$, 전달동력 $H = 25\,\mathrm{ps}$ 일 때 필요한 모듈의 크기를 결정하라.

풀이 속도비는

$$i = \frac{n_2}{n_1} = \frac{D_1}{D_2} = \frac{200}{600} = \frac{1}{3}$$

중심거리는

$$C = \frac{D_1 + D_2}{2} = 300\,(\mathrm{mm})$$

위 두 식으로부터 피니언과 기어의 피치원 지름은

$$D_1 = 150\,(\mathrm{mm}), \quad D_2 = 450\,(\mathrm{mm})$$

피치원주속도는

$$v = \frac{\pi D_1 n_1}{1000 \times 60} = \frac{\pi \times 150 \times 600}{1000 \times 60} = 4.71\,(\mathrm{m/s})$$

기어에 의해 전달할 하중은 식 (9.49)에 의하여

$$W = \frac{75H}{v} = \frac{75 \times 25}{4.71} = 398 \fallingdotseq 400 \,(\mathrm{kg})$$

속도계수는 표 9.9에서 저속용인 경우

$$f_v = \frac{3.05}{3.05 + v} = \frac{3.05}{3.05 + 4.71} = 0.39$$

(a) 굽힘강도

ⅰ) 피니언에 대하여

재질이 SM45C이므로 표 9.8에서 $\sigma_b = 30 \,\mathrm{kg/mm^2}$이고, 이폭은 $b = 10\,m$ 으로 가정하고, 치형계수 y_1은 잇수를 모르므로 평균값으로 가정한다. 압력각 $\alpha = 14.5°$의 경우에 실용상 최소잇수는 표 9.6에서 26이므로 치형계수는 표 9.7에서 $\alpha = 14.5°$일 때 잇수 26의 경우인 치형계수를 평균 치형계수 $y_m = 0.327$로 잡는다. 기어 이의 모듈 m은 전달하중의 식 (9.44)에서

$$W = f_v \sigma_b m y_1 = 10 f_v \sigma_b m^2 y_m$$

이므로 모듈은

$$m = \sqrt{\frac{W}{10 f_v \sigma_b y_m}} = \sqrt{\frac{400}{10 \times 0.39 \times 30 \times 0.327}} = 3.2$$

ⅱ) 기어에 대하여

재질은 GC30이므로 표 9.8에서 $\sigma_b = 13 \,\mathrm{kg/mm^2}$, 그 밖의 것은 피니언의 경우와 마찬가지로 가정하면, 모듈은

$$m = \sqrt{\frac{400}{10 \times 0.39 \times 13 \times 0.327}} = 4.9$$

안전을 위하여 큰 값인 $m = 4.9$를 택하고, 표준모듈 $m = 5$로 일단 결정한다. 피니언과 기어의 잇수는

$$Z_1 = \frac{D_1}{m} = \frac{150}{5} = 30 \,, \quad Z_2 = \frac{D_2}{m} = \frac{450}{5} = 90$$

이고, 이폭은 모듈의 10배로 잡으면

$$b = 10\,m = 10 \times 5 = 50 \,(\mathrm{mm})$$

피니언과 기어의 치형계수는 표 9.7에서 $y_1 = 0.334$, $y_2 = 0.372$이므로 가정하였던 $y_m = 0.327$보다 크므로 굽힘강도면에서 하중 400 kg을 충분히 전달할 수 있다.

(b) 면압강도

m = 5가 면압강도에 대하여 적합한가를 검토하여야 한다. 표 9.10에서 강 ($H_B = 250$)/주철의 경우 $K = 0.098\,\text{kg/mm}^2$이므로 전달하중은 식 (9.48)에 의하여

$$W = f_v K b m \frac{2Z_1 Z_2}{Z_1 + Z_2} = 0.39 \times 0.098 \times 50 \times 5 \times \frac{2 \times 30 \times 90}{30 + 90} = 430\,(\text{kg})$$

이 값은 전달하여야 할 하중인 400 kg보다 크므로 m = 5는 적합하다.

만일, 면압강도에 의한 전달하중이 400 kg보다 작다든가 너무 클 때에는 재질을 바꾸어서 K의 값을 변화시키거나, 모듈의 크기를 바꾸어서 안전한가를 다시 검토하여야 한다.

예제 9.6 잇수 $Z_1 = 16$인 피니언이 $n_1 = 720\,\text{rpm}$으로 $H = 30$마력을 잇수 $Z_2 = 48$인 기어에 전달할 때, 두 기어의 재질을 결정하라. 단, 이의 모듈 $m = 5$, 이폭 $b = 50\,\text{mm}$, 압력각 $\alpha = 20°$이다.

풀이 피니언의 피치원 지름은

$$D_1 = m Z_1 = 5 \times 16 = 80\,(\text{mm})$$

피치원의 원주속도는

$$v = \frac{\pi D_1 n_1}{60 \times 1000} = \frac{3.14 \times 80 \times 720}{60 \times 1000} = 3.01\,(\text{m/sec})$$

속도계수는 표 9.9에서

$$f_v = \frac{3.05}{3.05 + v} = \frac{3.05}{3.05 + 3.01} = 0.50$$

전달할 하중은 식 (9.49)에 의하여

$$W = \frac{75H}{v} = \frac{75 \times 30}{3.01} = 748\,(\text{kg})$$

(a) 굽힘강도

피니언의 치형계수는 표 9.7에서 $y_1 = 0.325$이므로 허용 굽힘응력은 식 (9.44)에 의하여

$$\sigma_{b1} = \frac{W}{f_v b m\, y_1} = \frac{748}{0.5 \times 50 \times 5 \times 0.325} = 18.4\,(\text{kg/mm}^2)$$

기어의 치형계수는 표 9.7에서 $y_2 = 0.419$이므로 허용 굽힘응력은

$$\sigma_{b2} = \frac{W}{f_v b m\, y_2} = \frac{748}{0.5 \times 50 \times 5 \times 0.419} = 14.3\ (\text{kg/mm}^2)$$

(b) 면압강도

접촉면 응력계수는 식 (9.48)에 의하여

$$K = \frac{W}{f_v\, b\, m\, \dfrac{2Z_1 Z_2}{Z_1 + Z_2}} = \frac{748}{0.5 \times 5 \times 50 \times \dfrac{2 \times 16 \times 48}{16 + 48}} = 0.249\ (\text{kg/mm}^2)$$

표 9.10에서 $K = 0.249\ \text{kg/mm}^2$보다 큰 값은 재질이 강(400)/강(400)인 경우로 $K = 0.311\ \text{kg/mm}^2$이다. 또한 표 9.8에서 $\sigma_b = 18.4\ \text{kg/mm}^2$ 이상이고, $H_B = 400$이 되는 재질은 표면경화강인 SM15CK($\sigma_b = 30\ \text{kg/mm}^2$)를 기름 담금질한 것이다.

9장 연습문제

9.1 모듈 4, 중심거리 200 mm, 속도비 1/4인 평기어 한 쌍의 잇수, 피치원 지름 및 이끝원 지름을 구하라.

9.2 파손된 한 쌍의 평기어를 측정하였더니 축간거리 250 mm, 피니언의 바깥지름이 약 108 mm, 이끝원 둘레에서의 피치가 약 13.5 mm이었다. 모듈, 피치원 지름 및 잇수를 추정하라.

9.3 압력각 20°, 피니언의 잇수 30, 기어의 잇수 60, 모듈 4인 인벌류트 표준 평기어의 물림률을 구하라.

9.4 피니언의 잇수 20, 기어의 잇수 50, 압력각 20°, 모듈 3인 인벌류트 기어가 물릴 때, 두 기어가 간섭을 일으키지 않는 이끝높이의 한계값을 구하라.

9.5 중심거리 74 mm, 피니언의 잇수 20, 기어의 잇수 30인 한 쌍의 기어를 조합하려고 한다. 공구압력각 14.5°, 모듈 3인 커터로 가공할 때, 전위계수를 결정하라.

9.6 강제(SM35C) 피니언이 1150 rpm으로 회전하여 주철제(GC20) 기어를 380 rpm으로 회전시켜서 25 ps를 전달하고자 한다. 피니언과 기어의 모듈, 잇수, 이폭(모듈의 10배), 피니언 재질의 H_B를 결정하라. 단, 축간거리는 300 mm, 압력각은 20°이다.

9.7 다음과 같은 한 쌍의 표준 평기어의 전달동력을 계산하라.

피니언 : 재질은 탄소강 SM35C($H_B = 200$), 잇수 20, 회전속도 1200 rpm

기 어 : 재질은 주철 GC20, 잇수 60

단, 모듈 4, 압력각 20°, 이폭 40 mm이다.

9.8 피니언과 기어의 잇수가 각각 17, 51인 표준 평기어가 있다. 피니언이 720 rpm으로 30 ps의 동력을 전달할 때, 평기어의 재질을 결정하라. 단, 압력각은 20°, 모듈은 5, 이폭은 50 mm로 한다.

Chapter 10

특수기어

10장에서는 평기어 이외에 많이 사용되는 헬리컬기어, 베벨기어와 웜기어의 형상의 특징, 이에 작용하는 힘, 강도설계 등에 대하여 다루고자 한다.

10.1 헬리컬기어

평기어에서는 한 쌍의 이가 선접촉을 하여 하중이 전체 폭에 걸쳐서 동시에 작용했다가 동시에 떨어지므로 회전속도가 증가함에 따라 충격력으로 변하여 진동과 소음이 발생한다. 그러므로 이의 물림을 원활하게 하기 위하여 그림 10.1과 같이 잇줄이 축선에 대해서 비틀리게 만든 기어를 헬리컬기어(helical gear)라 한다. 헬리컬기어에서 이의 접촉은 한쪽 끝에서 점접촉으로 시작하여 점차적으로 접촉폭이 늘어나 선접촉으로 되었다가 점차적으로 다시 줄어 다른 쪽 끝에서 점접촉으로 끝난다.

따라서 헬리컬기어는 이의 물림 길이가 길어지므로 작용하중이 분산되어 진동과 소음이 줄어들고, 고속회전에서도 정숙한 운전이 가능하여 큰 동력을 전달하는 데 적합하다. 그러나 이가 축선에 대해서 비틀려져 있기 때문에 가공이 어렵고, 회전토크에 비례하는 스러스트가 생겨 스러스트 베어링이 요구된다. 이 스러스트를 없애기 위하여 비틀림 방향이 서로 반대인 헬리컬기어 두 개를 대칭되게 일체로 만든 더블 헬리컬기어(double helical gear)를 사용한다.

그림 10.1 헬리컬기어의 실물

10.1.1 치형방식

헬리컬기어는 잇줄의 방향과 축선 방향이 일치하지 않고 경사져 있으므로 그림 10.2 와 같이 치형의 기준을 잡는 방식이 두 가지가 있다. 하나는 축에 직각인 단면의 치형을 평기어의 치형과 같게 만드는 축직각 방식이고, 다른 하나는 잇줄에 직각인 단면의 치형을 평기어의 치형과 같게 만드는 치직각 방식이다. 치형방식은 기어를 가공할 때, 공구의 모듈과 압력각을 결정하는 기준이 되기도 한다. 헬리컬기어 가공에 평기어를 가공하는 공구인 홉(hob)이나 랙 커터(rack cutter)를 사용하는데, 공구를 잇줄 방향으

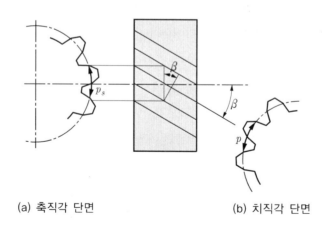

(a) 축직각 단면   (b) 치직각 단면

그림 10.2 치형방식

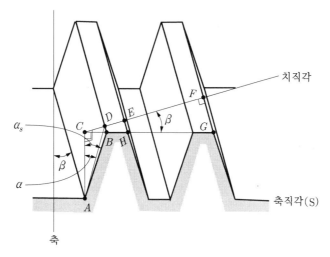

그림 10.3 헬리컬 랙

로 이동하면서 절삭을 하기 때문에 공구의 모듈과 압력각은 치직각 방식의 값을 사용한다. 또한 헬리컬기어의 강도계산도 치직각 단면에 대하여 행한다.

축직각 방식과 치직각 방식에서 압력각의 관계는 그림 10.3에 있는 헬리컬 랙에서

$$\tan\alpha_s = \frac{\overline{BC}}{\overline{AC}}$$

$$\tan\alpha = \frac{\overline{CD}}{\overline{AC}} = \frac{\overline{BC}\cos\beta}{\overline{AC}} = \tan\alpha_s \cdot \cos\beta$$

$$\therefore \tan\alpha = \tan\alpha_s \cdot \cos\beta \tag{10.1}$$

이다. 여기서, β는 비틀림각, α_s는 축직각 압력각, α는 치직각 압력각이다.

한편, 피치의 관계는

$$p_s = \overline{GH}$$

$$p = \overline{EF} = \overline{GH} \cdot \cos\beta = p_s \cdot \cos\beta$$

$$\therefore p = p_s \cdot \cos\beta \tag{10.2}$$

이다. 여기서, p_s는 축직각 피치, p는 치직각 피치이다.

10.1.2 헬리컬기어의 치수

• 모듈

$$m_s = \frac{m}{\cos\beta} \tag{10.3}$$

여기서, m_s는 축직각 모듈, m은 치직각 모듈이다.

• 압력각

$$\tan\alpha_s = \frac{\tan\alpha}{\cos\beta} \tag{10.4}$$

• 피치원 지름

$$D_s = Zm_s = Z\frac{m}{\cos\beta} = \frac{D}{\cos\beta} \tag{10.5}$$

• 이끝원 지름

$$D_k = D_s + 2m = Zm_s + 2m = \left(\frac{Z}{\cos\beta} + 2\right)m \tag{10.6}$$

• 중심거리

$$C = \frac{D_{s1} + D_{s2}}{2} = \frac{(Z_1 + Z_2)m_s}{2} = \frac{(Z_1 + Z_2)m}{2\cos\beta} \tag{10.7}$$

10.1.3 헬리컬기어의 상당 평기어

헬리컬기어에서 치면에 작용하는 힘에 대한 강도설계는 치직각 단면에 대해서 이뤄지므로 치직각 단면에 상응하는 가상 평기어의 잇수와 피치원 지름을 알아야 한다. 또한 가상 평기어의 잇수는 랙 커터를 사용하여 치직각 방식으로 기어를 가공하는 경우에 공구번호를 선정하는 데도 사용된다.

그림 10.4에서 축직각 단면에서 피치원은 완전한 원이지만, 치직각 단면에서는 피치

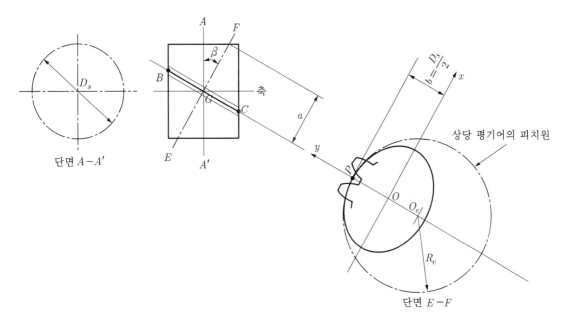

그림 10.4 헬리컬기어의 상당 평기어

원이 타원이 된다. 이 타원 위에서 점 P의 곡률반지름 R_e가 상당 평기어의 피치원 반지름이 된다. 타원의 중심 O를 원점으로 하고, 수평축을 x축, 수직축을 y축이라 하면, 타원의 식은

$$\frac{x^2}{a^2} + \frac{y^2}{b^2} = 1$$

이다. 여기서 a는 타원의 긴반지름, b는 짧은반지름이고,

$$a = \frac{D_s}{2\cos\beta}, \quad b = \frac{D_s}{2}$$

이다.

한편, 타원에서 임의 점의 곡률반지름 ρ는

$$\rho = \frac{[1 + y'^2]^{3/2}}{y''} \tag{10.8}$$

이다. 타원 식의 1,2차 도함수 y', y''을 유도하고, 타원 위의 점 $P(x,y)$의 좌표

$x = 0$, $y = b$ 를 y', y''에 대입하여 정리하면, 점 P의 곡률반지름(상당 평기어의 피치원 반지름)은

$$\rho = R_e = \frac{a^2}{b} = \frac{D_s}{2\cos^2\beta} \tag{10.9}$$

이다. 그러므로 상당 평기어의 피치원 지름 D_e는

$$D_e = 2Re = \frac{D_s}{\cos^2\beta} \tag{10.10}$$

이고, 상당 평기어의 잇수 Z_e는

$$Z_e = \frac{D_e}{m} = \frac{D_s}{m\cos^2\beta} = \frac{Z}{\cos^3\beta} \tag{10.11}$$

이다.

10.1.4 헬리컬기어에 작용하는 힘

이의 접촉면에 수직으로 작용하는 힘 W_n은 그림 10.5와 같이 상당 평기어의 피치원에서 접선성분 W_t와 반지름방향 성분 W_r로 나눠지고, W_t는 축방향 성분 W_a와 회전력 W로 나눠진다. 각 힘의 성분들의 관계는 다음과 같다.

$$W_t = W_n \cos\alpha$$
$$W_r = W_n \sin\alpha$$
$$W_a = W_t \sin\beta = W_n \cos\alpha \sin\beta$$
$$W = W_t \cos\beta = W_n \cos\alpha \cos\beta \tag{10.12}$$

식 (10.12)에서 이의 접촉면에 수직으로 작용하는 힘 W_n을 직접 알 수 없으므로 실제로 쉽게 구할 수 있는 피치점의 회전력 W에 관한 식으로 정리하면

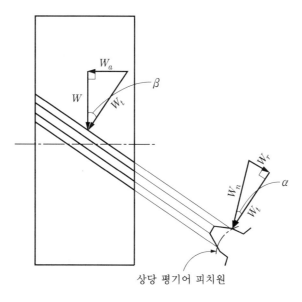

그림 10.5 헬리컬기어에 작용하는 힘

$$W_n = \frac{W}{\cos\alpha\,\cos\beta}$$

$$W_t = \frac{W}{\cos\beta}$$

$$W_r = \frac{W\tan\alpha}{\cos\beta}$$

$$W_a = W\tan\beta \tag{10.13}$$

이다.

한편, 기어에 의하여 축에 작용하는 반지름방향의 작용력 F_r과 축방향의 작용력 F_a 는 그림 10.6에 의하여

$$F_r = \sqrt{W_r^{\,2} + W^{\,2}}$$

$$F_a = W_a \tag{10.14}$$

이고, 베어링 하중은 반지름방향의 성분과 축방향의 성분(스러스트)이 각각 다음과 같다.

$$R_A = \frac{F_r}{2} = R_B$$

$$T_A = W_a \tag{10.15}$$

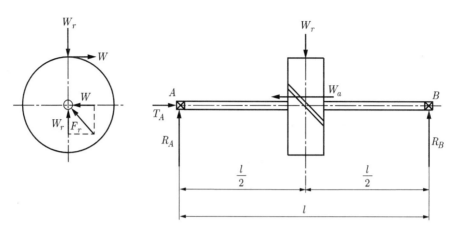

그림 10.6 축에 작용하는 힘

예제 10.1 치직각 모듈 $m=3$, 잇수가 각각 $Z_1=40$, $Z_2=120$인 한 쌍의 헬리컬기어의 중심 거리를 구하라. 비틀림각 $\beta=20°$이다. 또 피니언이 $n_1=500\,\mathrm{rpm}$으로 $H=7.5\,\mathrm{kW}$의 동력을 전달할 때에 헬리컬기어에 작용하는 스러스트를 구하라.

풀이 중심거리 C는 식 (10.7)에 의하여

$$C = \frac{(Z_1+Z_2)\,m}{2\cos\beta} = \frac{(40+120)\times 3}{2\cos 20°} = 255.3\,(\mathrm{mm})$$

피니언의 피치원 지름 D_{s1}은 식 (10.5)에 의하여

$$D_{s1} = \frac{Z_1 m}{\cos\beta} = \frac{40\times 3}{\cos 20°} = 127.7\,(\mathrm{mm})$$

따라서, 피치원주속도 v는

$$v = \frac{\pi D_{s1} n_1}{1000\times 60} = \frac{\pi\times 127.7\times 500}{1000\times 60} = 3.34\,(\mathrm{m/s})$$

헬리컬기어의 전달하중 W는 식 (9.49)에 의하여

$$W = \frac{102H}{v} = \frac{102\times 7.5}{3.34} = 229\,(\mathrm{kg})$$

그러므로 스러스트 W_a는 식 (10.13)에 의하여

$$W_a = W\tan\beta = 229\times\tan 20° = 229\times 0.3646 \fallingdotseq 83.5\,(\mathrm{kg})$$

10.1.5 헬리컬기어의 강도설계

헬리컬기어의 강도설계는 치직각 단면의 상당 평기어에 대해서 9장에서 제시한 평기어의 강도 계산식을 이용하여 수행한다.

(1) 굽힘강도식

그림 10.7(a)의 W는 평기어 피치원의 접선력인 동시에 이의 폭에 수직인 힘이다. 그런데 그림 10.7(b)의 헬리컬기어에서 평기어의 W에 해당되는 힘은 상당 평기어의 피치원에 접선이고, 이의 폭에 수직인 힘 W_t이다. 또한 평기어의 이폭 b는 잇줄에 따라 잰 것으로 실제 하중을 부담하는 폭이므로 헬리컬기어에서는 b_n이 이에 해당된다. 따라서 평기어의 굽힘강도 식 (9.44)에 W 대신에 W_t, b 대신에 b_n, 치형계수 y 대신에 상당 평기어의 잇수(Z_e)의 치형계수 y_e를 대입하면 다음과 같다.

$$W_t = f_v \sigma_b b_n m\, y_e \tag{10.16}$$

그런데 $W_t = \dfrac{W}{\cos \beta}$ 이고, $b_n = \dfrac{b}{\cos \beta}$ 이므로 이 값들을 식 (10.16)에 대입하여 정리하면

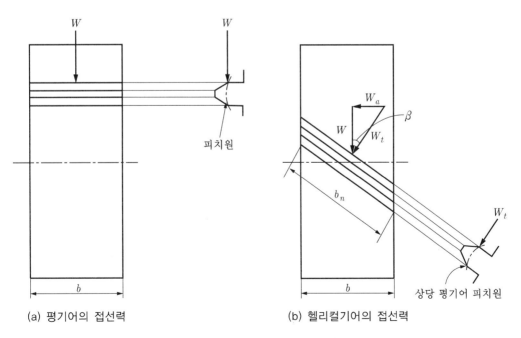

(a) 평기어의 접선력   (b) 헬리컬기어의 접선력

그림 10.7 피치원의 접선력 비교

$$W = f_v \, \sigma_b \, b \, m \, y_e \tag{10.17}$$

이다. 여기서, b는 축방향 이폭, m은 치직각 모듈이고, 치형계수 y_e는 치직각 압력각 α와 상당 평기어의 잇수 Z_e에 의해 표 9.7에서 찾아야 한다.

(2) 면압강도식

앞의 굽힘강도식과 같이 평기어의 면압강도식을 헬리컬기어에 맞게 고쳐서 사용할 수 있다. 그런데, 헬리컬기어에서는 접촉면에서 스러스트가 발생하여 이의 표면의 정밀도에 따라 동력전달능력이 달라질 수 있으므로 정밀도에 따른 면압계수 C_w를 도입하여 평기어의 면압강도식 (9.48)을 다음과 같이 수정할 수 있다.

$$W_t = f_v \, C_w \, K \, b_n \, m \, \frac{2Z_{e1}Z_{e2}}{Z_{e1}+Z_{e2}} \tag{10.18}$$

이다. 식 (10.18)에 $W_t = \dfrac{W}{\cos\beta}$, $b_n = \dfrac{b}{\cos\beta}$, $Z_e = \dfrac{Z}{\cos^3\beta}$를 대입하여 정리하면

$$W = f_v \frac{C_w}{\cos^3\beta} K \, b \, m \, \frac{2Z_1 Z_2}{Z_1 + Z_2} \tag{10.19a}$$

또는

$$W = f_v \frac{C_w}{\cos^2\beta} K \, b \, m_s \, \frac{2Z_1 Z_2}{Z_1 + Z_2} \tag{10.19b}$$

이다. 여기서, 헬리컬기어 면압계수 C_w는 보통 0.75를 사용하고, 이의 표면이 정밀하게 가공된 경우에는 1.0을 사용한다.

예제 10.2 피니언의 재질은 탄소강(SM45C), 잇수 $Z_1 = 60$, 회전속도 $n_1 = 1000\,\text{rpm}$ 이고, 기어의 재질은 탄소강(SM45C), 잇수 $Z_2 = 300$ 인 헬리컬기어의 전달동력을 구하라. 단, 치절삭 모듈 $m = 2.5$, 비틀림각 $\beta = 30°$, 공구압력각 $\alpha = 20°$, 이폭은 치직각 피치의 5배이다.

풀이 피치원주속도를 알기 위하여 피치원 지름 D_s를 알아야 하고, 따라서 축직각 모듈 m_s를 알 필요가 있다.

축직각 모듈 m_s는 식 (10.3)에 의하여

$$m_s = \frac{m}{\cos\beta} = \frac{2.5}{\cos 30°} = 2.89$$

피니언의 피치원 지름은 식 (10.5)에 의하여

$$D_{s1} = m_s Z_1 = 2.89 \times 60 = 173.4 (\text{mm})$$

피치원주속도는

$$v = \frac{\pi D_{s1} n_1}{1000 \times 60} = \frac{\pi \times 173.4 \times 1000}{1000 \times 60} = 9.07 (\text{m/s})$$

속도계수는 표 9.9에서

$$f_v = \frac{3.05}{3.05 + v} = \frac{3.05}{3.05 + 9.07} = 0.25$$

이폭은 치직각 피치의 5배이므로

$$b = 5p = 5\pi m = 5 \times \pi \times 2.5 = 39.2 ≒ 40 (\text{mm})$$

피니언과 기어의 상당잇수는 식 (10.11)에 의하여

$$Z_{e1} = \frac{Z_1}{\cos^3\beta} = \frac{60}{\cos^3 30°} = 92$$

$$Z_{e2} = \frac{Z_2}{\cos^3\beta} = \frac{300}{\cos^3 30°} ≒ 460$$

(a) 굽힘강도

피니언과 기어의 치형계수는 표 9.7과 보간법을 이용하여 구하면

$$\text{y}_{e1} = 0.450 , \quad \text{y}_{e2} = 0.484$$

피니언과 기어의 허용 굽힘응력(표 9.8에서 SM45C)은 $\sigma_b = 30\text{kg/mm}^2$이므로 전달하중은 식 (10.17)에 의하여

피니언 : $W = f_v \sigma_b bm\text{y}_{e1} = 0.25 \times 30 \times 40 \times 2.5 \times 0.450 = 337 (\text{kg})$

기 어 : $W = f_v \sigma_b bm\text{y}_{e2} = 0.25 \times 30 \times 40 \times 2.5 \times 0.484 = 363 (\text{kg})$

재질 및 강도가 동일하므로 기어에 대한 굽힘강도의 계산은 생략하여도 된다.

(b) 면압강도

면압계수 $C_w = 0.75$ 로 하고, 접촉면 응력계수는 $H_B = 200$으로 잡으면, 표 9.10 에서 $K = 0.053\text{kg/mm}^2$이므로 전달하중은 식 (10.19b)에 의하여

$$W = f_v \frac{C_w}{\cos^2 \beta} Kbm_s \frac{2Z_1 Z_2}{Z_1 + Z_2}$$

$$= 0.25 \times \frac{0.75}{\cos^2 30°} \times 0.053 \times 40 \times 2.89 \times \frac{2 \times 60 \times 300}{60 + 300} = 153 \,(\text{kg})$$

허용 전달하중은 최소 전달하중인 153 kg이 되고, 전달동력은 식 (9.49)에 의하여

$$H = \frac{Wv}{75} = \frac{153 \times 9.07}{75} = 18.5 \,(\text{ps})$$

이다.

예제 10.3 $T = 20000 \,\text{kg} \cdot \text{cm}$ 의 토크를 받는 한 쌍의 헬리컬기어에서 피니언의 재질이 탄소강(SM35C), 피치원 지름 $D_{s1} = 200 \,\text{mm}$, 회전속도 $n_1 = 1150 \,\text{rpm}$ 이고, 기어의 재질은 주강(SC46), 속도비는 1/5이다. 이 헬리컬기어의 모듈과 재질의 경도를 결정하라. 단, 공구압력각은 14.5°, 비틀림각은 20°이다.

풀이 전달해야 할 하중 W는

$$W = \frac{T}{\dfrac{D_{s1}}{2}} = \frac{20000}{\dfrac{20}{2}} = 2000 \,(\text{kg})$$

피치원주속도는

$$v = \frac{\pi D_{s1} n_1}{1000 \times 60} = \frac{\pi \times 200 \times 1150}{1000 \times 60} = 12 \,(\text{m/s})$$

속도계수는 표 9.9에서 중속용에 해당되므로

$$f_v = \frac{6.1}{6.1 + v} = \frac{6.1}{6.1 + 12} = 0.33$$

(a) 굽힘강도

이폭 b는 축직각 모듈 m_s의 20배로 잡으면

$$b = \frac{20m}{\cos 20°} = 21.3m$$

이고, 전달하중은 식 (10.17)에 의하여

$$W = f_v \sigma_b bm y_{e1} = 21.3 f_v \sigma_b m^2 \text{y}_e$$

피니언(SM35C)의 허용 굽힘응력은 표 9.8에서 $\sigma_b = 26 \,\text{kg/mm}^2$이고, 상당 평기어의 치형계수 $y_e = 0.347$로 가정하면, 모듈은

$$m = \sqrt{\frac{W}{21.3 f_v \sigma_b y_e}} = \sqrt{\frac{2000}{21.3 \times 0.33 \times 26 \times 0.347}} = 5.6$$

이므로 $m = 6$으로 정하면, 축직각 모듈은 $m_s = \dfrac{m}{\cos\beta} = \dfrac{6}{\cos 20°} = 6.39$이다.

이때, 피니언과 기어의 잇수는 식 (10.5)에 의하여

$$Z_1 = \frac{D_{s1}}{m_s} = \frac{200}{6.39} \fallingdotseq 31, \quad Z_2 = 5Z_1 = 5 \times 31 = 155$$

상당 평기어 잇수는 식 (10.11)에 의하여

$$Z_{e1} = \frac{Z_1}{\cos^3\beta} = \frac{31}{\cos^3 20°} \fallingdotseq 37, \quad Z_{e2} = \frac{Z_2}{\cos^3\beta} = \frac{155}{\cos^3 20°} \fallingdotseq 187$$

상당 평기어 치형계수는 표 9.7에서

$$y_{e1} = 0.346, \quad y_{e2} = 0.38$$

이므로 피니언의 전달하중은 식 (10.17)에 의하여

$$W = f_v \sigma_b bm\, y_{e1} = 0.33 \times 26 \times 21.3 \times 6 \times 6 \times 0.346 = 2276\,(\text{kg})$$

표 9.8에서 기어(SC46)는 $\sigma_b = 19\,\text{kg/mm}^2$이므로 기어의 전달하중은 식 (10.17)에 의하여

$$W = 0.33 \times 19 \times 21.3 \times 6 \times 6 \times 0.380 = 1827\,(\text{kg}) < 2000\,(\text{kg})$$

이 되어 기어의 전달하중이 요구하는 값보다 작으므로 $m = 6.5$로 이의 크기를 증가시켜서 재검토한다(또는 재질을 변경하여 재검토할 수도 있다).

이때 $m_s = \dfrac{6.5}{\cos 20°} = 6.92$이므로 피니언과 기어의 잇수는

$$Z_1 = \frac{200}{6.92} \fallingdotseq 29, \quad Z_2 = 5 \times 29 = 145$$

상당 평기어 잇수는 식 (10.11)에 의하여

$$Z_{e1} = \frac{29}{\cos^3 20°} \fallingdotseq 35, \quad Z_{e2} = \frac{145}{\cos^3 20°} \fallingdotseq 175$$

상당 평기어 치형계수는 표 9.7에 의하여

$$y_{e1} = 0.343, \quad y_{e2} = 0.379$$

전달하중은 식 (10.17)에 의하여

$$\text{피니언 : } W = 0.33 \times 26 \times 21.3 \times 6.5 \times 6.5 \times 0.343 = 2648\,(\text{kg})$$

$$\text{기 어 : } W = 0.33 \times 19 \times 21.3 \times 6.5 \times 6.5 \times 0.379 = 2139\,(\text{kg})$$

이 되어 전달해야 할 하중 2000 kg보다 훨씬 큰 값을 가지므로 $m = 6.5$로 결정한다.

(b) 면압강도

면압강도에 의하여 기어재료의 경도를 구한다. $C_w = 1.0$ 으로 잡으면, 면압강도에 의한 전달하중은 식 (10.19a)에서

$$W = f_v \frac{C_w}{\cos^3 \beta} Kbm \frac{2Z_1 Z_2}{Z_1 + Z_2}$$

이므로 접촉면 응력계수는

$$K = \frac{W \cos^3 \beta}{f_v C_w bm} \frac{Z_1 + Z_2}{2 Z_1 Z_2}$$

$$= \frac{2000 \times \cos^3 20°}{0.33 \times 1 \times 21.3 \times 6.5 \times 6.5} \times \frac{(29 + 145)}{2 \times 29 \times 145}$$

$$= 0.116 \, (\mathrm{kg/mm^2})$$

이므로 표 9.10에서 $K = 0.116 \, \mathrm{kg/mm^2}$ 인 강철을 택하고, 표면의 경도는 피니언이 $H_B = 350$, 기어가 $H_B = 300$ 이 되어야 한다.

10.2 베벨기어

베벨기어(bevel gear)는 원추 마찰차의 표면에 이를 만들어 두 축이 교차하는 경우에 동력을 전달하는 기계요소이다. 그림 10.8은 직선 베벨기어의 실물이다.

그림 10.8 베벨기어의 실물

10.2.1 베벨기어의 명칭과 속도비

(1) 베벨기어의 명칭

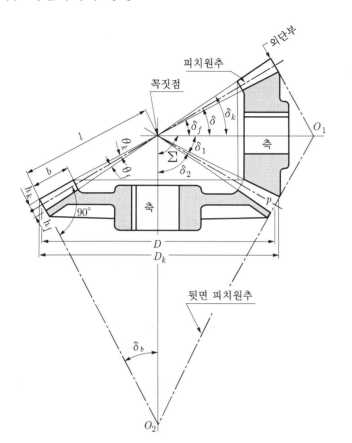

Σ : 축각
δ : 피치 원추각
δ_k : 이끝 원추각
δ_f : 이뿌리 원추각
θ_k : 이끝각
θ_f : 이뿌리각
h_k : 이끝높이
h_f : 이뿌리높이
D : 피치원 지름
D_k : 이끝원 지름
l : 원추거리
b : 이폭

그림 10.9 베벨기어의 명칭

그림 10.9는 베벨기어의 명칭을 나타내고 있다. 베벨기어의 바깥쪽을 대단부(大端部) 또는 외단부(外端部), 안쪽을 소단부(小端部) 또는 내단부(內端部)라고 한다. 이의 크기는 잇줄을 따라 바깥쪽에서 안쪽으로 갈수록 작아진다. 이의 크기를 나타낼 때 일반적으로 외단부의 정면을 기준으로 한다. 기준 압력각은 치직각 압력각을 기준으로 표시한다. 원추거리는 피치원추의 원추거리를 기준으로 한다. 스파이럴 베벨기어의 비틀림각은 이폭의 중앙부분을 기준으로 표시한다.

표 10.1 베벨기어의 치수

명칭	기호	계산식
축각(shaft angle)	Σ	$\Sigma = \delta_1 + \delta_2$
피치 원추각(pitch cone angle)	δ	$\tan \delta_1 = \sin \Sigma / \left(\dfrac{Z_2}{Z_1} + \cos \Sigma \right)$ $\tan \delta_2 = \sin \Sigma / \left(\dfrac{Z_1}{Z_2} + \cos \Sigma \right)$
피치원 지름(pitch circle dia)	D	$D_1 = Z_1 m$, $D_2 = Z_2 m$
바깥지름	D_k	$D_k = D + 2h_k \cos \delta$
이끝높이(addendum)	h_k	$h_k = m$
이뿌리높이(dedendum)	h_f	$h_f = m + c_k$
원추거리(cone distance)	l	$l = D/2\sin \delta$
이폭(face width)	b	$b = (1/4 \sim 1/3)\, l$
이끝각(addendum angle)	θ_k	$\tan \theta_k = \dfrac{2h_k \sin \delta}{D} = \dfrac{h_k}{l}$
이뿌리각(dedendum angle)	θ_f	$\tan \theta_f = h_f / l$
이두께(tooth thickness)	t	$t = \pi m / 2$
뒷면 원추각(back cone angle)	δ_b	$\delta_b = 90° - \delta$

(2) 베벨기어의 속도비

그림 10.10과 같이 베벨기어 한 쌍이 피치원추의 모선 $\overline{OA}$ 에서 접촉할 때, 원동기어와 종동기어의 외단부 피치원 반지름을 R_1, R_2, 각속도를 ω_1, ω_2 라 하면, 외단부 A 점의 접선속도 $v = R_1\omega_1 = R_2\omega_2$ 이므로 속도비 i 는

$$i = \frac{\omega_2}{\omega_1} = \frac{R_1}{R_2} = \frac{n_2}{n_1}$$

이다. 그런데, 그림 10.10에서 외단부의 피치원 반지름 R 은

$$R_1 = \overline{OA}\sin\delta_1 = mZ_1/2$$

$$R_2 = \overline{OA}\sin\delta_2 = mZ_2/2$$

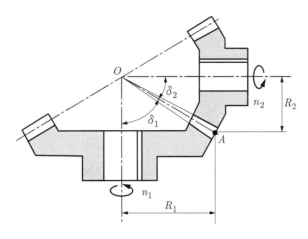

그림 10.10 베벨기어의 속도비

이므로

$$i = \frac{n_2}{n_1} \equiv \frac{Z_1}{Z_2} = \frac{\sin\delta_1}{\sin\delta_2} = \frac{\sin\delta_1}{\sin(\varSigma - \delta_1)} \tag{10.20}$$

여기서, Z_1, Z_2는 원동축과 종동축의 잇수

n_1, n_2는 원동축과 종동축의 회전속도(rpm)

δ_1, δ_2는 원동축과 종동축의 피치 원추각(피치원추 꼭지각의 1/2)

$\varSigma$는 축각($\varSigma = \delta_1 + \delta_2$)

식 (10.20)에서 피치 원추각 δ를 유도하면 다음과 같다.

$$\tan\delta_1 = \frac{\sin\varSigma}{\cos\varSigma + \dfrac{n_1}{n_2}} = \frac{\sin\varSigma}{\cos\varSigma + \dfrac{Z_2}{Z_1}} \tag{10.21a}$$

$$\tan\delta_2 = \frac{\sin\varSigma}{\cos\varSigma + \dfrac{n_2}{n_1}} = \frac{\sin\varSigma}{\cos\varSigma + \dfrac{Z_1}{Z_2}} \tag{10.21b}$$

만일, 두 축이 이루는 축각 $\varSigma = \delta_1 + \delta_2 = 90°$라면, 속도비는 다음과 같다.

$$i = \frac{n_2}{n_1} = \frac{Z_1}{Z_2} = \tan\delta_1 = \frac{1}{\tan\delta_2} \tag{10.21c}$$

10.2.2 베벨기어의 상당 평기어

앞에서 말한 것과 같이 베벨기어에서 이의 크기는 안쪽에서 바깥쪽으로 갈수록 커진다. 그러므로 베벨기어의 강도계산은 외단부를 기준으로 하여 수행한 후에 보정한다. 베벨기어의 치직각 단면에 대한 강도계산과 공구선정을 위하여 상당 평기어의 잇수를 정해야 한다.

베벨기어에서 치직각 단면은 외단부의 뒷면 원추(back cone)에 해당하므로 상당 평기어의 피치원 반지름은 그림 10.11에서 $\overline{O_1A}$이다. 그림 10.11에서 보는 바와 같이 $\triangle AOO_1 \backsim \triangle EAO_1$이므로 $\angle AOO_1 = \angle EAO_1$이다. 베벨기어의 피치원 반지름 $\overline{EA}$를 R로 하고, 상당 평기어 피치원 반지름 $\overline{O_1A}$를 R_e라고 하면 다음 관계가 성립한다.

$$\overline{EA} = \overline{O_1A} \cos\delta \text{ 또는 } R = R_e \cos\delta$$

따라서, 상당 평기어의 피치원 지름 D_e는

$$D_e = \frac{D}{\cos\delta} \tag{10.22}$$

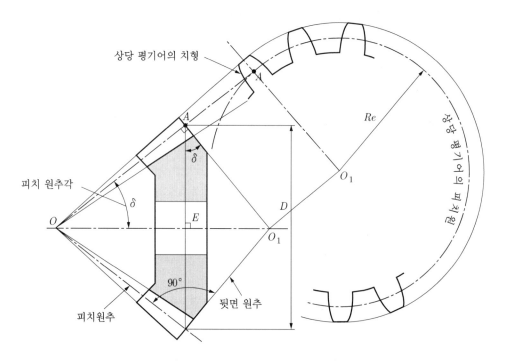

그림 10.11 베벨기어의 상당 평기어

상당 평기어의 잇수 Z_e는

$$Z_e = \frac{D_e}{m} = \frac{D}{m}\frac{1}{\cos\delta} = \frac{Z}{\cos\delta}$$ (10.23)

여기서, m은 베벨기어의 외단부 모듈

Z는 베벨기어의 잇수

[예제 10.4] 축각 $\Sigma = 90°$이고 피니언의 잇수 $Z_1 = 15$, 기어의 잇수 $Z_2 = 30$, 모듈 $m = 4$인 직선 베벨기어 한 쌍이 있다. 각부 치수를 계산하라.

[풀이] $\Sigma = 90°$이므로 피치 원추각은 식 (10.21a)에 의하여

$$\tan\delta_1 = \frac{Z_1}{Z_2} = \frac{15}{30} = 0.5$$

$$\therefore \ \delta_1 = 26.6°$$

$$\therefore \ \delta_2 = \sum - \delta_1 = 90° - 26.6° = 63.4°$$

표 10.1에 의하여 베벨기어의 각부 치수를 구하면 다음과 같다.
피치원 지름은

$$D_1 = Z_1 m = 15 \times 4 = 60 \,(\mathrm{mm})$$

$$D_2 = Z_2 m = 30 \times 4 = 120 \,(\mathrm{mm})$$

피치원추 거리는

$$l = D_1 / 2\sin\delta_1 = 60/2 \sin 26.6° = 67.2 \,(\mathrm{mm})$$

그리고 상당 평기어 잇수는 식 (10.23)에 의하여

$$Z_{e1} = Z_1 / \cos\delta_1 = 15/\cos 26.6° \fallingdotseq 17$$

$$Z_{e2} = Z_2 / \cos\delta_2 = 30/\cos 63.4° \fallingdotseq 67$$

이다.

[예제 10.5] 압력각 20°, 모듈 4, 잇수 38, 65인 한 쌍의 직선 베벨기어에서 각부의 치수 및 상당 평기어의 잇수를 구하라. 단, 축각은 90°이다.

[풀이] 축각이 90°인 직선 베벨기어의 각부의 치수를 표 10.1에 의하여 구하면 다음과 같다.

(a) 피치 원추각 δ

$$\tan \delta_1 = \frac{Z_1}{Z_2} = \frac{38}{65} = 0.5846$$

$$\therefore \; \delta_1 = 30.3°$$

$$\therefore \; \delta_2 = 90° - \delta_1 = 90° - 30.3° = 59.7°$$

(b) 뒷면 원추각 δ_b

$$\delta_{b1} = 90° - \delta_1 = 90° - 30.3° = 59.7°$$

$$\delta_{b2} = 90° - \delta_2 = 90° - 59.7° = 30.3°$$

(c) 피치 원지름 D

$$D_1 = mZ_1 = 4 \times 38 = 152 \,(\mathrm{mm})$$

$$D_2 = mZ_2 = 4 \times 65 = 260 \,(\mathrm{mm})$$

(d) 바깥지름 D_k

$$D_{k1} = D_1 + 2h_k \cos \delta_1 = 152 + 2 \times 4 \times \cos 30.3° = 158.91 \,(\mathrm{mm})$$

$$D_{k2} = D_2 + 2h_k \cos \delta_2 = 260 + 2 \times 4 \times \cos 59.7° = 264.04 \,(\mathrm{mm})$$

(e) 원추거리 l

$$l = \frac{D_1}{2 \sin \delta_1} = \frac{152}{2 \times \sin 30.3°} = 150.6 \,(\mathrm{mm})$$

(f) 이끝각 θ_k

$$\tan \theta_k = \frac{h_k}{l} = \frac{4}{150.6} = 0.02656$$

$$\therefore \theta_k = 1.5°$$

(g) 이뿌리각 θ_f

이뿌리높이 h_f는 보통 이끝 틈새 c_k를

$$c_k \geqq \frac{1}{20}p = \frac{\pi}{20}m = 0.157 \,\mathrm{m}$$

으로 하고 있으므로

$$h_f = h_k + c_k = \mathrm{m} + 0.157\mathrm{m} = 1.157\mathrm{m} = 1.157 \times 4 = 4.628 \,(\mathrm{mm})$$

$$\tan \theta_f = \frac{h_f}{l} = \frac{4.628}{150.6} = 0.03073$$

$$\therefore \ \theta_f = 1.8°$$

(h) 이끝 원추각 δ_k

$$\delta_{k1} = \delta_1 + \theta_k = 30.3° + 1.5° = 31.8°$$

$$\delta_{k2} = \delta_2 + \theta_k = 59.7° + 1.5° = 61.2°$$

(i) 이뿌리 원추각 δ_f

$$\delta_{f1} = \delta_1 - \theta_f = 30.3° - 1.8° = 28.5°$$

$$\delta_{f2} = \delta_2 - \theta_f = 59.7° - 1.8° = 57.9°$$

(j) 상당 평기어의 잇수 Z_e

$$Z_{e1} = \frac{Z_1}{\cos \delta_1} = \frac{38}{\cos 30.3°} \fallingdotseq 44$$

$$Z_{e2} = \frac{Z_2}{\cos \delta_2} = \frac{65}{\cos 59.7°} \fallingdotseq 129$$

10.2.3 베벨기어에 작용하는 힘

한 쌍의 베벨기어가 물릴 때에 평균 피치원 위에서 이의 접촉면에 수직하게 작용하는 힘 W_n은 그림 10.12와 같이 상당 평기어의 평균 피치원에서 접선력인 동시에 베벨기어의 회전력인 W와 피치 원추에 수직한 힘 W_v로 나누어진다. 또한, W_v는 반지름 방향 성분 W_r과 축방향 성분 W_a로 나누어진다. 이들의 관계는 다음과 같다.

$$W_n = \frac{W}{\cos \alpha}$$

$$W_v = W \tan \alpha$$

$$W_r = W_v \cos \delta = W \tan \alpha \cos \delta$$

$$W_a = W_v \sin \delta = W \tan \alpha \sin \delta \qquad (10.24)$$

여기서, 회전력 W는 지름 D_m인 평균 피치원 위에 작용하는 접선력, α는 압력각, δ는 피치 원추각이다.

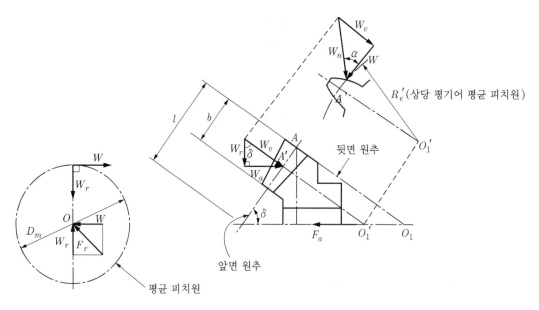

그림 10.12 베벨기어에 작용하는 힘

베벨기어에 의하여 축에 작용하는 반지름방향 하중 F_r과 축방향 하중인 스러스트 F_a은 다음과 같다.

$$F_r = \sqrt{W^2 + W_r^2} \tag{10.25}$$
$$F_a = W_a$$

10.2.4 베벨기어의 강도설계

(1) 굽힘강도식

베벨기어의 강도계산에는 외단부를 기준으로 하는 경우와 이폭의 중앙부를 기준으로 하는 경우가 있다. 그런데 베벨기어의 치수가 외단부를 기준으로 정해지므로 강도계산도 외단부를 기준으로 한다.

베벨기어의 굽힘강도식은 이의 크기가 이폭 전체에 걸쳐서 균일하다고 가정하면, 이폭 b, 외단부의 모듈 m, 잇수 Z_e인 상당 평기어에 작용하는 회전력 W에 대한 굽힘강도식과 같다. 그러므로

$$W = f_v \sigma_b m \, y_e \tag{10.26}$$

여기서, y_e는 베벨기어의 상당 평기어 잇수 Z_e에 해당하는 치형계수이다.

그러나 이의 크기가 외단부에서 내단부로 갈수록 작아지므로 실제 굽힘저항에 의하여 전달할 수 있는 힘도 줄어들게 된다. 따라서, 외단부를 기준으로 하는 경우에 전달력이 줄어드는 만큼 수정이 필요하여 다음과 같은 베벨기어 수정계수 λ를 도입한다.

$$\lambda = \frac{l - b}{l} \tag{10.27}$$

여기서, l은 피추 원추의 거리이고, 외단부의 피치원 지름을 D라 하면, 그림 10.9에 의하여

$$l = \frac{D}{2 \sin \delta} \tag{10.28}$$

이다. 식 (10.26)에 수정계수 λ를 대입하면

$$W = f_v \sigma_b b m \, y_e \lambda \tag{10.29}$$

베벨기어의 이폭 $b = (1/4 \sim 1/3) \, l$로 하고, 평균 피치원주속도는 직선 베벨기어에서는 $v = 5 \, \mathrm{m/sec}$ 이하로 제한하는 것이 좋다.

(2) 면압강도식

베벨기어의 면압강도는 굽힘강도식과 마찬가지로 외단부를 기준으로 하면, 외단부의 모듈 m과 베벨기어의 상당 평기어 잇수 Z_e로 베벨기어의 면압강도에 의한 전달력을 다음과 같이 표현할 수 있다.

$$W = f_v K b m \frac{2 Z_{e1} Z_{e2}}{Z_{e1} + Z_{e2}} \tag{10.30}$$

그러나 식 (10.30)은 기어가 전달할 수 있는 힘이 실제보다 너무 크게 나오므로 잘 쓰이지 않으며, 대신 식 (10.31)과 같이 미국의 AGMA(American Gear Manufacturer's Association)의 식이 널리 사용되고 있다.

$$W = 1.336\,b\,\sqrt{D_1}\,f_m\,f_s \quad \text{(직선 베벨기어)}$$

$$W = 1.367\,b\,\sqrt{D_1}\,f_m\,f_s \quad \text{(스파이럴 베벨기어)} \qquad (10.31)$$

여기서, b : 이폭

$\quad\quad D_1$: 피니언의 피치원 지름(mm)

$\quad\quad f_m$: 재료에 의한 계수(표 10.2)

$\quad\quad f_s$: 사용기계에 대한 계수(표 10.3)

표 10.2 베벨기어의 재료에 의한 계수 f_m

피니언의 재료	기어의 재료	f_m	피니언의 재료	기어의 재료	f_m
주철 또는 주강	주철	0.3	기름담금질강	연동 또는 주강	0.45
조질강	조질강	0.35	침탄강	조질강	0.5
침탄강	주철	0.4	기름담금질강	기름담금질강	0.80
기름담금질강	주철	0.4	침탄강	기름담금질강	0.85
침탄강	연강 또는 주강	0.45	침탄강	침탄강	1.00

표 10.3 베벨기어의 사용기계에 의한 계수 f_s

f_s	사용기계
2.0	자동차, 전차(시동 토크에 의함)
1.0	항공기, 송풍기, 원심분리기, 기중기, 공작기계(벨트구동), 인쇄기, 원심펌프, 감속기, 방적기, 목공기
0.75	공기압축기, 전기공구(휴대용), 광산기계, 컨베이어
0.5~0.65	분쇄기, 공작기계(모터 직결구동), 왕복펌프, 압연기

예제 10.6 잇수 $Z_1 = 40$, $Z_2 = 56$인 한 쌍의 주철제(GC30) 직선 베벨기어의 축각 $\Sigma = 90°$이 다. 피니언의 회전속도 $n_1 = 180\,\text{rpm}$, 이폭 $b = 70\,\text{mm}$, 공구압력각 $\alpha = 14.5°$, 모 듈 $m = 8$일 때, 전달할 수 있는 최대동력을 구하라.

풀이 (a) 굽힘강도

$\quad\quad$ 피치원 지름 $D_1 = mZ_1 = 8 \times 40 = 320\,(\text{mm})$

$$D_2 = m Z_2 = 8 \times 56 = 448 \, (\mathrm{mm})$$

피치원주속도 $\quad v = \dfrac{\pi D_1 n_1}{1000 \times 60} = \dfrac{\pi \times 320 \times 180}{1000 \times 60} = 3.0 \, (\mathrm{m/s})$

속도계수 $\quad f_v = \dfrac{3.05}{3.05 + v} = \dfrac{3.05}{3.05 + 3.0} = 0.5$

피치 원추각은 축각 $\varSigma = 90°$ 이므로

$$\tan \delta_1 = \frac{Z_1}{Z_2} = \frac{40}{56} = 0.714$$

$$\therefore \quad \delta_1 = 35.5°$$

$$\therefore \quad \delta_2 = \varSigma - \delta_1 = 90° - 35.5° = 54.5°$$

상당 평기어의 잇수는 식 (10.23)에 의하여

$$Z_{e1} = \frac{Z_1}{\cos \delta_1} = \frac{40}{\cos 35.5°} = 49$$

$$Z_{e2} = \frac{Z_2}{\cos \delta_2} = \frac{56}{\cos 54.5°} = 96$$

상당 평기어의 치형계수는 표 9.7로부터

$$\mathrm{y}_{e1} = 0.356, \ \ \mathrm{y}_{e2} = 0.373$$

원추거리는 식 (10.28)에 의하여

$$l = \frac{D_1}{2 \sin \delta_1} = \frac{320}{2 \sin 35.5°} = 276 \, (\mathrm{mm})$$

이고, 수정계수는 식 (10.27)에 의하여

$$\lambda = \frac{l - b}{l} = \frac{276 - 70}{276} = 0.75$$

이다. 표 9.8에서 GC30의 허용 굽힘응력은 $\sigma_b = 13 \, (\mathrm{kg/mm^2})$ 이고, 피니언과 기어의 재질이 같으므로 피니언의 굽힘강도에 의한 전달하중을 식 (10.26)에 의하여 구하면

$$W = f_v \sigma_b b m \, \mathrm{y}_{e1} \lambda = 0.5 \times 13 \times 70 \times 8 \times 0.356 \times 0.75 = 972 \, (\mathrm{kg})$$

(b) 면압강도

식 (10.30)의 면압강도식을 적용하면, 표 9.10에서 재료가 모두 주철인 경우 $K = 0.132 \, \mathrm{kg/mm^2}$ 이므로

$$W = f_v Kbm \frac{2Z_{e_1}Z_{e_2}}{Z_{e_1} + Z_{e_2}}$$

$$= 0.5 \times 0.132 \times 70 \times 8 \times \frac{2 \times 49 \times 96}{49 + 96} = 2398 \,(\text{kg})$$

AGMA 식을 적용하면, 표 10.2에서 재료계수 $f_m = 0.3$, 표 10.3에서 사용 기계계수 $f_s = 0.65$로 잡으면, 직선 베벨기어의 면압강도에 의한 전달하중은 식 (10.31)에 의하여

$$W = 1.336b\sqrt{D_1}\,f_m f_s = 1.336 \times 70 \times \sqrt{320} \times 0.3 \times 0.65 = 326 \,(\text{kg})$$

그러므로 허용 전달하중은 최소하중인 $W = 326 \,\text{kg}$이고, 전달동력은

$$H = \frac{Wv}{75} = \frac{326 \times 3}{75} = 13 \,(\text{ps})$$

예제 10.7 예제 10.5와 같은 직선 베벨기어에서 피니언이 $n_1 = 200 \,\text{rpm}$으로 회전하여 $H = 3 \,\text{ps}$의 동력을 전달할 때, 필요한 베벨기어의 재질을 결정하라.

풀이 예제 10.5에 의하여

$$\text{피치원주속도}\; v = \frac{\pi D_1 n_1}{1000 \times 60} = \frac{\pi \times 152 \times 200}{1000 \times 60} = 1.59 \,(\text{m/s})$$

$$\text{속도계수}\; f_v = \frac{3.05}{3.05 + v} = \frac{3.05}{3.05 + 1.59} \fallingdotseq 0.657$$

이폭을 외단부 모듈 m의 8배로 잡으면, 이폭은

$$b = 8 \times 4 = 32 \,(\text{mm})$$

압력각 20°, 상당잇수 $Z_{e1} = 44$에 대한 치형계수는 표 9.7로부터 $y_{e1} = 0.411$을 얻는다. 전달하여야 할 하중 W는

$$W = \frac{75H}{v} = \frac{75 \times 3}{1.59} = 142 \,(\text{kg})$$

이다. 예제 10.5에서 원추거리는

$$l = 150.6 \,\text{mm}$$

이므로 베벨기어 수정계수는 식 (10.27)에 의하여

$$\lambda = \frac{l - b}{l} = \frac{150.6 - 32}{150.6} = 0.79$$

따라서 허용 굽힘응력 σ_b를 식 (10.26)에 의하여 구하면

$$\sigma_b = \frac{W}{f_v b m y_{e1} \lambda} = \frac{142}{0.657 \times 32 \times 4 \times 0.411 \times 0.79} = 5.2 \,(\mathrm{kg/mm^2})$$

또한 충격을 고려하여 하중계수 $f_w = 1.25$ 로 잡으면, 허용 굽힘응력은

$$\sigma_b = 1.25 \times 5.2 = 6.5 \,(\mathrm{kg/mm^2})$$

다음에 필요한 재료의 접촉면응력계수 K를 식 (10.30)에 의하여 구하면

$$K = \frac{W}{f_v b m \dfrac{2 Z_{e1} Z_{e2}}{Z_{e1} + Z_{e2}}} = \frac{142}{0.657 \times 32 \times 4 \times \dfrac{2 \times 44 \times 129}{44 + 129}} = 0.0257 \,(\mathrm{kg/mm^2})$$

표 9.8에서 SM25C를 선택하면, SM25C의 $H_B = 123 \sim 183$, $\sigma_b = 21\,\mathrm{kg/mm^2}$ $> 6.5\,\mathrm{kg/mm^2}$이고, 표 9.10에서 압력각 20°의 K는 강$(H_B = 150)$에 대하여 $K = 0.027\,\mathrm{kg/mm^2} > 0.0257\,\mathrm{kg/mm^2}$가 된다. 그러므로 피니언과 기어 모두 탄소강 SM25C에 $H_B = 150$으로 결정한다.

10.3 웜기어

웜기어는 두 축이 서로 직각을 이루지만, 동일평면상에 있지 않을 경우에 동력을 전달하는 기어이다. 웜기어는 그림 10.13과 같이 나사형상인 웜(worm)과 이에 맞물리는 웜휠(worm wheel)로 이뤄진다.

일반적으로 웜이 웜휠을 회전시켜서 동력을 전달하지만, 특별한 경우에는 반대방향으로 동력을 전달하기도 한다.

웜기어의 장점은 좁은 공간에서 큰 감속을 할 수 있고, 소음과 진동이 적어서 감속기로 많이 쓰인다. 또한 부하용량이 크고 역전방지 역할을 할 수 있다. 한편 웜기어의 단점은 웜과 웜휠의 물림이 나사가 감긴 것처럼 동시에 접촉하는 면이 넓어서 마찰열의 발생이 많고, 스러스트가 발생한다. 웜휠의 형상이 복잡하여 가공에 특수공구가 필요하며, 인벌류트 기어와 달리 호환성이 없다.

그림 10.13 웜기어의 실물

10.3.1 웜기어의 명칭과 치수

그림 10.14는 웜기어의 각부의 명칭을 나타낸 것이다. 웜의 축선방향의 치형이 웜휠의 축직각 단면의 치형과 같으므로 웜기어의 각부의 치수는 웜휠의 축직각 단면의 치형을 기준으로 표 10.4와 같이 정한다.

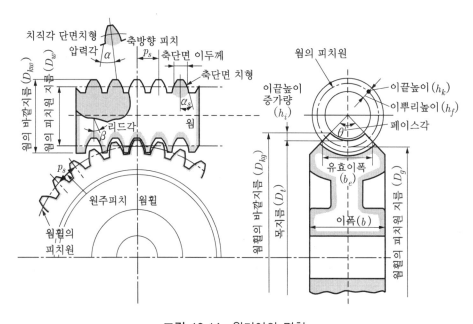

그림 10.14 웜기어의 명칭

표 10.4 웜기어의 각부 치수

명 칭	기호	웜(첨자 w)	웜휠(첨자 g)
모듈	m	$m = \dfrac{p}{\pi} = m_s \cos \beta$ − 웜의 치직각 모듈 $m_s = \dfrac{p_s}{\pi} = \dfrac{D_g}{Z_g} = m / \cos \beta$ − 웜휠의 축직각 모듈	
리드각(비틀림각)	β	$\tan \beta = \dfrac{l}{\pi D_w}$	비틀림각(β)
리드	l	$l = p_s Z_w$	$l = \pi D_g i$ (i는 속도비)
이끝높이	h_k	$h_k = m_s$ ($Z_w = 1,\ 2$) $h_k = 0.9 m_s$ ($Z_w = 3,\ 4$)	
총이높이	h	이끝틈새 $C_k \geqq 0.25 m_s$ 일 때 $h = 2.25 m_s$ ($Z_w = 1,\ 2$) $h = 2.05 m_s$ ($Z_w = 3,\ 4$)	
피치원 지름	D	$D_w = \dfrac{l}{\pi \tan \beta}$ $D_w = 2 p_s + 12.7\,(\text{mm})$ − 축과 일체 $D_w = 2.4 p_s + 28\,(\text{mm})$ − 축과 분리	$D_g = m_s Z_g$
이끝원 지름	D_k	$D_{kw} = D_w + 2 h_k$	(목지름 $D_t = D_g + 2 h_k$) $D_{kg} = D_t + 2 h_i$
이뿌리원 지름	D_f	$D_{fw} = D_w - 2 h_f$	$D_{fg} = D_g - 2 h_f$
웜의 길이	L	$L = (4.5 + 0.02 Z_g) p_s$	
이끝높이 증가량	h_i		$h_i = 0.75 h_k$ ($Z_w = 1,\ 2$) $h_i = 0.5 h_k$ ($\alpha < 20°$) ($Z_w = 3,\ 4$) $h_i = 0.375 h_k$ ($\alpha > 20°$)
이폭	b		$b = 2.4 p_s + 6\,(\text{mm})$ ($Z_w = 1,\ 2$) $b = 2.15 p_s + 5\,(\text{mm})$ ($Z_w = 3,\ 4$)
유효 이폭	b_e		$b_e = \sqrt{D_{kw}^2 - D_w^2}$
웜휠의 페이스각	θ		$\theta = 2 \cos^{-1} \left(\dfrac{D_w}{D_{kw}} \right)$

10.3.2 웜기어의 속도비

웜의 형상은 수나사와 같고 웜휠은 원반의 둘레에 사다리꼴 암나사의 일부를 깎은 것으로 생각할 수 있기 때문에 웜기어의 속도비를 계산하는 데는 나사 이론을 그대로 적용시킬 수 있다.

웜기어가 맞물려 돌아갈 때 웜이 1회전하면 나선의 축방향으로 진행한 거리인 리드 l은

$$\ell = Z_w \cdot p_s \tag{10.32}$$

이다. 여기서, Z_w는 웜의 줄 수, p_s는 웜휠의 축직각 피치인 동시에 웜의 피치이다.

만일, 웜이 회전속도 n_w로 회전하여 피치원 지름이 D_g인 웜휠을 회전속도 n_g로 회전시킨다면

$$n_w \ell = n_w \cdot Z_w \cdot p_s = n_g \cdot \pi D_g$$

이다. 그런데 웜휠의 피치원 둘레는 $\pi D_g = p_s Z_g$이므로

$$n_w Z_w p_s = n_g Z_g p_s$$

이다. 여기서, Z_g는 웜휠의 잇수이다. 따라서 웜휠과 웜의 속도비 i는

$$i = \frac{n_g}{n_w} = \frac{Z_w}{Z_g} \tag{10.33}$$

가 된다.

보통 웜의 줄수 Z_w는 1~3 정도이므로 웜휠의 잇수를 크게 함으로써 쉽게 큰 감속을 얻을 수 있어서 1단 감속으로도 $\frac{1}{60}$ 정도까지 가능하다. 그렇지만 평기어는 이의 간섭 때문에 1단의 감속비가 $\frac{1}{6}$ 정도로 제한된다.

[예제 10.8] 웜기어에서 웜의 피치원 지름이 30 mm, 웜휠의 피치원 지름이 350 mm, 웜의 리드각이 30°일 때 이 웜기어의 감속비를 구하라.

풀이 웜의 줄수를 Z_w, 웜의 축방향 피치를 p_s라고 하면, 웜의 리드 l은 $l = p_s Z_w$이고,

$p_s = \pi m_s \, (m_s$는 축방향 모듈)이므로 웜의 리드각 β는 표 10.4에서

$$\tan \beta = \frac{l}{\pi D_w} = \frac{\pi m_s Z_w}{\pi D_w} = \frac{m_s Z_w}{D_w}$$

$$\therefore \; Z_w = \frac{D_w}{m_s} \tan \beta$$

가 된다. m_s는 동시에 웜휠의 축직각 모듈이 되어야 하므로 웜휠의 잇수 $Z_g = \dfrac{D_g}{m_s}$

이므로 감속비 i는 식 (10.33)에 의하여

$$i = \frac{n_g}{n_w} = \frac{Z_w}{Z_g} = \frac{D_w \tan \beta / m_s}{D_g / m_s} = \frac{D_w}{D_g} \tan \beta$$

로 표시된다. 이 식에 주어진 수치를 대입하면

$$i = \frac{Z_w}{Z_g} = \frac{D_w}{D_g} \tan \beta = \frac{30}{350} \times \tan 30° = \frac{1}{20}$$

예제 10.9) 줄수가 $Z_w = 2$인 웜에서 축직각 모듈 $m_s = 3$, 감속비 $i = \dfrac{1}{150}$일 때, 웜과 웜휠의 바깥지름 및 중심거리를 구하라.

풀이   웜기어의 치수를 표 10.4에 있는 계산식을 이용하여 구한다. 먼저 웜의 피치원 지름 D_w는 웜과 축이 일체로 되어 있는 것으로 하고

$$D_w = 2p_s + 12.7 = 2\pi m_s + 12.7 = 2\pi \times 3 + 12.7 = 31.54 \,(\mathrm{mm})$$

웜휠의 잇수 Z_g는

$$Z_g = Z_w \frac{1}{i} = 2 \times 150 = 300$$

이므로 웜휠의 피치원 지름 D_g는

$$D_g = m_s Z_g = 3 \times 300 = 900 \,(\mathrm{mm})$$

그러므로 중심거리 C는

$$C = \frac{1}{2}(D_w + D_g) = \frac{1}{2}(31.54 + 900) = 465.77 \,(\mathrm{mm})$$

다음에 웜의 바깥지름 D_{kw}는

$$D_{kw} = D_w + 2h_k = D_w + 2m_s = 31.54 + 2 \times 3 = 37.54 \,(\mathrm{mm})$$

웜휠의 목지름 D_t는

$$D_t = D_g + 2h_k = D_g + 2m_s = 900 + 2 \times 3 = 906 \,(\mathrm{mm})$$

이고, 이끝높이의 증가량 h_i 는

$$h_i = 0.75h_k = 0.75m_s = 0.75 \times 3 = 2.25 \,(\mathrm{mm})$$

이다.

그러므로 웜휠의 바깥지름 D_{kg} 는

$$D_{kg} = D_t + 2h_i = 906 + 2 \times 2.25 = 910.5 \,(\mathrm{mm})$$

이다.

10.3.3 웜기어에 작용하는 힘

그림 10.15는 웜을 회전시키면 웜의 축방향으로 미는 힘이 발생하고, 이 힘이 웜휠을 회전력으로 작용하여 동력을 전달하는 것을 나타낸다. 그림 10.15(a)에서 보는 바와 같이 웜의 나사면에 수직으로 작용하는 힘 W_n 은 웜의 피치원에서 접선방향인 동시에 나선방향에 수직한 힘 W_t 와 반지름방향의 힘 W_r 로 나누어진다.

$$W_t = W_n \cos\alpha$$
$$W_r = W_n \sin\alpha \qquad\qquad (10.34)$$

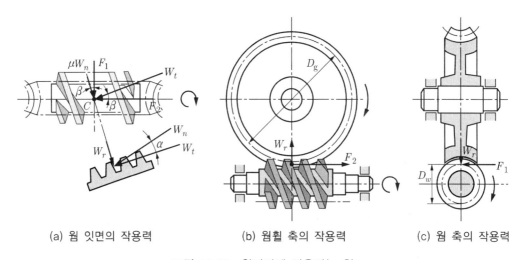

(a) 웜 잇면의 작용력   (b) 웜휠 축의 작용력   (c) 웜 축의 작용력

그림 10.15 웜기어에 작용하는 힘

다시 W_t는 웜피치원에 접선방향 성분과 축방향 성분으로 나눠져서 각각 웜의 회전력 F_1(웜휠의 스러스트)과 웜의 스러스트 F_2(웜휠의 회전력)에 기여한다. 또한 웜의 나사면에 작용하는 마찰력 μW_n은 나선방향으로 작용하면서 웜의 피치원에 접선방향 성분과 축방향 성분으로 나눠져서 웜의 회전력(F_1)과 웜의 스러스트(F_2)에 기여한다. 작용하는 힘들 사이의 관계를 나타내면 다음과 같다.

웜의 회전력(웜휠의 스러스트) F_1은

$$
\begin{aligned}
F_1 &= W_t\sin\beta + \mu W_n\cos\beta \\
&= W_n\cos\alpha\,\sin\beta + \mu W_n\cos\beta \\
&= W_n(\cos\alpha\,\sin\beta + \mu\cos\beta)
\end{aligned}
\tag{10.35}
$$

이고, 식 (10.35)에서 웜의 나사면에 작용하는 수직력 W_n은 다음과 같다.

$$
W_n = \frac{F_1}{(\cos\alpha\,\sin\beta + \mu\cos\beta)}
\tag{10.36}
$$

한편 웜의 스러스트(웜휠의 회전력) F_2는

$$
\begin{aligned}
F_2 &= W_t\cos\beta - \mu W_n\sin\beta \\
&= W_n\cos\alpha\,\cos\beta - \mu W_n\sin\beta \\
&= W_n(\cos\alpha\,\cos\beta - \mu\sin\beta)
\end{aligned}
\tag{10.37}
$$

위 식에 식 (10.37)의 W_n을 대입하여 정리하면

$$
\begin{aligned}
F_2 &= F_1\left(\frac{\cos\alpha\,\cos\beta - \mu\sin\beta}{\cos\alpha\,\sin\beta + \mu\cos\beta}\right) \\
&= F_1\left(\frac{1 - (\mu/\cos\alpha)\tan\beta}{\tan\beta + (\mu/\cos\alpha)}\right) \\
&= \frac{F_1}{\tan(\beta + \rho')}
\end{aligned}
\tag{10.38}
$$

이므로

$$
F_1 = F_2\tan(\beta + \rho')
\tag{10.39}
$$

이다. 식 (10.38)에서, $\mu/\cos\alpha = \mu' = \tan\rho'$라 놓았고, μ'을 상당 마찰계수, ρ'을 상당 마찰각이라 한다.

웜기어에 의하여 축의 반지름방향으로 작용하는 힘 F_r은 다음과 같다.

$$\text{웜 축의 경우} : F_{rw} = \sqrt{F_1^2 + W_r^2}$$

$$\text{웜휠 축의 경우} : F_{rg} = \sqrt{F_2^2 + W_r^2} \tag{10.40}$$

10.3.4 웜기어의 효율

웜기어는 외부로부터 에너지를 공급받아 그 일부는 마찰일로 소모되고 나머지는 유효한 일을 하게 된다.

웜에 회전력 F_1를 주어서 웜휠에 F_2의 회전력이 생기도록 할 때, 웜의 회전토크 T는

$$T = F_1 \frac{D_w}{2} = F_2 \frac{D_w}{2} \tan(\beta + \rho') \tag{10.41}$$

여기서, D_w는 웜의 피치원 지름이다. 그런데, 웜이 1회전할 때에 웜은 나선의 리드 l만큼 축방향으로 진행하고, 웜휠은 그만큼 회전하게 된다. 그러므로 웜에 가해진 에너지는 $2\pi T$이고, 웜휠이 한 일은 $F_2 l$이다.

따라서 웜기어의 효율 η는

$$\eta = \frac{F_2 l}{2\pi T} \tag{10.42}$$

식 (10.42)에 식 (10.41)을 대입하면 다음과 같다.

$$\eta = \frac{F_2\, l}{\pi F_2 D_w \tan(\beta + \rho')}$$

$$= \frac{\ell}{\pi D_w \tan(\beta + \rho')}$$

$$= \frac{\tan\beta}{\tan(\beta + \rho')} \tag{10.43}$$

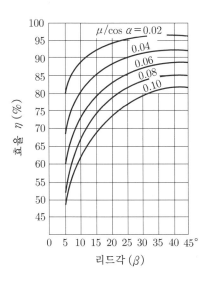

그림 10.16 웜기어의 효율

그러므로 웜기어의 효율 η를 높이기 위해서는 웜 나사면의 마찰계수 μ를 작게 하거나 웜의 줄수를 늘려서 리드각 β를 크게 해야 한다. 보통 웜의 줄수 $Z_w = 2{\sim}3$로 하고, 리드각 $\beta = 10{\sim}25°$로 한다. 그림 10.16은 리드각 β와 마찰계수 μ가 효율 η에 미치는 영향을 도시한 것으로 β가 10° 이하로 되면 η가 급격히 떨어지나 30° 이상에서는 별로 변하지 않음을 알 수 있다.

또한, 웜기어의 효율을 모터에서 웜 축으로 들어오는 동력 H_i에 대한 웜휠 축에서 나오는 동력 H_o의 비로 나타내면, 식 (10.44)와 같다.

$$\eta = \frac{H_o}{H_i} \tag{10.44}$$

여기서 웜의 피치원주속도를 v_w, 웜휠의 피치원주속도를 v_g라고 하면, $H_i = \dfrac{F_1 v_w}{75} \,(\mathrm{ps})$, $H_o = \dfrac{F_2 v_g}{75} \,(\mathrm{ps})$이다. 그러므로 식 (10.44)는 다음 식 (10.45)와 같이 정리된다.

$$\eta = \frac{F_2 v_g}{F_1 v_w} \tag{10.45}$$

한편, 웜휠을 구동하여 웜을 반대로 회전시키는 경우 웜휠에 주어지는 에너지는 $F_2 l$

이고, 웜이 회전하는 일은 $2\pi T'$이다. 이때 웜이 반대방향으로 회전하므로 마찰력의 방향이 반대가 되고, 반대방향으로 회전하는 웜기어의 효율 η'은 다음과 같다.

$$\eta' = \frac{2\pi T'}{F_2 l} = \frac{\tan{(\beta - \rho')}}{\tan\beta} \tag{10.46}$$

웜휠을 구동축으로 하여 웜을 회전시키려면 효율이 양수이어야 하고, $\eta' > 0$이려면 $\beta > \rho'$이어야 한다. 만약, $\rho' \geq \beta$이면, $\eta' \leq 0$이 되므로 웜휠로 웜을 회전시킬 수 없게 된다. 이런 원리를 이용하여 웜기어가 역전방지장치로 사용한다.

10.3.5 웜기어의 강도설계

서로 다른 형상을 하고 있는 웜과 웜휠에 의해 작동되는 웜기어의 마찰이 심하므로 윤활을 고려한 재료의 선택이 중요하다. 웜은 웜휠보다 미끄럼마찰을 받는 시간이 훨씬 길기 때문에 마모에 강한 재질인 단조한 강을 풀림 처리한 것이나 니켈크롬강을 담금질 하여 사용한다. 웜휠의 재료는 경하중인 경우에는 주철을, 고하중인 경우에는 포금(gun metal), 인청동 등 웜의 재질에 비해 비교적 연한 재료를 쓰고 있기 때문에 강도 계산을 웜휠을 대상으로 한다.

그러나 다른 기어에 비교하면 면압강도는 중요하지 않아서 다루지 않는 반면, 접촉면의 마찰에 의한 마멸과 발열이 중요하게 다루어진다. 또한 웜휠을 연한 재질로 제작하므로 굽힘강도와 마멸의 관점에서 검토하고, 웜에 대해서는 발열의 관점에서 검토한다.

(1) 굽힘강도식

Buckingham은 웜휠을 헬리컬기어와 같게 보고 굽힘강도에 의한 웜휠의 전달하중 W를 Lewis식을 적용하여 계산하였다. 웜휠의 전달하중 W는 앞에서 구한 웜휠의 회전력 F_2와 같다.

$$W = f_v \sigma_b b p y \tag{10.47}$$

여기서, W : 웜휠 피치원주의 회전력(kg)

f_v : 속도계수

σ_b : 웜휠의 허용 굽힘응력$(\mathrm{kg/mm}^2)$

b : 웜휠의 축방향 이폭(mm)

p : 웜휠의 치직각 피치(mm)

y : 치형계수

웜휠의 속도계수, 허용 굽힘응력과 치형계수는 각각 표 10.5~10.7에서 찾을 수 있다.

표 10.5 웜휠의 속도계수

재 료	속도계수 f_v
금속재료	$f_v = \dfrac{6}{6+v_\mathrm{g}}$
합성수지	$f_v = \dfrac{1+0.25v_\mathrm{g}}{1+v_\mathrm{g}}$

(단, v_g: 웜휠의 피치원주속도 m/s)

표 10.6 웜휠 재료의 허용 굽힘응력 σ_b

웜휠의 재료	$\sigma_b\,(\mathrm{kg/mm}^2)$	
	일방향 회전	양방향 회전
주철	8.5	5.7
인청동	17.0	11.3
안티몬청동	10.5	7.0
합성수지	3.0	2.0

표 10.7 웜휠의 치형계수

치직각 압력각(α)	치형계수(y)
14.5°	0.100
20°	0.125
25°	0.150
30°	0.175

(2) 마멸강도식

실제로 웜휠은 굽힘에 의해 파괴되는 일은 거의 없기 때문에 이의 접촉면의 마멸과 스코링을 대상으로 하여 부하능력과 수명을 정해야 한다. 웜휠에서 이의 접촉면의 마멸을 고려한 전달하중 W는 다음과 같은 Buckingham의 실험식으로 구한다.

$$W = f_v\, \phi K_w\, D_g\, b_e \tag{10.48}$$

여기서, ϕ : 웜의 리드각 β에 대한 계수

$\qquad K_w$: 웜휠의 내마멸 계수 $(\mathrm{kg/mm^2})$

$\qquad D_g$: 웜휠의 피치원 지름 (mm)

$\qquad b_e$: 웜휠의 유효이폭 (mm) (표 10.4에서 $b_e = \sqrt{D_{kw}^2 - D_w^2}$)

웜의 리드각 β에 대한 계수 ϕ와 내마멸계수 K_w는 표 10.8과 10.9에서 알 수 있다.

표 10.8 리드각 β에 대한 계수 ϕ의 값

$\beta < 10°$	$\phi = 1.00$
$10° \leq \beta < 25°$	$\phi = 1.25$
$\beta \geq 25°$	$\phi = 1.50$

표 10.9 내마멸계수 K_w의 값

웜의 재료	웜휠의 재료	$K_w\,(\mathrm{kg/mm^2})$
강($H_B = 250$ 이상)	인청동	42×10^{-3}
담금질강	주철	35×10^{-3}
〃	인청동	56×10^{-3}
〃	인청동(금형)	85×10^{-3}
〃	안티몬청동	85×10^{-3}
〃	합성수지	87×10^{-3}
주철	인청동	106×10^{-3}

(3) 발열강도식

웜의 발열은 기어의 형상, 재료, 가공정밀도, 윤활 등 여러 인자에 의하여 영향을 받으며 웜기어에서 발열을 고려한 웜휠의 전달하중 W는 다음 식으로 계산된다.

$$W = C_h \cdot b_h \cdot p_s \tag{10.49}$$

여기서 W : 발열을 고려한 웜휠의 전달하중(kg)

C_h : 속도에 따른 발열계수(kg/mm^2)

b_h : 웜의 피치원을 따라서 측정한 웜휠의 이폭(mm)

p_s : 웜휠의 축직각 피치(mm)

발열계수 C_h의 값에 대하여는 Kutzbach의 실험식을 사용한다.

$$\left.\begin{array}{l} C_h = \dfrac{0.4}{1 + 0.5 v_s} (\text{주철과 \ 주철}) \\[4mm] C_h = \dfrac{0.6}{1 + 0.5 v_s} (\text{강과 \ 인청동}) \end{array}\right\} \tag{10.50}$$

여기서, v_s는 웜의 미끄럼속도(m/s)이며, 웜의 피치원주속도를 v_w(m/s)라고 하면

$$v_s = v_w / \cos \beta \tag{10.51}$$

로 표시된다.

한편 웜휠의 페이스각을 θ라 하면, b_h는

$$b_h = \pi D_w \frac{\theta}{360°} \tag{10.52}$$

이고, 웜휠의 페이스각은

$$\theta = 2\cos^{-1}\left(\frac{D_w}{D_{kw}}\right) \tag{10.53}$$

이다. 여기서, D_{kw}는 웜의 이끝원 지름이다. 보통 $\theta = 60 \sim 80°$이다.

보통 웜기어는 이의 접촉면에서 발생하는 마멸과 발열에 의하여 제한을 받으므로 마멸과 발열강도에 대한 설계를 하고, 굽힘강도에 대한 설계는 하지 않아도 된다.

예제 10.10 속도비 $i = 1/15$인 웜기어 감속장치가 있다. 웜 축은 $n_1 = 1150$ rpm으로 웜휠 축에 $H = 5$ ps의 동력을 전달한다. 웜의 축방향 모듈 $m_s = 10$, 치직각 압력각 $\alpha = 20°$, 줄수 $Z_w = 2$, 피치원 지름 $D_w = 75$ mm, 리드각 $\beta = 23°$, 웜휠의 이폭 $b = 80$ mm, 웜의 재료는 담금질한 니켈크롬강, 웜휠의 재료는 인청동을 사용할 때 원하는 동력을 전달할 수 있는가를 검토하라.

풀이 웜기어는 보통 굽힘강도보다 이의 접촉면의 마찰에 의한 마멸과 발열에 의하여 제한을 받지만, 여기서는 모든 강도계산을 한다.

(a) 굽힘강도

웜휠의 잇수 Z_g는

$$Z_g = \frac{Z_w}{i} = 15 \times 2 = 30$$

웜휠의 피치원 지름 D_g는

$$D_g = m_s Z_g = 10 \times 30 = 300 \,(\text{mm})$$

웜휠의 회전속도 n_g는

$$n_g = n_w \, i = 1150 \times \frac{1}{15} = 76.6 \,(\text{rpm})$$

따라서 웜휠의 피치원주속도 v_g는

$$v_g = \frac{\pi D_g n_g}{1000 \times 60} = \frac{\pi \times 300 \times 76.6}{1000 \times 60} = 1.2 \,(\text{m/s})$$

그러므로 표 10.5에서 속도계수 f_v는

$$f_v = \frac{6}{6 + v_g} = \frac{6}{6 + 1.2} = 0.83$$

표 10.6에서 웜휠이 인청동인 경우에 허용 굽힘응력 $\sigma_b = 11.3 \,(\text{kg/mm}^2)$이고, 축방향피치

$$p_s = \pi m_s = \pi \times 10 = 31.4 \,(\text{mm})$$

이므로 치직각 피치는

$$p = p_s \cos \beta = 31.4 \times \cos 23° = 31.4 \times 0.9205 = 28.9 \,(\text{mm})$$

이폭 $b = 80$ mm, 표 10.7에서 치형계수 $y = 0.125$를 얻으므로 전달하중은 식 (10.47)에 의하여

$$W = f_v \, \sigma_b \, b p \, y = 0.83 \times 11.3 \times 28.9 \times 80 \times 0.125 = 2710 \,(\text{kg})$$

(b) 마멸에 대한 강도

식 (10.48)에서 $f_v = 0.83$, 표 10.8에서 $\phi = 1.25$, 표 10.4에서 이끝높이 $h_k = m_s$ $= 10\,\text{mm}$이므로 웜의 이끝원 지름은 표 10.4에 의하여

$$D_{kw} = D_w + 2h_k = 75 + 2 \times 10 = 95\,(\text{mm})$$

이고, 유효 이폭 b_e는 표 10.4에 의하여

$$b_e = \sqrt{D_{kw}^2 - D_w^2} = \sqrt{95^2 - 75^2} = 58.3\,(\text{mm})$$

표 10.9에서 내마멸계수 $K_w = 85 \times 10^{-3}\,\text{kg/mm}^2$라고 하면 전달하중은 식 (10.48)에 의하여

$$W = f_v \phi K_w D_g b_e = 0.83 \times 1.25 \times 85 \times 10^{-3} \times 300 \times 58.3 = 1543\,(\text{kg})$$

(c) 발열에 대한 강도

식 (10.51)에 의하여 웜의 미끄럼속도 v_s는

$$v_s = \frac{v_w}{\cos\beta} = \frac{\pi D_w n_w}{\cos\beta \times 1000 \times 60} = \frac{\pi \times 75 \times 1150}{\cos 23° \times 1000 \times 60} = 4.9\,(\text{m/s})$$

식 (10.50)으로부터 발열계수 C_h는

$$C_h = \frac{0.6}{1 + 0.5v_s} = \frac{0.6}{1 + 0.5 \times 4.9} = 0.27$$

웜휠의 페이스각은 식 (10.53)에 의하여

$$\theta = 2\cos^{-1}\left(\frac{D_w}{D_{kw}}\right) = 2\cos^{-1}\left(\frac{75}{95}\right) = 75.7°$$

웜피치원 위의 웜휠의 접촉폭은 식 (10.52)에 의하여

$$b_h = \pi D_w \frac{\theta}{360°} = 3.14 \times 75 \times \frac{75.7°}{360°} = 49.5\,(\text{mm})$$

전달하중은 식 (10.49)에 의하여

$$W = C_h b_h p_s = 0.27 \times 49.5 \times 31.4 = 420\,(\text{kg})$$

웜기어의 허용 전달하중은 최소하중인 $W = 420\,\text{kg}$을 잡아야 한다. 그러므로 웜휠이 전달할 수 있는 동력은

$$H = \frac{Wv_g}{75} = \frac{420 \times 1.2}{75} = 6.72\,(\text{ps})$$

이므로 주어진 웜기어는 주어진 5 ps의 동력을 전달하는 데 충분한 강도를 가지고 있다.

10.1 치직각 모듈 4, 비틀림각이 20°, 잇수가 30, 90인 한 쌍의 헬리컬기어의 피치원 지름, 바깥지름 및 중심거리를 구하라.

10.2 피니언과 기어의 재질이 동일한 다음과 같은 한 쌍의 헬리컬기어의 전달동력을 구하라. 재질은 탄소강(SM35C), 경도 $H_B = 300$, 속도비 1/5, 치직각 모듈 4, 공구압력각 20°, 피니언의 잇수 25, 피니언의 회전속도 4000 rpm, 이폭 60 mm, 비틀림각 30°이다.

10.3 30 ps의 동력을 회전속도 500 rpm에서 150 rpm으로 감속시켜 전달하는 한 쌍의 헬리컬기어를 설계하라. 단, 공구압력각 20°, 비틀림각 22°, 축간거리 약 350 mm로 하고, 피니언은 SM45C($H_B = 200$), 기어는 SC42($H_B = 140$)를 사용한다.

10.4 피치 원추각 30°, 이폭 40 mm, 잇수 20, 모듈 5인 직선 베벨기어의 내단부의 치형의 모듈과 치폭중앙부의 치형의 모듈을 구하라.

10.5 2축의 교차각이 90°이고, 잇수가 $Z_1 = 40$, $Z_2 = 80$, 외단부의 모듈 3인 한 쌍의 직선 베벨기어의 각부의 치수와 상당 평기어의 잇수를 구하라.

10.6 주철제(GC20)의 마이터 기어에서 압력각 20°, 이폭 65 mm, 모듈 8, 잇수 30일 때, 바깥지름과 회전속도 200 rpm에서의 전달동력을 구하라.

10.7 전달동력 15 ps, 잇수비 1/2인 주철제(GC30) 직선 베벨기어가 있다. 기어의 피치원 지름을 약 500 mm, 회전속도 100 rpm, 이폭 75 mm로 할 때 필요한 모듈을 결정하라. 단, 공구 압력각은 20°이다.

10.8 웜기어에서 웜의 줄수 3, 축직각 모듈 4, 감속비 1/30일 때, 웜과 웜휠의 피치원 지름을 구하라.

10.9 모듈 3, 웜의 줄수 2, 감속비 1/30인 경우, 웜이 1200 rpm으로 웜휠 축에 5 ps의 동력을 전달할 때 웜 축과 웜휠 축에 작용하는 스러스트와 웜기어의 효율을 구하라. 단, 이의 접촉면에서 마찰계수는 0.1이고, 압력각은 14.5°이다.

10.10 감속비 1/20인 웜기어 장치에서 웜의 줄수 2, 모듈 4, 회전속도 1200 rpm이다. 웜의 재질을 니켈크롬강, 웜휠의 재질을 인청동이라고 할 때, 이 장치의 허용 전달동력을 구하라. 단, 이의 접촉면에서 마찰계수는 0.1이고, 압력각은 14.5°이다.

Chapter 11

벨트

원동축과 종동축의 거리가 멀 때 두 축에 바퀴를 설치하고, 벨트나 체인을 감아서 동력을 전달하는 장치를 간접전동장치 또는 감아걸기 전동장치라 한다. 그림 11.1은 V벨트와 체인으로 동력을 전달하는 장치의 예이다. 표 11.1은 감아걸기 전동장치의 종류와 적용범위를 표시한 것이다. 11장에서는 벨트전동에 관해서 다룬다.

그림 11.1 감아걸기 전동장치의 예

표 11.1 감아걸기 전동장치의 종류와 적용범위

종 류	축간거리(m)	속도비	전동속도(m/s)
평벨트	10 이하	1 : 1~6(15 이하)*	10~30(50 이하)*
V벨트	5 이하	1 : 1~7(10 이하)	5~8(25 이하)
롤러 체인	4 이하	1 : 1~5(8 이하)	~5(10 이하)
사일런트 체인	4 이하	1 : 1~6(8 이하)	~7(10 이하)

* ( )안은 최댓값이다.

11.1 평벨트 전동

11.1.1 평벨트 길이와 접촉각

평벨트(flat belt)는 유연성(flexibility)과 탄력성이 필요하기 때문에 가죽, 직물, 고무, 강철 등이 벨트 재료로 사용되고 있지만, 현재는 직물에 고무를 입힌 고무벨트가 가장 널리 쓰이고 있다.

그림 11.2는 두 가지 벨트전동방식인 바로걸기와 엇걸기를 나타낸 것이다. 바로걸기는 두 축의 회전방향이 같고, 위쪽을 이완측으로 하면 접촉각이 크게 되어 전달능력이 향상된다. 엇걸기는 회전방향이 반대지만, 접촉각이 커져서 큰 동력을 전달할 수 있다. 그러나 엇걸기는 벨트의 비틀림응력 때문에 벨트수명이 줄어들지만 고속장치에 편리하게 사용된다.

(1) 벨트길이

벨트전동방식에 따라 벨트길이 L은 달라진다. 그림 11.2(a)와 같은 바로걸기의 경우 벨트길이 L은

$$L = \overline{mn} + \overline{pq} + \widehat{msp} + \widehat{ntq}$$

여기서, $\overline{mn} = \overline{pq} = \overline{O_1 k} = \sqrt{C^2 - (R_2 - R_1)^2}$

$$= C \left[1 - \left(\frac{R_2 - R_1}{C} \right)^2 \right]^{\frac{1}{2}} \tag{11.1}$$

식 (11.1)을 이항정리를 이용하여 정리하면

$$\overline{mn} \fallingdotseq C \left[1 - \frac{1}{2} \left(\frac{R_2 - R_1}{C} \right)^2 \right] \tag{11.2}$$

이고,

$$\widehat{msp} = (\pi - 2\phi_1) R_1, \qquad \widehat{ntq} = (\pi + 2\phi_1) R_2 \tag{11.3}$$

이므로

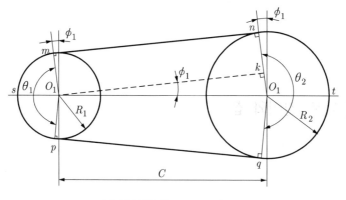

(a) 바로걸기(open type)

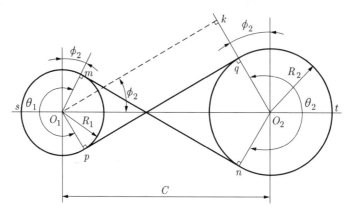

(b) 엇걸기(cross type)

그림 11.2 벨트전동방식

$$L \fallingdotseq 2C\left[1 - \frac{1}{2}\left(\frac{R_2 - R_1}{C}\right)^2\right] + \pi R_1 - 2R_1\phi_1 + \pi R_2 + 2R_2\phi_1 \qquad (11.4)$$

이다. 그런데 벨트풀리 반지름에 비하여 축간거리가 훨씬 크기 때문에

$$\phi_1(rad.) \simeq \sin\phi_1 = \frac{R_2 - R_1}{C}$$

라 할 수 있고, 바로걸기 벨트길이는 다음과 같이 나타낸다.

$$L \simeq 2C + \pi(R_1 + R_2) + \frac{(R_2 - R_1)^2}{C} \qquad (11.5)$$

풀리 반지름 R 대신에 지름 D로 나타내면

$$L = 2C + \frac{\pi(D_1 + D_2)}{2} + \frac{(D_2 - D_1)^2}{4C} \tag{11.6}$$

엇걸기의 벨트길이도 바로걸기의 경우와 같이 유도하면,

$$\overline{mn} = C\left[1 - \left(\frac{R_2 + R_1}{C}\right)^2\right]^{\frac{1}{2}} = \overline{pq}$$

$$\sin\phi_2 = \frac{R_1 + R_2}{C} \simeq \phi_2\,(\text{rad.})$$

이므로, 엇걸기 벨트길이 L은

$$L = 2C + \frac{\pi(D_1 + D_2)}{2} + \frac{(D_1 + D_2)^2}{4C} \tag{11.7}$$

이다.

(2) 접촉각

벨트와 풀리의 접촉각 θ는 거는 방법에 따라 다음 식과 같이 정해진다.

1) 바로걸기

$$\theta_1 = 180° - 2\phi_1 = 180° - 2\sin^{-1}\left(\frac{D_2 - D_1}{2C}\right) \tag{11.8}$$

$$\theta_2 = 180° + 2\phi_1 = 180° + 2\sin^{-1}\left(\frac{D_2 - D_1}{2C}\right)$$

두 접촉각 중에서 안전을 위하여 크기가 작은 θ_1을 택하여 전동마력을 계산한다.

2) 엇걸기

$$\theta_1 = \theta_2 = 180° + 2\phi_2$$

$$= 180° + 2\sin^{-1}\left(\frac{D_1 + D_2}{2C}\right) \tag{11.9}$$

11.1.2 벨트 장력

원동풀리에 회전력을 주어서 벨트를 잡아당길 때, 당기는 힘이 종동풀리축에 작용하는 마찰력저항력보다 크면 종동풀리축이 회전하게 된다. 이와 같이 벨트가 회전할 때, 벨트가 팽팽하게 당겨지는 측을 긴장측(tension side)이라 하고 느슨해지는 측을 이완측(slack side)이라 한다. 그러므로 잡아당기는 힘인 장력(tension)은 이완측 장력 T_2에서 긴장측 장력 T_1까지 변화하게 된다.

그림 11.3에 나타낸 풀리에 감긴 벨트의 자유물체도를 이용하여 벨트의 장력에 관한 식을 유도하고자 한다. 그림 11.3에서 m점의 벨트장력은 T_2이고, n점에서 벨트장력은 T_1이라면, 장력은 T_2에서 T_1으로 점차 증가하고 있는 것을 생각할 수 있다. 따라서 $\widehat{mn}$ 사이에 감긴 벨트에서 아주 작은 길이 $\widehat{kl}$을 잘라낸다면, 그림 11.3(b)와 같이 잘라낸 부분에서 이완측에 가까운 k점에는 장력 T가 작용하고, 긴장측에 가까운 l점에서는 장력 $T+dT$가 작용한다. 이 두 장력에 의하여 벨트를 풀리중심으로 밀어붙이는 것에 대한 저항력은 dN, 벨트회전에 대한 마찰저항력은 μdN, 벨트의 원심력은 dC이다. 우선 잘라낸 벨트의 자유물체도에서 반지름방향의 힘의 평형을 살펴보면

$$dN = (T+dT)\sin\frac{d\phi}{2} + T\sin\frac{d\phi}{2} - dC \fallingdotseq Td\phi - dC \tag{11.10}$$

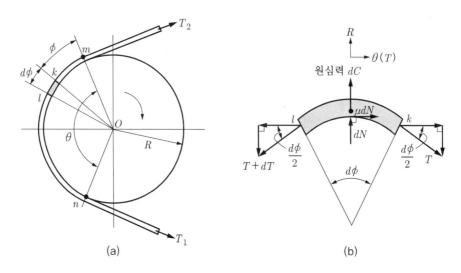

그림 11.3 풀리에 감긴 벨트의 장력과 미소벨트의 자유물체도

이다. 여기서, w는 단위 길이당의 벨트무게, v는 벨트의 속도, g는 중력가속도이고, R은 풀리의 반지름이라면 원심력 dC는

$$dC = \frac{wv^2 ds}{gR} = \frac{wv^2 d\phi}{g} \qquad (\because ds = R \cdot d\phi)$$

이므로 식 (11.10)은 다음과 같이 정리된다.

$$dN = \left(T - \frac{wv^2}{g} \right) d\phi \tag{11.11}$$

같은 방법으로 잘라낸 벨트의 자유물체도에서 접선방향의 힘의 평형을 살펴보면

$$(T + dT) \cos \frac{d\phi}{2} - T \cos \frac{d\phi}{2} = \mu dN \tag{11.12}$$

이고, 근사화시키면

$$dT \cos \frac{d\phi}{2} \simeq dT = \mu dN \tag{11.13}$$

식 (11.11)을 식 (11.13)에 대입하면

$$dT = \mu \left(T - \frac{wv^2}{g} \right) d\phi \tag{11.14}$$

이고, 적분하면

$$\int_{T_2}^{T_1} \frac{dT}{T - \frac{wv^2}{g}} = \int_0^\theta \mu d\phi$$

$$\rightarrow \quad \ln \left| \frac{T_1 - \frac{wv^2}{g}}{T_2 - \frac{wv^2}{g}} \right| = \mu\theta \tag{11.15a}$$

$$\frac{T_1 - \frac{wv^2}{g}}{T_2 - \frac{wv^2}{g}} = e^{\mu\theta}, \quad e \fallingdotseq 2.718 \tag{11.15b}$$

이다. 긴장측 장력 T_1과 이완측 장력 T_2의 차이 $T_1 - T_2$를 유효장력이라 하며, 이 유효장력은 벨트풀리를 실제로 회전시키는 힘으로서 P로 나타낸다. 유효장력과 관련시켜서 장력들을 나타내면 다음과 같다.

$$T_1 = \frac{e^{\mu\theta}}{e^{\mu\theta} - 1} P + \frac{wv^2}{g} \tag{11.16}$$

$$T_2 = \frac{P}{e^{\mu\theta} - 1} + \frac{wv^2}{g}$$

그런데 벨트속도 $v < 10 \, \text{m/s}$이면, 원심력 $\frac{wv^2}{g}$이 0에 가까워지므로 장력비는

$$\frac{T_1}{T_2} = e^{\mu\theta} \quad : \text{Eytelwein 식} \tag{11.17}$$

이다.

그런데 평벨트는 필요한 길이만큼 잘라서 이어야 하므로 벨트이음 방법에 따라 벨트가 전달할 수 있는 장력의 크기가 달라진다. 그러므로 실제 전달할 수 있는 장력의 크기는 벨트이음부의 강도와 벨트의 강도 비인 벨트이음효율 η를 고려하여 정해야 한다. 표 11.2는 벨트이음효율을 나타낸다.

표 11.2 벨트이음효율 η

이음방법	이음효율(%)	
	가죽벨트	고무, 무명 벨트
아교 이음	75 ~ 90	−
가죽끈 이음	40 ~ 50	20 ~ 30
강철선 이음	40 ~ 70	30 ~ 45

벨트전동은 마찰을 이용하여 동력을 전달하는 것이므로 벨트와 풀리 사이에서 적절한 마찰력을 얻기 위해서는 벨트를 풀리에 걸 때에 어느 정도 잡아당겨서 걸어야 한다. 그러므로 벨트는 정지상태에서 장력이 작용하게 되는데, 이 장력을 초기장력 T_0라 한다. 초기장력의 크기는 정지 시의 벨트의 늘어난 양과 전동 시 벨트의 늘어난 양이

같다고 가정하여 결정한다.

우선 벨트의 길이 L, 폭 b, 두께 h, 종탄성계수 E라 하면, 초기장력 T_0에 의하여 늘어난 벨트길이 ΔL은

$$\Delta L = L \cdot \frac{T_0}{bh} \cdot \frac{1}{E}$$

이므로 초기변형률 ε_0는

$$\varepsilon_0 = \frac{\Delta L}{L} = \frac{(T_0 / bh)}{E}$$

이다. 긴장측 장력 T_1에 의한 변형률을 ε_1, 이완측 장력 T_2에 의한 변형률을 ε_2라 하면, 정지 시의 벨트의 늘어난 양과 전동 시 벨트의 늘어난 양이 같다는 가정에 의하여

$$\varepsilon_0 L = \frac{L}{2}\varepsilon_1 + \frac{L}{2}\varepsilon_2$$

이므로, 초기장력 T_0는 다음과 같다.

$$T_0 \fallingdotseq \frac{T_1 + T_2}{2} \tag{11.18}$$

11.1.3 전달마력

벨트의 전달속도를 v라 하면 전달마력 H는

$$H = \frac{Pv}{75} = \frac{v}{75}\left(T_1 - \frac{wv^2}{g}\right)\left(\frac{e^{\mu\theta} - 1}{e^{\mu\theta}}\right) \tag{11.19}$$

이다. 경제적인 벨트속도 v는

$$\frac{dH}{dv} = \frac{d}{dv}\left[\frac{v}{75}\left(T_1 - \frac{wv^2}{g}\right)\frac{e^{\mu\theta} - 1}{e^{\mu\theta}}\right] = 0 \text{에서}$$

$$v = \sqrt{\frac{T_1 g}{3w}} \ (\mathrm{m/sec}) \tag{11.20}$$

이다. 경제적인 벨트속도의 경우, 반지름이 R인 풀리의 회전속도 N은

$$N = \frac{5.5}{R} \sqrt{\frac{T_1 g}{w}} \text{ (rpm)} \tag{11.21}$$

이다.

11.1.4 평벨트의 단면치수

평벨트의 단면치수인 폭 b와 두께 h를 구하기 위하여 벨트에 작용하는 응력을 계산한다. 벨트에 작용하는 응력은 장력에 의한 인장응력과 벨트가 풀리에 감길 때 굽혀지는 응력이다. 먼저 인장응력 σ_t의 최댓값은 긴장측 장력이 작용하는 경우이므로

$$\sigma_t = \frac{T_1}{bh} \tag{11.22}$$

이다. 또한 굽힘응력 σ_b는 그림 11.4에 나타낸 벨트의 굽힘에서 발생하는 굽힘변형률식

$$\varepsilon_b = \frac{\Delta l}{l_0} = \frac{\widehat{pp'}}{\widehat{mn}} = \frac{\frac{h}{2} d\phi}{(R + \frac{h}{2}) d\phi} \fallingdotseq \frac{h}{2R} = \frac{h}{D}$$

와 Hooke의 탄성법칙을 근거로 하여 다음과 같이 구해진다.

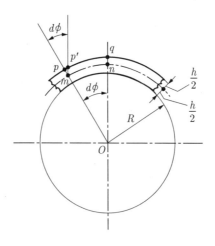

그림 11.4 벨트의 굽힘상태

$$\sigma_b = E\,\varepsilon_b = \frac{Eh}{D} \tag{11.23}$$

그러므로 벨트에 작용하는 전체응력 σ_a는

$$\sigma_a = \sigma_t + \sigma_b = \frac{T_1}{bh} + \frac{Eh}{D} \tag{11.24}$$

이고, 이 전체응력이 허용응력 이하여야 한다. 표 11.3은 벨트의 허용응력과 최고 사용속도를 나타낸다.

표 11.3 각종 벨트의 허용응력과 최고 사용속도

벨트의 종류	비중 γ	허용 인장응력 σ_a(kg/mm²)	최고 사용속도 v_{max}(m/sec)
가죽벨트(1종품)	1.0	0.25	29
가죽벨트(2종품)	1.0	0.20	25
고무벨트(특종품)	1.2	0.315	30
고무벨트(1종품)	1.2	0.25	26
고무벨트(2종품)	1.2	0.225	25
고무벨트(3종품)	1.2	0.20	23
마벨트	0.6	0.40	47
무명직물벨트	0.6	0.225	35
무명누빔벨트	0.6	0.175	31
강벨트	7.8	12.5	–

만약 허용응력이 주어지고, 평벨트의 두께를 먼저 선택했다면, 필요한 벨트 폭 b는

$$b = \frac{T_1}{\left(\sigma_a - \dfrac{Eh}{D}\right)h} \tag{11.25a}$$

이다. 그런데, 일반적으로 풀리의 지름과 벨트의 두께비가 35 이상이면, 굽힘응력을 무시할 수 있다. 그러므로 벨트 폭 b는

$$b \fallingdotseq \frac{T_1}{\sigma_a h} \tag{11.25b}$$

이고, 위 식에서 벨트의 이음효율 η를 고려하면

$$b = \frac{T_1}{\sigma_a \eta h} \tag{11.25c}$$

이다. 표 11.4는 가죽벨트의 표준치수를 나타내고, 표 11.5는 고무벨트의 표준폭을 나타낸다.

표 11.4 가죽벨트의 표준치수

1겹 벨트		2겹 벨트		3겹 벨트	
폭	두께	폭	두께	폭	두께
25	3 이상	51	6 이상	203	10 이상
32	3 이상	63	6 이상	229	10 이상
38	3 이상	76	6 이상	254	10 이상
44	3 이상	89	6 이상	279	10 이상
51	4 이상	102	6 이상	305	10 이상
57	4 이상	114	6 이상	330	10 이상
63	4 이상	127	7 이상	336	10 이상
70	4 이상	140	7 이상	381	10 이상
76	4 이상	152	7 이상	406	10 이상
83	4 이상	165	7 이상	432	10 이상
89	4 이상	178	7 이상	457	10 이상
95	4 이상	191	8 이상	483	10 이상
102	5 이상	203	8 이상	508	10 이상
114	5 이상	229	8 이상	559	10 이상
127	5 이상	254	8 이상	610	10 이상
140	5 이상	279	8 이상	660	10 이상
152	5 이상	305	8 이상	711	10 이상
				762	10 이상

표 11.5 고무벨트의 표준치수

폭 (mm)	20, 25, 30, 38, 50, 63	75, 90, 100, 125	150, 175, 200, 225, 250	300, 350 400, 450, 500
겹 수	3 ~ 4	4 ~ 5	6 ~ 7	8 ~ 9

그러나 벨트의 길이를 L이라 하면 벨트는 운전 중 단위시간에 $\dfrac{2v}{L}$번 반복 굽힘응력을 받기 때문에 벨트 속도가 빠르고 축간거리가 짧으면 수명이 짧아진다. 표 11.6은 굽힘에 의한 손상을 방지하고 양호한 전동효율과 수명을 유지하기 위한 벨트의 두께와 풀리의 최소지름 관계를 표시한 것이다.

표 11.6 벨트 풀리의 최소지름(고무벨트) (단위: mm)

벨트의 속도 (m/s) / 벨트 플라이 수	2.5	5	10	15	20	25	30
3 플라이	75	75	100	100	100	130	130
4 플라이	100	130	130	150	180	180	200
5 플라이	150	180	200	200	250	275	300
6 플라이	180	250	275	300	325	375	400
7 플라이	250	330	375	400	425	475	510
8 플라이	350	400	450	510	525	575	610

예제 11.1 $N_1 = 1800\,\mathrm{rpm}$으로 회전하는 원동풀리에 가죽벨트를 걸어서 종동풀리에 $H = 7.5$ 마력을 전달할 때, 가죽벨트의 치수를 구하라. 단, 원동풀리의 지름 $D_1 = 100\,\mathrm{mm}$, 종동풀리의 지름 $D_2 = 450\,\mathrm{mm}$, 중심거리 $C = 2.5\,\mathrm{m}$, 마찰계수는 $\mu = 0.2$, 벨트의 효율 $\eta = 50\,\%$이다.

풀이 원주속도는

$$v = \frac{\pi D_1 N_1}{60 \times 1000} = \frac{3.14 \times 100 \times 1800}{60 \times 1000} = 9.42\,(\mathrm{m/s})$$

이고, 접촉각은 식 (11.8)에 의하여

$$\theta = 180° - 2\sin^{-1}\left(\frac{D_2 - D_1}{2C}\right)$$

$$= 180° - 2\sin^{-1}\left(\frac{450 - 100}{2 \times 2500}\right) = 172° = 3\,(\mathrm{rad})$$

이다. 전달마력은 식 (11.19)에서

$$H = \frac{v}{75}\left(T_1 - \frac{wv^2}{g}\right)\left(\frac{e^{\mu\theta} - 1}{e^{\mu\theta}}\right)$$

이고, 원주속도가 10 m/s 미만이므로 벨트의 원심력을 무시하면, 벨트의 긴장측 장력은

$$T_1 = \frac{75H}{v} \frac{e^{\mu\theta}}{e^{\mu\theta}-1} = \frac{75 \times 7.5}{9.42} \frac{e^{0.2\times3}}{e^{0.2\times3}-1} = 132.6 \,(\text{kg})$$

1종 가죽벨트를 사용한다면, 표 11.3에서 허용인장응력은 0.25 kg/mm^{2}이고, 효율이 50 %이므로 두께 7 mm인 2겹 가죽벨트의 폭은 식 (11.25c)에 의하여

$$b = \frac{T_1}{\sigma_a \eta h} = \frac{132.6}{0.25 \times 0.5 \times 7} = 152 \,(\text{mm})$$

이다. 그러므로 표 11.4에서 두께 7 mm, 폭 152 mm인 2겹 가죽벨트를 택한다.

11.2 V벨트 전동

V벨트 전동장치는 V형 홈풀리에 그림 11.5와 같이 단면이 사다리꼴인 벨트를 걸어 쐐기 작용에 의한 큰 마찰력으로 동력을 전달하기 때문에 평벨트 전동에 비해 다음과 같은 특징을 지니고 있다.

- 초기장력이 작아서 베어링 하중을 줄일 수 있다.
- 미끄럼이 적기 때문에 보다 확실한 회전비로 큰 동력을 전달할 수 있다.
- 축간거리가 단축되어 설치장소가 절약된다.
- 이음매가 없으므로 충격을 완화할 수 있고 운전이 정숙하다.
- 두 축이 평행하고 같은 방향으로 회전하는 경우에만 사용된다.

11.2.1 V벨트 단면구조 및 종류

(1) 단면구조

V벨트 전동은 벨트를 풀리에 걸었을 때 바깥쪽은 늘어나고 안쪽은 줄어드는 현상이 발생하나 그 중간층은 신축이 없기 때문에 이 부위에 큰 저항력을 가진 합성섬유 로프를

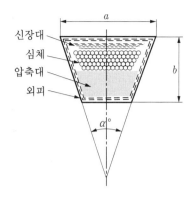

그림 11.5 V벨트 단면구조

배열시켜 동력을 전달하게 한다.

이때 굵은 로프를 한 층으로 배열하는 단층식은 굴곡성이 좋아서 축간거리가 짧고 고속회전인 경우에 적합하고, 가는 끈(cord)으로 여러 층 배열한 다층식은 인장강도가 크므로 큰 동력의 기계에 사용되고 있다.

(2) 종류와 치수

V벨트는 표 11.7과 같이 M, A, B, C, D, E의 6종류로 규격화되어 있으며 동력 전달용 으로 M형을 제외한 다섯 가지 종류의 것이 주로 쓰이고 있다.

표 11.7 V벨트의 종류와 치수

형별	$a(\mathrm{mm})$	$b(\mathrm{mm})$	단면적 $A(\mathrm{mm}^2)$	$\alpha°$	파단장력 (kg)	허용장력 (kg)
M	10.0	5.5	44.0	40	80 이상	8
A	12.5	9.0	83.0	40	150 이상	15
B	16.5	11.0	137.5	40	240 이상	24
C	22.0	14.0	236.7	40	400 이상	40
D	31.5	19.0	467.1	40	860 이상	86
E	38.0	25.5	732.3	40	1200 이상	120

또 벨트는 이음매가 없는 고리모양 벨트(endless belt)이기 때문에 길이는 조절이 불가능하며, V벨트의 길이는 단면의 중앙부를 통과하는 원주길이(유효길이)를 인치로

표시한 값(호칭번호)으로 표시한다. 표 11.8은 V벨트의 호칭번호와 길이를 나타낸다.

표 11.8 V벨트의 호칭번호와 길이 (단위: mm)

호칭번호	길이(유효길이)					허용차	호칭번호	길이(유효길이)					허용차
	A형	B형	C형	D형	E형			A형	B형	C형	D형	E형	
	—	—	—	—	—	±13	48	1219	1219	1219	—	—	±24
	—	—	—	—	—	±13					—	—	±24
	—	—	—	—	—	±13	50	1270	1270	1270	—	—	±24
	—	—	—	—	—	±16					—	—	±24
20	508	—	—	—	—	±16	52	1321	1321	1321	—	—	±24
	—	—	—	—	—	±16					—	—	±24
	—	—	—	—	—	±16	54	1372	1372	1372	—	—	±24
24	610	—	—	—	—	±18	55	1397	1397	1397	—	—	±24
25	635	635	—	—	—	±18					—	—	±24
	—	—	—	—	—	±18	58	1473	1473	1473	—	—	±24
	—	—	—	—	—	±18					—	—	±24
28	711	711	—	—	—	±18	60	1524	1524	1524	—	—	±24
29	737	737	—	—	—	±18					—	—	±24
30	762	762	—	—	—	±20	62	1575	1575	1575	—	—	±24
	—	—	—	—	—	±20					—	—	±24
32	813	813	—	—	—	±20					—	—	±24
	—	—	—	—	—	±20	65	1651	1651	1651	—	—	±24
	—	—	—	—	—	±20					—	—	±24
35	889	889	—	—	—	±20					—	—	±24
36	914	914	—	—	—	±22	68	1727	1727	1727	—	—	±24
37	940	940	—	—	—	±22	70	1778	1778	1778	—	—	±24
38	965	965	—	—	—	±22					—	—	±24
39	991	991	—	—	—	±22	72	1829	1829	1829	—	—	±24
40	1016	1016	1016	—	—	±22					—	—	±24
	—	—	—	—	—	±22					—	—	±24
42	1067	1067	1067	—	—	±22	75	1905	1905	1905	—	—	±26
	—	—	—	—	—	±22					—	—	±26
	—	—	—	—	—	±22					—	—	±26
45	1143	1143	1143	—	—	±22							
	—	—	—	—	—	±22							
	—	—	—	—	—	±22							

표 11.8 V벨트의 호칭번호와 길이(계속)

호칭번호	A형	B형	C형	D형	E형	허용차	호칭번호	A형	B형	C형	D형	E형	허용차
78	1981	1981	1981	—	—	±26	128	3251	3251	3251	—	—	±34
				—	—	±26	130	3302	3302	3302	3302	—	±34
80	2032	2032	2032	—	—	±26						—	±34
					—	±26	135	3429	3429	3429	3429	—	±34
82	2083	2083	2083	—	—	±26						—	±34
					—	±26	140	3556	3556	3556	3556	—	±36
					—	±26						—	±36
85	2159	2159	2159	—	—	±26	145	3683	3683	3683	3683	—	±36
					—	±26						—	±36
					—	±26	150	3810	3810	3810	3810	—	±38
88	2235	2235	2235	—	—	±26	155	3937	3937	3937	3937	—	±38
					—	±26	160	4064	4064	4064	4064	—	±40
90	2286	2286	2286	2286	—	±26	165	4191	4191	4191	4191	—	±40
					—	±26	170	4318	4318	4318	4318	—	±45
92	2337	2337	2337	—	—	±26				—	—	—	±45
					—	±26	180	4572	4572	4572	4572	4572	±45
					—	±26	185	—	4699	4699	4699	—	±45
95	2413	2413	2413	2413	—	±28	190	—	4826	4826	4826	—	±45
					—	±28	195	—	4953	4953	—	—	±45
					—	±28	200	—	5080	5080	5080	—	±50
98	2489	2489	2489	—	—	±28	205	—	—	5207	—	—	±50
					—	±28	210	—	5334	5334	5334	5334	±50
100	2540	2540	2540	2540	—	±28	215	—	—	5461	—	—	±50
					—	±28	220	—	—	5588	5588	—	±50
105	2667	2667	2667	2667	—	±28	225	—	—	5715	—	—	±50
					—	±28	230	—	—	5842	5842	—	±50
110	2794	2794	2794	2794	—	±30	240	—	—	6096	6096	6096	±55
112	2845	2845	2845	—	—	±30	250	—	—	6350	6350	—	±55
115	2921	2921	2921	2921	—	±30	260	—	—	6604	6604	—	±55
118	2997	2997	2997	—	—	±30	270	—	—	6858	6858	6858	±60
120	3048	3048	3048	3048	—	±32	280	—	—	—	7112	—	±60
122	3099	3099	3099	—	—	±32	300	—	—	—	7620	7620	±70
125	3175	3175	3175	3175	—	±32							

11.2.2 V벨트 풀리의 형상

V벨트 풀리는 림에 V형 홈이 있는 것 외에는 평벨트 풀리와 다를 바 없으며 보통은 주철로 만들지만 고속회전인 경우에는 경합금 또는 주강으로 제작한다.

벨트의 측면 각도는 40°로 규정되어 있으나 벨트를 풀리의 홈에 걸어서 굽혔을 때에 바깥쪽 폭은 줄어들고 안쪽 폭은 늘어나 그림 11.6과 같이 V벨트 단면의 모양이 변화되고, 벨트와 홈의 접촉 부분의 압력이 불균일하게 되어 벨트가 손상되기 쉽다. 그러므로 풀리지름의 크기에 따라 홈의 각도를 조절하거나 풀리지름을 어느 한계 이상으로 크게 해야 한다. 표 11.9는 KS에 규정된 풀리 홈의 모양과 치수를 나타낸 것이다.

표 11.9 V벨트 풀리 홈의 모양과 치수

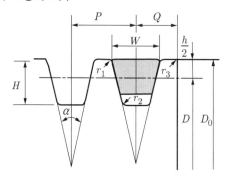

(단위: mm)

V벨트의 형별	피치지름 D	$\alpha°$	W	H	h	P	Q	r_3	r_2	r_1
A	75 이상 140 이하 140 이상 190 이하 190 이상	35 37 39	12.1 12.3 12.5	12.5	9.5	16	10	1~2	0.5~1	모 떼 기 정 도
B	125 이상 190 이하 190 이상 225 이하 225 이상	35 37 39	16.0 16.2 16.4	15	11.5	20	12	1~2	0.5~1	
C	220 이상 240 이하 240 이상 355 이하 355 이상	35 37 39	21.4 21.6 21.9	19	14.5	26	16	2~3	1~1.5	
D	305 이상 380 이하 380 이상 510 이하 510 이상 610 이하 610 이상	35 37 38 39	30.6 31.0 31.2 31.4	25	20.0	37	24	3~4	1.5~2	
E	510 이상 610 이하 610 이상 710 이하 710 이상	37 38 39	37.3 37.5 37.8	32	25.5	44	29	4~5	1.5~2	

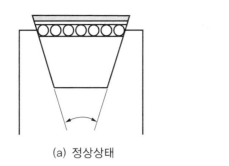
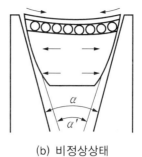

| (a) 정상상태 | (b) 비정상상태 |

그림 11.6 벨트의 감겨진 상태

11.2.3 V벨트의 장력 및 전달동력

그림 11.7은 V벨트 전동에서 벨트와 풀리의 임의 접촉위치에서 벨트의 미소요소에 대한 역학적 평형 관계를 나타낸다.

먼저 그림 11.7에서 z방향의 힘의 평형을 살펴보면

$$(T+dT)\sin\frac{d\phi}{2} + T\sin\frac{d\phi}{2} - dC - 2dN(\sin\frac{\alpha}{2} + \mu\cos\frac{\alpha}{2}) = 0 \qquad (11.26)$$

이다. 식 (11.26)에서 미소항을 무시하면

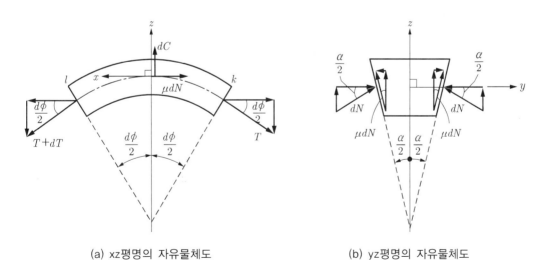

| (a) xz평명의 자유물체도 | (b) yz평명의 자유물체도 |

그림 11.7 V벨트 미소요소의 자유물체도

$$T\,d\phi - dC - 2dN(\sin\frac{\alpha}{2} + \mu\cos\frac{\alpha}{2}) \fallingdotseq 0 \tag{11.27}$$

이다. 또한 미소원심력을 평벨트와 같은 방법으로 유도하면 다음과 같다.

$$dC = \frac{wv^2}{g}d\phi \tag{11.28}$$

식 (11.28)을 식 (11.27)에 대입하면

$$(T - \frac{wv^2}{g})d\phi = 2dN(\sin\frac{\alpha}{2} + \mu\cos\frac{\alpha}{2})$$

이다. 이를 다시 정리하면 다음과 같다.

$$dN = \frac{(T - \dfrac{wv^2}{g})d\phi}{2(\sin\dfrac{\alpha}{2} + \mu\cos\dfrac{\alpha}{2})} \tag{11.29}$$

또한 x방향의 힘의 평형은

$$(T + dT)\cos\frac{d\phi}{2} - T\cos\frac{d\phi}{2} - 2\mu dN = 0 \tag{11.30}$$

이다. 미소항을 무시하고 미소각도를 라디안(radian)으로 근사화하면

$$dT = 2\mu dN \tag{11.31}$$

이다.

식 (11.29)을 식 (11.31)에 대입하면

$$\mu(T - \frac{wv^2}{g})d\phi\frac{1}{2(\sin\dfrac{\alpha}{2} + \mu\cos\dfrac{\alpha}{2})} = \frac{dT}{2} \tag{11.32}$$

이고, 변수를 분리하여 정리하면

$$(T - \frac{wv^2}{g})d\phi\,\mu' = dT \tag{11.33}$$

이다. 여기서, $\mu' = \dfrac{\mu}{\sin\dfrac{\alpha}{2} + \mu\cos\dfrac{\alpha}{2}}$ 이고, 유효마찰계수라 한다.

위 식을 다음과 같이 접촉각과 벨트장력의 변화구간에 따라 적분하면

$$\mu' \int_0^\theta d\phi = \int_{T_2}^{T_1} \frac{dT}{T - \dfrac{wv^2}{g}} \tag{11.34}$$

식 (11.35)와 같다.

$$\mu'\theta = \ln \left| \frac{T_1 - \dfrac{wv^2}{g}}{T_2 - \dfrac{wv^2}{g}} \right| \tag{11.35}$$

위 식을 다시 정리하면 식 (11.36)과 같다.

$$\frac{T_1 - \dfrac{wv^2}{g}}{T_2 - \dfrac{wv^2}{g}} = e^{\mu'\theta} \tag{11.36}$$

유효마찰계수 μ'은 홈 때문에 생긴 것으로 $\mu < \mu'$인 관계가 성립하므로 같은 조건에서 V벨트의 전동능력은 평벨트의 전동능력보다 크게 됨을 알 수 있다. 예를 들면 벨트의 마찰계수 $\mu = 0.25$, V벨트의 단면각 $\alpha = 40°$인 경우, V벨트와 평벨트의 마찰계수를 비교하면, $\mu'/\mu = 1.733$이다.

V벨트 전동에서는 큰 동력의 경우, 여러 개의 벨트를 걸어서 동력을 전달하므로 벨트의 가닥수를 Z, 속도를 v라 하면 전달마력 H는

$$H = \frac{Zv}{75}\left(T_1 - \frac{wv^2}{g}\right) \cdot \frac{e^{\mu'\theta} - 1}{e^{\mu'\theta}} \tag{11.37}$$

이다.

11.2.4 V벨트 전동장치의 설계

V벨트를 사용하여 동력을 전달하는 장치를 설계할 때, 먼저 전달동력, 두 축의 속도비와 축간거리를 알아야 하고, 이에 따라 V벨트의 규격을 선정하고 풀리의 치수와 재질

을 정해야 한다.

V벨트 전동장치의 설계순서를 살펴보면 다음과 같다.

(1) V벨트의 선정

먼저 주어진 조건에 따라 V벨트의 형을 표 11.10에 의해 선정한다.

표 11.10 V벨트형의 선택기준

전달동력(PS)	V벨트의 속도(m/sec)		
	10 이하	10~17	17 이상
2 이하	A	A	A
2~5	B	B	B
5~10	B, C	B	B
10~25	C	B, C	B, C
25~50	C, D	C	C
50~100	D	C, D	C, D
100~150	E	D	D
150 이상	E	E	E

(2) 풀리의 최소지름

V벨트는 풀리에 걸어 굽혀졌을 때 포아송 효과로 벨트 단면이 그림 11.6과 같이 변형되며 이는 풀리지름이 작을수록 커지므로 V 홈의 모양 치수를 수정하여 벨트의 소모를 방지하여야 한다. 이를 위해 KS에 규정된 값을 활용하는 것이 편리하나 실제 적용되고 있는 풀리의 최소지름은 표 11.11과 같으며 선정된 V벨트의 형과 주어진 속도비에 따라 원동축과 종동축 풀리의 최소지름을 각각 구한다.

표 11.11 V벨트 풀리의 최소지름

형별	최소피치지름(mm)
A	65
B	120
C	180
D	300
E	480

(3) V벨트의 길이

풀리의 지름과 축간거리 C가 결정되면, V벨트의 길이는 평벨트의 바로걸기의 식 (11.6)으로 계산된다.

그런데 V벨트는 그 길이가 규정되어 있으므로 식 (11.6)에서 구한 길이에 가까운 V벨트길이 L_0를 선정한다. 그 후 L_0에 맞도록 두 축 사이의 중심거리 C를 C_0로 수정하여야 한다. 이때 C_0의 값은

$$C_0 = \frac{K}{2} + \sqrt{1 - \frac{(D_2 - D_1)^2}{2K^2}} \fallingdotseq K\left[1 - \frac{(D_2 - D_1)^2}{8K^2}\right] \tag{11.38}$$

여기서,

$$K = \frac{1}{2}\left[L_0 - \frac{\pi}{2}(D_1 + D_2)\right] \tag{11.39}$$

이다.

(4) V벨트의 가닥수

V벨트의 전달마력에 관한 식

$$H = \frac{Z\,T_1\,v}{75} \cdot \frac{e^{\mu'\theta} - 1}{e^{\mu'\theta}} \tag{11.40}$$

에 의해 벨트의 가닥수 Z를 구하면 된다.

표 11.12는 접촉각이 $180°$인 경우의 V벨트 1가닥이 전달할 수 있는 전달마력 H_0를 표시한 것으로 이를 실제 접촉에 따른 전달마력 H로 전환키 위해 다음과 같이 수정보완하여 V벨트의 가닥수를 정한다.

$$H = H_0 k_1 k_2 Z \tag{11.41}$$

여기서, k_1은 접촉각 수정계수, k_2는 부하 수정계수로서 표 11.13 및 표 11.14와 같다.

표 11.12 V 벨트 1가닥의 전달동력 H_0

형별 벨트의 속도(m/sec)	A	B	C	D	E
5.0	0.9	1.2	3.0	5.5	7.5
5.5	1.0	1.3	3.2	6.0	8.2
6.0	1.0	1.4	3.4	6.5	8.9
6.5	1.1	1.5	3.6	7.0	9.6
7.0	1.2	1.6	3.8	7.5	10.3
7.5	1.3	1.7	4.0	8.0	11.0
8.0	1.4	1.8	4.3	8.4	11.6
8.5	1.5	1.9	4.6	8.8	12.2
9.0	1.6	2.1	4.9	9.2	12.8
9.5	1.6	2.2	5.2	9.6	13.4
10.0	1.7	2.3	5.5	10.0	14.0
10.5	1.8	2.4	5.7	10.5	14.6
11.0	1.9	2.5	5.9	11.0	15.2
11.5	1.9	2.6	6.1	11.5	15.8
12.0	2.0	2.7	6.3	12.0	16.4
12.5	2.1	2.8	6.5	12.5	17.0
13.0	2.2	2.8	6.7	12.9	17.5
13.5	2.2	2.9	6.9	13.3	18.0
14.0	2.3	3.0	7.1	13.7	18.5
14.5	2.3	3.1	7.3	14.1	19.0
15.0	2.4	3.2	7.5	14.5	19.5
15.5	2.5	3.3	7.7	14.8	20.0
16.0	2.5	3.4	7.9	15.1	20.5
16.5	2.5	3.5	8.1	15.4	21.0
17.0	2.6	3.6	8.3	15.7	21.4
17.5	2.6	3.7	8.5	16.0	21.8
18.0	2.7	3.8	8.6	16.3	22.2
18.5	2.7	3.9	8.7	16.6	22.6
19.0	2.8	4.0	8.8	16.9	23.0
19.5	2.8	4.1	8.9	17.2	23.3
20.0	2.8	4.2	9.0	17.5	23.5

표 11.13 접촉각 수정계수 k_1

$\theta°$	180	175	170	165	160	155	150	145	140	135	130	125	120
k_1	1.00	0.99	0.98	0.97	0.95	0.94	0.92	0.90	0.89	0.87	0.86	0.82	0.80

표 11.14 부하 수정계수 k_2

부하의 종류	기계의 종류	k_2
하중의 변화가 적은 것	펌프, 송풍기, 컨베이어, 인쇄기계 등	1.00
약간 충격이 있는 것	목공기계, 경공작기계 등	0.90
단식 크랭크의 왕복 압축	공기압축기	0.85
급격하게 역전하는 것	크레인, 윈치 등	0.75
큰 충격이 있는 것	분쇄기, 공작기계, 제분기 등	0.70
시동 시에 초과 부하가 있는 것 　시동부하　　125~150 % 　시동부하　　150~200 % 　시동부하　　200~250 %	방적기계, 광산기계 등	0.75 0.60 0.50

(5) V풀리의 폭

풀리의 폭 B는 표 11.9에 있는 그림을 참조하여 다음 식으로 구해진다.

$$B = P(Z-1) + 2Q \tag{11.42}$$

예제 11.2 출력 $H = 37\,\text{kW}$, 회전속도 $N_1 = 1150\,\text{rpm}$ 의 모터에 의하여 $N_2 = 300\,\text{rpm}$ 의 분쇄기를 운전하려고 한다. 축간거리 $C = 1.5\,\text{m}$ 로 하고, V벨트의 형, 가닥수 및 길이를 구하라. 단, 마찰계수 $\mu = 0.3$ 으로 한다.

풀이 출력 $37\,\text{kW}$를 마력으로 고쳐 쓰면

$$H = 37 \times \frac{102}{75} = 50.3\,(\text{ps})$$

이므로 표 11.10에 의하여 V벨트형을 D로 선택하고, 벨트풀리의 최소피치지름(모터축)을 표 11.11에서 $D_1 = 300\,\text{mm}$ 로 한다. 따라서 분쇄기측의 벨트풀리의 피치지름 D_2는

$$D_2 = D_1 \times \frac{N_1}{N_2} = 300 \times \frac{1150}{300} = 1150 \,(\mathrm{mm})$$

벨트의 속도 v는

$$v = \frac{\pi D_1 N_1}{1000 \times 60} = \frac{\pi \times 300 \times 1150}{1000 \times 60} = 18.1 \,(\mathrm{m/s})$$

그러므로 원심력에 의한 영향을 고려한다. 표 11.7에서 D형 V벨트의 단면적 $A = 467.1\ \mathrm{mm}^2$, V벨트의 비중을 1.2로 하고, 길이 1 m에 대한 무게 w는

$$w = 467.1 \times \frac{1.2}{1000} = 0.56 \,(\mathrm{kg/m})$$

이므로 원심력에 의한 장력은

$$\frac{wv^2}{\mathrm{g}} = \frac{0.56 \times 18.1^2}{9.8} = 18.7 \,(\mathrm{kg})$$

이 된다. 접촉각은 식 (11.8)에 의하여

$$\theta = 180° - 2 \sin^{-1}\left(\frac{D_2 - D_1}{2C}\right)$$

$$= 180° - 2 \sin^{-1}\left(\frac{1150 - 300}{2 \times 1500}\right) = 147° = 2.56 \,(\mathrm{rad})$$

마찰계수 $\mu = 0.3$이므로 유효마찰계수 μ'는

$$\mu' = \frac{\mu}{\sin\dfrac{\alpha}{2} + \mu \cos\dfrac{\alpha}{2}} = \frac{0.3}{\sin 20° + 0.3 \times \cos 20°} = 0.48$$

$$\therefore\ e^{\mu'\theta} = e^{0.48 \times 2.56} = 3.43$$

$$\therefore\ \frac{e^{\mu'\theta} - 1}{e^{\mu'\theta}} = \frac{3.43 - 1}{3.43} = 0.708$$

표 11.7에서 D형 V벨트의 허용장력 $T_1 = 86\ \mathrm{kg}$이므로 D형 V벨트 1가닥의 전달동력은 식 (11.37)에 의하여

$$H_0 = \frac{v}{75}\left(T_1 - \frac{wv^2}{\mathrm{g}}\right) \cdot \frac{e^{\mu'\theta} - 1}{e^{\mu'\theta}}$$

$$= \frac{18.1}{75} \times (86 - 18.7) \times 0.708 = 11.5 \,(\mathrm{ps})$$

접촉각에 대하여는 이미 계산되어 있으므로 $k_1 = 1$이라 하고 표 11.14에서 부하수정계수만을 생각하여 50.3 ps를 전달하는 데 필요한 V벨트의 가닥수 Z는 식

(11.41)에 의하여

$$Z = \frac{H}{H_0 k_2} = \frac{50.3}{11.5 \times 0.70} = 6.25 \fallingdotseq 7$$

그러므로 D형 V벨트 7가닥을 사용하면 된다. 벨트의 길이는 식 (11.6)에서

$$L = 2C + \frac{\pi(D_1 + D_2)}{2} + \frac{(D_2 - D_1)^2}{4C}$$

$$= 2 \times 1500 + \frac{\pi}{2} \times (300 + 1150) + \frac{(1150 - 300)^2}{4 \times 1500}$$

$$= 5479 \,(\mathrm{mm})$$

표 11.8에서 유효길이 $L_0 = 5588\,\mathrm{mm}$ (호칭번호 220)의 것을 선정하면 된다. 따라서 수정된 축 사이의 거리 C_0를 구하기 위하여 식 (11.39)에 의하여 먼저 K를 계산하면

$$K = \frac{1}{2}\left\{L_0 - \frac{\pi(D_1 + D_2)}{2}\right\} = \frac{1}{2}\left\{5588 - \frac{\pi}{2}(300 + 1150)\right\} = 1655 \,(\mathrm{mm})$$

이고, 수정된 축 사이의 거리 C_0는 식 (11.38)에 의하여

$$C_0 = K\left\{1 - \frac{(D_2 - D_1)^2}{8K^2}\right\}$$

$$= 1655 \times \left\{1 - \frac{(1150 - 300)^2}{8 \times 1655^2}\right\} \fallingdotseq 1600 \,(\mathrm{mm})$$

로 결정된다.

11.1 가죽벨트를 바로 걸어서 회전속도 500 rpm, 지름 400 mm인 원동풀리로부터 지름 600 mm인 종동풀리에 7.5 ps의 동력을 전달하기 위해서 필요한 평벨트의 단면적 및 길이를 구하라. 단, 축간거리는 5 m, 이음효율 55 %, 마찰계수 0.2, 허용 인장응력 0.25 kg/mm²이다.

11.2 바로걸기로 폭 140 mm, 두께 5 mm인 가죽벨트를 사용할 때 전달할 수 있는 동력을 구하라. 단, 원동풀리의 지름 150 mm, 회전속도 510 rpm, 속도비 1/3, 축간거리 5 m, 이음효율 80 %, 마찰계수 0.2, 벨트의 허용 인장응력 0.2 kg/mm²이다.

11.3 5 ps, 1150 rpm의 펌프를 운전하는 지름 330 mm의 풀리가 있다. 평고무벨트를 사용할 때, 원심력의 영향을 무시하고 필요한 벨트의 단면적을 구하라. 단, 접촉각 140°, 이음효율 40 %, 마찰계수 0.2, 허용 인장응력 0.25 kg/mm²이다.

11.4 지름이 각각 100 mm, 500 mm인 주철제 벨트 풀리에 1겹 가죽벨트를 사용하여 5 ps의 동력을 전달하려고 한다. 축간거리 3 m, 작은 풀리의 회전속도가 1200 rpm일 때 유효장력, 벨트의 단면적과 베어링에 걸리는 하중을 구하라. 단, 이음효율 50 %, 마찰계수 0.2이다

11.5 벨트의 속도 15 m/s일 때, C형 V벨트 1개의 전달동력을 계산하라. 단, 접촉각 135°, 마찰계수 0.25로 한다.

11.6 20 ps 의 농업용 기계를 D형 V벨트를 사용하여 벨트의 속도 9.5 m/s, 접촉각 140°로 운전할 때, V벨트의 가닥수를 구하라. 단, 마찰계수는 0.25이다.

11.7 1150 rpm, 20 ps 의 전동기로부터 V벨트로 공기압축기를 250 rpm으로 운전하려고 한다. V벨트의 형 및 가닥수를 결정하라. 단, 축간거리는 1.5 m, 마찰계수는 0.2이다.

11.8 6 ps 의 동력을 회전속도 1150 rpm 에서 1/5로 감속하여 공작기계에 전달할 때에 V벨트의 형, 가닥수 및 길이를 결정하라. 단, 축간거리 450 mm, 마찰계수 0.25이다.

Chapter 12

체인

체인전동은 그림 12.1과 같이 링크 판을 핀으로 결합한 체인(chain)을 2개의 스프로 킷휠(sprocket wheel) 주변의 이에 감아 걸어서 동력을 전달하는 것으로 주로 축간거리 가 짧으나 기어 전동이 불가능한 경우에 쓰인다.

체인전동의 특징은 다음과 같다.

• 마찰력을 이용하지 않으므로 미끄럼이 없어 일정한 속도비를 얻을 수 있으며 초기 장력을 필요하지 않기 때문에 베어링 하중이 줄어서 95 % 이상의 전동효율을 올릴 수 있다.
• 축간거리는 4 m 정도로 짧지만 동시에 여러 축에 동력을 전달할 수 있고, 고온에서 나 윤활유와 같은 기름이 있는 곳에도 사용할 수 있다.

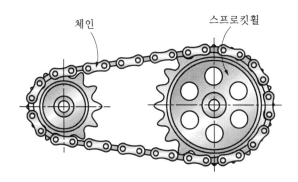

그림 12.1 체인전동

- 10 m/sec 이상의 고속회전에서는 진동과 소음을 일으키기 쉽다.
- 속도변화를 비교적 크게 할 수 있으며 큰 동력을 전하는 데 적합하다.

현재 전동용으로 주로 쓰이는 체인은 롤러 체인(roller chain)과 사일런트 체인 (silent chain)이다.

12.1 롤러 체인

12.1.1 체인의 구조

롤러 체인은 그림 12.2와 같이 롤러를 가진 롤러 링크와 핀을 가진 핀 링크를 교대로 결합한 것이며, 링크의 수가 홀수인 경우는 오프셋 링크(offset link)를 사용한다. 보통은 1열 체인을 사용하고, 큰 동력을 전달하는 체인은 2열, 3열의 체인을 사용한다. 체인의 크기는 한 링크에서 핀의 중심과 중심 사이의 거리인 피치를 인치단위로 표시한 호칭번호로 나타낸다. 예를 들면 링크의 피치가 5/8인치인 경우 #50체인이라 부른다. 표 12.1은 롤러 체인의 치수와 강도를 나타낸다.

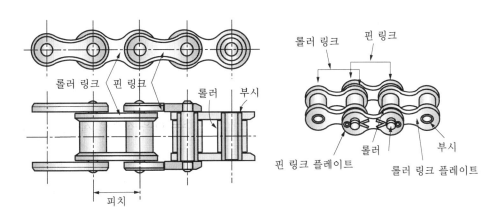

그림 12.2 롤러 체인

호칭 번호	피치 p	롤러			핀		링크 플레이트			최소파단하중 $P_f(\text{kg})$
		바깥 지름	링크 안쪽 폭	링크 바깥 폭	바깥 지름	링크길이 1/2	두께	핀링크의 폭	롤러링크의 폭	
40	12.70	7.94	7.9	11.23	3.97	10.6	1.5	10.4	12.0	1420
50	15.88	10.16	9.5	13.90	5.09	12.1	2.0	13.0	15.0	2210
60	19.05	11.91	12.7	17.81	5.96	16.2	2.4	15.6	18.1	3200
80	25.40	15.88	15.8	22.66	7.94	20.0	3.2	20.8	24.1	5650
100	31.75	19.05	19.0	27.51	9.54	24.1	4.0	26.0	30.1	8850
120	38.10	22.23	25.4	35.51	11.11	29.2	4.8	31.2	36.2	12800
140	44.45	25.40	25.4	37.24	12.71	32.2	5.6	36.4	42.2	17400
150	50.80	28.58	31.7	45.27	14.29	37.3	6.4	41.6	48.2	22700
200	63.50	39.69	38.1	54.94	19.85	48.5	8.0	52.0	60.3	35400

12.1.2 체인의 링크수

체인의 링크수 L_n은 바로걸기 벨트의 길이계산식을 이용하여 근사적으로 구할 수 있다.

바로걸기에서 벨트의 길이 L은

$$L = 2C + \frac{\pi(D_1 + D_2)}{2} + \frac{(D_2 - D_1)^2}{4C} = pL_n \tag{12.1}$$

여기서, C : 축간거리

  $D_1,\ D_2$: 원동축과 종동축의 스프로킷휠의 피치원 지름

  p : 체인의 피치

이다. 그런데 스프로킷휠의 잇수 $Z = \dfrac{\pi D}{p}$ 이므로 링크수는 다음 식으로 계산할 수 있다.

$$\begin{aligned} L_n &= \frac{L}{p} = \frac{2C}{p} + \frac{p(Z_1 + Z_2)}{2p} + \frac{p^2(Z_2 - Z_1)^2}{4\pi^2 Cp} \\ &= \frac{2C}{p} + \frac{1}{2}(Z_1 + Z_2) + \frac{0.0257p}{C}(Z_2 - Z_1)^2 \end{aligned} \tag{12.2}$$

여기서, Z_1, Z_2 : 원동축과 종동축의 스프로킷휠의 잇수

링크수는 정수이어야 하므로 계산된 결과가 소수점 이하인 경우는 올림하여 1개의 링크를 증가시킨다. 보통 롤러 링크와 핀 링크가 교대로 연결되므로 체인의 링크수는 짝수로 한다. 그러나 링크수가 홀수인 경우는 링크의 한쪽은 롤러로 만들고 다른 쪽은 핀으로 만든 오프셋 링크(off-set link)를 사용한다.

12.1.3 체인의 운동

(1) 체인의 속도

체인의 피치 $p\,(\mathrm{mm})$, 스프로킷휠의 잇수 Z, 회전속도 $N\,(\mathrm{rpm})$일 때 체인의 평균속도 v_m 은

$$v_m = \frac{NpZ}{60 \times 1000}\ (\mathrm{m/sec}) \tag{12.3}$$

이다. 실제로 그림 12.3(a)와 같이 체인이 이등변삼각형 OBC의 꼭짓점 B에서 나갈 때 최대속도가 되고, 그림 12.3(b)와 같이 이등변삼각형의 변 $\overline{BC}$에서 나갈 때 최소속도가 된다. 그러므로 최대속도와 최소속도는 다음과 같이 유도된다.

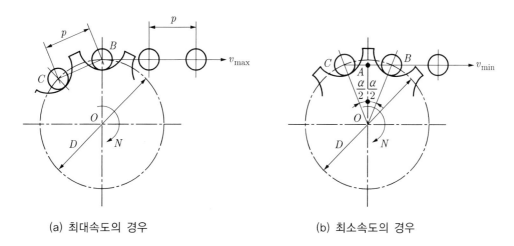

(a) 최대속도의 경우   (b) 최소속도의 경우

그림 12.3 체인속도의 변화

최대속도는

$$v_{\max} = \frac{\pi D N}{60 \times 1000} \, (\mathrm{m/s}) \tag{12.4}$$

여기서, D는 스프로킷휠의 피치원 지름(mm)이다. 한편, 체인의 최소속도는

$$v_{\min} = \frac{\pi (2 \times \overline{OA}) N}{60 \times 1000} \, (\mathrm{m/s}) \tag{12.5a}$$

그런데, 그림 12.3(b)에서 체인의 굴곡각도는

$$\alpha = \frac{2\pi}{Z} (rad) = \frac{360°}{Z}$$

이고, $\overline{OA} = \overline{OB} \cos\left(\dfrac{\alpha}{2}\right) = \dfrac{D}{2} \cos\left(\dfrac{180°}{Z}\right)$ 이므로 최소속도는

$$v_{\min} = \frac{\pi D N}{60 \times 1000} \cos\left(\frac{180°}{Z}\right) \, (\mathrm{m/s}) \tag{12.5b}$$

이다.

따라서 체인의 속도는 최대속도 $v_{\max}$와 최소속도 $v_{\min}$ 사이에서 주기적으로 변화한다.

(2) 속도변화율

체인을 이용하여 동력을 정확하게 전달하기 위해서는 속도변화가 적어야 한다. 속도변화를 줄이기 위한 방안을 알기 위하여 속도변화율 ε을 구하면 다음과 같다.

$$\begin{aligned} \varepsilon &= \frac{v_{\max} - v_{\min}}{v_{\max}} \\ &= 1 - \cos\left(\frac{\alpha}{2}\right) \\ &= 1 - \cos\left(\frac{180°}{Z}\right) \end{aligned} \tag{12.6}$$

따라서 속도변화율을 낮추기 위해서는 스프로킷휠의 잇수를 증가시켜야 하고, 실용적인 속도변화율을 2 %로 할 때 최소잇수는 17개 정도로 하여야 한다.

(3) 속도비

스프로킷휠에서 원동축과 종동축의 회전속도가 N_1, N_2라 할 때, 체인속도는

$$v = \frac{N_1 p Z_1}{60 \times 1000} = \frac{N_2 p Z_2}{60 \times 1000} \text{(m/sec)} \text{이므로 속도비 } i \text{는}$$

$$i = \frac{N_2}{N_1} = \frac{Z_1}{Z_2} \tag{12.7}$$

이다.

12.1.4 체인의 전달동력

체인전동은 초기장력이 없으며 전동속도가 낮고 축간거리가 짧아서 자중을 무시할 수 있으므로 체인에 작용하는 힘은 벨트에서 유효장력에 해당하는 허용장력 P뿐이다. 그러므로 하루 10시간을 사용하고 충격이 별로 없는 경우에 체인의 전달동력 H는 다음과 같다.

$$H = \frac{P v_m}{75} \text{(ps)} \quad \text{혹은} \quad H = \frac{P v_m}{102} \text{(kW)} \tag{12.8}$$

체인의 허용장력은 표 12.1에 있는 체인의 파단강도 P_f를 안전율 S로 나눈 값이다. 보통 운전상태의 롤러 체인의 안전율은 $S = 5 \sim 20$이다.

표 12.2 부하계수 f_1

	부하의 특징		1일 사용 시간			
			10시간	24시간	10시간	24시간
전동조건	보통의 전동	원심 펌프, 송풍기, 일반수송 장치 등 부하가 균일한 것	1.0	1.2	1.4	1.7
	충격을 수반하는 전동	압축기, 공작기계 등 부하 변동이 중간쯤 되는 것	1.2	1.4	1.7	2.0
	큰 충격을 수반하는 전동	프레스, 분쇄기, 토목 및 광산기계 등 부하변동이 격심한 것	1.4	1.7	2.0	2.4
	원동기의 종류		전동기, 터빈 엔진		디젤 엔진, 1기통 엔진	

표 12.3 다열계수 f_2

체인의 열수	수정 계수
2	1.7
3	2.5
4	3.3
5	3.9
6	4.6

그런데 체인전동장치를 하루 종일 사용하거나 체인에 충격하중이 작용하는 경우에 표 12.2에 있는 전달동력에 부하계수 f_1을 곱하여 수정동력 H'을 구해야 한다. 만일 전달동력이 너무 커서 체인을 여러 줄 사용할 때는 붙이기 오차를 고려하여 1열의 정격전달동력 H_r에 표 12.3에 있는 다열계수 f_2를 곱하여 사용한다. 표 12.4는 마모에 의한 체인의 수명을 고려하여 체인의 피치, 스프로킷휠의 회전수 및 잇수에 대한 1열 체인의 정격전달마력을 나타낸다.

표 12.4 1열 체인의 정격전달마력 H_r

(a) 호칭번호 40(피치 12.7 (mm))인 경우 (단위: ps)

작은 스프로킷휠의 잇수	최고회전속도 (rpm)	작은 스프로킷휠의 회전속도(rpm)																			
		50	100	200	300	400	500	600	700	800	900	1000	1200	1400	1600	1800	2000	2200	2600	3000	3600
13	2180	0.2	0.5	0.8	1.2	1.5	1.8	2.0	2.2	2.4	2.6	2.8	3.1	3.3	3.5	3.6	3.7				
15	2560	0.3	0.5	1.0	1.4	1.8	2.1	2.4	2.7	2.9	3.2	3.4	3.8	4.1	4.3	4.5	4.7	4.8			
17	2860	0.3	0.6	1.1	1.6	2.0	2.4	2.8	3.1	3.4	3.7	4.0	4.4	4.8	5.1	5.4	5.6	5.7	5.9		
19	3080	0.4	0.7	1.3	1.8	2.3	2.7	3.1	3.5	3.9	4.2	4.5	5.0	5.5	5.9	6.2	6.4	6.6	6.7	6.8	
20	3160	0.4	0.7	1.3	1.9	2.4	2.9	3.3	3.7	4.1	4.4	4.7	5.3	5.8	6.2	6.5	6.8	7.0	7.2	7.2	
21	3230	0.4	0.8	1.4	2.0	2.5	3.0	3.5	3.9	4.3	4.6	5.0	5.6	6.1	6.5	6.9	7.1	7.4	7.6	7.6	
30	3370	0.6	1.1	2.0	2.8	3.6	4.2	4.9	5.4	6.0	6.5	6.9	7.8	8.4	8.9	9.4	9.7	10.0	10.2	10.1	9.2
32	3310	0.6	1.1	2.1	3.0	3.8	4.5	5.1	5.7	6.3	6.8	7.3	8.1	8.8	9.3	9.9	10.1	10.3	10.5	10.4	
35	3220	0.7	1.2	2.3	3.2	4.1	4.9	5.6	6.2	6.8	7.4	7.9	8.7	9.4	10.0	10.4	10.7	10.9	11.0	10.6	
40	2970	0.7	1.4	2.6	3.7	4.6	5.4	6.2	6.9	7.6	8.2	8.7	9.6	10.3	10.9	11.2	11.5	11.6	11.5		

윤활형식 (모빌유)							
	I	1분간에 4~10방울 정도 적하 주유를 하든가 때로는 흘러 지나가게 한다.	II	기름이 새지 않는 케이싱 속에 1분간 20방울 이상의 적하 주유를 하든가, 간단한 유조 속을 지나게 한다.	III	유조 속을 지나가든가, 기름이 계속 흘러 지나가게 하든가, 강제 주유를 한다.	

주 기본마력이란 기준상태에서 핀과 부시의 마모 수명을 15000시간으로 한 전달마력을 말한다. 또한 기준상태는 정상적인 부하전동으로 1일 10시간 정도를 말한다.

(b) 호칭번호 50(피치 15.88 (mm))인 경우 (단위: ps)

작은 스프로 킷휠의 잇수	최고회 전속도 (rpm)	작은 스프로킷휠의 회전속도(rpm)																			
		50	100	200	300	400	500	600	700	800	900	1000	1100	1200	1300	1400	1600	1800	2000	2200	2400
13	1570	0.5	0.9	1.6	2.2	2.7	3.2	3.7	4.0	4.4	4.7	4.9	5.1	5.3	5.5	5.6					
14	1720	0.5	1.0	1.7	2.4	3.0	3.6	4.0	4.5	4.8	5.2	5.5	5.7	6.0	6.2	6.3	6.5				
15	1850	0.5	1.0	1.9	2.6	3.3	3.9	4.4	4.9	5.3	5.7	6.0	6.3	6.6	6.8	7.0	7.3	7.5			
16	1960	0.6	1.1	2.0	2.8	3.5	4.2	4.7	5.3	5.7	6.2	6.6	6.9	7.2	7.4	7.7	8.0	8.2			
17	2060	0.6	1.2	2.1	3.0	3.8	4.5	5.1	5.7	6.2	6.6	7.1	7.4	7.8	8.1	8.3	8.7	9.0	9.1		
18	2150	0.7	1.2	2.3	3.2	4.0	4.8	5.4	6.0	6.6	7.1	7.5	7.9	8.3	8.6	8.9	9.4	9.7	9.8		
19	2220	0.7	1.3	2.4	3.4	4.3	5.1	5.8	6.4	7.0	7.6	8.0	8.5	8.9	9.2	9.5	10.0	10.4	10.6	10.6	
20	2280	0.7	1.4	2.5	3.6	4.5	5.2	6.1	6.8	7.4	8.0	8.5	8.9	9.4	9.7	10.1	10.6	11.0	11.2	11.3	
21	2330	0.8	1.5	2.7	3.8	4.7	5.6	6.4	7.1	7.8	8.4	8.9	9.4	9.8	10.2	10.6	11.0	11.2	11.8	11.9	
22	2370	0.8	1.5	2.8	3.9	4.9	5.9	6.7	7.5	8.1	8.8	9.3	9.8	10.3	10.7	11.1	11.7	12.1	12.4	12.5	
24	2420	0.9	1.7	3.1	4.3	5.4	6.4	7.3	8.1	8.9	9.5	10.2	10.7	11.2	11.7	12.1	12.6	13.1	13.4	13.6	13.5
26	2440	0.9	1.8	3.3	4.6	5.8	6.9	7.9	8.7	9.5	10.3	10.9	11.5	12.0	12.5	12.9	13.6	14.0	14.3	14.4	14.3
30	2430	1.1	2.1	3.8	5.3	6.6	7.8	8.9	9.9	10.8	11.6	12.4	13.0	13.6	14.1	14.5	15.2	15.6	15.9	15.9	15.7
32	2390	1.2	2.2	4.0	5.6	7.0	8.3	9.4	10.5	11.4	12.2	13.0	13.6	14.2	14.7	15.2	15.8	16.2	16.3	16.2	
35	2320	1.3	2.4	4.4	6.1	7.6	9.0	10.2	11.3	12.3	13.1	13.9	14.6	15.2	15.7	16.1	16.7	17.1	17.0	16.6	
40	2140	1.4	2.7	4.9	6.8	8.5	10.0	11.3	12.5	13.6	14.5	15.3	16.0	16.6	17.1	17.5	18.0	18.1	18.0		
윤활 방식		I				II				III											

(c) 호칭번호 60(피치 19.05 (mm))인 경우 (단위: ps)

작은 스프로 킷휠의 잇수	최고회 전속도 (rpm)	작은 스프로킷휠의 회전속도(rpm)																			
		50	100	150	200	300	400	500	600	700	800	900	1000	1100	1200	1300	1400	1500	1600	1700	1800
13	1180	0.8	1.5	2.1	2.7	3.7	4.5	5.3	5.9	6.5	6.9	7.3	7.6	7.9							
14	1290	0.9	1.9	2.3	2.9	4.0	5.0	5.8	6.5	7.2	7.7	8.2	8.6	8.9	9.2						
15	1390	0.9	1.7	2.5	3.1	4.3	5.4	6.3	7.1	7.9	8.5	9.0	9.5	9.9	10.2	10.4					
16	1480	1.0	1.9	2.6	3.4	4.7	5.8	6.8	7.7	8.5	9.2	9.8	10.3	10.8	11.2	11.5	11.7				
17	1550	1.1	2.0	2.8	3.6	5.0	6.2	7.3	8.3	9.2	9.9	10.6	11.1	11.6	12.1	12.4	12.7	12.9			
18	1610	1.1	2.1	3.0	3.8	5.3	6.6	7.8	8.9	9.9	10.6	11.3	12.0	12.5	13.0	13.4	13.7	13.9	14.1		
19	1670	1.2	2.2	3.2	4.1	5.6	7.0	8.3	9.4	10.4	11.3	12.1	12.8	13.4	13.9	14.3	14.7	14.9	15.2		
20	1720	1.3	2.3	3.3	4.3	5.9	7.4	8.7	9.9	11.0	11.9	12.7	13.5	14.1	14.6	15.1	15.5	15.8	16.0	16.1	
21	1750	1.3	2.5	3.5	4.5	6.2	7.8	9.2	10.4	11.6	12.5	13.4	14.1	14.8	15.4	15.9	16.3	16.6	16.9	17.1	
22	1780	1.4	2.6	3.7	4.7	6.5	8.2	9.6	10.9	12.1	13.1	14.0	14.8	15.6	16.2	16.7	17.1	17.4	17.7	17.9	
24	1820	1.5	2.8	4.0	5.1	7.1	8.9	10.5	11.9	13.2	14.3	15.3	16.1	16.9	17.6	18.1	18.6	18.9	19.2	19.4	19.5
26	1830	1.6	3.0	4.3	5.5	7.7	9.6	11.3	12.8	14.1	15.3	16.4	17.3	18.1	18.8	19.2	19.8	20.2	20.5	20.6	20.6
30	1830	1.9	3.5	5.0	6.3	8.8	10.9	12.8	14.6	16.1	17.4	18.5	19.5	20.4	21.1	21.7	22.2	22.5	22.8	22.9	22.9
32	1790	2.0	3.7	5.3	6.7	9.3	11.6	13.5	15.3	16.9	18.3	19.4	20.5	21.3	22.0	22.6	23.1	23.4	23.6	23.6	
35	1740	2.2	4.0	5.7	7.3	10.1	12.5	14.7	16.5	18.2	19.6	20.8	21.9	22.7	23.4	24.0	24.5	24.7	24.9	24.7	
40	1610	2.5	4.6	6.5	8.2	11.3	14.0	16.3	18.4	20.1	21.6	22.8	23.9	24.6	25.4	25.3	26.1	26.1	26.0		
윤활 방식		I				II			III												

(d) 호칭번호 80(피치 25.4 (mm))인 경우   (단위: ps)

작은 스프로킷휠의 잇수	최고회전속도 (rpm)	작은 스프로킷휠의 회전속도(rpm)																			
		25	50	100	150	200	250	300	350	400	450	500	550	600	650	700	750	800	900	1000	1100
13	750	1.0	1.8	3.4	4.7	5.9	7.0	8.0	8.9	9.8	10.5	11.2	11.8	12.3	12.8	13.2	13.6				
14	820	1.1	2.0	3.7	5.2	6.5	7.7	8.8	9.8	10.8	11.6	12.4	13.1	13.7	14.3	14.8	15.3	15.7			
15	880	1.1	2.1	4.0	5.6	7.0	8.4	9.6	10.7	11.8	12.7	13.6	14.4	15.1	15.7	16.3	16.9	17.3			
16	935	1.2	2.3	4.2	6.0	7.6	9.0	10.3	11.6	12.7	13.7	14.7	15.6	16.4	17.1	17.8	18.4	18.9	19.8		
17	985	1.3	2.4	4.5	6.4	8.1	9.7	11.1	12.4	13.6	14.8	15.8	16.8	17.6	18.5	19.2	19.9	20.5	21.5		
18	1020	1.4	2.6	4.8	6.8	8.6	10.3	11.8	13.2	14.5	15.7	16.9	17.9	18.9	19.7	20.5	21.3	21.9	23.1	24.0	
19	1060	1.4	2.7	5.1	7.2	9.1	10.9	12.5	14.0	15.4	16.7	17.9	19.1	20.1	21.0	21.9	22.7	23.4	24.7	25.7	
20	1090	1.5	2.9	5.4	7.6	9.6	11.5	13.2	14.8	16.3	17.6	18.9	20.1	21.2	22.2	23.1	23.9	24.7	26.0	27.1	
21	1110	1.6	3.0	5.6	8.0	10.1	12.1	13.9	15.5	17.1	18.5	19.9	21.2	22.3	23.3	24.3	25.2	26.0	27.4	28.5	29.5
22	1130	1.7	3.2	5.9	8.3	10.6	12.6	14.5	16.3	17.9	19.4	20.8	22.2	23.3	24.5	25.5	26.4	27.3	28.7	29.9	30.9
24	1160	1.8	3.5	6.4	9.1	11.5	13.8	15.8	17.7	19.5	21.2	22.7	24.2	25.4	26.6	27.7	28.7	29.6	31.2	32.5	33.5
26	1160	2.0	3.7	6.9	9.8	12.4	14.8	17.1	19.1	21.0	22.8	24.4	26.0	27.3	28.5	29.7	30.8	31.8	33.7	35.0	35.8
30	1160	2.3	4.3	8.0	11.2	14.2	17.0	19.5	21.8	23.9	25.9	27.7	29.4	30.9	31.9	33.6	34.7	35.8	37.5	38.8	39.7
32	1140	2.4	4.6	8.5	11.9	15.1	18.0	20.6	23.0	25.2	27.3	29.2	30.9	32.5	33.7	35.2	36.4	37.4	39.2	40.5	41.3
35	1110	2.6	5.0	9.2	13.0	16.4	19.4	22.3	24.9	27.2	29.4	31.4	33.2	34.9	36.4	37.7	38.9	40.0	41.7	42.9	43.9
40	1020	3.0	5.7	10.4	14.6	16.4	21.8	24.9	27.7	30.3	32.6	34.7	36.6	38.4	39.9	41.2	42.3	43.5	45.1	46.3	
윤활방식		I				II					III										

(e) 호칭번호 100(피치 31.75 (mm))인 경우   (단위: ps)

작은 스프로킷휠의 잇수	최고회전속도 (rpm)	작은 스프로킷휠의 회전속도(rpm)																			
		10	25	50	75	100	125	150	175	200	250	300	350	400	450	500	550	600	650	700	800
13	535	0.8	1.9	3.5	5.0	6.4	7.6	8.8	9.9	10.9	12.9	14.6	16.2	17.6	18.6	19.6					
14	585	0.9	2.0	3.8	5.4	6.9	8.3	9.6	10.9	12.0	14.2	16.0	17.8	19.3	20.7	21.9	22.8				
15	630	0.9	2.2	4.1	5.9	7.5	9.0	10.5	11.8	13.1	15.5	17.5	19.5	21.3	22.7	24.0	25.2	26.3			
16	670	1.0	2.3	4.4	6.3	8.1	9.7	11.2	12.7	14.1	16.7	18.9	21.1	23.2	24.6	26.1	27.3	28.7	29.8		
17	700	1.1	2.5	4.7	6.7	8.6	10.3	12.0	13.6	15.1	17.8	20.3	22.7	25.0	26.4	28.2	29.6	30.9	32.2	33.2	
18	730	1.1	2.6	5.0	7.1	9.1	11.0	12.8	14.4	16.0	19.0	21.6	24.1	26.6	28.3	30.2	31.8	33.1	34.5	35.7	
19	755	1.2	2.8	5.2	7.5	9.6	11.6	13.6	15.3	17.0	20.2	23.0	25.6	28.3	30.2	32.2	33.9	35.4	36.8	38.1	
20	775	1.2	2.9	5.5	7.9	10.1	12.3	14.3	16.1	17.9	21.3	24.3	27.0	29.8	31.8	33.8	35.8	37.7	38.9	40.2	
21	790	1.3	3.1	5.8	8.2	10.7	12.9	15.0	16.9	18.9	22.4	25.5	28.4	31.4	33.5	35.7	37.6	39.3	40.9	42.3	
22	805	1.4	3.2	6.1	8.7	11.2	13.5	15.7	17.8	19.8	23.4	26.8	29.8	32.5	35.1	37.4	39.5	41.2	42.8	44.3	46.7
24	825	1.5	3.5	6.6	9.5	12.2	14.7	17.1	19.4	21.5	25.5	29.2	32.4	35.4	38.1	40.5	42.8	44.7	46.5	48.1	50.6
26	830	1.6	3.8	7.2	10.3	13.2	15.9	18.5	20.9	23.2	27.5	31.4	35.0	38.1	41.0	43.6	46.0	48.0	49.0	51.6	54.2
30	825	1.8	4.4	8.2	11.8	15.1	18.2	21.1	23.9	26.5	31.3	35.7	39.7	43.2	46.6	49.3	51.9	54.2	55.3	58.0	60.7
32	810	2.0	4.7	8.7	12.5	16.0	19.3	22.4	25.3	28.1	33.1	37.7	41.5	45.5	49.0	51.8	54.4	56.8	58.3	60.7	63.5
35	790	2.2	5.1	9.5	13.6	17.4	20.9	24.3	27.4	30.4	35.8	40.8	44.2	49.0	52.5	55.6	58.1	60.7	62.7	64.7	
40	730	2.4	5.8	10.8	15.4	19.6	23.6	27.3	30.8	34.0	40.1	44.3	50.0	54.2	57.8	61.0	63.5	66.3	68.6	70.8	
윤활방식		I				II					III										

따라서

$$H' = f_1 H = f_2 H_r \tag{12.9}$$

이므로 체인 1열의 정격전달동력은

$$H_r = \frac{f_1 H}{f_2} \tag{12.10}$$

이다.

12.1.5 스프로킷휠의 형상 및 치수

그림 12.4는 스프로킷휠의 형상과 설계를 위한 기본 치수를 나타내고 있다. 설계에 필요한 스프로킷휠의 기본치수를 살펴보면 그림 12.5와 같다.

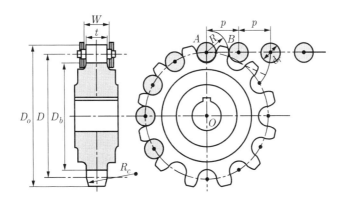

그림 12.4 롤러 체인의 스프로킷휠

(1) 피치원 지름

체인이 스프로킷휠에 감겼을 때 체인 핀의 중심이 지나는 원을 피치원이라 한다. 그림 12.5(a)에서 피치원 반지름 R_p는 직선 $\overline{OA}$에 해당하고

$$\overline{OA} = \frac{\overline{AB}}{\sin\dfrac{\alpha}{2}} = \frac{\dfrac{p}{2}}{\sin\dfrac{180°}{Z}} \tag{12.11}$$

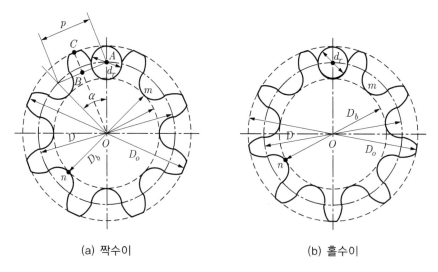

(a) 짝수이	(b) 홀수이

그림 12.5 스프로킷휠의 기본치수

그러므로 피치원 지름 D는 다음과 같다.

$$D = 2 \times \overline{OA} = \frac{p}{\sin\dfrac{180°}{Z}} \tag{12.12}$$

(2) 바깥지름

스프로킷휠의 바깥지름 D_o는 피치원 지름에 롤러의 지름 d_r을 더한 것이므로

$$D_o = D + d_r \tag{12.13}$$

이다. 또한 그림 12.5(a)를 참조하여 기하학적으로 유도하면 다음과 같다.

$$D_0 = 2\,(\overline{OB} + \overline{BC}) = 2\left[\frac{0.5p}{\tan\dfrac{\alpha}{2}} + 0.3p\right] \tag{12.14}$$

$$= p\left(0.6 + \cot\frac{180°}{Z}\right)$$

여기서, $\overline{BC} = 0.3p$이다.

(3) 이뿌리원 지름

이뿌리원 지름 D_b는 피치원 지름 D에서 롤러의 바깥지름 d_r을 뺀 것이다.

$$D_b = D - d_r \tag{12.15}$$

12.1.6 체인전동의 설계순서

체인전동장치를 설계하기 위해서는 전달동력, 속도비, 축간거리, 기계의 사용조건과 체인의 허용안전율을 미리 알고, 체인의 피치, 링크수와 스프로킷휠의 잇수를 결정해야 한다.

정격마력표에 의한 체인전동장치의 설계순서는 다음과 같다.

- 표 12.2의 부하계수에서 사용조건에 맞는 부하계수 f_1을 결정한다.
- 전달마력 H에 부하계수를 곱한 수정마력 H'을 계산한다.
- 표 12.5의 허용 최고회전수 N_1에서 체인 피치의 허용범위를 결정한다.
- 표 12.4에서 작은 스프로킷휠의 잇수 Z_1을 정하고, 최대회전수와 수정마력에 맞는 정격전달마력 H_r을 찾아 체인의 피치를 선택한다. 체인은 작은 것 여러 열보다 큰 것 1열을 택하는 것이 경제적이다. 작은 스프로킷휠의 잇수는 17~24 정도가 좋다.

표 12.5 스프로킷휠의 허용 최고회전수(rpm)

작은 스프로킷휠의 잇수	롤러 체인 번호								
	40	50	60	80	100	120	140	160	200
13	2180	1570	1180	750	535	415	305	260	185
15	2560	1850	1390	880	630	490	360	305	220
17	2860	2060	1550	985	700	550	400	340	245
19	3080	2220	1670	1060	755	590	430	365	265
21	3230	2330	1750	1110	790	620	450	385	280
30	3370	2430	1830	1160	825	645	470	400	290
40	2970	2140	1610	1020	730	570	415	355	255
60	1580	1140	860	545	390	305	220	185	135

- 선정된 작은 스프로킷휠의 잇수가 표 12.6에서 제시하는 최대 보스지름 $D_{b\max}$ 와 최대 축지름 $d_{\max}$ 의 기준과 맞는지를 검토한다. 만일 요구되는 축지름 d 가 최대 축지름 $d_{\max}$ 를 넘으면 작은 스프로킷휠의 잇수를 증가시킨다.

표 12.6 최대 보스지름($D_{b\max}$) 및 최대 축지름($d_{\max}$)

잇 수	체인의 크기	40	50	60	90	100	120	140	160	200
13	$D_{b\max}$	39	48	59	79	99	118	136	155	196
	$d_{\max}$	22	30	38	51	66	80	92	106	135
14	$D_{b\max}$	43	53	65	87	109	131	151	172	217
	$d_{\max}$	26	33	42	58	74	88	102	118	150
15	$D_{b\max}$	47	58	72	95	119	143	165	188	237
	$d_{\max}$	29	37	48	62	80	96	112	129	165
16	$D_{b\max}$	51	63	98	103	129	155	179	204	257
	$d_{\max}$	31	41	50	69	86	106	123	140	180
17	$D_{b\max}$	55	69	84	111	139	167	193	220	278
	$d_{\max}$	34	46	55	75	94	113	133	153	196
18	$D_{b\max}$	60	74	90	120	150	179	208	236	298
	$d_{\max}$	38	50	60	80	101	123	143	164	210
19	$D_{b\max}$	64	79	96	128	160	192	222	273	318
	$d_{\max}$	42	51	63	86	110	132	154	177	226
20	$D_{b\max}$	68	84	102	136	170	204	236	269	339
	$d_{\max}$	45	55	68	92	116	140	164	188	240
21	$D_{b\max}$	72	89	108	144	180	216	250	285	359
	$d_{\max}$	48	59	73	97	124	150	175	200	256
22	$D_{b\max}$	76	94	114	152	190	228	264	301	379
	$d_{\max}$	50	62	78	103	130	159	185	213	270
23	$D_{b\max}$	80	99	120	160	200	240	278	317	399
	$d_{\max}$	52	66	80	110	138	167	196	225	286
24	$D_{b\max}$	84	105	127	169	211	254	294	336	421
	$d_{\max}$	55	70	85	115	145	178	207	236	299
25	$D_{b\max}$	88	110	133	177	221	266	308	352	442
	$d_{\max}$	58	74	90	121	154	186	218	250	316

- 종동축 스프로킷휠의 잇수 Z_2를 결정하고, 체인의 링크수 L_n을 계산한다. 링크수는 되도록 짝수로 한다.
- 정해진 링크수에 맞게 아래 식에 의하여 축간거리 C를 계산한다.

$$C = \left[L_n - \left(\frac{Z_1 + Z_2}{2} \right) + \sqrt{ \left(L_n - \frac{Z_1 + Z_2}{2} \right)^2 - 8 \left(\frac{Z_2 - Z_1}{2\pi} \right)^2 } \right] \frac{p}{4} \qquad (12.16)$$

다른 방법으로는 정격전달마력표를 이용하지 않고, 피치의 허용범위 안에서 표 12.1에 나타낸 각 체인의 파단장력 P_f와 실제 전달해야 하는 동력인 수정마력에서 유도한 전달력 P의 비인 안전율 S를 구한 후, 그 안전율이 허용안전율 S_a보다 크고 그 차이가 가장 적은 체인을 선택한다.

[예제 12.1] 롤러 체인을 이용하여 $H = 7.5\,\mathrm{ps}$ 를 $N_1 = 900\,\mathrm{rpm}$ 의 원동기에서 축간거리 $C = 820$ mm, $N_2 = 300\,\mathrm{rpm}$ 의 종동축에 전달시키려고 한다. 체인의 허용안전율 $S_a = 15$ 이고, 부하계수 $f_1 = 1.2$ 라 할 때, 체인의 피치와 길이, 스프로킷휠의 지름 및 잇수들을 구하라.

풀이 수정마력 H' 은 식 (12.9)에 의하여
$$H' = f_1 H = 1.2 \times 7.5 = 9.0\,(\mathrm{ps})$$

작은 스프로킷휠의 잇수 $Z_1 = 17$ 로 잡고, 표 12.5의 허용 최고회전수에서 원동축의 회전수 $N_1 = 900\,\mathrm{rpm}$ 에 적합한 체인의 범위를 살펴보면, #40~#80이다. 표 12.4에서 작은 스프로킷휠의 잇수 $Z_1 = 17$, $N_1 = 900\,\mathrm{rpm}$ 의 경우 수정마력보다 크고, 차이가 가장 적은 정격전달마력은 #60에서 $H_r = 10.6\,\mathrm{ps}$ 이다. 따라서 체인의 피치 $p = 19.05\,\mathrm{mm}$ 는 정해진다.
종동축 스프로킷휠의 잇수는 식 (12.7)에 의하여

$$Z_2 = Z_1 \cdot \frac{N_1}{N_2} = 17 \times \frac{900}{300} = 51$$

스프로킷휠의 피치원 지름과 바깥지름은 각각 식 (12.12)와 식 (12.14)에 의하여 구한다.
원동축 스프로킷휠의 피치원 지름은

$$D_1 = \frac{p}{\sin \dfrac{180°}{Z_1}} = \frac{19.05}{\sin \dfrac{180°}{17}} = 103.5 \,(\text{mm})$$

원동축 스프로킷휠의 바깥지름은

$$D_{o1} = p\left(0.6 + \cot \frac{180°}{Z_1}\right) = 19.05 \times \left(0.6 + \cot \frac{180°}{17}\right) = 114.4 \,(\text{mm})$$

종동축 스프로킷휠의 피치원 지름은

$$D_2 = \frac{p}{\sin \dfrac{180°}{Z_2}} = \frac{19.05}{\sin \dfrac{180°}{51}} = 309.4 \,(\text{mm})$$

종동축 스프로킷휠의 바깥지름은

$$D_{o2} = p \times \left(0.6 + \cot \frac{180°}{Z_2}\right) = 19.05 \times \left(0.6 + \cot \frac{180°}{51}\right) = 318.7 \,(\text{mm})$$

체인의 링크수는 식 (12.2)에 의하여

$$
\begin{aligned}
L_n &= \frac{2C}{p} + \frac{1}{2}(Z_1 + Z_2) + \frac{0.0257\,p}{C}(Z_2 - Z_1)^2 \\
&= \frac{2 \times 820}{19.05} + \frac{1}{2}(17 + 51) + \frac{0.0257 \times 19.05}{820}(51 - 17)^2 \\
&= 86.1 + 34 + 0.690 = 120.8 \fallingdotseq 121\,(\text{개})
\end{aligned}
$$

예제 12.2 전달마력 $H = 6\,\text{ps}$, 원동축 $N_1 = 1000\,\text{rpm}$ 에서 축간거리 $C = 750\,\text{mm}$ 정도인 종동축 $N_2 = 250\,\text{rpm}$ 으로 동력을 전달할 경우, 롤러 체인 전동장치를 설계하라. 단, 체인의 허용안전율 $S_a = 15$ 이고, 부하계수 $f_1 = 1.5$ 이다.

풀이 수정마력 H' 을 식 (12.9)에 의하여 계산하면

$$H' = f_1 H = 1.5 \times 6 = 9.0 \,(\text{ps})$$

이고, 작은 스프로킷휠의 잇수 $Z_1 = 17$ 로 잡고, 표 12.5의 허용 최고회전수에서 체인의 크기범위를 살펴보면 1000 rpm의 경우 #40~#60이다.

체인 크기를 정하기 위하여 허용범위에 드는 체인의 안전율을 검토해보면 #40의 경우, 피치 $p = 12.7\,\text{mm}$ 이므로 체인의 평균속도는 식 (12.3)에 의하여

$$v_m = \frac{N_1\,p\,Z_1}{60 \times 1000} = \frac{1000 \times 12.7 \times 17}{60 \times 1000} = 3.6 \,(\text{m/s})$$

이고, 전달하중은 식 (12.8)에 의하여

$$P = \frac{75H'}{v_m} = \frac{75 \times 9.0}{3.6} = 187.5 \, (\text{kg})$$

이다. 그런데 표 12.1에서 #40 체인의 파단하중 $P_f = 1420 \, \text{kg}$이므로 적용안전율은

$$S = \frac{P_f}{P} = \frac{1420}{187.5} = 7.6$$

이고, 이 값은 허용안전율 $S_a = 15$보다 너무 작으므로 #40 체인 1열을 선택할 수 없다.

#50 체인($p = 15.88 \, \text{mm}$, $P_f = 2210 \, \text{kg}$)의 경우, 평균속도, 전달하중과 적용안전율은 다음과 같다.

$$v_m = \frac{1000 \times 15.88 \times 17}{60 \times 1000} = 4.5 \, (\text{m/s})$$

$$P = \frac{75 \times 9.0}{4.5} = 150 \, (\text{kg})$$

$$S = \frac{2210}{150} = 14.7$$

이 적용안전율은 허용안전율에 가깝지만 약간 작으므로 작은 스프로킷휠의 잇수 $Z_1 = 19$로 증가시키면

$$v_m = \frac{1000 \times 15.88 \times 19}{60 \times 1000} = 5.02 \, (\text{m/s})$$

$$P = \frac{75 \times 9.0}{5.02} = 134 \, (\text{kg})$$

$$S = \frac{2210}{134} = 16.5$$

이고, 이 값은 허용안전율보다 크므로 #50 체인을 안전하게 사용할 수 있다.
선정된 작은 스프로킷휠이 허용 축지름 $d_{\max}$에 적합한지를 살펴보기 위하여 원동축의 축지름 d를 Bach의 공식에 의하여 계산하면

$$d = 120 \sqrt[4]{\frac{H'}{N_1}} = 120 \sqrt[4]{\frac{9.0}{1000}} = 37 \, (\text{mm})$$

이다. 이 값은 표 12.6에 제시하는 #50번 체인에서 스프로킷휠의 잇수 19인 경우에 최대 축지름 $d_{\max} = 51 \, \text{mm}$보다 작으므로 축을 끼울 구멍을 충분히 가공할 수 있다.
종동축 스프로킷휠의 잇수는 식 (12.7)에 의하여

$$Z_2 = Z_1 \frac{N_1}{N_2} = 19 \times \frac{1000}{250} = 76$$

이고, 체인의 링크수는 식 (12.2)에 의하여 계산된다.

$$L_n = \frac{2C}{p} + \frac{1}{2}(Z_1 + Z_2) + \frac{0.0257\,p\,(Z_2 - Z_1)^2}{C}$$

$$= \frac{2 \times 750}{15.88} + \frac{1}{2}(19 + 76) + \frac{0.0257 \times 15.88 \times (76 - 19)^2}{750}$$

$$= 94.46 + 47.5 + 1.77 \fallingdotseq 144(\text{개})$$

링크수에 맞는 축간거리는 식 (12.16)에 의하여

$$C = \left[L_n - \left(\frac{Z_1 + Z_2}{2} \right) + \sqrt{\left(L_n - \frac{Z_1 + Z_2}{2} \right)^2 - 8\left(\frac{Z_2 - Z_1}{2\pi} \right)^2} \right] \frac{p}{4}$$

$$= \left[144 - \left(\frac{19 + 76}{2} \right) + \sqrt{\left(144 - \frac{19 + 76}{2} \right)^2 - 8\left(\frac{76 - 19}{2\pi} \right)^2} \right] \times \frac{15.88}{4}$$

$$= \left[96.5 + \sqrt{9312.25 - 658.39} \right] \times \frac{15.88}{4} = 752.4(\text{mm})$$

이다.

12.2 사일런트 체인

롤러 체인은 사용함에 따라 늘음이 생겨 물림 상태가 나빠져 진동과 소음이 발생한다. 이러한 결점을 없애기 위해 그림 12.6(a)와 같은 링크판을 여러 개 겹쳐서 (c)와 같이 핀으로 연결, 링크판의 양단의 경사면이 스프로킷휠의 이에 밀착하여 동력을 전달하게 한 것이 사일런트 체인(silent chain)이다.

이와 같은 사일런트 체인은 스프로킷휠과의 접촉 넓이가 커 운전이 원활하고 소음이 적으며 전동효율이 좋은 반면 높은 정밀도를 요구하기 때문에 공작이 어렵고 자중이 큰 결점도 지니고 있다.

12.2.1 사일런트 체인의 면각

링크판의 양쪽 끝의 경사면이 맺은 각 α를 면각이라 하며 보통 52°, 60°, 70°, 80°의 네 종류가 있으며 피치가 큰 것일수록 α가 작은 것을 사용한다. 또한 그림 12.6과

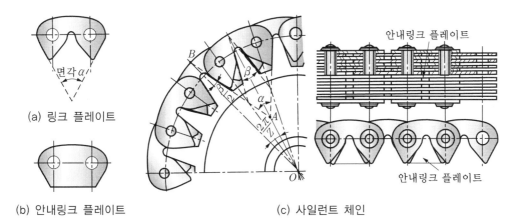

(a) 링크 플레이트

(b) 안내링크 플레이트

(c) 사일런트 체인

그림 12.6 사일런트 체인

같이 스프로킷휠 이의 측면 경사각을 β, 잇수를 Z라 하면, 링크판의 면각 α와 이의 측면 경사각 β의 관계는 $\triangle OAB$에서

$$\frac{\alpha}{2} = \frac{\beta}{2} + \frac{2\pi}{Z} \text{ (rad)} \tag{12.17}$$

사일런트 체인의 링크수는 짝수로 하는 것이 좋고 축간거리 C는 롤러 체인인 경우와 같이 피치의 30~50배 정도로 하는 것이 좋다.

표 12.7은 사일런트 체인의 표준규격을 나타낸다.

표 12.7 사일런트 체인의 규격

피치		링크 플레이트(mm)		핀의 지름 (mm)	라이너 (부시) 두께(mm)	와셔(mm)		면각
(in)	(mm)	길이	두께			지름	두께	
3/8	9.52	17.25	1.52	2.77	0.71	6.35	1.52	60°, 70°, 80°
1/2	12.70	22.27	1.52	3.17	1.02	7.24	1.52	52°, 60°
5/8	15.87	27.48	1.52	4.75	1.27	9.25	1.52	52°, 60°
3/4	19.05	32.94	1.52	4.75	1.25	10.46	1.52	50°, 60°, 70°
1	25.40	43.61	1.52	6.35	1.52	12.70	2.03	52°
5/4	31.75	54.02	3.04	8.71	2.03	15.87	2.03	52°
3/2	38.10	75.69	3.04	11.10	2.03	19.05	2.03	60°, 52°
2	50.80	86.00	3.04	14.27	2.03	22.22	2.03	52°

12.2.2 사일런트 체인의 설계

(1) 파단하중

사일런트 체인의 파단하중 P_f는 각 제품에 의하여 다르나 고급제품에 대하여 다음 식으로 구한다.

$$P_f = 385\,pb \text{ (kg)} \tag{12.18}$$

여기서, p는 체인의 피치(cm)이고, b는 체인의 폭(cm)이다.

(2) 체인의 속도

사일런트 체인의 속도 v는 $7\,\text{m/s}$ 이하로서 $4 \sim 6\,\text{m/s}$가 적당하다. 적당한 윤활과 밀폐된 게이지를 구비하고 있고, 피치가 작으면 최대 $10\,\text{m/s}$까지는 허용되나 고속이 될수록 소음이 커지고 수명이 감소된다.

(3) 스프로킷휠의 지름

미국에서 사일런트 체인에 사용되는 스프로킷휠의 지름을 그림 12.7을 참조하여 다음 식으로 구하도록 규정되어 있다.

$$\text{이끝원의 중심지름} \cdots\cdots D = p\left(\cot\frac{180°}{Z} - 0.22\right) \text{(mm)} \tag{12.19}$$

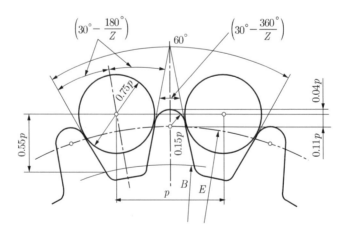

그림 12.7 사일런트 체인에서 스프로킷휠의 치형

작용면의 최소지름 …… $B = p\sqrt{1.515 + \left(\cot\dfrac{180°}{Z} - 1.1\right)^2}$ (mm)　　　(12.20)

(4) 체인의 폭

사일런트 체인을 선택하기 위해서는 전달마력, 원동축의 회전수, 하중상태, 축지름 등을 알아야 한다. 우선 롤러 체인과 같이 전달마력 H에 원동기의 종류, 사용시간과 하중상태를 고려한 부하계수 f_3를 곱하여 수정마력을 계산한다. 사일런트 체인의 부하계수는 표 12.8에서 찾는다. 체인 폭 1인치마다 전달할 수 있는 전동마력 H_{rs}를 표 12.9에서 찾은 후, 다음과 같이 체인의 폭 b를 인치단위로 계산한다.

$$b = \frac{H f_3}{H_{rs}}\,(\text{inch})$$　　　(12.21)

표 12.8 사일런트 체인의 부하계수 f_3

하중의 상태	10시간 이하(1일 중)		24시간(1일 중)	
	모터터빈	내연기관	모터터빈	내연기관
충격이 없다.	1	1.3	1.3	1.7
충격이 중간 정도	1.3	1.7	1.7	2
충격이 크다.	1.7	2	2	2.5

표 12.9 사일런트 체인 1인치당 전달마력(ps) H_{rs}

사일런트 체인의 피치 p (mm)	폭 b (mm)	속도 (m/s)						
		3	4	5	6	7	8	9
9.52	12.7~76.2	1.96	2.32	2.59	2.83	2.98	3.20	3.42
12.70	12.7~101.6	2.52	3.00	3.38	3.68	3.90	3.96	4.02
15.88	25.4~152.4	3.13	3.70	4.16	4.55	4.82	5.04	5.26
19.05	25.4~152.4	3.86	4.53	5.24	5.58	5.90	6.26	6.62
25.40	50.8~254.0	5.28	6.21	7.02	7.65	8.13	8.61	9.09
31.75	76.2~304.8	6.13	7.22	8.12	8.87	9.41	9.70	10.0
38.10	76.2~304.8	8.07	9.52	10.7	11.7	12.4	13.0	13.2
50.80	152.4~457.2	10.7	12.6	14.3	15.6	16.5	17.2	17.6

예제 12.3 $Z_1 = 17$, $N_1 = 1200$ rpm 의 작은 스프로킷휠에서 $Z_2 = 50$인 큰 스프로킷휠에 피치 $p = 3/4''$, 폭 $b = 76.2$ mm 인 사일런트 체인으로 전동시킬 때, 피치원 지름, 전달할 수 있는 동력과 링크수를 구하라. 단, 안전율 $S = 30$, 중심거리 $C = 450$ mm 이다.

풀이 작은 스프로킷휠의 피치원 지름은 식 (12.12)에 의하여

$$D_1 = \frac{p}{\sin\dfrac{180°}{Z_1}} = \frac{19.05}{\sin\dfrac{180°}{17}} = 103.72 \,(\mathrm{mm})$$

또한, 큰 스프로킷휠의 피치원 지름은 식 (12.12)에 의하여

$$D_2 = \frac{p}{\sin\dfrac{180°}{Z_2}} = \frac{19.05}{\sin\dfrac{180°}{50}} = 303.39 \,(\mathrm{mm})$$

체인의 평균속도는 식 (12.3)에 의하여

$$v = \frac{N_1 p Z_1}{60 \times 1000} = \frac{1200 \times 19.05 \times 17}{60 \times 1000} = 6.48 \,(\mathrm{m/sec})$$

파단하중은 식 (12.18)에 의하여

$$P_f = 385\,pb = 385 \times \frac{19.05}{10} \times \frac{76.2}{10} = 5589 \,(\mathrm{kg})$$

허용 전달하중은

$$P_w = \frac{P_f}{S} = \frac{5589}{30} = 186.3 \,(\mathrm{kg})$$

이므로 전달마력은

$$H = \frac{P_w v}{75} = \frac{186.3 \times 6.48}{75} = 16.1 \,(\mathrm{ps})$$

체인의 링크수는 식 (12.2)에 의하여

$$L_n = \frac{2C}{p} + \frac{1}{2}(Z_1 + Z_2) + \frac{0.0257\,p\,(Z_2 - Z_1)^2}{C}$$

$$= \frac{2 \times 450}{19.05} + \frac{17 + 50}{2} + \frac{0.0257 \times 19.05}{450} \times (50 - 17)^2 \fallingdotseq 82 \,(\text{개})$$

12.1 #60의 롤러 체인 스프로킷휠에서 잇수 27일 때 피치원 지름 및 바깥지름을 구하라.

12.2 #40의 롤러 체인을 잇수 54, 회전속도 300 rpm인 스프로킷휠에 사용하였을 때, 전달할 수 있는 동력을 구하라. 단, 안전율은 15로 한다.

12.3 #50의 롤러 체인으로 7.5 ps의 동력을 전달하는데, 안전율을 15 이상으로 하기 위한 체인의 평균속도를 구하라.

12.4 10 ps의 동력을 전달하는 다음과 같은 롤러 체인 전동장치를 설계하라. 원동축의 회전속도 1200 rpm, 종동축의 회전속도 300 rpm, 축간거리 800 mm, 허용안전율 15, 하중은 때때로 50 % 정도 초과하는 것으로 한다.

12.5 #50의 롤러 체인을 잇수 17, 축간거리 730 mm인 스프로킷휠에 감아걸 때 필요한 체인의 길이를 구하라. 또한 작은 스프로킷휠이 800 rpm으로 회전할 때 전달동력을 구하라. 단, 허용안전율은 15이고, 속도비는 1/2이다.

12.6 1180 rpm, 20 ps인 모터에서 사일런트 체인으로 종동축을 450 rpm으로 회전시키려고 한다. 두 축 사이의 중심거리가 약 1200 mm, 원동축의 스프로킷휠의 피치원 지름을 350 mm, 부하계수는 1.3이라 할 때, 전동장치를 설계하라.

12.7 사일런트 체인을 이용하여 1750 rpm, 15 ps인 모터로 송풍기를 250 rpm으로 운전하려고 한다. 체인의 속도는 6 m/sec, 원동축의 스프로킷휠의 잇수는 17, 중심거리는 480 mm, 부하계수는 1.3이라 할 때, 필요한 체인의 피치, 폭 및 링크수를 구하고, 스프로킷휠을 설계하라.

Chapter 13

브레이크 및 플라이휠

13장에서는 운동하는 기계부품의 속도를 조절하거나 사용 중에 발생하는 속도 변화를 최소로 하는 운동제어 요소인 브레이크와 플라이휠에 대하여 다룬다.

13.1 브레이크

브레이크(brake)는 마찰을 이용하여 회전축의 속도를 줄이거나 정지시키는 데 사용되는 기계요소이다. 브레이크의 작용은 브레이크 접촉면의 마찰에 의해 회전축의 운동에

표 13.1 브레이크의 종류

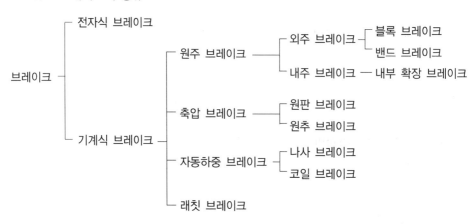

너지를 열에너지로 변환시켜서 이루어진다. 브레이크의 구조는 마찰력을 발생시키기 위하여 힘을 주는 조작부와 마찰력으로 속도를 조절하는 제동부로 이루어지며, 조작력은 사람의 힘, 공기압, 유압, 원심력, 전자력 등이 있다. 브레이크의 종류는 표 13.1과 같다.

13.1.1 블록 브레이크

블록 브레이크(block brake)는 축에 달린 브레이크 드럼(brake drum)에 1, 2개의 브레이크 블록(brake block)을 브레이크 레버(brake lever)로 밀어붙여서 생기는 마찰저항을 이용하여 회전속도를 줄인다.

(1) 단식 블록 브레이크(single block brake)

블록 1개로 제동하는 것으로 그림 13.1과 같이 3가지 형태가 있는데, 제동축에 굽힘모멘트가 작용하여 베어링 하중이 커지므로 큰 제동력은 얻을 수 없다. 일반적으로 제동축의 지름 50 mm 이하에 주로 사용된다.

그림 13.1에서 브레이크 드럼의 접선방향 제동력 P는

$$P = \mu P_n$$

여기서, P_n : 블록을 드럼에 밀어붙이는 힘

μ : 블록과 드럼 사이의 마찰계수

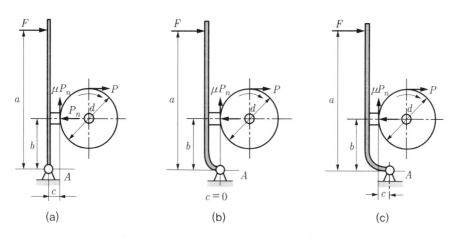

그림 13.1 단식 블록 브레이크

따라서 브레이크 드럼의 제동토크 T는

$$T = P\frac{d}{2} = \mu P_n \frac{d}{2} \tag{13.1}$$

이다. 여기서, d는 브레이크 드럼의 지름이다. 또한 브레이크가 작동하도록 브레이크 레버의 끝에 작용시키는 힘인 조작력 F는 블록과 일체로 되어 있는 브레이크 레버의 모멘트 평형에서 구해진다.

그림 13.1(a)의 경우,

$$우회전 : Fa - P_n b - \mu P_n c = 0 \tag{13.2}$$

$$\therefore \quad F = \frac{P_n}{a}(b + \mu c)$$

$$좌회전 : Fa - P_n b + \mu P_n c = 0 \tag{13.3}$$

$$\therefore \quad F = \frac{P_n}{a}(b - \mu c)$$

그림 13.1(b)의 경우, $c = 0$이므로 회전방향에 관계없이 제동효과는 일정하다.

$$F = P_n \frac{b}{a} \tag{13.4}$$

그림 13.1(c)의 경우,

$$우회전 : F = \frac{P_n}{a}(b - \mu c) \tag{13.5}$$

$$좌회전 : F = \frac{P_n}{a}(b + \mu c) \tag{13.6}$$

그림 13.1(a)와 13.1(c)의 경우, 축의 회전방향에 따라 조작력 F는 $\dfrac{P_n}{a}\mu c$만큼 증감하나, 일반적으로 c는 b의 1/5 정도, μ는 0.1~0.6 정도로서 F의 변화는 2~12 %이므로 실용상 지장은 없다. 그러나 $b - \mu c \leq 0$일 때, $F \leq 0$이 되어 브레이크 레버에 힘을 주지 않더라도 자동적으로 브레이크가 걸리게 된다. 이러한 경우에는 조작력에 관계없이 제동력이 걸리므로 축의 회전속도를 제어하는 브레이크로서는 사용할 수 없다. 수동의 경우 조작력 F는 보통 10~15 kg, 최대 20 kg 정도이고, 브레이크를 걸지 않았

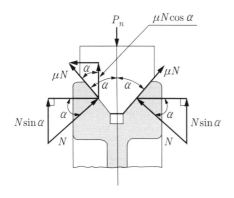

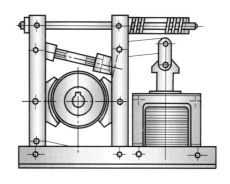

그림 13.2 홈붙이 브레이크   그림 13.3 복식 블록 브레이크

을 때($F = 0$), 블록과 드럼 사이의 간격을 2~3 mm로 한다.

마찰면의 제동력을 크게 하기 위하여 그림 13.2는 홈붙이 브레이크로 블록을 쐐기모양으로 하고 브레이크 드럼에 이에 대응하는 V형 홈을 판 것이다. 이 경우에는 유효 마찰계수는 V벨트일 때와 동일하게 평블록의 식에서 μ 대신 μ'을 사용한다.

$$\mu' = \frac{\mu}{\sin\alpha + \mu \cos\alpha}$$

홈의 각도(2α)는 작을수록 큰 제동력을 얻을 수 있으나, 너무 작게 하면 블록이 홈 속에 세게 끼워져서 빼기가 어려우므로 45° 이상으로 취한다.

그림 13.3은 복식 블록 브레이크로 2개의 블록을 대칭으로 설치해서 작용력이 균형을 이루게 하고, 브레이크 드럼의 축과 베어링에 작용하는 힘을 작게 한 것이다. 양 블록의 브레이크 힘과 수명을 같도록 하기 위해 c를 되도록 작게 한다. 이 복식 블록 브레이크는 철도 차량에 널리 사용되고 있으며, 작동력을 그림 13.3과 같이 스프링이나 전자석으로 풀어주는 형식은 기중기, 윈치 등에 사용된다.

(2) 내부 확장 브레이크

내부 확장 브레이크(internal expansion brake)는 그림 13.4와 같이 2개의 브레이크 슈(brake shoe)가 브레이크 휠(brake wheel)의 안쪽에 있으며, 이들이 바깥쪽으로 확장되면서 브레이크 휠에 접촉하여 브레이크 작용을 일으킨다. 브레이크 슈를 확장하기 위해서는 유압실린더나 캠(cam)을 사용한다. 마찰면이 안쪽에 있으므로 먼지나 기름이 부착되는 일이 적고, 브레이크 휠의 바깥면으로부터 열을 발산시키는 데 적합하다. 내부 확장 브레이크는 자동차에 많이 사용되고 있다.

브레이크 슈의 각 마찰면에 작용하는 수직력을 P_1, P_2라 하면, 제동력 P는

$$P = \mu P_1 + \mu P_2$$

이고, 제동토크 T는

$$T = \left(\mu P_1 + \mu P_2\right)\frac{d}{2} \tag{13.7}$$

이다. 또한 유압 실린더에 의하여 브레이크 슈에 작용하는 힘 F는 브레이크 슈의 지점 A, B에 관한 모멘트 평형에서 구할 수 있다.

$$\text{우회전} : \begin{cases} F = \dfrac{P_1}{l_1}(l_2 - \mu l_3) \\[2mm] F = \dfrac{P_2}{l_1}(l_2 + \mu l_3) \end{cases} \tag{13.8}$$

$$\text{좌회전} : \begin{cases} F = \dfrac{P_1}{l_1}(l_2 + \mu l_3) \\[2mm] F = \dfrac{P_2}{l_1}(l_2 - \mu l_3) \end{cases} \tag{13.9}$$

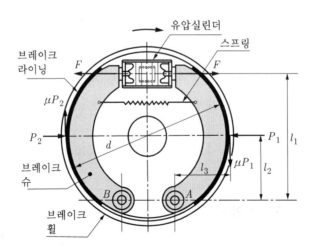

그림 13.4 내부 확장 브레이크

여기서, l_1, l_2, l_3는 브레이크 슈의 지점 A나 B에서 힘의 작용점까지의 거리이다. 우회전의 경우에는 μP_1은 오른쪽의 브레이크 슈를 바깥쪽으로 벌려서 브레이크 휠에 밀착시키고, μP_2는 왼쪽의 브레이크 슈를 안쪽으로 밀어서 브레이크 휠에서 떨어지게 하므로 오른쪽의 브레이크 슈에 의한 제동작용이 왼쪽 것보다 크게 된다. 좌회전의 경우에는 이와 반대로 된다.

접촉각 θ에 대하여는 마찰계수가 0.2 이하인 경우는 접촉각 120° 정도로 잡고, 마찰계수가 0.2~0.4인 경우에는 접촉각을 90° 정도로 잡는 것이 보통이다.

(3) 브레이크의 마찰재료 및 브레이크 용량

1) 마찰재료

브레이크 드럼은 주철 또는 주강으로 만들고, 브레이크 블록은 주철, 주강, 목재로 만든 후 블록의 접촉면에 마찰재료인 석면직물, 가죽 등을 붙여서 사용한다. 표 13.2에 일반적으로 사용되는 마찰재료의 성질을 표시한다. 마찰계수는 미끄럼 속도, 마찰면의 압력, 온도, 다듬질 정도 등에 따라 다르므로 표 13.2에서 제시한 값의 50~80 %로 잡는 것이 안전하다. 허용응력은 건식에는 낮은 쪽을, 습식에는 높은 쪽을 택하면 좋다.

표 13.2 브레이크 마찰재료의 성질

마찰재료	마 찰 계 수		허용압력 $p(\text{kg/mm}^2)$	최고 사용온도 (℃)
	습식	건식		
주철	$0.05 \sim 0.12$	$0.12 \sim 0.2$	$0.1 \sim 0.17$	300
황동	$0.05 \sim 0.1$	$0.1 \sim 0.2$	$0.04 \sim 0.08$	150
담금질강	$0.05 \sim 0.07$	$-$	$0.07 \sim 0.1$	250
소결합금	$0.05 \sim 0.1$	$0.1 \sim 0.4$	0.1	500
목재	$0.1 \sim 0.25$	$0.2 \sim 0.35$	$0.03 \sim 0.05$	100
파이버	$0.05 \sim 0.1$	$0.3 \sim 0.5$	$0.005 \sim 0.02$	90
코르크	$0.2 \sim 0.25$	$0.3 \sim 0.5$	$0.005 \sim 0.01$	90
벨트	$0.15 \sim 0.2$	$0.2 \sim 0.25$	$0.003 \sim 0.007$	130
피대	$0.1 \sim 0.15$	$0.3 \sim 0.5$	$0.007 \sim 0.025$	90
석면직물	$0.1 \sim 0.2$	$0.3 \sim 0.6$	$0.03 \sim 0.06$	200
석면성형물	$0.08 \sim 0.12$	$0.2 \sim 0.5$	$0.035 \sim 0.08$	200

주 상대 재료 : 담금질강, 주철 또는 주강으로 한다.

2) 브레이크 용량

브레이크 블록의 치수가 그림 13.5와 같다면, 브레이크의 제동압력 p 는 블록에 작용하는 수직력 P_n과 블록의 투영면적($A = be$)으로 정의되므로

$$p = \frac{P_n}{A} = \frac{P_n}{be} \ (\text{kg/mm}^2) \tag{13.10}$$

이때 블록의 접촉각 $\alpha = 50 \sim 70°$ 이다.

블록의 접촉면 마찰에 의한 제동마력 H는

$$H = \frac{Pv}{75} = \frac{\mu P_n v}{75} = \frac{\mu p v A}{75} \ (\text{ps}) \tag{13.11}$$

여기서, P는 제동력(kg), v는 브레이크 드럼의 원주속도(m/s)이다. 마찰에 의한 손실에너지는 대부분 열로 바뀌므로 마찰면의 단위면적당 마찰열량은

$$\frac{75H}{A} = \frac{\mu P_n v}{A} = \mu p v \ (\text{kg/mm}^2 \cdot \text{m/s}) \tag{13.12}$$

이고, 이 $\mu p v$를 브레이크 용량(brake capacity)이라고 하며, 이 값을 어느 한도 이하로 제한할 필요가 있다. 이 브레이크 용량의 값은 자연 냉각의 경우에 브레이크를 심하게 사용하지 않을 때는 $0.1 \, \text{kg/mm}^2 \cdot \text{m/s}$ 이하, 심하게 사용할 때는 $0.06 \, \text{kg/mm}^2 \cdot \text{m/s}$ 이하, 특히 방열상태가 좋을 때는 $0.3 \, \text{kg/mm}^2 \cdot \text{m/s}$ 로 취한다.

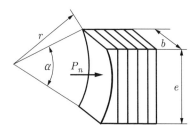

그림 13.5 브레이크 블록

예제 13.1 드럼축에 $T = 10000 \, \text{kg} \cdot \text{mm}$ 의 토크가 작용하고 있는 그림 13.6과 같은 블록 브레이크에서 마찰계수 $\mu = 0.2$ 일 때 이것을 제동하기 위한 레버 끝의 조작력 F를

구하라. 치수의 단위는 mm이다.

풀이   (a) 브레이크 드럼이 우회전할 때

이것은 그림 13.1(c)의 경우이고, $T = 10000\,\text{kg} \cdot \text{mm}$, $d = 450\,\text{mm}$ 이므로

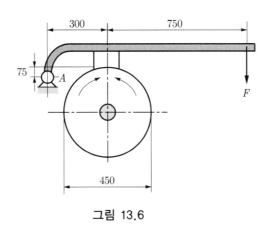

그림 13.6

드럼의 바깥둘레에 작용하는 회전력(제동력)은

$$P = \frac{2T}{d} = \frac{2 \times 10000}{450} = 44.4\,(\text{kg})$$

이 회전력 $P = \mu P_n$ 이므로 블록을 드럼에 밀어 붙이는 힘은

$$P_n = \frac{P}{\mu} = \frac{44.4}{0.2} = 222\,(\text{kg})$$

그림 13.6에서 $a = 300 + 750 = 1050\,\text{mm}$, $b = 300\,\text{mm}$, $c = 75\,\text{mm}$, $\mu = 0.2$ 이므로 조작력은 식 (13.5)에 의하여

$$F = \frac{P_n}{a}(b - \mu c) = \frac{222 \times (300 - 0.2 \times 75)}{1050} = 60\,(\text{kg})$$

(b) 브레이크 드럼이 좌회전할 때

조작력은 식 (13.6)에 의하여

$$F = \frac{P_n}{a}(b + \mu c) = \frac{222 \times (300 + 0.2 \times 75)}{1050} = 67\,(\text{kg})$$

13.1.2 밴드 브레이크

밴드 브레이크(band brake)는 브레이크 드럼에 강철 밴드(steel band)를 감고, 이 밴드에 장력을 주어 밴드와 브레이크 드럼 사이의 마찰로 제동하는 것이다. 마찰력을 크게 하기 위하여 밴드 안쪽에는 나무토막, 가죽, 석면, 직물 등을 라이닝한다. 브레이크 레버에 밴드를 연결하는 부착위치에 따라 그림 13.7과 같이 여러 종류가 있다.

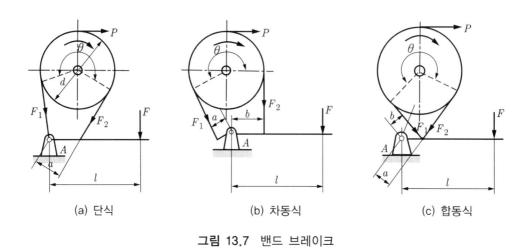

| (a) 단식 | (b) 차동식 | (c) 합동식 |

그림 13.7 밴드 브레이크

(1) 단식 밴드 브레이크(simple band brake)

밴드 양끝의 장력에 관한 식은 11장 벨트의 경우와 같으며, 브레이크의 제동력은 긴장측과 이완측의 장력 차이로 나타낼 수 있다.

그림 13.7(a)에서 P : 브레이크 드럼에 대한 제동력
θ : 밴드와 브레이크 드럼과의 접촉각(rad)
μ : 밴드와 브레이크 드럼 사이의 마찰계수

라고 하면, 밴드 양끝의 장력 F_1과 F_2의 관계는 다음과 같다.

1) 우회전의 경우

F_1이 긴장측의 장력이 되므로

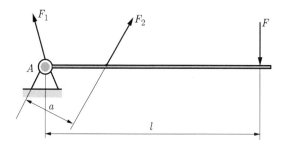

그림 13.8 브레이크 레버에 작용하는 힘

$$F_1 = \frac{e^{\mu\theta}}{e^{\mu\theta} - 1}\, P \tag{13.13}$$

$$F_2 = \frac{1}{e^{\mu\theta} - 1}\, P \tag{13.14}$$

그림 13.8에서 브레이크 레버의 지점 A에 관한 모멘트의 평형으로부터

$$F\,l - a F_2 = 0$$

이므로 레버의 조작력 F는

$$F = \frac{a F_2}{l} = \frac{a}{l} \cdot \frac{P}{e^{\mu\theta} - 1} \tag{13.15}$$

2) 좌회전의 경우

F_1과 F_2가 반대가 되며, 즉 F_2가 긴장측의 장력이 되므로

$$F_2 = \frac{e^{\mu\theta}}{e^{\mu\theta} - 1}\, P$$

이고, 레버의 조작력은

$$F = \frac{a}{l} \cdot \frac{e^{\mu\theta}}{e^{\mu\theta} - 1}\, P \tag{13.16}$$

로 된다. 이 경우 같은 제동력을 얻기 위해서는 레버의 조작력 F의 값을 $e^{\mu\theta}$배 하여야 한다. 그러므로 조작력을 작게 하려면 밴드의 긴장측을 고정지점에 연결하고 이완측을 레버에 연결하여야 한다.

(2) 차동 밴드 브레이크(differential band brake)

그림 13.7(b)에서

1) 우회전의 경우

$$F_1 > F_2, \quad P = F_1 - F_2$$

브레이크 레버에서 모멘트의 평형으로부터

$$Fl = F_2\,b - F_1 a$$

이고, 레버의 조작력은

$$F = \frac{F_2 b - F_1 a}{l} = \frac{P(b - a\,e^{\mu\theta})}{l\,(e^{\mu\theta} - 1)} \tag{13.17}$$

로 된다. F는 b와 $ae^{\mu\theta}$와의 차이에 의하여 변화하므로 이것을 차동 밴드 브레이크라고 부른다. 그러나 $b \leq ae^{\mu\theta}$가 되면 $F \leq 0$이 되어 자동브레이크(self-locking brake)가 되므로 축의 회전속도를 제어하는 브레이크로서는 사용할 수 없다.

2) 좌회전의 경우

F_1과 F_2가 반대가 되어 긴장측과 이완측이 서로 바뀌므로 레버의 조작력은

$$F = \frac{P(be^{\mu\theta} - a)}{l\,(e^{\mu\theta} - 1)} \tag{13.18}$$

로 된다. 이 경우에는 $be^{\mu\theta} \leq a$가 되면 $F \leq 0$이 되어 자동브레이크가 된다.

(3) 합동 밴드 브레이크(integral band brake)

그림 13.7(c)에서

1) 우회전의 경우

$$F_1 > F_2, \quad P = F_1 - F_2$$

브레이크 레버에서 모멘트의 평형으로부터

$$Fl = F_2\,a + F_1 b$$

이므로 레버의 조작력은

$$F = \frac{F_2 a + F_1 b}{l} = \frac{P(a + be^{\mu\theta})}{l\,(e^{\mu\theta} - 1)} \tag{13.19}$$

F는 a와 $be^{\mu\theta}$와의 합에 의하여 변화하므로 이것을 합동 밴드 브레이크라고 부른다.

2) 좌회전의 경우

F_1과 F_2가 반대가 되어 긴장측과 이완측이 서로 바뀌므로 레버의 조작력은

$$F = \frac{P(a\,e^{\mu\theta} + b)}{l\,(e^{\mu\theta} - 1)} \tag{13.20}$$

로 된다.

(4) 제동마력 및 밴드의 치수

1) 제동마력

그림 13.9(a)에서 밴드의 폭을 b, 임의점에서 미소 밴드 $\widehat{mn}$의 길이 $ds = r\,d\theta$, 이 점의 장력을 F, 접촉압력을 p라고 하면, 그림 13.9(b)와 같은 미소 밴드에서 반지름방향의 힘의 평형을 살펴보면

$$p\,b\,ds = 2F \sin \frac{d\theta}{2} + dF \sin \frac{d\theta}{2} \fallingdotseq F\,d\theta = F\,\frac{ds}{r}$$

이므로 접촉압력은

$$p = \frac{F}{b\,r} \tag{13.21}$$

그러므로 접촉압력은 F가 긴장측 장력 F_1일 때 최대가 되고, 이완측 장력 F_2일 때 최소가 된다.

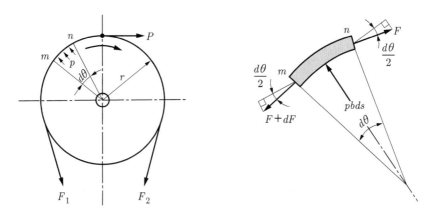

(a) 밴드 브레이크의 장력   (b) 미소 밴드의 자유물체도

그림 13.9 밴드 브레이크의 장력과 미소 밴드의 자유물체도

$$p_{\max} = \frac{F_1}{b\,r} = \frac{P e^{\mu\theta}}{b\,r(e^{\mu\theta}-1)}$$

$$p_{\min} = \frac{F_2}{b\,r} = \frac{P}{b\,r(e^{\mu\theta}-1)} \tag{13.22}$$

따라서 평균접촉압력 $p_m = \dfrac{p_{\max}+p_{\min}}{2}$, 밴드접촉호의 길이를 s 라고 하면, 제동력 P 는

$$P = \mu b s\,p_m \tag{13.23}$$

이 된다. 그러므로 드럼의 원주속도를 v 라고 하면, 제동마력 H 는

$$H = \frac{Pv}{75} = \frac{\mu p_m v b s}{75}\ (\text{ps}) \tag{13.24}$$

여기서, p_m 은 블록 브레이크의 경우에 준하고, 마찰계수 μ 는 강철밴드의 경우 $\mu = 0.15$ ~0.2, 나무토막을 라이닝한 경우 $\mu = 0.25 \sim 0.3$ 정도이다. 또한 밴드접촉길이 $s = r\theta$ 에 있어서 θ 는 $\theta = (1 \sim 1.5)\pi$ 정도로 하는 것이 보통이다.

2) 밴드의 치수

밴드의 폭은 보통 $b \le 150\,\text{mm}$ 로 하고, 허용 인장응력을 σ_t 라고 하면 밴드 두께 t 는

$$t = \frac{F_1}{\sigma_t b} \qquad (13.25)$$

로 구할 수 있다. 강철 밴드는 보통 $\sigma_t = 6 \sim 8\,\mathrm{kg/mm^2}$로 잡고, 특히 밴드의 마멸을 고려할 경우에는 $\sigma_t = 5 \sim 6\,\mathrm{kg/mm^2}$로 한다. 또한 제동할 때 잘 휘어 감기도록 보통 $t = 2 \sim 4\,\mathrm{mm}$로 한다.

라이닝의 두께는 목재의 경우 $30 \sim 40\,\mathrm{mm}$, 석면직물의 경우 $5 \sim 10\,\mathrm{mm}$, 밴드와 드럼의 틈새는 드럼의 크기에 따라 $1 \sim 5\,\mathrm{mm}$로 한다. 브레이크 레버의 치수 a와 b에 대하여는 밴드의 접촉이 드럼원주의 $70\,\%$ 정도의 경우 $b = (2.5 \sim 3)a$, $a = 30 \sim 50\,\mathrm{mm}$ 정도로 하는 것이 보통이다.

표 13.3은 일반적으로 사용되는 밴드 브레이크의 치수이다.

표 13.3 밴드브레이크의 설계치수 （단위: mm)

브레이크 드럼의 지름 d	250	300	350	400	450	500
브레이크 드럼의 폭 b_0	50	60	70	80	100	120
브레이크 밴드의 폭 b	40	50	60	70	80	100
브레이크 밴드의 두께 t	2	3	3	4	4	4

예제 13.2 브레이크 드럼축에 $T = 35000\,\mathrm{kg \cdot mm}$의 토크가 작용하는 그림 13.7(a)와 같은 밴드 브레이크가 있다. 드럼축의 좌회전을 멈추기 위하여 브레이크 레버에 주는 힘 F의 크기를 구하라. 단, 드럼의 지름 $d = 375\,\mathrm{mm}$, 접촉각 $\theta = 270°$, $l = 750\,\mathrm{mm}$, $a = 50\,\mathrm{mm}$, 마찰계수 $\mu = 0.3$으로 한다.

풀이 브레이크 드럼의 바깥둘레에 작용하는 힘인 제동력 P는

$$P = \frac{2T}{d} = \frac{2 \times 35000}{375} = 187\,(\mathrm{kg})$$

이고, 좌회전의 경우에 레버의 조작력은 식 (13.16)에 의하여

$$F = \frac{a}{l} \cdot \frac{e^{\mu\theta}}{e^{\mu\theta} - 1} \cdot P = \frac{50}{750} \times \frac{4.12}{4.12 - 1} \times 187 \fallingdotseq 16.5\,(\mathrm{kg})$$

13.1.3 축압 브레이크

축방향으로 힘을 주어 그 마찰력에 의하여 제동하는 방법이다.

(1) 원판 브레이크(disc brake)

그림 13.10(a)는 가장 간단한 축압 브레이크의 하나인 원판 브레이크라 한다. 평균지름상에서 브레이크 제동력 P는

$$P = \mu P_t = \mu p A$$

여기서, P_t는 축방향의 스러스트, p는 마찰면의 평균압력, A는 원판면적이다.

따라서 제동토크 T는

$$T = P \frac{D}{2} = \mu P_t \frac{D}{2} \tag{13.26}$$

여기서, D은 원판의 평균지름이다.

원판재료의 허용면압 p가 주어진 상태에서 제동토크를 크게 하기 위해서는 원판 크기를 크게 하거나 그림 13.10(b)와 같이 마찰면의 수를 증가시킨 다판 브레이크를 쓸 수 있다.

다판 브레이크에서 마찰면의 수를 z라고 하면, 제동력은

$$P = z \mu P_t \tag{13.27}$$

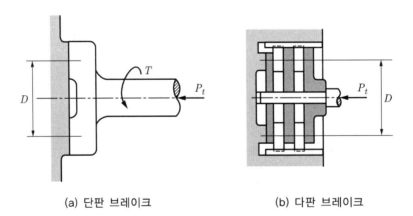

(a) 단판 브레이크   (b) 다판 브레이크

그림 13.10 원판 브레이크

원판은 강 또는 청동제로 하고, 제동력을 크게 하기 위하여 직물을 라이닝하는 수도 있다.

마찰계수는 마찰면을 기름으로 윤활하였을 때 $\mu = 0.03 \sim 0.05$, 건조상태에서 $\mu = 0.1$ 정도이다.

제동압력 p는

$$p = 0.04 \sim 0.08 \, \text{kg/mm}^2 \; (\text{강과 청동})$$
$$p = 0.02 \sim 0.03 \, \text{kg/mm}^2 \; (\text{강과 직물})$$

정도로 잡는다. 또한 브레이크용량 $\mu p v = 0.1 \sim 0.3 \, \text{kg/mm}^2 \cdot \text{m/s}$로 한다.

(2) 원추 브레이크(cone brake)

그림 13.11은 원추 브레이크의 작동상태를 나타낸 것이다. 원추 브레이크는 원추 클러치와 마찬가지로 스러스트에 의하여 원추면에 생기는 마찰력으로 제동하는 것이다.

그림 13.12에서 브레이크가 작동할 때, 원추면의 수직 반력을 N이라고 하면, 제동력 P는

$$P = \mu N$$

원추면의 평균압력을 p라고 하면, 원추면에 수직으로 작용하는 힘 N은

$$N = \pi \, d \, w \, p \tag{13.28}$$

여기서, d는 원추면의 평균지름, w는 원추면의 폭이다. 또한 스러스트 P_t는 원추면에 작용하는 힘들과 평형을 이루어야 하므로

$$P_t = N \, (\sin\alpha + \mu\cos\alpha) \tag{13.29}$$

여기서, 2α는 원추의 꼭지각이다.

한편 그림 13.11에서 브레이크 레버의 지점 A에 관한 모멘트 평형은

$$aF = bP_t$$

이므로 레버의 조작력 F는

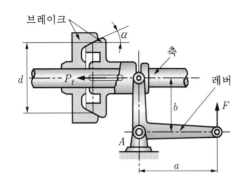

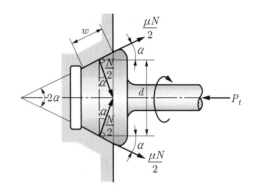

그림 13.11 원추 브레이크의 작동상태   **그림 13.12** 원추 브레이크의 작용력

$$F = \frac{b}{a}P_t \qquad\qquad (13.30\text{a})$$

이고, 식 (13.30a)에 식 (13.29)와 $P = \mu N$을 대입하면

$$F = P\,\frac{b}{a}\,\frac{\sin\alpha + \mu\cos\alpha}{\mu} \qquad\qquad (13.30\text{b})$$

여기서, a, b는 브레이크 레버의 치수이다.

보통 $\alpha = 10 \sim 18°$, μ는 주철의 경우 0.18, 나무토막의 경우 0.2~0.25 정도로 잡는다.

13.1.4 나사 브레이크

윈치(winch), 크레인(crane) 등에서 물체를 올릴 때는 브레이크 작용은 하지 않고 클러치로 작용하며, 물체를 내릴 때는 브레이크로서 작용하여 하중의 속도를 조정하거나 정지시키는 데 사용하는 것이 자동하중 브레이크이다.

자동하중 브레이크로서는 나사 브레이크, 코일 브레이크, 캠 브레이크, 원심력 브레이크, 전자기 브레이크 등이 있다. 그림 13.13은 많이 쓰이는 나사 브레이크(screw brake)이며, 나사 브레이크의 구조와 작동원리를 살펴보면 다음과 같다.

나사 브레이크는 그림 13.13과 같이 모터(1), 모터축에 고정된 기어(2), 드럼축(3)에 왼나사(left hand screw)로 체결되면서 한쪽이 마찰면(5)가 되는 너트형상으로 만들어진 기어(4), 드럼축에 고정된 마찰판(6), 드럼축에 끼워서 회전할 수 있고 원둘레에

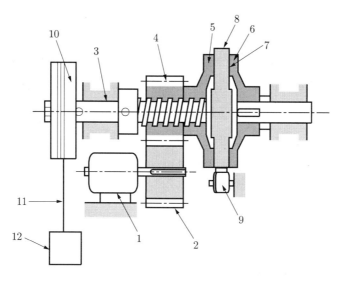

그림 13.13 나사 브레이크

래칫(8)을 가진 마찰판(7), 래칫의 회전을 조절하는 폴(9), 드럼(10), 로프(11)과 물체 (12)로 구성된다.

모터(1)을 우회전시키면 드럼축(3)에 물리는 너트형상의 기어(4)가 좌회전하면서 오른쪽으로 이동하여 마찰면(5)가 둘레에 래칫(8)이 있는 마찰판(7)을 압착하여 드럼축에 고정된 마찰판(6)과 일체로 되어 드럼축을 좌회전시켜서 물체가 올라간다. 이때 폴(9)는 래칫(8)의 이의 위를 미끄러지기기만 한다.

모터를 정지시키면 드럼축은 물체의 자중에 의하여 내려가게 되어 드럼축이 우회전하려고 하지만, 너트형 기어에서 나사작용으로 마찰면(5)가 오른쪽으로 이동하여 마찰판(7)에 압착하여 브레이크 작용이 되고, 이때 폴은 래칫에 걸려서 물체는 저절로 내려가지 않게 된다.

모터를 좌회전시키면 너트형 기어가 우회전하면서 왼쪽으로 이동하므로 마찰면(5)는 래칫이 있는 마찰판(7)에서 분리되어 제동력이 작용하지 않으므로 물체가 내려가게 된다. 그러나, 드럼의 회전속도가 너무 커지면 드럼축이 우회전하므로 너트형 기어는 좌회전하여 마찰판(5)가 래칫이 있는 마찰판(7)에 압착되어 마찰력에 의해 브레이크가 걸리므로 드럼축의 회전속도는 너트형 기어의 회전속도와 같아진다.

13.1.5 래칫 브레이크

래칫 브레이크(ratchet brake)는 그림 13.14와 같이 래칫 휠(ratchet wheel)(1)에 폴(pawl)(2)를 걸어서 역전을 방지하는 브레이크이다. 즉, 래칫이 왼쪽으로 회전하여 물체(3)을 감아올릴 수는 있지만, 물체가 자중에 의하여 내려가서 오른쪽으로 회전하려고 하면 폴이 걸려서 회전하지 못하게 된다. 래칫 브레이크의 종류는 래칫 휠의 형상에 따라 외측 래칫 휠, 내측 래칫 휠이 있으며, 외측 래칫 휠이 더 많이 사용된다.

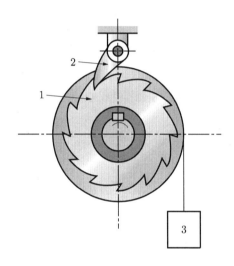

그림 13.14 래칫 브레이크

(1) 외측 래칫 휠

외측 래칫 휠은 그림 13.15와 같이 래칫 휠의 바깥쪽에 이를 가진 것이다. 이 래칫 휠은 왼쪽방향으로는 회전할 수 있지만, 오른쪽으로는 폴에 걸려서 회전할 수 없다.

그림 13.15에서 폴의 지점 m이 래칫의 외접원의 접선방향에 있을 경우 폴이 받는 힘이 최소로 된다. 폴의 각도 α는 폴과 래칫의 접촉면의 마찰각 ρ보다 크게 잡아서 폴이 래칫의 이뿌리에 미끄러져 들어가서 확실히 작용하도록 한다. 폴과 이의 물림은 폴의 자중 또는 코일 스프링을 사용하여 행한다.

래칫의 치수를 정하기 위하여 그림 13.15에서 래칫의 이끝에 작용하는 하중 P를 계산하면

$$P = \frac{2T}{D} \qquad (13.31)$$

여기서, T는 래칫의 전달 토크, D는 래칫 휠의 바깥지름이다. 또한, 래칫 휠 이의 피치를 p, 래칫 휠의 잇수를 Z라 하면, 래칫 휠의 바깥지름 D는 다음과 같다.

$$D = \frac{pZ}{\pi} \qquad (13.32)$$

한편, 그림 13.16을 참조하여 래칫 이의 접촉면에 작용하는 압축응력 σ_c를 계산하면 다음과 같다.

$$\sigma_c = \frac{P}{bh} \qquad (13.33)$$

여기서, b는 래칫 휠의 폭, h는 래칫 이의 높이이다. 래칫 휠의 이뿌리 부분의 굽힘응력 σ_b는 다음과 같다.

$$\sigma_b = \frac{M}{Z_s} = \frac{6Ph}{be^2} \qquad (13.34)$$

여기서, M은 이뿌리부의 굽힘 모멘트, Z_s는 이뿌리의 단면계수, e는 이뿌리의 두께이다. 보통 이끝높이 $h = 0.35p$, 이뿌리의 두께 $e = 0.5p$, 이끝의 두께 $c = 0.25p$로 정한다. $b = \phi p$ (ϕ는 이폭계수)라고 놓으면, 래칫 이의 피치는 다음과 같이 된다.

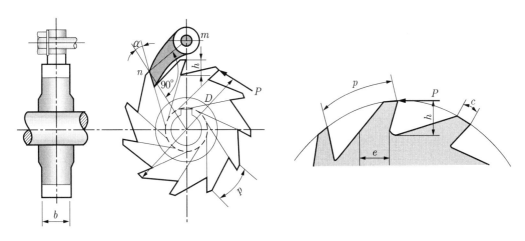

그림 13.15 외측 래칫 휠   그림 13.16 래칫 휠의 이

$$p = 3.75 \sqrt[3]{\frac{T}{\phi Z \sigma_b}} \tag{13.35}$$

외측 래칫의 이폭계수, 접촉면 압축응력과 굽힘응력의 허용값은 표 13.4와 같다. 그리고 잇수 $Z = 8 \sim 16$개 정도로 한다.

표 13.4 이폭계수(ϕ), 접촉면압축응력(σ_c) 및 굽힘응력(σ_b)의 허용값

재　료	$\phi = b/p$	$\sigma_c (\mathrm{kg/mm^2})$	$\sigma_b (\mathrm{kg/mm^2})$
주철	0.5~1	0.5~1	2~3
단조강, 주강	0.3~0.5	1.5~3.0	4~6

(2) 내측 래칫 휠

내측 래칫 휠은 그림 13.17과 같이 래칫 휠의 안쪽에 이를 가지고 있으며 비교적 소형이다. 일반적으로 사용하는 값으로 $h = 0.35p$, $e = p$로 정하고, $b = \phi p$라고 놓으면, 내측 래칫 이의 피치는 다음과 같이 된다.

$$p = 2.37 \sqrt[3]{\frac{T}{\phi Z \sigma_b}} \tag{13.36}$$

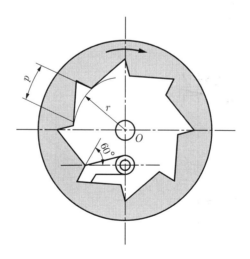

그림 13.17 내측 래칫 휠

보통 래칫 휠의 잇수 $Z = 16 \sim 30$개 정도로 하고, 이끝높이 $h = 15 \sim 30\,\text{mm}$로 한다. 폴의 지점을 래칫 휠의 이끝원 접선 위에 놓을 수 없으므로 접선과 $\alpha = 60°$로 하여 이의 형상은 마찰각 $\rho = 14 \sim 17°$만큼 반지름방향으로부터 경사시킨다.

[예제 13.3] 잇수 $Z = 15$이고, 토크 $T = 12000\,\text{kg} \cdot \text{mm}$를 받는 주철로 만든 외측 래칫 휠을 설계하라. 단, 허용 굽힘응력 $\sigma_b = 2.5\,\text{kg/mm}^2$이고, 이폭계수는 $\phi = 0.7$이다.

풀이 식 (13.35)에서 피치는

$$p = 3.75 \sqrt[3]{\frac{T}{\phi Z \sigma_b}} = 3.75 \sqrt[3]{\frac{12000}{0.7 \times 15 \times 2.5}} = 28.9\,(\text{mm})$$

이고, 래칫 휠의 이의 치수는 다음과 같다.

$$\text{이끝높이} \quad h = 0.35p = 0.35 \times 28.9 = 10.12\,(\text{mm})$$
$$\text{이뿌리 두께} \quad e = 0.5p = 0.5 \times 28.9 = 14.45\,(\text{mm})$$
$$\text{이끝 두께} \quad c = 0.25p = 0.25 \times 28.9 = 7.23\,(\text{mm})$$
$$\text{이폭} \quad b = \phi p = 0.7 \times 28.9 = 20.23\,(\text{mm})$$

휠의 바깥지름은 식 (13.32)에 의하여

$$D = \frac{pZ}{\pi} = \frac{28.9 \times 15}{3.14} = 138\,(\text{mm})$$

이끝의 작용력은 식 (13.31)에 의하여

$$P = \frac{2T}{D} = \frac{2 \times 12000}{138} = 173.9\,(\text{kg})$$

이의 접촉면 압축응력은 식 (13.33)에 의하여

$$\sigma_c = \frac{P}{bh} = \frac{173.9}{20.23 \times 10.12} = 0.85\,(\text{kg/mm}^2)$$

13.2 플라이휠

왕복펌프, 내연기관, 공기압축기 등의 크랭크축에 작용하는 토크는 1사이클 중에

방향 및 크기가 변하고, 순간적인 각속도도 항상 변한다. 토크의 방향이 반대로 되었을 경우 회전부분에 관성이 없으면 방향이 바뀌면서 회전은 불가능하게 될 것이다. 그러므로, 큰 질량관성 모멘트를 갖는 플라이휠에 의하여 토크 방향이 바뀌거나 크기가 달라지는 때에도 플라이휠로 운동에너지를 축적 및 방출을 반복함으로써 회전을 계속할 수 있고, 각속도의 변동도 가능한 한 줄일 수 있다.

13.2.1 플라이휠의 질량관성 모멘트

그림 13.18에서 림(rim) 부분의 질량관성 모멘트를 J_1, 웹(web) 부분의 질량관성 모멘트를 J_2, 보스(boss) 부분의 질량관성 모멘트를 J_3라고 하면 플라이휠 전체의 질량관성 모멘트 J는

$$J = J_1 + J_2 + J_3 \tag{13.37}$$

이고,

$$J_1 = \int_{r_2}^{r_1} \frac{2\pi r^3 b_1 \gamma}{g} \, dr = \frac{\pi b_1 \gamma}{2g}(r_1^4 - r_2^4) \tag{13.38}$$

$$J_2 = \frac{\pi b_2 \gamma}{2g}(r_2^4 - r_3^4) \tag{13.39}$$

$$J_3 = \frac{\pi b_3 \gamma}{2g}(r_3^4 - r_4^4) \tag{13.40}$$

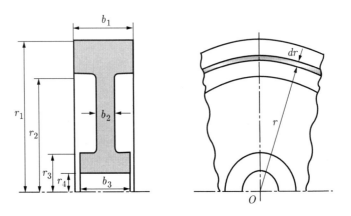

그림 13.18 플라이휠의 질량관성 모멘트

여기서, r은 플라이휠의 중심에서 임의의 점까지의 반지름, γ는 플라이휠의 비중량이다. 실제의 플라이휠에 대해서 계산해 보면, 전체의 질량관성 모멘트 중에서 J_1이 그 대부분을 차지하고 J_2는 대단히 작기 때문에 보통 생략한다.

그림 13.19는 4행정 1실린더 디젤 엔진의 토크곡선을 표시한다. 이것을 보면 1사이클을 완료하기까지 토크는 회전방향(+축)과 반대방향(-축)으로 아주 심하게 변동하고 있음을 알 수 있다. 이 그림에서 토크곡선과 가로축 사이에 둘러싸인 (+)의 면적과 (-)의 면적을 각각 측정해서 그 대수합을 4π로 나누면 평균토크 T_m이 구해진다.

또한 1사이클 중에 기계가 발생 또는 소비하는 에너지 E는 다음 식으로 주어진다.

$$
\begin{cases}
E = 4500\dfrac{H}{N}(\text{kg} \cdot \text{m}) \; ; \; 2\text{행정 기관} \\[4mm]
E = 9000\dfrac{H}{N}(\text{kg} \cdot \text{m}) \; ; \; 4\text{행정 기관}
\end{cases}
\tag{13.41}
$$

한편, 플라이휠의 평균각속도를 ω라 하면, 플라이휠에 축적된 에너지 E는

$$
E = \frac{1}{2} J\omega^2 \tag{13.42}
$$

이다. 따라서 외부에 일을 함으로써 각속도가 ω_1에서 ω_2로 저하되었다면 일에 소비된 에너지 ΔE는

$$
\Delta E = \frac{J}{2}(\omega_1^2 - \omega_2^2) = J\omega^2\delta \tag{13.43}
$$

이고, 이는 크랭크축 1사이클 동안의 플라이휠에 저장되는 변동에너지이다.

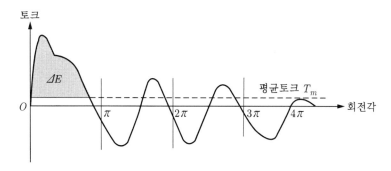

그림 13.19 4행정 -1실린더 디젤 엔진의 토크곡선

여기서, δ는 각속도변동률로서 $\delta = \dfrac{\omega_1 - \omega_2}{\omega_1}$ 이고, $\omega \fallingdotseq \dfrac{\omega_1 + \omega_2}{2}$ 이다.

한편, 1사이클 동안의 플라이휠에 축적된 에너지 E에 대한 변동에너지 ΔE의 비 q는

$$q = \frac{\Delta E}{E} \qquad\qquad (13.44)$$

이고, 이를 에너지 변동계수라 한다. q는 대체로 일정한 값으로 정해져 있으므로 E를 알면 q에 의하여 ΔE를 구할 수 있다. 각종 기계에 대한 δ 및 q의 값은 표 13.5, 13.6과 같다.

표 13.5 각종 기계의 허용 각속도변동률 δ

종 류	δ
공기압축기, 왕복펌프, 기타의 일반공장 동력용 증기기관	$\dfrac{1}{20} \sim \dfrac{1}{40}$
제지기, 제분기	$\dfrac{1}{40} \sim \dfrac{1}{50}$
일반 공장동력용 디젤기관	$\dfrac{1}{20} \sim \dfrac{1}{70}$
벨트전동에 의한 직류발전기, 운전용 디젤기관	$\dfrac{1}{70} \sim \dfrac{1}{80}$
벨트전동에 의한 압축기	$\dfrac{1}{60} \sim \dfrac{1}{75}$
직결 직류발전기, 운전용 내연기관	$\dfrac{1}{100} \sim \dfrac{1}{150}$
직결 교류발전기, 운전용 내연기관	$\dfrac{1}{150} \sim \dfrac{1}{250}$
공작기계	$\dfrac{1}{35}$
방직기계	$\dfrac{1}{150} \sim \dfrac{1}{300}$
왕복펌프, 전단기	$\dfrac{1}{20} \sim \dfrac{1}{30}$

표 13.6 에너지 변동계수 q

사이클수	내연기관의 형식	에너지 변동계수
4사이클 기관	단기통	1.20~1.30
	직렬 2기통(크랭크각 180 ℃)	0.75~1.10
	직렬 2기통(크랭크각 360 ℃)	0.50~0.60
	직렬 4기통(크랭크각 360 ℃)	0.10~0.33
	직렬 6기통(크랭크각 360 ℃)	0.09~0.29
2사이클 기관	단기통	0.50~0.90
	직렬 2기통(크랭크각 180 ℃)	~0.50
	직렬 4기통(크랭크각 90 ℃)	~0.33

13.2.2 플라이휠의 강도

플라이휠은 회전에 의한 운동에너지를 저장하는 요소이므로 그 강도는 원심력에 의하여 생기는 응력을 기준으로 한다. 앞서 언급한 바와 같이 플라이휠 질량관성 모멘트를 크게 하기 위하여 플라이휠 중량의 대부분을 림이 차지하고 림에는 원심력으로 원주방향의 인장응력이 발생한다. 지금 림 부분만을 회전한다고 생각하고 얇은 회전원통으로 생각하여 계산하면 인장응력 σ_t 는 다음과 같다.

$$\sigma_t = \frac{D^2 \omega^2 \gamma}{4g} = \frac{v^2 \gamma}{g} \tag{13.45}$$

여기서, ω : 평균각속도

γ : 플라이휠의 비중량

D: 림의 평균지름

v : 림의 평균지름의 원주속도

즉, σ_t 는 지름 D 에는 관계없고 원주속도 v 에 의해서만 결정된다. 플라이휠 재료는 v 가 30 m/sec 이하에서는 주철을 사용하고, 그 이상의 경우에는 보통 주강을 사용한다.

예제 13.4 $H = 20\,\text{ps}$, $N = 300\,\text{rpm}$ 의 4사이클 단기통 디젤 기관에서 각속도변화율 $\delta = 1/80$ 이하로 유지시키기 위해 필요한 플라이휠 림의 치수를 결정하여라. 단, 이 기관의 에너지 변동계수 $q = 1.30$, 플라이휠의 바깥지름 $D_1 = 1.8\,\text{m}$, 폭 $b_1 = 0.18\,\text{m}$ 로 한다.

풀이 이 기관이 1사이클 중에 행하는 작업량은 다음과 같다.

$$E = \frac{2 \times 75 \times 60H}{N} = \frac{9000 \times 20}{300} = 600\,(\text{kg} \cdot \text{m})$$

E는 1사이클 중에 크랭크축이 받는 에너지인데, 여기서는 1사이클 중에 플라이휠에 축적되는 에너지는 식 (13.44)에 의하여

$$\Delta E = qE = 1.3 \times 600 = 780\,(\text{kg} \cdot \text{m})$$

이고, 각속도와 속도변동률은

$$\omega = \frac{2\pi N}{60} = \frac{2\pi \times 300}{60}\ 31.4\,(\text{rad/sec})$$

$$\delta = \frac{1}{80}$$

그러므로 플라이휠의 질량관성 모멘트는 식 (13.43)에 의하여

$$J = \frac{\Delta E}{\omega^2 \delta} = \frac{780}{31.4^2 \times \dfrac{1}{80}} = 63.3\,(\text{kg} \cdot \text{m} \cdot \text{sec}^2)$$

이 질량관성 모멘트가 주로 주철로 만들어진 림에 의하여 형성된다고 가정하면, $r_1 = 0.9\,\text{m}$, $b_1 = 0.18\,\text{m}$, $\gamma = 7300\,\text{kg/m}^3$이므로 식 (13.38)에 의하여 림의 안지름을 다음과 같이 구할 수 있다.

$$r_2 = \sqrt[4]{r_1^4 - \frac{2gJ}{\pi b_1 \gamma}} = \sqrt[4]{0.9^4 - \frac{2 \times 9.8 \times 63.3}{\pi \times 0.18 \times 7300}} = 0.772\,(\text{m}) = 772\,(\text{mm})$$

13.1 그림 13.1(a)와 같은 단식 블록 브레이크에서 $a = 800\,\text{mm}$, $b = 80\,\text{mm}$, $c = 30\,\text{mm}$, $d = 450\,\text{mm}$, $F = 15\,\text{kg}$이라고 할 때 제동토크를 구하라. 또한, 블록의 마찰계수를 0.3, 브레이크면의 허용응력을 $0.02\,\text{kg/mm}^2$로 하고, 블록의 치수를 결정하라.

13.2 그림 13.4와 같은 내부 확장 브레이크에 의하여 $22.5\,\text{ps}$, $750\,\text{rpm}$의 동력을 제동한다. 유압실린더의 안지름을 $20\,\text{mm}$라고 할 때 유압을 구하라. 단, $d = 150\,\text{mm}$, $l_1 = 110\,\text{mm}$, $l_2 = 55\,\text{mm}$, $l_3 = 51\,\text{mm}$, $\mu = 0.35$로 한다.

13.3 그림 13.20과 같은 풀리에 부착된 밴드 브레이크에서 밴드는 드럼둘레의 70 %만큼 감겨져 있고, 마찰계수 0.15라고 할 때 이 브레이크로 제동할 수 있는 하중 W를 구하라. 단, 그림 13.20에서 치수의 단위는 mm이다.

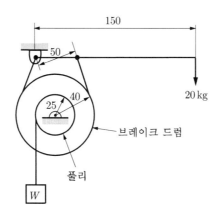

그림 13.20 풀리에 부착된 밴드 브레이크

13.4 그림 13.10(a)와 같은 원판 브레이크에 축방향으로 500 kg의 힘을 주었을 때, 제동할 수 있는 동력을 구하라. 단, 축의 회전속도는 750 rpm이고, 마찰계수를 0.3, 마찰면의 평균지름 80 mm로 한다.

13.5 회전속도 250 rpm으로 2.5 ps의 동력을 전달하는 회전축을 원추 브레이크로 제동하고자 한다. 원추면의 경사각 $\alpha = 20°$, 마찰계수 0.2, 허용 접촉압력 0.02 kg/mm², 평균지름 120 mm라고 할 때, 스러스트 및 마찰면의 폭을 구하라.

13.6 15000 kg · mm의 토크가 걸리는 강철제의 외측 래칫 휠을 설계하라. 단, 이폭계수 0.3, 래칫의 잇수 18, 허용 굽힘응력 4 kg/mm², 허용 접촉면압축응력 1.5 kg/mm² 이다.

13.7 어떤 강판을 전단하는 데 4000 kg · m의 일을 필요로 한다. 이 강판을 끊기 위하여 전단기를 제작하려고 한다. 500 rpm의 축에 플라이휠을 달아서 이 플라이휠에 저장된 에너지로 전단작업을 하려고 한다. 전단할 때 플라이휠의 회전속도는 20 % 저하되는 경우 이 플라이휠의 질량관성 모멘트를 구하라.

13.8 16 ps의 1실린더 2행정 가솔린 엔진이 있다. 회전속도가 480 rpm이고, 속도변동률을 1/40이라 하고, 폭발할 때 토출된 에너지의 90 %를 플라이휠에 저장할 수 있는 플라이휠의 질량관성 모멘트를 구하라. 또한 플라이휠의 회전반지름이 400 mm일 때 그 중량을 계산하라.

Chapter 14

스프링

스프링은 탄성이 큰 재료를 특별한 모양으로 만들고, 스프링에 하중을 작용하여 큰 탄성변형을 일으켜서 탄성에너지를 저장하고, 하중을 제거하면서 저장된 탄성에너지를 방출함으로써 에너지원이나 진동·충격의 흡수완화 요소로 이용된다.

14.1 스프링의 종류

스프링을 재료에 의하여 분류하면 다음과 같다.

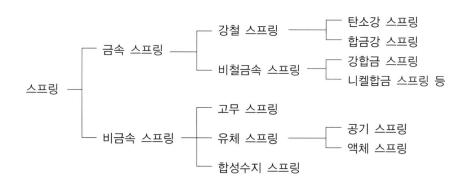

또 금속 스프링은 그 모양에 따라 다음과 같이 분류된다.

(1) 원통 코일 스프링

원통 코일 스프링(coiled spring, helical spring)은 그림 14.1과 같이 단면이 원형, 정사각형, 직사각형인 봉재를 나선모양으로 감은 것으로 용도에 따라 압축 코일 스프링, 인장 코일 스프링, 비틀림 코일 스프링 등으로 나눠진다. 일반적으로 선형특성을 가지는 원통 코일 스프링이 가장 많이 사용된다. 코일 스프링은 제작비가 비교적 싸고, 스프링의 기능이 확실하며, 소형경량으로 제작할 수 있다.

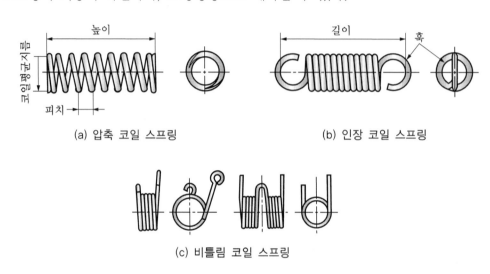

(a) 압축 코일 스프링   (b) 인장 코일 스프링

(c) 비틀림 코일 스프링

그림 14.1 원통 코일 스프링

(2) 판 스프링

판 스프링(plate spring)은 폭이 좁고 긴 얇은 판을 보(beam)로서 하중을 지지하도록 사용한 것이며, 판을 여러 장 겹쳐서 사용한 것을 겹판 스프링(laminated spring)이라 한다. 겹판 스프링은 부착방법이 간단하며 에너지 흡수 능력이 크다. 그 밖에 스프링작용 이외에 구조용 부재로서의 기능도 할 수 있고, 제조가공이 비교적 쉽기 때문에 차량용으로 많이 사용된다. 그림 14.2는 대표적인 겹판 스프링을 표시한 것이다.

(3) 스파이럴 스프링

스파이럴 스프링(spiral spring)은 단면이 일정한 박강판이나 띠강을 그림 14.3과 같이 와선모양으로 감은 것으로 한 공간에서 에너지를 축적할 수 있으며 시계의 태엽에 사용된다.

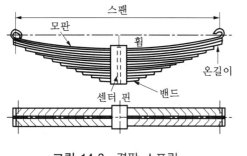

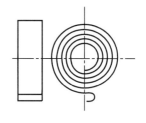

그림 14.2 겹판 스프링　　　　　　　**그림 14.3 스파이럴 스프링**

(4) 그 밖의 스프링

위의 스프링 이외에 그림 14.4와 같은 링 스프링(ring spring), 토션 바(torsion bar), 벌류트 스프링(volute spring), 접시 스프링(coned disc, belleville spring) 등이 있다.

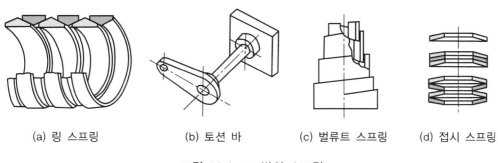

(a) 링 스프링　　　　(b) 토션 바　　　　(c) 벌류트 스프링　　　(d) 접시 스프링

그림 14.4 그 밖의 스프링

14.2 　스프링의 설계

14.2.1 압축 코일 스프링의 설계

(1) 스프링의 전단응력

그림 14.5는 코일의 평균지름이 D, 와이어의 지름이 d인 압축 코일 스프링에 압축하중 P가 작용하는 상태를 나타낸다. 이때 압축 코일 스프링의 단면에 발생하는 응력은

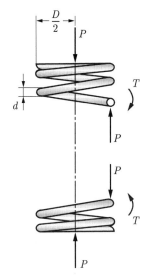

(a) 압축 코일 스프링의 자유물체도

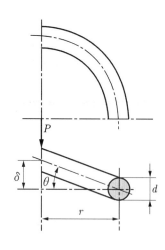

(b) 압축 코일 스프링의 비틀림에 의한 처짐

그림 14.5 압축 코일 스프링의 하중상태

축방향의 힘 P에 의한 직접 전단응력과 비틀림 모멘트 $T = P\dfrac{D}{2}$에 의한 비틀림 전단응력의 두 성분으로 이루어진다. 이들 전단응력의 분포는 그림 14.6(a)와 14.6(b) 같고, 이 두 응력을 더하면 다음 식과 같으며, 그림 14.6(c)와 같이 코일의 안쪽에서 최대 전단응력이 발생한다.

$$\tau = \frac{T}{Z_p} + \frac{P}{A} = \frac{P(D/2)}{\pi d^3/16} + \frac{P}{\pi d^2/4} = \frac{8PD}{\pi d^3} + \frac{4P}{\pi d^2} \tag{14.1a}$$

여기서 Z_p는 와이어의 극단면계수, A는 와이어의 단면적이다. 식 (14.1a)를 다시 정리하면

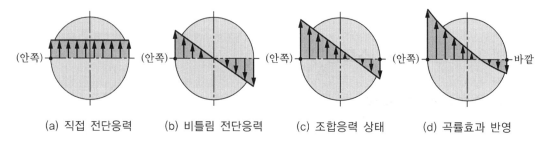

(a) 직접 전단응력　(b) 비틀림 전단응력　(c) 조합응력 상태　(d) 곡률효과 반영

그림 14.6 압축 코일 스프링 단면의 응력 상태

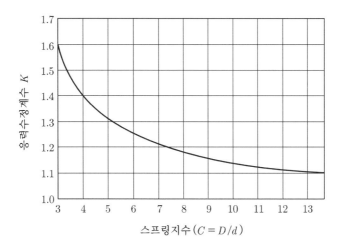

그림 14.7 응력수정계수 K의 값

$$\tau = \frac{8PD}{\pi d^3}\left[1 + \frac{d}{2D}\right] = \frac{8PD}{\pi d^3}\left[1 + \frac{0.5}{C}\right] \tag{14.1b}$$

여기서 $C = D/d$이고, 스프링 지수(spring index)라고 하며, 일반적으로 4~12로 한다.

스프링의 와이어가 직선이라면, 그림 14.5와 같은 하중상태에 대한 최대 전단응력은 식 (14.1)에 의하여 정확하게 계산할 수 있다. 그러나 와이어가 코일을 만들기 위해 굽혀지므로 곡률의 내면에 응력집중이 추가되어서 그림 14.6(d)와 같은 응력상태가 된다. 그러므로 코일 스프링의 계산에 사용되는 식은 비틀림 전단응력에 코일의 곡률과 직접 전단력의 영향을 고려한 다음과 같은 A. M. Wahl의 수정식을 이용한다.

$$\tau = K\frac{8PD}{\pi d^3} \tag{14.2}$$

여기서 K는 Wahl의 응력수정계수이고

$$K = \frac{4C-1}{4C-4} + \frac{0.615}{C} \tag{14.3}$$

이다. 그림 14.7은 응력수정계수 K의 값을 나타낸다.

(2) 스프링의 처짐과 스프링 상수

한편 원통 코일 스프링의 처짐 δ를 구하기 위하여 비틀림 모멘트 T에 의한 원형봉의

비틀림각 θ를 살펴보면,

$$\theta = \frac{Tl}{GI_p} \qquad (14.4)$$

여기서 l은 원형봉의 길이, G는 횡탄성계수, I_p는 극관성 모멘트이다. 와이어가 원형단면인 코일 스프링에서 유효감김수를 N_a이라 하면, $l = \pi D N_a$, $T = \dfrac{PD}{2}$, $I_p = \dfrac{\pi d^4}{32}$ 이므로 스프링 단면의 비틀림각은

$$\theta = \frac{16 N_a D^2 P}{G d^4} = \frac{64 N_a r^2 P}{G d^4} \qquad (14.5)$$

이고, 그림 14.5(b)에 의하여 스프링의 처짐은

$$\delta = r\theta = \frac{64 N_a r^3 P}{G d^4} = \frac{8 N_a D^3 P}{G d^4} \qquad (14.6)$$

스프링 상수 k는

$$k = \frac{P}{\delta} = \frac{G d^4}{8 N_a D^3} \qquad (14.7)$$

실제로 사용되는 스프링 와이어의 횡탄성계수 G와 종탄성계수 E는 표 14.1과 같다.

표 14.1 스프링 와이어의 횡탄성계수와 종탄성계수

재 료	기 호	$G(\mathrm{kg/mm^2})$	$E(\mathrm{kg/mm^2})$
스프링강	SPS	8×10^3	21×10^3
경강선	SW	8×10^3	21×10^3
피아노선	SWP	8×10^3	21×10^3
오일템퍼선	SWO	8×10^3	21×10^3
스테인리스강선	STS	7.7×10^3	21×10^3
황동선	BsW	4×10^3	10×10^3
양백선	NSW	4×10^3	11×10^3
인청동선	PBW	4.2×10^3	11×10^3
베릴륨동선	BeCuW	4.6×10^3	12×10^3

(3) 스프링의 유효감김수

압축 코일 스프링의 끝부분은 그림 14.8과 같이 열린 끝(open end), 연삭 열린 끝(ground-open end), 닫힌 끝(closed end), 연삭 닫힌 끝(ground-closed end) 4가지 표준형상이 있다. 열린 끝은 스프링의 나선각을 유지한 상태로 스프링을 절단한 것이고, 닫힌 끝은 나선각을 $0°$로 변형시킨 것이다. 스프링에 하중을 효과적으로 전달하기 위해 닫힌 끝과 연삭 닫힌 끝을 주로 사용한다. 강체 판 사이에서 닫힌 끝이나 연삭 닫힌 끝을 가진 스프링에 하중이 작용할 경우에 끝부분은 고정된 것으로 간주한다.

그림 14.9는 압축 코일 스프링의 자유상태와 하중의 작용할 때의 변형상태를 나타낸다. 그림 14.9에서 δ_w는 최대하중상태의 처짐, δ_s는 밀착위치의 처짐, δ_c는 충돌여유이다. 최소 충돌여유는 최대하중상태 처짐의 10~15%이다.

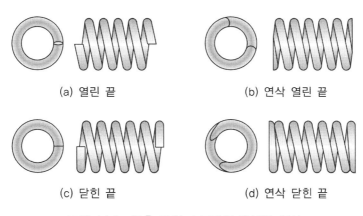

(a) 열린 끝   (b) 연삭 열린 끝

(c) 닫힌 끝   (d) 연삭 닫힌 끝

그림 14.8 압축 코일 스프링의 끝부분 형상

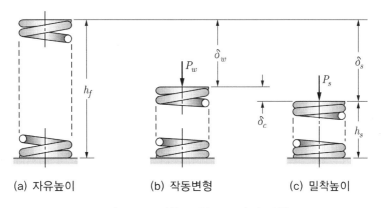

(a) 자유높이   (b) 작동변형   (c) 밀착높이

그림 14.9 압축 코일 스프링의 변형

표 14.2는 스프링의 끝부분 형상에 따른 코일의 감김수와 스프링의 높이를 나타낸다.

표 14.2 압축 스프링 끝부분 형상에 따른 코일수와 높이

항 목	열린 끝	연삭 열린 끝	닫힌 끝	연삭 닫힌 끝
끝부분 감김수 N_e	0	1	2	2
총감김수 N_t	N_a *	$N_a + 1$	$N_a + 2$	$N_a + 2$
자유높이 h_f	$pN_a + d$	$p(N_a + 1)$	$pN_a + 3d$	$pN_a + 2d$
밀착높이 h_s	$d(N_t + 1)$	dN_t	$d(N_t + 1)$	dN_t
피치 p	$(h_f - d)/N_a$	$h_f/(N_a + 1)$	$(h_f - 3d)/N_a$	$(h_f - 2d)/N_a$

* N_a : 코일의 유효감김수

(4) 스프링의 좌굴

압축 코일 스프링은 기둥과 같이 하중을 받으므로 스프링의 자유높이 h_f가 코일 평균지름 D에 비하여 크다면, 좌굴이 발생한다. 원통 코일 스프링의 형상이 매우 복잡하므로 기둥의 세장비를 원통 코일 스프링에 직접 적용할 수 없지만, 스프링의 자유높이와 코일의 평균지름의 비를 기둥의 세장비와 같이 사용할 수 있다.

압축 코일 스프링의 처짐이 과도하게 커져서 좌굴이 발생할 때의 임계 처짐 δ_{cr} 은 다음 식으로 구해진다.

$$\delta_{cr} = h_f \, C_1 \left[1 - \sqrt{1 - \frac{C_2}{\lambda_e^2}} \, \right] \tag{14.12}$$

여기서 C_1, C_2는 스프링의 종탄성계수 E와 횡탄성계수 G에 관련된 상수로서 다음과 같이 표시된다.

$$C_1 = \frac{E}{2(E - G)}$$

$$C_2 = \frac{2\pi^2 (E - G)}{2G + E}$$

또한, λ_e는 스프링의 유효세장비로

$$\lambda_e = \frac{\alpha\, h_f}{D} \tag{14.13}$$

이고, α는 스프링 양끝의 지지상태에 따라 달라지는 계수이다. 표 14.3은 스프링 양끝의 지지상태에 따른 α값을 나타낸다.

표 14.3 압축 코일 스프링의 양끝의 지지상태 계수 α

양끝의 지지상태	상수 α
양끝이 평행한 평면 사이에 고정된 경우	0.5
한끝은 고정되고, 다른 끝은 회전하는 경우	0.7
양끝이 회전하는 경우	1
한끝은 고정되고, 다른 끝은 자유로운 경우	2

압축 스프링에서 좌굴이 절대 발생하지 않기 위해서는 식 (14.12)에서 근호 안이 양수가 되어야 하므로

$$1 \leq \frac{C_2}{\lambda_e^{\,2}} = \frac{C_2 D^2}{\alpha^2 h_f^{\,2}}$$

이고, 좌굴에 대한 절대 안정조건은

$$h_f \leq \frac{\pi D}{\alpha} \sqrt{\frac{2(E-G)}{2G+E}} \tag{14.14}$$

스프링 소재가 강철인 경우, 좌굴에 대한 안정조건은 다음과 같다.

$$h_f \leq 2.63 \frac{D}{\alpha} \tag{14.15}$$

(5) 압축 코일 스프링의 임계진동수

압축 코일 스프링의 끝부분을 급격하게 압축하면, 스프링에 압력파가 발생하여 진동

을 하게 된다. 이 압력파의 고유진동수가 하중의 사이클수와 일치하여 코일들 사이에 서로 충격을 주는 현상을 서징(surging)이라 한다. 서징이 발생하면, 코일의 처짐이 과도하여 큰 하중이 작용하게 되므로 스프링이 파괴된다. 이러한 서징현상을 피하기 위해 스프링의 고유진동수는 작용하는 하중의 사이클수(진동수)보다 13배 이상 커야 한다.

압축 코일 스프링의 고유진동수 f_n은 스프링의 끝부분의 조건에 따라 결정된다. 양끝이 고정된 경우에 A.M. Wahl이 유도한 결과에 따르면, 위험각속도 $\omega_n = \pi \sqrt{\dfrac{k\,g}{W_a}}$ (Hz) 이므로 고유진동수 f_n은

$$f_n = \frac{\omega_n}{2\pi} = \frac{1}{2} \sqrt{\frac{k\,g}{W_a}} \ \text{(Hz)} \tag{14.16}$$

여기서 k는 스프링 상수, W_a는 유효감김 코일의 무게이고 g는 중력가속도이다. 유효감김 코일의 무게는

$$W_a = A\,l\,\gamma = \frac{\pi^2 d^2 D N_a \gamma}{4} \tag{14.17}$$

여기서 γ는 스프링 소재의 비중량이다. 식 (14.7)과 (14.17)을 식 (14.16)에 대입하면

$$f_n = \frac{d}{2\pi D^2 N_a} \sqrt{\frac{G\,g}{2\,\gamma}} \ \text{(Hz)} \tag{14.18}$$

스프링의 한끝이 고정되고 다른 끝이 자유인 경우, 고유진동수는 위 식에서 구한 값의 1/2이다.

(6) 코일 스프링의 허용응력

허용응력은 스프링에 작용하는 하중의 종류에 따라 다른데, 정하중을 받는 압축 코일 스프링의 허용응력은 그림 14.10에서 구할 수 있다. 그림 14.10의 설계상의 최대 응력을 표시하므로 제일 가혹한 상태인 밀착응력이 이 값을 넘어서는 안 된다. 그러므로 밀착하지 않고 정상적으로 작동하는 압축 스프링의 작용응력은 그림에 나타낸 값의 80 % 이하로 잡아야 한다. 인장 코일 스프링의 허용응력은 그림 14.10에서 구한 값의 64 %로 잡는다.

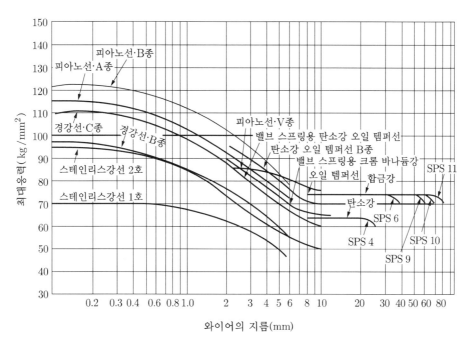

그림 14.10 스프링 재료의 최대응력

예제 14.1 작용하는 하중이 $P = 30\,\mathrm{kg}$에서 $50\,\mathrm{kg}$까지 변화할 때, 처짐의 차이가 $20\,\mathrm{mm}$인 원통 압축 코일 스프링의 소재의 지름, 유효감김수, 자유높이를 구하라. 또한 이 압축 코일 스프링의 양끝이 고정되어 있을 경우에 좌굴이 일어나는지를 검토하고, 서징 진동수를 구하라. 단, 스프링 허용 전단응력 $\tau = 50\,\mathrm{kg/mm^2}$, 스프링 지수 $C = 7$, 횡탄성계수 $G = 8 \times 10^3\,\mathrm{kg/mm^2}$이다.

풀이 식 (14.6)에서 처짐은

$$\delta = \frac{8 N_a D^3 P}{G d^4} = \frac{8 N_a C^3 P}{G d} = \frac{8 \times 7^3 N_a P}{8 \times 10^3 d} = 0.343 \frac{N_a}{d} P$$

$P = 30\,\mathrm{kg}$일 때, 처짐은 $\delta_1 = 0.343 \times 30 \dfrac{N_a}{d} = 10.3 \dfrac{N_a}{d}$

$P = 50\,\mathrm{kg}$일 때, 처짐은 $\delta_2 = 0.343 \times 50 \dfrac{N_a}{d} = 17.2 \dfrac{N_a}{d}$

일 때, 처짐의 차이는 $\delta_2 - \delta_1 = 6.9 \dfrac{N_a}{d} = 20$ 이므로

$$\frac{N_a}{d} = 2.9 \tag{a}$$

식 (14.3)에서 응력수정계수는

$$K = \frac{4C-1}{4C-4} + \frac{0.615}{C} = \frac{4 \times 7 - 1}{4 \times 7 - 4} + \frac{0.615}{7} = 1.213$$

식 (14.2)에 의하여 스프링의 전단응력은

$$\tau = K\frac{8PD}{\pi d^3} = K\frac{8PC}{\pi d^2} = 1.213 \times \frac{8 \times 50 \times 7}{\pi d^2} = 35 \, \text{kg/mm}^2$$

이므로 스프링 와이어의 지름은 $d = 5.56 \, \text{mm}$ 이다. d값을 식 (a)에 대입하면, 코일의 유효감김수는

$$N_a = 2.94 \, d = 2.94 \times 5.56 = 16.35 \fallingdotseq 16.5$$

코일 평균지름은 $D = Cd = 7 \times 5.56 = 38.93 \fallingdotseq 40 \, \text{mm}$

최대하중 50 kg이 작용할 때의 처짐은 $\delta_{\max} = 20 \, \text{mm} \times \dfrac{50}{50-30} = 50 \, \text{mm}$

스프링 상수는 $k = \dfrac{P}{\delta} = \dfrac{20}{20} = 1 \, (\text{kg/mm})$

연삭 닫힌 끝 형상인 코일 스프링의 밀착높이는 표 14.2에서

$$h_s = d(N_a + 2) = 5.56 \times (16.5 + 2) = 102.86 \, (\text{mm})$$

스프링의 충돌여유 δ_c는 적어도 최대처짐의 10~15 %여야 하므로 $\delta_c = 6 \, \text{mm}$로 잡으면, 자유높이는

$$h_f = \delta_{\max} + h_s + \delta_c = 50 + 102.86 + 6 = 158.86 \, (\text{mm})$$

강철로 만든 코일 스프링의 양끝이 고정되어 있을 때, 좌굴이 일어나는 자유높이 h_{cr}은 식 (14.15)에 의하여

$$h_{cr} = 2.63\frac{D}{\alpha} = 2.63 \times \frac{40}{0.5} = 210.4 \, (\text{mm}) > h_f = 158.86 \, (\text{mm})$$

이므로 좌굴이 발생하지 않는다.

이 코일 스프링의 고유진동수는 식 (14.18)에서 와이어의 비중량 $\gamma = 0.00785$ kg/cm^{3}라면

$$f_n = \frac{d}{2\pi D^2 N_a}\sqrt{\frac{Gg}{2\gamma}} = \frac{5.56}{2\pi \times 40^2 \times 16.5}\sqrt{\frac{8000 \times 9800 \times 1000}{2 \times 0.00785}} = 75 \, (\text{Hz})$$

이므로 서징을 방지하기 위하여 작용하는 힘에 의한 스프링의 진동수는

$$f = \frac{f_n}{13} = \frac{75}{13} = 5.8 \, (\text{Hz})$$

이하여야 한다.

14.2.2 인장 코일 스프링의 설계

인장 스프링은 지지점에서 인장하중을 전달하기 위해서 그림 14.1(b)와 같이 스프링의 양끝에 고리를 가지고 있고, 하중이 작용하기 전에 스프링 몸체는 밀착된 상태로 감겨 있다.

인장 코일 스프링 몸체의 응력은 압축 스프링의 응력과 동일하게 다루어진다. 그러므로 인장 스프링의 설계에서는 고리에 작용하는 굽힘과 비틀림을 몸체의 해석에 추가시키면 된다. 그림 14.11은 인장 스프링의 고리에서 최대응력이 발생하는 위치를 나타낸다. 그림 14.11(a)에서 A점은 인장하중과 굽힘 모멘트에 의하여 최대응력이 발생하는 부분이고, A점에 작용하는 최대 인장응력은 다음과 같다.

$$\sigma_A = \frac{P}{A} + \frac{M}{Z} \tag{14.19a}$$

여기서 와이어의 단면적 $A = \dfrac{\pi d^2}{4}$, 고리에 작용하는 굽힘 모멘트 $M = P\dfrac{D}{2}$, 와이어의 단면 계수 $Z = \dfrac{\pi d^3}{32}$을 식 (14.19a)에 대입하면

$$\sigma_A = \frac{4P}{\pi d^2} + \frac{16PD}{\pi d^3} \tag{14.19b}$$

고리가 굽은 보에 해당하므로 곡률에 의한 응력집중효과를 고려하여 굽힘응력을 수정하면

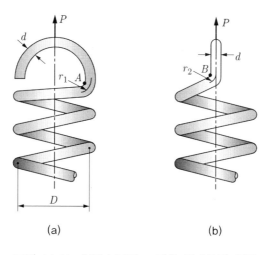

(a)　　　　　　　　(b)

그림 14.11 인장스프링 고리의 최대응력 위치

$$\sigma_A = \frac{4P}{\pi d^2} + K_A \frac{16PD}{\pi d^3} \tag{14.19c}$$

여기서 K_A는 곡률에 의한 굽힘응력 수정계수이고 다음과 같이 주어진다.

$$K_A = \frac{4C_1{}^2 - C_1 - 1}{4C_1(C_1 - 1)}, \quad C_1 = \frac{2r_1}{d} \tag{14.20}$$

또한 그림 14.11(b)에서 B점은 스프링의 인장하중에 의하여 최대 전단응력이 발생하는 부분이고, B점에 작용하는 비틀림 모멘트 $T = P\frac{D}{2}$, 와이어의 극단면계수 $Z_p = \frac{\pi d^3}{16}$ 이라면, B점의 최대 전단응력은 다음과 같다.

$$\tau_B = \frac{T}{Z_p} = \frac{PD/2}{\pi d^3/16} = \frac{8PD}{\pi d^3} \tag{14.21a}$$

고리에서 곡률에 의한 응력집중효과를 고려하여 전단응력을 수정하면

$$\tau_B = K_B \frac{8PD}{\pi d^3} \tag{14.21b}$$

여기서 K_B는 곡률에 의한 전단응력 수정계수이고 다음과 같이 주어진다.

$$K_B = \frac{4C_2 - 1}{4C_2 - 4}, \quad C_2 = \frac{2r_2}{d} \tag{14.22}$$

인장 스프링의 코일은 서로 접촉하고 있는 상태이고, 스프링 제작자들은 자유길이를 정확하게 유지하기 위해 스프링에 초기 인장력 P_i가 작용하도록 만든다. 그러므로 인장 스프링은 작용하는 하중이 스프링의 초기인장력을 넘을 때까지 변형이 일어나지 않는다.

인장 코일 스프링의 변형은 식 (14.6)에서 P 대신에 $P - P_i$를 사용하며, 그 식은 다음과 같다.

$$\delta = \frac{8N_a D^3(P - P_i)}{Gd^4} = \frac{8N_a C^3(P - P_i)}{Gd} \tag{14.23}$$

스프링 상수 k는

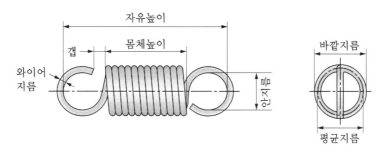

그림 14.12 인장 코일 스프링의 각부명칭

$$k = \frac{P - P_i}{\delta} = \frac{G d^4}{8 N_a D^3} = \frac{G d}{8 N_a C^3} \tag{14.24}$$

인장 스프링에서 코일의 응력과 변형을 계산하기 위한 유효감김수 N_a는 다음과 같다.

$$N_a = N_b + \frac{G}{E} \tag{14.25}$$

여기서 N_b는 스프링의 몸체 코일 수, E는 종탄성계수, G는 횡탄성계수이다.

또한 인장 스프링의 자유높이 h_f는 그림 14.12와 같이 고리의 안쪽에서 측정하며 다음과 같다.

$$h_f = 2(D - d) + (N_b + 1)d \tag{14.26}$$

코일의 응력은 압축 스프링에서 사용한 공식으로 구할 수 있다. 압축 스프링에서 변형한계는 밀착변형까지이지만, 인장 스프링에서는 변형한계를 기계적으로 만드는 것이 좋다.

[예제 14.2] 인장 코일 스프링에서 와이어 지름 $d = 1\,\mathrm{mm}$, 코일의 바깥지름 $D_o = 6.4\,\mathrm{mm}$, 고리의 반지름 $r_1 = 2.8\,\mathrm{mm}$, $r_2 = 2.3\,\mathrm{mm}$, 몸체의 감김수 $N_b = 12.17$, 초기 인장력 $P_i = 0.5\,\mathrm{kg}$일 때, 유효감김수, 스프링 상수, 처짐과 자유높이를 구하라. 또한 최대하중 $P = 2.5\,\mathrm{kg}$이 작용할 때 안전율을 계산하라. 단, 스프링의 항복강도 $\sigma_Y = 105\,\mathrm{kg/mm^2}$, 전단항복강도는 $\tau_Y = 65\,\mathrm{kg/mm^2}$, 종탄성계수 $E = 2.1 \times 10^4\,\mathrm{kg/mm^2}$, 횡탄성계수 $G = 8 \times 10^3\,\mathrm{kg/mm^2}$이다.

풀이   코일의 평균지름은

$$D = D_o - d = 6.4 - 1 = 5.4 \, (\mathrm{mm})$$

스프링 지수는

$$C = \frac{D}{d} = \frac{5.4}{1} = 5.4$$

왈의 응력 수정계수는 식 (14.3)에 의하여

$$K = \frac{4C-1}{4C-4} + \frac{0.615}{C} = \frac{4 \times 5.4 - 1}{4 \times 5.4 - 4} + \frac{0.615}{5.4} = 1.28$$

유효감김수는 식 (14.25)에 의하여

$$N_a = N_b + \frac{G}{E} = 12.17 + \frac{8}{21} = 12.55$$

스프링 상수는 식 (14.24)에 의하여

$$k = \frac{Gd}{8 N_a C^3} = \frac{8000 \times 1}{8 \times 12.55 \times 5.4^3} = 0.51 \, (\mathrm{kg/mm})$$

최대하중이 작용할 때의 처짐은

$$\delta_{\max} = \frac{P - P_i}{k} = \frac{2.5 - 0.5}{0.51} = 3.92 \, (\mathrm{mm})$$

자유높이는 식 (14.26)에 의하여

$$h_f = 2(D-d) + (N_b + 1)d = 2(5.4-1) + (12.17+1) \times 1 = 21.97 \, (\mathrm{mm})$$

작동상태에서 스프링 코일의 전단응력은 식 (14.2)에 의하여

$$\tau = K \frac{8 P D}{\pi d^3} = 1.28 \times \frac{8 \times 2.5 \times 5.4}{\pi \times 1} = 44 \, (\mathrm{kg/mm^2})$$

코일의 안전율은

$$S_c = \frac{\tau_Y}{\tau} = \frac{65}{44} = 1.48$$

고리부분의 굽힘에 대해 식 (14.20)에 의하여

$$C_1 = \frac{2 r_1}{d} = \frac{2 \times 2.8}{1} = 5.6$$

$$K_A = \frac{4 C_1^2 - C_1 - 1}{4 C_1 (C_1 - 1)} = \frac{4 \times 5.6^2 - 5.6 - 1}{4 \times 5.6(5.6 - 1)} = 1.15$$

이므로 A점의 인장응력은 식 (14.19b)에 의하여

$$\sigma_A = \frac{4P}{\pi d^2} + K_A \frac{16PD}{\pi d^3} = \frac{4 \times 2.5}{\pi \times 1} + 1.15 \times \frac{16 \times 2.5 \times 5.4}{\pi \times 1} = 82.3 \, (\text{kg/mm}^2)$$

굽힘에 대한 고리의 안전율은

$$S_A = \frac{\sigma_Y}{\sigma_A} = \frac{105}{82.3} = 1.28$$

고리부분의 비틀림에 대해 식 (14.22)에 의하여

$$C_2 = \frac{2r_2}{d} = \frac{2 \times 2.3}{1} = 4.6$$

$$K_B = \frac{4C_2 - 1}{4C_2 - 4} = \frac{4 \times 4.6 - 1}{4 \times 4.6 - 4} = 1.21$$

이므로 B점의 전단응력은 식 (14.21b)에 의하여

$$\tau_B = K_B \frac{8PD}{\pi d^3} = 1.21 \times \frac{8 \times 2.5 \times 5.4}{\pi \times 1} = 41.6 \, (\text{kg/mm}^2)$$

이고, 고리의 비틀림에 대한 안전율은

$$S_B = \frac{\tau_Y}{\tau_B} = \frac{65}{41.6} = 1.56$$

고리의 굽힘에 대한 안전율이 가장 작으므로 A점에서 항복이 먼저 발생할 수 있다.

14.2.3 비틀림 코일 스프링의 설계

비틀림 코일 스프링은 그림 14.13과 같이 압축 스프링이나 인장 스프링과 비슷하지만, 끝부분이 비틀림 하중을 전달할 수 있도록 반지름방향으로 돌출되어 있다. 스프링 와이어의 단면은 정사각형이나 직사각형이 널리 사용되지만 원형도 값이 싸기 때문에 많이

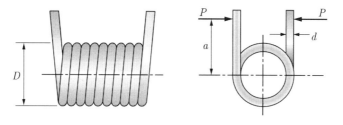

그림 14.13 비틀림 코일 스프링

사용된다. 비틀림 코일 스프링은 도어 힌지(door hinge), 자동차의 스타터(starter), 빨래집게, 동물 덫 등에 많이 사용된다.

비틀림 코일 스프링에서는 압축이나 인장 코일 스프링에서 와이어에 비틀림이 발생하는 것과 달리 돌출된 끝부분에 작용하는 힘 P에 의하여 굽힘이 발생한다. 이때 굽힘응력의 계산은 굽은 보의 해석기법을 적용할 수 있다. 또한 비틀림 스프링은 사용할 때에 감기도록 설계되어 있어서 코일의 안지름이 줄어들게 된다. 그러므로 비틀림 스프링의 안쪽에 넣는 지지봉과 접촉하지 않도록 틈새를 유지하여야 한다. 지지봉의 지름은 스프링 안지름의 약 90%로 정한다.

비틀림 스프링의 와이어에 발생하는 굽힘응력 σ는 굽은 보 이론으로부터 다음과 같이 구할 수 있다.

$$\sigma = K \frac{M}{Z} \tag{14.27}$$

여기서 σ는 최대 굽힘응력, M은 굽힘 모멘트, Z는 단면계수, K는 응력 수정계수이다. K는 와이어의 단면형상이나 응력이 발생하는 위치에 따라 다음과 같이 달라진다. 와이어의 단면이 원형인 경우에

$$K_i = \frac{4C^2 - C - 1}{4C(C-1)}, \quad K_o = \frac{4C^2 + C - 1}{4C(C+1)} \tag{14.28}$$

여기서 스프링 지수 $C = D/d$이고, 아래첨자 i와 o는 각각 안쪽과 바깥쪽을 나타낸다. 와이어의 단면이 직사각형인 경우에

$$K_i = \frac{3C^2 - C - 0.8}{3C(C-1)}, \quad K_o = \frac{3C^2 + C - 0.8}{3C(C+1)} \tag{14.29}$$

이다. 여기서 $C = D/h$이다. h의 크기는 직사각형 단면의 높이를 나타낸다. 그런데 $K_i > K_o$이므로 비틀림 코일 스프링의 최대응력(압축응력)은 안쪽에서 발생하고 다음과 같다.

$$\sigma = K_i \frac{M}{Z} \tag{14.30}$$

식 (14.30)에서 스프링에 작용하는 굽힘 모멘트 $M = Pa$와 와이어의 단면계수를

대입하여 정리하면 다음과 같다. 여기서 a는 코일의 중심에서 힘이 작용하는 점까지의 거리이다.

$$\text{원형 단면의 경우} : \sigma = K_i \frac{32 P a}{\pi d^3} \tag{14.31}$$

$$\text{직사각형의 경우} : \sigma = K_i \frac{6 P a}{b h^2} \tag{14.32}$$

여기서 b는 직사각형 단면의 폭이다.

비틀림 스프링의 각 변위는 하중이 작용하는 양끝부분의 각 변위와 몸체인 코일의 각 변위를 합한 것이다. 우선 한쪽 끝부분의 각 변위 θ_e를 살펴보자. 그림 14.14같이 직선인 끝부분을 외팔보로 간주하면, 외팔보의 자유단에 하중이 작용하는 경우이므로 원형 단면인 스프링 와이어의 한쪽 끝부분의 각 변위 θ_e는 다음과 같다.

$$\theta_e = \frac{\delta_e}{a} = \frac{P a^2}{3EI} = \frac{64 M a}{3\pi d^4 E} \tag{14.33}$$

여기서 E는 스프링의 종탄성계수, I는 스프링 와이어의 단면 2차 모멘트이다.

한편 스프링에 굽힘 모멘트 M이 작용할 때, 스프링의 몸체에 저장되는 변형에너지 U는

$$U = \int \frac{M^2 dx}{2EI}$$

이므로 몸체인 코일의 각변위 θ_b는 Castigliano의 정리에 의하여 다음과 같다.

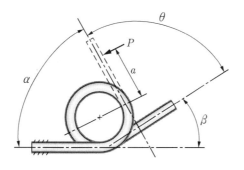

그림 14.14 비틀림 스프링의 부하상태

$$a\,\theta_b = \frac{\partial U}{\partial P} = \int_0^{\pi D N_b} \frac{\partial}{\partial P}\left(\frac{P^2 a^2\, dx}{2EI}\right) = \int_0^{\pi D N_b} \frac{P\,a^2\, dx}{EI} \qquad (14.34)$$

와이어의 단면이 원형인 경우에 몸체의 각변위는

$$\theta_b = \frac{64\,P\,a\,D N_b}{d^4 E} = \frac{64 M D N_b}{d^4 E} \qquad (14.35)$$

그러므로 비틀림 스프링에서 와이어의 단면이 원형인 경우에 전체 각변위 θ_t는 식 (14.33)과 식 (14.35)에 의하여 다음과 같이 라디안으로 정리된다.

$$\theta_t = 2\theta_e + \theta_b = \frac{64 M D}{d^4 E}\left(N_b + \frac{2a}{3\pi D}\right) \qquad (14.36)$$

유효감김수 N_a는 다음과 같다.

$$N_a = N_b + \frac{2a}{3\pi D} \qquad (14.37)$$

스프링 상수 k를 토크/라디안으로 나타내면 다음과 같다.

$$k = \frac{M}{\theta_t} = \frac{d^4 E}{64\, D N_a} \qquad (14.38)$$

스프링 상수를 토크/감김수로 나타내려면, 위 식에 2π를 곱하여 다음과 같이 구할 수 있다.

$$k = \frac{2\pi d^4 E}{64\, D N_a} = \frac{d^4 E}{10.2\, D N_a} \qquad (14.39)$$

실험에 의하면, 코일과 지지봉 사이의 마찰 효과 때문에 상수 10.2를 10.8로 증가시켜야 한다. 위 식은 다음과 같이 수정된다.

$$k = \frac{d^4 E}{10.8\, D N_a} \qquad (14.40)$$

수정된 스프링 상수에 따라 전체 각변위도 감김수로 다음과 같이 수정하여야 한다.

$$\theta_t = \frac{10.8MD}{d^4 E} N_a \qquad (14.41)$$

비틀림 스프링에 하중이 작용할 때, 코일이 감기면서 코일의 안지름이 감소하게 된다. 코일이 감길 때에 증가되는 감김수 N_c는 다음과 같다.

$$N_c = \frac{10.8MDN_b}{d^4 E} \qquad (14.42)$$

코일이 감길 때, 감소된 평균지름 D'은 몸체의 코일 길이가 자유상태와 하중 작용상태에서 같다는 조건에 의하여 다음과 같이 구할 수 있다.

$$D' = \frac{DN_b}{N_b + N_c} \qquad (14.43)$$

감소된 코일의 안지름 $D_i' = D' - d$이므로 코일의 지지봉의 지름이 D_p라 하면, 코일과 지지봉 사이의 틈새 ϵ는 다음과 같다.

$$\epsilon = D' - d - D_p \qquad (14.44)$$

예제 14.3 그림 14.14와 같은 비틀림 스프링에서 와이어의 지름 $d = 1.8\,\mathrm{mm}$, 코일의 바깥지름 $D_o = 14.8\,\mathrm{mm}$, 지지봉의 지름 $D_p = 10\,\mathrm{mm}$, 몸체 감김수 $N_b = 4.25$, 코일의 중심에서 하중의 작용점까지의 거리 $a = 25\,\mathrm{mm}$일 때, 스프링에 작용하는 최대토크, 스프링 상수, 전체 각변위와 부하상태에서 코일과 지지봉의 틈새를 구하라. 단, 스프링의 항복강도 $\sigma_Y = 110\,\mathrm{kg/mm^2}$, 종탄성계수 $E = 2.1 \times 10^4\,\mathrm{kg/mm^2}$, 안전율 $S = 1.3$이다.

풀이 스프링의 허용응력 σ_a는

$$\sigma_a = \frac{\sigma_Y}{S} = \frac{110}{1.3} = 84.6\,(\mathrm{kg/mm^2})$$

코일의 평균지름 $D = D_o - d = 14.8 - 1.8 = 13\,(\mathrm{mm})$이고,

스프링 지수 $C = D/d = 13/1.8 = 7.22$를 식 (14.28)에 대입하면, 응력수정계수는

$$K_i = \frac{4C^2 - C - 1}{4C(C-1)} = \frac{4 \times 7.22^2 - 7.22 - 1}{4 \times 7.22 \times (7.22 - 1)} = 1.115$$

식 (14.31)에서 최대토크는

$$M = Pa = \frac{\pi d^3 \sigma_a}{32 K_i} = \frac{\pi \times 1.8^3 \times 84.6}{32 \times 1.115} = 43.5 \, (\text{kg} \cdot \text{mm})$$

유효감김수는 식 (14.37)에 의하여

$$N_a = N_b + \frac{2a}{3\pi D} = 4.25 + \frac{2 \times 25}{3 \times \pi \times 13} = 4.66$$

감김수에 대한 스프링 상수는 식 (14.40)에 의하여

$$k = \frac{d^4 E}{10.8 \, D N_a} = \frac{1.8^4 \times 2.1 \times 10^4}{10.8 \times 13 \times 4.66} = 336.9 \, (\text{kg/mm})$$

감김수로 나타낸 스프링의 전체 각변위는

$$\theta_t = \frac{M}{k} = \frac{43.5}{336.9} = 0.129$$

식 (14.42)에서 코일 몸체의 감김수는

$$N_c = \frac{10.8 M D N_b}{d^4 E} = \frac{10.8 \times 43.5 \times 13 \times 4.25}{1.8^4 \times 2.1 \times 10^4} = 0.118$$

하중이 작용할 때, 코일의 감소된 평균지름은 식 (14.43)에 의하여

$$D' = \frac{D N_b}{N_b + N_c} = \frac{13 \times 4.25}{4.25 + 0.118} = 12.6 \, (\text{mm})$$

하중이 작용할 때, 코일 안지름과 지지봉의 틈새는 식 (14.44)에 의하여

$$\epsilon = D' - d - D_p = 12.6 - 1.8 - 10 = 0.8 \, (\text{mm})$$

또한 자유상태에서 코일 안지름 $D_i = D - d = 13 - 1.8 = 11.2 \, (\text{mm})$이고, $D_p / D_i = 10/11.2 = 0.893 \coloneqq 90\,\%$이므로 지지봉과 코일의 틈새는 적절하다.

14.2.4 겹판 스프링의 설계

그림 14.2와 같은 겹판 스프링은 여러 개의 판재를 겹친 것이므로 판 스프링(leaf spring)이라고도 한다. 이 판 스프링은 그림 14.15와 같이 지지형태에 따라 외팔보나 단순지지보로 취급한다. 실제로 겹판 스프링은 약간 곡률을 가지고 있지만 직선보로 생각한다.

그림 14.15(a)와 같은 외팔보 형식의 판 스프링에서 단면이 폭 B, 두께 h인 직사각형

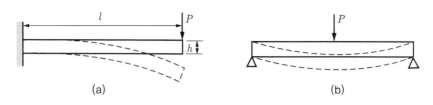

그림 14.15 판 스프링 지지형태

이라면, 외팔보의 자유단에 작용하는 하중 P에 의하여 발생하는 굽힘응력 σ는 고정단에서 최대가 되고 그 값은 다음과 같다.

$$\sigma = \frac{M}{Z} = \frac{6Pl}{Bh^2} \qquad (14.45)$$

여기서 M은 고정단에 작용하는 최대 굽힘 모멘트, Z는 스프링의 단면계수, l은 판 길이이다.

또한 판의 폭이 일정한 외팔보 형식의 직사각형판 스프링에서 자유단의 처짐 δ는 다음과 같다.

$$\delta = \frac{Pl^3}{3EI} = \frac{4Pl^3}{EBh^3} \qquad (14.46a)$$

여기서 E는 스프링의 종탄성계수, I는 스프링의 단면 2차 모멘트이다.

그림 14.15(a)와 같은 판의 폭이 일정한 외팔보를 두께를 일정하게 하고 폭을 변화시켜서 균일강도의 보로 만들면, 그림 14.16(a)와 같이 이등변삼각형의 판 스프링이 된다. 이 삼각형 판스프링에서 굽힘응력은 전 길이에 걸쳐서 균일하고 그 값은 식 (14.45)와 같다. 그러나 삼각형 판스프링의 처짐은 식 (14.46a)에 형상수정계수 $k = 1.5$를 곱하여 다음과 같이 계산한다.

$$\delta = \frac{6Pl^3}{EBh^3} \qquad (14.46b)$$

한편 판스프링의 스프링 상수 k는

$$직사각형판 : k = \frac{P}{\delta} = \frac{EBh^3}{4l^3} \qquad (14.47a)$$

$$삼각형판 : k = \frac{P}{\delta} = \frac{EBh^3}{6l^3} \qquad (14.47b)$$

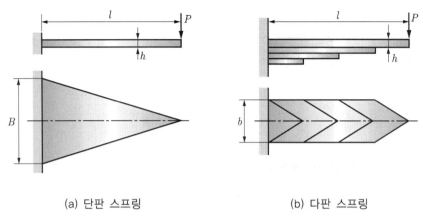

(a) 단판 스프링   (b) 다판 스프링

그림 14.16 균일강도의 판 스프링(외팔보형)

이다.

그림 14.16(a)와 같이 폭이 변하는 삼각형판 스프링의 처짐은 폭이 균일한 직사각형 판스프링의 처짐보다 훨씬 커서 같은 하중에 의하여 저장되는 탄성에너지가 많아지므로 스프링으로서 매우 적합하다. 그러나 이 삼각형 판 스프링은 두께에 비하여 고정단의 폭이 넓어서 사용하는 데 불편하므로 그림 14.16(b)와 같이 폭을 몇 개로 나누어서 겹치면 같은 효과를 가지는 균일강도의 보로 만들 수 있다. 이것을 겹판 스프링 (laminated spring) 혹은 다판 스프링(multi- leaf spring)이라 한다. 이 경우에 겹치는 판의 폭을 b, 판의 장수를 n이라 하면, 삼각형 스프링의 폭 $B = nb$이므로 외팔보형 겹판 스프링의 굽힘응력과 처짐은 식 (14.45)와 식 (14.46b)에 $B = nb$를 대입하여 정리하면 다음과 같다.

$$\sigma = \frac{6Pl}{nbh^2} \qquad\qquad (14.48)$$

$$\delta = \frac{6Pl^3}{Enbh^3} \qquad\qquad (14.49)$$

그림 14.17은 위와 같은 원리로 만들어진 양단 지지형의 겹판 스프링이며, 보통 이것을 겹판 스프링이라 부른다.

그림 14.17의 겹판 스프링을 밴드의 중심선으로 절단하면, 절단된 겹판 스프링은 밴드 중앙이 고정단이고, 길이 $\frac{l}{2}$, 작용하중 $\frac{P}{2}$인 외팔보형 겹판 스프링과 같다. 이

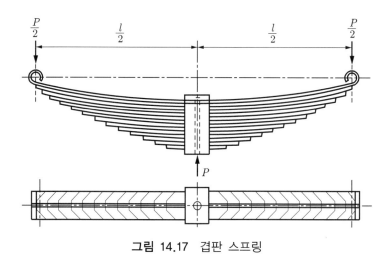

그림 14.17 겹판 스프링

경우 밴드 중앙의 굽힘응력과 하중 $\frac{P}{2}$가 작용하는 부분의 처짐은 식 (14.48)과 식 (14.49)에 l 대신 $\frac{l}{2}$을, P 대신 $\frac{P}{2}$를 대입하여 다음과 같이 구할 수 있다.

$$\sigma = \frac{3Pl}{2nbh^2} \tag{14.50}$$

$$\delta = \frac{3Pl^3}{8Enbh^3} \tag{14.51}$$

여기서, l은 겹판 스프링의 스팬, P는 겹판 스프링의 중앙에 작용하는 집중하중이다.

표 14.4는 철도차륜에 쓰이는 스프링용 탄소강재의 허용응력을 표시한 것이다. 또한 표 14.5는 스프링 판의 표준치수를 표시한다.

표 14.4 차륜용 겹판 스프링용 탄소강재(SPS3)의 허용응력 (kg/mm^2)

구분	기관차	객차, 대차, 전차
최대 허용응력	40	45
표준 허용응력	35	40
시험 응력	70	70

표 14.5 스프링 판의 표준치수(mm)

폭	두께					
40	5,	6				
45	5,	6,	8			
50	6,	7,	8,	9		
60	5,	6,	7			
65	7,	8,	10			
70	7,	9,	11,	13		
75	5,	6,	8,	10,	(11),	(13)
90	7,	10,	(11),	(13)		
100	10,	(11),	(13)			
125	10,	(13),	(16)			
150	(16)					

표 14.6과 14.7에는 각종 스프링 설계공식을 나타낸다. 이 설계공식에서 사용된 기호는 다음과 같다.

σ : 최대 굽힘응력

τ : 최대 전단응력

E 및 G : 재료의 종탄성계수 및 횡탄성계수

P : 하중

R : 하중의 팔 길이

r : 코일 스프링의 평균반지름

δ : 하중점의 처짐

u : 단위체적당의 탄성에너지

l : 판 또는 와이어의 길이

n : 코일 스프링의 유효감김수 또는 겹판 스프링의 장수

이 표에서 제시한 공식들은 여러 가정에 의하여 유도된 이론식이므로 실제의 스프링의 설계에서는 일부 수정하여야 한다.

표 14.6 각종 스프링 계산식 (굽힘응력이 작용하는 경우)

종류	형 상	σ	P	δ	u
단판 스프링		$\dfrac{6lP}{bh^2}$	$\dfrac{bh^2\sigma}{6l}$	$\dfrac{4l^3P}{bh^3E}$	$\dfrac{1}{18}\dfrac{\sigma^2}{E}$
		$\dfrac{6lP}{bh^2}$	$\dfrac{bh^2\sigma}{6l}$	$\dfrac{6l^3P}{bh^3E}$	$\dfrac{1}{6}\dfrac{\sigma^2}{E}$
겹판 스프링		$\dfrac{6lP}{nbh^2}$	$\dfrac{nbh^2\sigma}{6l}$	$\dfrac{6l^3P}{nbh^3E}$	$\dfrac{1}{6}\dfrac{\sigma^2}{E}$
비틀림 코일 스프링		$\dfrac{6RP}{bh^2}$	$\dfrac{bh^2\sigma}{6R}$	$\dfrac{12lR^2P}{bh^3E}$	$\dfrac{1}{6}\dfrac{\sigma^2}{E}$
		$\dfrac{32RP}{\pi d^3}$	$\dfrac{\pi d^3\sigma}{32R}$	$\dfrac{64lR^2P}{\pi d^4E}$	$\dfrac{1}{8}\dfrac{\sigma^2}{E}$
태엽 스프링		$\dfrac{6RP}{bh^2}$	$\dfrac{bh^2\sigma}{6R}$	$\dfrac{12lR^2P}{bh^2E}$	$\dfrac{1}{6}\dfrac{\sigma^2}{E}$

표 14.7 각종 스프링 계산식 (전단응력이 작용하는 경우)

종류	형 상	τ	P	δ	u
토션바		$\dfrac{16RP}{\pi d^3}$	$\dfrac{\pi d^3 \tau}{16R}$	$\dfrac{32lR^2 P}{\pi d^4 G}$	$\dfrac{1}{4}\dfrac{\tau^2}{G}$
원통 코일 스프링	(원형, d)	$\dfrac{16rP}{\pi d^3}$	$\dfrac{\pi d^3 \tau}{16r}$	$\dfrac{64nr^3 P}{d^4 G}$	$\dfrac{1}{4}\dfrac{\tau^2}{G}$
	(정사각형, a)	$\dfrac{rP}{0.2082a^2}$	$\dfrac{0.2082a^2 \tau}{r}$	$\dfrac{14.23\pi nr^3 P}{d^4 G}$	$0.154\dfrac{\tau^2}{G}$
	(직사각형, a, b)	$\dfrac{rP}{k_1 ab^2}$	$\dfrac{k_1 ab^2 \tau}{r}$	$\dfrac{2\pi nr^3 P}{k_2 ab^3 G}$	$k_3\dfrac{\tau^2}{G}$
원추 코일 스프링	(원형, d)	$\dfrac{16r_2 P}{\pi d^2}$	$\dfrac{\pi d^3 \tau}{16r_2}$	$16n(r_1+r_2)\cdot(r_1{}^2+r_2{}^2)P/a^4 G$	$\dfrac{r_1{}^2+r_2{}^2}{8r_2{}^2}\cdot\dfrac{\tau^2}{G}$
벌류트 코일 스프링	(직사각형, a, b)	$r_2 P/k_1 ab^2$	$k_1 ab^2 \tau/r_2$	$\pi n(r_1+r_2)\cdot(r_1{}^2+r_2{}^2)P/2k_2 ab^2 G$	$\dfrac{k_3(r_1{}^2+r_2{}^2)}{2r_2{}^2}\cdot\dfrac{\tau^2}{G}$

* 직사각형 단면인 스프링에서 k_1, k_2, k_3는 표 14.8에서 구할 수 있다.

표 14.8 직각형 단면인 스프링의 비틀림 공식에서 k_1, k_2, k_3의 값

a/b	k_1	k_2	k_3	a/b	k_1	k_2	k_3
1.0	0.2082	0.1406	0.1541	2.5	0.2576	0.2094	0.1330
1.1	0.2140	0.1540	0.1487	3.0	0.2672	0.2633	0.1356
1.2	0.2189	0.1661	0.1443	3.5	0.2752	0.2733	0.1385
1.3	0.2234	0.1771	0.1409	4.0	0.2817	0.2808	0.1413
1.4	0.2273	0.1869	0.1383	5.0	0.2915	0.2913	0.1458
1.5	0.2310	0.1958	0.1363	6.0	0.2984	0.2983	0.1492
1.6	0.2343	0.2037	0.1348	7.0	0.3033	0.3033	0.1517
1.7	0.2375	0.2108	0.1337	8.0	0.3071	0.3071	0.1535
1.8	0.2404	0.2174	0.1329	9.0	0.3100	0.3100	0.1550
1.9	0.2427	0.2231	0.1324	10.0	0.3123	0.3123	0.1562
2.0	0.2459	0.2287	0.1322	∞	0.3333	0.3333	0.1667

예제 14.4 단면의 폭 $b = 75\,\mathrm{mm}$, 두께 $h = 10\,\mathrm{mm}$인 판을 사용하여 만든 겹판 스프링에 최대 하중 $P = 2000\,\mathrm{kg}$을 작용하여 처짐 $\delta = 50\,\mathrm{mm}$가 생긴다. 이 겹판 스프링의 스팬과 판의 장수를 구하라. 단, 판에서 허용 굽힘응력은 $\sigma_a = 48\,\mathrm{kg/mm}^2$, 종탄성계수는 $E = 2 \times 10^4\,\mathrm{kg/mm}^2$이다.

풀이 식 (14.50)과 (14.51)에 의하여 양단 지지형 겹판 스프링의 처짐과 굽힘응력의 비를 구하면

$$\frac{\delta}{\sigma} = \frac{nbh^2 Pl^3}{4nbh^3 EPl} = \frac{l^2}{4hE}$$

이므로 스프링의 스팬 l은 다음과 같이 구할 수 있다.

$$l = \sqrt{\frac{4hE\delta}{\sigma}} = \sqrt{\frac{4 \times 10 \times 2 \times 10^4 \times 50}{48}} = 913\,(\mathrm{mm})$$

굽힘응력에 관한 식 (14.50)에서 $\sigma \leq 48\,\mathrm{kg/mm}^2$이 되어야 하므로 판의 장수 n은

$$n \geq \frac{3Pl}{2bh^2\sigma_a} = \frac{3 \times 2000 \times 913}{2 \times 75 \times 10^2 \times 48} = 7.6$$

그러므로 $n = 8$로 하여 스팬 l을 수정한 다음에 응력을 검토한 후에 결정한다.
식 (14.51)의 처짐에 관한 식에서

$$l = \sqrt[3]{\frac{8\,nbh^3E\delta}{3P}} = \sqrt[3]{\frac{8 \times 8 \times 75 \times 10^3 \times 2 \times 10^4 \times 50}{3 \times 2000}} = 928\,(\mathrm{mm})$$

이다. 앞의 l에 관한 식을 이용하여 굽힘응력을 검토해보면

$$\sigma = \frac{4\,h\,E\,\delta}{l^2} = \frac{4 \times 10 \times 2 \times 10^4 \times 50}{928^2} = 46.4\,(\mathrm{kg/mm^2}) < 48\,(\mathrm{kg/mm^2})$$

이므로 스팬은 928 mm, 판의 장수는 8개로 결정한다.

14.1 스프링 지수가 5이고 스프링 상수가 $9\,\text{kg/mm}$인 양끝이 닫힌 압축 코일 스프링에 $200\,\text{kg}$이 작용할 때, 와이어의 지름과 스프링의 자유높이를 구하고, 스프링의 양끝이 구속되어 있는 경우에 좌굴이 일어나는지를 검토하라. 단, 이 압축 스프링의 전단항복강도는 $50\,\text{kg/mm}^2$, 횡탄성계수는 $8\times10^3\,\text{kg/mm}^2$, 안전율은 1.3이고, 스프링의 양끝은 닫힌 상태이다.

14.2 압축 코일 스프링에서 와이어의 지름이 $2\,\text{mm}$, 코일의 바깥지름이 $22\,\text{mm}$이다. 스프링의 양끝이 열린 형태로 총감김수가 10일 때, 최대하중, 스프링의 자유높이, 피치와 스프링 상수를 구하고, 스프링의 한끝은 고정되고 다른 끝은 회전하는 경우에 좌굴이 일어나는지를 검토하라. 단, 스프링의 전단항복강도는 $65\,\text{kg/mm}^2$, 횡탄성계수는 $8\times10^3\,\text{kg/mm}^2$, 안전율은 1.5이고, 스프링의 양끝은 열린 상태이다.

14.3 초기 인장력이 $1.5\,\text{kg}$인 인장코일 스프링에서 스프링 지수는 7이고, 고리의 굽혀진 부분의 반지름 $r_1 = D/2$, $r_2 = 2d$, 몸체의 감김수 30, 자유높이 $76.2\,\text{mm}$이다. 이 인장스프링의 와이어 지름, 코일 평균지름, 유효감김수와 스프링 상수를 구하라. 또한 최대하중 $5\,\text{kg}$이 작용할 때 안전율을 계산하라. 단, 스프링의 항복강도는 $100\,\text{kg/mm}^2$, 전단항복강도는 $65\,\text{kg/mm}^2$, 종탄성계수는 $2.1\times10^4\,\text{kg/mm}^2$, 횡탄성계수는 $8\times10^3\,\text{kg/mm}^2$, 안전율은 1.3이다.

14.4 인장 코일 스프링에서 와이어 지름 $4\,\text{mm}$, 코일의 바깥지름 $38\,\text{mm}$, 고리의 굽혀진 부분의 반지름 $r_1 = 6.4\,\text{mm}$, $r_2 = 12.7\,\text{mm}$, 몸체의 감김수 84, 초기 인장력 $8\,\text{kg}$일 때, 유효감김수, 스프링 상수, 처짐과 자유높이를 구하라. 또한 최대하중 $30\,\text{kg}$이 작용할 때 안전율을 계산하라. 단, 스프링의 항복강도는 $110\,\text{kg/mm}^2$, 전단항복강도는

$70\,\mathrm{kg/mm^2}$, 종탄성계수는 $2.1 \times 10^4\,\mathrm{kg/mm^2}$, 횡탄성계수는 $8 \times 10^3\,\mathrm{kg/mm^2}$이다.

14.5 그림 14.14와 같은 비틀림 스프링에서 와이어의 지름 1.6 mm, 코일의 평균지름 25 mm, 유효감김수 350일 때, 스프링에 작용하는 최대토크, 스프링 상수와 전체 감김수를 구하라. 단, 스프링의 항복강도는 $120\,\mathrm{kg/mm^2}$, 종탄성계수는 $2.1 \times 10^4\,\mathrm{kg/mm^2}$, 안전율은 1.5이다.

14.6 스팬 900 mm, 판의 폭 120 mm, 두께 8 mm, 판의 장수 6개인 겹판 스프링에 가할 수 있는 최대하중과 처짐을 구하라. 단, 스프링의 항복강도는 $50\,\mathrm{kg/mm^2}$, 종탄성계수는 $2.1 \times 10^4\,\mathrm{kg/mm^2}$, 안전율은 1.2이다.

14.7 1490 kg의 하중이 걸릴 때 70 mm의 처짐이 생기는 스팬 800 mm, 판의 장수가 6개인 겹판 스프링에서 판의 두께와 폭을 구하라. 단, 스프링의 항복강도는 $55\,\mathrm{kg/mm^2}$, 종탄성계수는 $2.1 \times 10^4\,\mathrm{kg/mm^2}$, 안전율은 1.2이다.

나사

15.1 나사의 개요

두 물체를 결합하는 데는 결합과 분해가 용이한 나사(screw thread)와 그 접합이 반영구적인 리벳(rivet)과 용접(welding)이 있다.

15장에서는 나사의 원리 및 종류, 나사부품의 종류, 나사의 설계 등에 대해 상세히 설명하고자 한다.

15.1.1 나사의 원리와 명칭

그림 15.1(a)와 같이 원통 위의 한 점이 회전운동과 동시에 축방향으로 직선운동을 할 때에 그리는 곡선을 나선(helix)이라 한다. 또한 나선은 그림 15.1(b)와 같이 밑변의 길이가 원통의 원둘레와 같은 직삼각형 ABC를 원통에 감을 때 직삼각형의 빗변이 만드는 곡선이다. 이 나선을 따라서 단면의 모양이 삼각형, 사각형, 사다리꼴인 띠를 감으면 나사(thread)가 된다. 이 나사가 축의 둘레를 1회전하였을 때 축방향으로 이동하는 거리를 리드(lead)라 하고, 나사의 나선 위의 한 점에서 접선과 나사축에 수직인 평면과 이루는 각을 리드각(lead angle) 또는 나선각(helix angle)이라 한다. 리드를 l, 리드각을 β라 하면, 이들의 관계는 그림 15.1(b)에 의하여

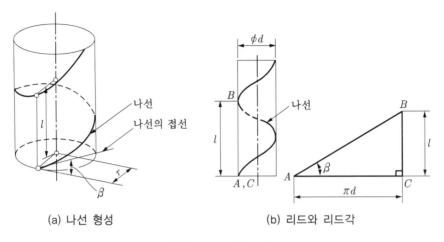

(a) 나선 형성　　　　　　　　(b) 리드와 리드각

그림 15.1 나선과 리드

$$\tan\beta = \frac{l}{\pi d} \tag{15.1}$$

이다. 여기서, d는 나선을 만드는 원통의 지름이다.

　나사는 나선의 감긴 방향에 따라 오른나사(right-handed thread)와 왼나사(left-handed thread)로 분류할 수 있다. 오른나사는 그림 15.2(a)와 같이 나선이 축방향의 오른쪽으로 나가는 나사이고, 왼나사는 그림 15.2(b)와 같이 나가는 방향이 왼쪽이다. 또 1줄 나선으로 이루어진 나사를 한줄나사, 원통의 축직각 단면에서 180° 또는 120°의 위상차를 가지고 2줄이나 3줄의 나선으로 이뤄진 나사를 두줄나사 및 세줄나사라 한다. 여러 줄 나선으로 형성된 나사의 리드 l과 나사의 산과 산 사이의 거리인 피치 p의 관계는 나사의 줄 수를 n이라 할 때 다음과 같다.

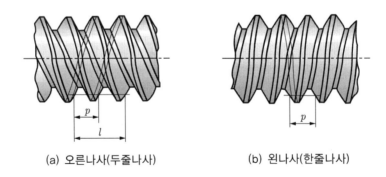

(a) 오른나사(두줄나사)　　　　　　　　(b) 왼나사(한줄나사)

그림 15.2 오른나사와 왼나사

$$l = np \qquad\qquad (15.2)$$

또한 나사산이 원통 바깥 면에 만들어진 나사를 수나사(external thread)라 하고, 원통 안쪽 면에 만들어진 나사를 암나사(internal thread)라 한다. 그림 15.3에 수나사와 암나사의 형상 및 명칭을 나타낸다.

그림 15.3에서 나사의 각부명칭을 살펴보면 다음과 같다.

- 나사산 : 홈과 홈 사이의 높은 부분
- 골 : 산과 산 사이의 홈 부분
- 피치 : 가장 가까운 산과 산 사이 또는 골과 골 사이의 거리(p)
- 나사산각 : 나사의 축선을 포함한 평면에서 잰 산과 산 사이의 경사각(α)
- 바깥지름 : 수나사의 축에 직각으로 잰 최대지름(d)
- 골지름 : 수나사는 최소지름(d_1), 암나사는 최대지름(D)
- 유효지름(평균지름) : 수나사의 바깥지름과 골지름의 대략적 평균(d_2),
  암나사의 대략적 평균지름(D_2)
- 안지름 : 암나사의 최소지름(D_1)

나사의 호칭은 수나사의 바깥지름과 나사산의 크기인 피치 혹은 1인치당 나사산수로 나타낸다. 예를 든다면, 뒤에서 설명하는 바깥지름이 8 mm 이고, 피치가 1 mm 인 미터 가는나사는 M8×1로 나타낸다.

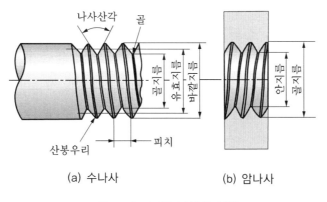

(a) 수나사   (b) 암나사

그림 15.3 나사 각부의 명칭

15.1.2 나사의 종류

나사에는 그림 15.4와 같이 나사산의 모양에 따라 삼각나사, 사각나사, 사다리꼴나사, 톱니나사, 둥근나사 등이 있고, 용도에 따라 체결용 나사와 운동용 나사로 나눠진다. 체결용 나사로는 삼각나사가 주로 사용되며, 운동용 나사로는 사다리꼴나사가 많이 쓰인다.

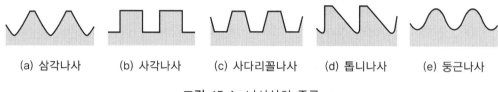

(a) 삼각나사   (b) 사각나사   (c) 사다리꼴나사   (d) 톱니나사   (e) 둥근나사

그림 15.4 나사산의 종류

(1) 체결용 나사

나사 중에서도 삼각나사가 체결용 나사로서 가장 많이 사용되므로 호환성을 높이기 위하여 일찍 표준화가 이루어졌다. 또한 체결용 나사로 둥근나사가 일부 쓰이고 있다. 체결용 나사의 종류와 그 특징은 다음과 같다.

1) 미터나사

미터나사(metric thread)에는 미터 보통나사(metric coarse screw thread)와 미터 가는나사(metric fine screw thread)가 있다. 미터 보통나사는 호칭지름(mm)에 대하여 피치(mm)를 한 종류만 정한 것이고, 나사산의 각도는 60°이다. 표 15.1에 기준산 모양과 기준치수를 표시한다. 미터 가는나사는 기준산 모양은 같으나, 호칭지름에 대한 피치가 보통나사보다 작은 것으로서 리드각 β도 작다. 같은 호칭지름의 보통나사에 비하여 골지름이 크므로 강도가 커지고 나사에 의한 조정을 세밀하게 할 수 있다. 표 15.2는 미터 가는나사의 지름과 피치의 조합을 나타내고, 표 15.3은 미터 가는나사의 기준산 모양과 기준치수를 표시한다.

2) 유니파이나사

유니파이나사(unified thread)는 1948년 이후 영, 미, 캐나다 3국 사이의 협정에 의해 규격화된 나사에서 출발한 것으로 1962년 ISO에서 인치나사의 표준으로 채택되었다. 유니파이 나사의 호칭은 바깥지름을 인치로 표시한 치수와 1인치당 산수로 표시한다. 나사산의 각도가 미터나사와 같이 60°이고, 기준산 모양도 같다. 이 나사는 같은 호칭지름에 대하여 보통나사나 가는나사의 인치당 산수는 한 종류만 정해져 있다. 표 15.4에 유니파이 보통나사의 기준산 모양과 기준치수를 표시한다.

3) 관용나사

가스용 파이프에 미터 보통나사나 유니파이나사를 가공하면 파이프의 두께가 얇아져서 강도를 저하시킬 우려가 있으므로 일반 가는나사보다 피치가 작고, 나사산의 각도가 55°인 관용나사를 제정하였다. 관용나사(pipe thread)에는 평행나사와 테이퍼나사가 있으며, 테이퍼나사는 나사체결부의 누설을 방지하고 기밀을 유지하기 위하여 사용된다. 표 15.5는 관용 평행나사의 기준치를 표시한 것이다.

4) 둥근나사

둥근나사(round thread)는 그림 15.5와 같이 나사산과 골을 반지름이 같은 원호로 연결한 모양이며, 나사산의 각도는 $\alpha = 75 \sim 93°$이고, 원호의 반지름 $r = 0.23851p$이다. 이 나사는 전조하여 만드는 전구용 나사에 사용된다.

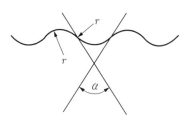

그림 15.5 체결용 둥근나사

표 15.1 미터 보통나사의 기준치수(KS B 0201)

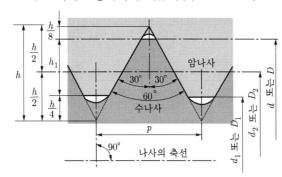

$$h = 0.866025p, \quad d_2 = d - 0.649519p$$
$$h_1 = 0.541266p, \quad d_1 = d - 1.082532p$$
$$D = d, \quad D_2 = d_2, \quad D_1 = d_1$$

(단위: mm)

나사의 호칭			피치 p	접촉 높이 h_1	암나사		
					골지름 D	유효지름 D_2	안지름 D_1
					수나사		
1란	2란	3란			바깥지름 d	유효지름 d_2	골지름 d_1
M 1			0.25	0.135	1.000	0.838	0.729
M 1.2	M 1.1		0.25	0.135	1.000	0.938	0.829
			0.25	0.135	1.200	1.038	0.929
M 1.6	M 1.4		0.3	0.162	1.400	1.205	1.075
	M 1.8		0.35	0.189	1.600	1.373	1.221
			0.35	0.189	1.800	1.573	1.421
M 2			0.4	0.217	2.000	1.740	1.567
M 2.5	M 2.2		0.45	0.244	2.200	1.908	1.713
			0.45	0.244	2.250	2.208	2.013
M 3			0.5	0.271	3.000	2.675	2.459
	M 3.5		0.6	0.325	3.500	3.110	2.850
M 4			0.7	0.379	4.000	3.545	3.242
	M 4.5		0.75	0.406	4.500	4.013	3.688
M5			0.8	0.433	5.000	4.480	4.134
M6			1	0.541	6.000	5.350	4.917
M8		M 7	1	0.541	7.000	6.350	5.917
			1.25	0.677	8.000	7.188	6.647
		M 9	1.25	0.677	9.000	8.188	7.647
M 10			1.5	0.812	10.000	9.026	8.376
		M 11	1.5	0.812	11.000	10.026	9.376
M 12			1.75	0.947	12.000	10.863	10.106
	M 14		2	1.083	14.000	12.701	11.835
M 16			2	1.083	16.000	14.701	13.835
	M 18		2.5	1.353	18.000	16.376	15.294
M 20			2.5	1.353	20.000	18.376	17.294
	M 22		2.5	1.353	22.000	20.376	19.294
M 24			3	1.624	24.000	22.051	20.752
	M 27		3	1.624	27.000	25.051	23.752
M 30			3.5	1.894	30.000	27.727	26.211
	M 33		3.5	1.894	33.000	30.727	29.211
M 36			4	2.165	36.000	33.402	31.670
	M 39		4	2.165	39.000	36.402	34.670
M 42			4.5	2.436	42.000	39.077	37.129
	M 45		4.5	2.436	45.000	42.077	40.129
M 48			5	2.706	48.000	44.752	42.587
	M 52		5	2.706	52.000	48.752	46.587
M 56	M 60		5.5	2.977	56.000	52.428	50.046
			5.5	2.977	60.000	56.428	54.046
M 64	M 68		6	3.248	64.000	60.103	57.505
			6	3.248	68.000	64.103	61.505

주* 1란을 우선적으로 선정하고, 필요에 따라 2란, 3란의 순으로 선정한다.

표 15.2 미터 가는나사의 지름과 피치와의 조합(KS B 0204) (단위: mm)

호칭지름(1)			피치					호칭지름(1)			피치				
1란	2란	3란						1란	2란	3란					
1			0.2						68			4	3	2	1.5
	1.1		0.2							70	6	4	3	2	1.5
1.2			0.2					72			6	4	3	2	1.5
	1.4		0.2							75		4	3	2	1.5
1.6			0.2						76		6	4	3	2	1.5
	1.8		0.2							78				2	
2				0.25				80			6	4	3	2	1.5
	2.2			0.25						82				2	
2.5			0.35						85		6	4	3	2	
3				0.35				90			6	4	3	2	
	3.5			0.35					95		6	4	3	2	
4			0.5					100			6	4	3	2	
	4.5		0.5						105		6	4	3	2	
5			0.5					110			6	4	3	2	
		5.5	0.5						115		6	4	3	2	
6				0.75					120		6	4	3	2	
		7		0.75				125			6	4	3	2	
8			1	0.75					130		6	4	3	2	
		9		1	0.75					135	6	4	3	2	
10			1.25	1	0.75			140			6	4	3	2	
		11		1	0.75					145	6	4	3	2	
12			1.5	1.25	1				150		6	4	3	2	
	14		1.5	1.25(2)	1					155	6	4	3		
		15	1.5		1			160			6	4	3		
16				1.5	1					165	6	4	3		
		17		1.5	1				170		6	4	3		
	18		2	1.5	1					175	6	4	3		
20			2	1.5	1			180			6	4	3		
	22		2	1.5	1					185	6	4	3		
24			2	1.5	1				190		6	4	3		
		25	2	1.5	1					195	6	4	3		
		26		1.5				200			6	4	3		
	27		2	1.5	1					205	6	4	3		
		28		2	1.5	1			210		6	4	3		
30			(3)	2	1.5	1				215	6	4	3		
		32		2	1.5			220			6	4	3		
	33		(3)	2	1.5					225	6	4	3		
		35(3)			1.5					230	6	4	3		
36			3	2	1.5					235	6	4	3		
		38			1.5				240		6	4	3		
	39		3	2	1.5					245	6	4	3		
		40	3	2	1.5			250			6	4	3		
42			4	3	2	1.5				255	6	4			
	45		4	3	2	1.5			260		6	4			
48			4	3	2	1.5				265	6	4			
		50		3	2	1.5				270	6	4			
	52		4	3	2	1.5				275	6	4			
		55	4	3	2	1.5		280			6	4			
56			4	3	2	1.5				285	6	4			
		58	4	3	2	1.5				290	6	4			
	60		4	3	2	1.5				295	6	4			
		62	4	3	2	1.5									
64			4	3	2	1.5			300		6	4			
		65	4	3	2	1.5									

주 (1) 1란을 우선적으로 선택하고, 필요에 따라 2란, 3란의 순으로 선택한다.
(2) 호칭지름 14 mm, 피치 1.25 mm의 나사는, 내연기관용 점화 플러그의 나사에 한하여 사용할 수 있다.
(3) 호칭지름 35 mm의 나사는 롤러 베어링을 고정하는 나사에 한하여 사용할 수 있다.

비고 1. 괄호를 붙인 피치는 될 수 있는 한 사용하지 않는다.
2. 표 15.1에 표시된 나사보다 피치의 가는 나사가 필요한 경우에는, 다음 피치 중에서 선택한다.
3, 2, 1.5, 1, 0.75, 0.5, 0.35, 0.25, 0.2
단, 이들의 피치에 대하여 사용되는 최대의 호칭지름은 다음 표에 따르는 것이 바람직하다.

가는 피치의 나사에 사용하는 최대의 호칭지름 (단위: mm)

피치	0.5	0.75	1	1.5	2	3~
최대의 호칭지름	22	33	80	150	200	300

3. 호칭지름의 범위 150~300 mm에서 6 mm보다 큰 피치가 필요한 경우에는 8 mm를 선택한다.

표 15.3 미터 가는나사의 기준치수(KS B 0204)

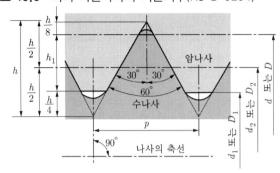

$$h_1 = 0.866025p, \quad d_2 = d - 0.649519p$$
$$h_1 = 0.541266p, \quad d_1 = d - 1.082532p$$
$$D = d, \quad D_2 = d_2, \quad D_1 = d_1$$

(단위: mm)

나사의 호칭	피치 p	접촉 높이 h_1	암나사		
			골지름 D	유효지름 D_2	안지름 D_1
			수나사		
			바깥지름 d	유효지름 d_2	골지름 d_1
M 2 × 0.2	0.2	0.108	1.000	0.870	0.783
M 1.1 × 0.2	0.2	0.108	1.100	0.970	0.833
M 1.2 × 0.2	0.2	0.108	1.200	1.070	0.983
M 1.4 × 0.2	0.2	0.108	1.400	1.270	1.183
M 1.6 × 0.2	0.2	0.108	1.600	1.470	1.383
M 1.8 × 0.2	0.2	0.108	1.800	1.670	1.583
M 2 × 0.25	0.25	0.135	2.000	1.838	1.729
M 2.2 × 0.25	0.25	0.135	2.200	2.038	1.929
M 2.5 × 0.35	0.35	0.189	2.500	2.273	2.121
M 3 × 0.35	0.35	0.189	3.000	2.773	2.621
M 3.5 × 0.35	0.35	0.189	3.500	3.273	3.121
M 4 × 0.5	0.5	0.271	4.000	3.675	3.459
M 4.5 × 0.5	0.5	0.271	4.500	4.175	3.959
M 5 × 0.5	0.5	0.271	5.000	4.675	4.459
M 5.5 × 0.5	0.5	0.271	5.500	5.175	4.959
M 6 × 0.75	0.75	0.406	6.000	5.513	5.188
M 7 × 0.75	0.75	0.406	7.000	6.513	6.188
M 8 × 1	1	0.541	8.000	7.350	6.917
M 8 × 0.75	0.75	0.406	8.000	7.513	7.188
M 9 × 1	1	0.541	9.000	8.350	7.917
M 9 × 0.75	0.75	0.406	9.000	8.513	8.188
M 10 × 1.25	1.25	0.677	10.000	9.188	8.647
M 10 × 1	1	0.541	10.000	9.350	8.917
M 10 × 0.75	0.75	0.406	10.000	9.513	9.188
M 11 × 1	1	0.541	11.000	10.350	9.917
M 11 × 0.75	0.75	0.406	11.000	10.513	10.188
M 12 × 1.5	1.5	0.812	12.000	11.026	10.376
M 12 × 1.25	1.25	0.677	12.000	11.188	10.647
M 12 × 1	1	0.541	12.000	11.350	10.917
M 14 × 1.5	1.5	0.812	14.000	13.026	12.376
M 14 × 1.25	1.25	0.677	14.000	13.188	12.647
M 14 × 1	1	0.541	14.000	13.350	12.917
M 15 × 1.5	1.5	0.812	15.000	14.026	13.376
M 15 × 1	1	0.541	15.000	14.350	13.917
M 16 × 1.5	1.5	0.812	16.000	15.026	14.376
M 16 × 1	1	0.541	16.000	15.350	14.917
M 17 × 1.5	1.5	0.812	17.000	16.026	15.376
M 17 × 1	1	0.541	17.000	16.350	15.917
M 18 × 2	2	1.083	18.000	16.701	15.835
M 18 × 1.5	1.5	0.812	18.000	17.026	16.376
M 18 × 1	1	0.541	18.000	17.350	16.917
M 20 × 2	2	1.083	20.000	18.701	17.835
M 20 × 1.5	1.5	0.812	20.000	19.026	18.376
M 20 × 1	1	0.541	20.000	19.350	18.917
M 22 × 2	2	1.083	22.000	20.701	19.835
M 22 × 1.5	1.5	0.812	22.000	21.026	20.376
M 22 × 1	1	0.541	22.000	21.350	20.917
M 24 × 2	2	1.083	24.000	22.701	21.835
M 24 × 1.5	1.5	0.812	24.000	23.026	22.376
M 24 × 1	1	0.541	24.000	23.350	22.917

표 15.4 유니파이 보통나사의 기준치수(KS B 0203)

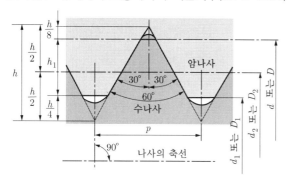

$$p = \frac{25.4}{n} \quad (n: \text{1인치당 나사산의 수})$$

$$h = 0.866025p, \quad d_2 = d - 0.649519p$$

$$h_1 = 0.541266p, \quad d_1 = d - 1.082532p$$

$$D = d, \quad D_2 = d_2, \quad D_1 = d_1$$

(단위: mm)

나사의 호칭*			나사 산수 (25.4 mm에 대한) n	피치 p (참고)	접촉 높이 h_1	암나사		
						골지름 D	유효지름 D_2	안지름 D_1
						수나사		
1란	2란	(참고)				바깥지름 d	유효지름 d_2	골지름 d_1
No. 2-56 UNC	No. 1-64 UNC	0.0730-64 UNC	64	0.3969	0.215	1.854	1.598	1.425
		0.0860-56 UNC	56	0.4536	0.246	2.184	1.890	1.694
	No. 3-48 UNC	0.0990-48 UNC	48	0.5292	0.286	2.515	2.172	1.941
No. 4-40 UNC		0.1120-40 UNC	40	0.6350	0.344	2.845	2.433	2.156
No. 5-40 UNC		0.1250-40 UNC	40	0.6350	0.344	3.175	2.764	2.487
No. 6-32 UNC		0.1380-32 UNC	32	0.7938	0.430	3.505	2.990	2.647
No. 8-32 UNC		0.1640-32 UNC	32	0.7938	0.430	4.166	3.650	3.307
No. 10-24 UNC		0.1900-24 UNC	24	1.0583	0.573	4.826	4.138	3.680
	No. 12-24 UNC	0.2160-24 UNC	24	1.0583	0.573	5.486	4.798	4.341
$1/4$ -20 UNC		0.2500-20 UNC	20	1.2700	0.687	6.350	5.524	4.976
$5/16$ -18 UNC		0.3125-18 UNC	18	1.411	0.764	7.938	7.021	6.411
$3/6$ -16 UNC		0.3750-16 UNC	16	1.5875	0.859	9.525	8.494	7.805
$7/16$ -14 UNC		0.4375-14 UNC	14	1.8143	0.982	11.112	9.934	9.149
$1/2$ -13 UNC		0.5000-13 UNC	13	1.9538	1.058	12.700	11.430	10.584
$9/16$ -12 UNC		0.5625-12 UNC	12	2.1167	1.146	14.288	12.913	11.996
$5/8$ -11 UNC		0.6250-11 UNC	11	2.3091	1.250	15.875	14.376	13.376
$3/4$ -10 UNC		0.7500-10 UNC	10	2.5400	1.375	19.050	17.399	16.299
$7/8$ - 9 UNC		0.8750-9 UNC	9	2.8222	1.528	22.225	20.391	19.169
1 -8 UNC		1.000-8 UNC	8	3.1750	1.719	25.400	23.338	21.963
$1^{1}/8$ -7 UNC		1.1250-7 UNC	7	3.6286	1.964	28.575	26.216	24.648
$1^{1}/4$ -7 UNC		1.2500-7 UNC	7	3.6286	1.964	31.750	29.393	27.823
$1^{3}/8$ -6 UNC		1.3750-6 UNC	6	4.2333	2.291	34.925	32.174	30.343
$1^{1}/2$ -6 UNC		1.5000-6 UNC	6	4.2333	2.291	38.100	35.349	33.518
$1^{3}/4$ -5 UNC		1.7500-5 UNC	5	5.0800	2.750	44.450	41.151	38.951
$2-4^{1}/2$ UNC		2.0000-4.5 UNC	$4^{1}/2$	5.6444	3.055	50.800	47.135	44.689
$2^{1}/4$ -$4^{1}/2$ UNC		2.2500-4.5 UNC	$4^{1}/2$	5.6444	3.055	57.150	53.485	51.039
$2^{1}/2$ -4 UNC		2.5050-4 UNC	4	6.3500	3.437	63.500	59.375	56.627
$2^{3}/4$ -4 UNC		2.7500-4 UNC	4	6.3500	3.437	69.850	65.725	62.977
3-4 UNC		3.0000-4 UNC	4	6.3500	3.437	76.200	72.075	69.327
$3^{1}/4$ -4 UNC		3.2500-4 UNC	4	6.3500	3.437	82.550	78.425	75.677
$3^{1}/2$ -4 UNC		3.5000-4 UNC	4	6.3500	3.437	88.900	84.775	82.027
$3^{3}/4$ -4 UNC		3.7500-4 UNC	4	6.3500	3.437	95.250	91.125	88.377
4 -4 UNC		4.0000-4 UNC	4	6.3500	3.437	101.600	97.475	94.727

* 1란을 우선적으로 선택하고 필요에 따라 2란을 선택한다. 참고란은 나사의 호칭을 10진법으로 표시한 것이다.

표 15.5 관용 평행나사의 기준치수(KS B 0221)

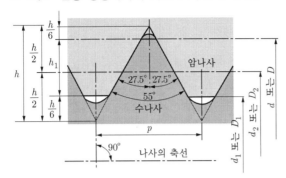

굵은 실선은 기준산 모양을 표시한다.

$$p = \frac{25.4}{n}$$

$h = 0.960491\,p$

$h_1 = 0.640327\,p$

$r = 0.137329\,p$

$d_2 = d - h, \quad D_2 = d_2$

$d_1 = d - 2h, \quad D_1 = d_1$

(단위: mm)

나사의 호칭	나산 산수 25.4 mm 에 대하여 n	피치 p (참고)	접촉높이 h_1	산봉우리 및 골의 둥글기 r	암나사		
					골지름 D	유효지름 D_2	안지름 D_1
					수나사		
					바깥지름 d	유효지름 d_2	골지름 d_1
PS $^1/_{16}$	28	0.9071	0.581	0.12	7.723	7.142	6.561
PS $^1/_8$	28	0.9071	0.581	0.12	9.728	9.147	8.566
PS $^1/_4$	19	1.3368	0.856	0.18	13.157	12.301	11.445
PS $^3/_8$	19	1.3368	0.856	0.18	16.662	15.806	14.950
PS $^1/_2$	14	1.8143	1.162	0.25	29.955	19.793	18.631
PS $^5/_6$	14	1.8143	1.162	0.25	22.911	21.749	20.587
PS $^3/_4$	14	1.8143	1.162	0.25	26.411	25.279	24.117
PS $^7/_8$	14	1.8143	1.162	0.25	30.201	29.039	27.877
PS 1	11	2.3091	1.479	0.32	33.249	31.770	30.291
PS $^1/_8$	11	2.3091	1.479	0.32	37.897	36.418	34.939
PS $^1/_4$	11	2.3091	1.479	0.32	41.910	40.431	38.952
PS $^1/_2$	11	2.3091	1.479	0.32	47.803	46.324	44.845
PS $^3/_4$	11	2.3091	1.479	0.32	53.746	52.267	50.788
PS 2	11	2.3091	1.479	0.32	59.614	58.135	56.656
PS $^1/_4$	11	2.3091	1.479	0.32	65.710	64.231	62.752
PS $^1/_2$	11	2.3091	1.479	0.32	75.184	73.705	72.226
PS $^3/_4$	11	2.3091	1.479	0.32	81.534	80.055	78.576
PS 3	11	2.3091	1.479	0.32	87.884	86.405	84.926
PS $^1/_2$	11	2.3091	1.479	0.32	100.330	98.851	97.372
PS 4	11	27.3091	1.479	0.32	113.030	111.551	110.072
PS $^1/_2$	11	2.3091	1.479	0.32	125.730	124.251	122.772
PS 5	11	2.3091	1.479	0.32	138.430	136.951	135.472
PS $^1/_2$	11	2.3091	1.479	0.32	151.130	149.651	148.172
PS 6	11	2.3091	1.479	0.32	163.830	162.351	160.872

(2) 운동용 나사

운동용 나사는 회전운동을 직선운동으로 바꿔주는 데 사용된다. 운동용 나사로는 사각나사, 사다리꼴나사, 톱니나사, 원형나사 등이 있다. 운동용 나사가 사용되는 예는 물건을 들어 올리는 스크류 잭, 선반의 리드 스크류, 공작물을 잡아 주는 바이스 등이다.

1) 사각나사

사각나사(square thread)는 큰 축하중을 받는 운동용 나사로 가장 효율성 있게 사용되는 나사이며, 나사의 효율이 가장 좋지만, 가공이 어려우므로 고정밀도의 것은 가공비가 비싸다. 나사프레스나, 선반의 리드나사 등에 사용되고 있다. 그림 15.6에 사각나사의 산의 모양과 각부의 치수비례를 표시한다.

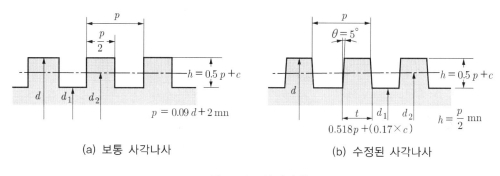

(a) 보통 사각나사 (b) 수정된 사각나사

그림 15.6 사각나사

2) 사다리꼴나사

운동용 나사는 효율이 좋아야 하므로 사각나사가 이상적이지만, 가공하기가 매우 곤란하므로 대개는 사다리꼴나사(trapezoidal thread)가 사용된다. 사다리꼴나사는 균일강도보에 가까우므로 사각나사보다 강도가 크다. 또한 공작이 용이하여 고정밀도의 제품을 얻을 수 있으므로 공작기계의 리드나사 등에 사용된다. 사다리꼴나사의 규격은 나사산의 각도가 30°인 미터나사와 29°인 인치계로 나눠진다. 인치계 나사를 애크미나사(acme thread)라고도 부른다. 사다리꼴나사의 표시방법은 호칭지름과 피치(또는 인치당 산수)로 나타내는데, 미터나사는 TM 20×4, 인치나사는 TW 14-8로 나타낸다. 표 15.6에 미터 사다리꼴나사의 기준치수를 표시한다.

표 15.6 미터 사다리꼴나사의 기준치수

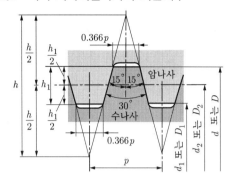

$$h = 1.866p \quad d_2 = d - 0.5p \quad D = d$$
$$h_1 = 0.5p \quad d_1 = d - p \quad D_2 = d_2$$
$$D_1 = d_1$$

(단위: mm)

나사의 호칭	피치 p	접촉 높이 h_1	암나사		
			골지름 D	유효지름 D_2	안지름 D_1
			수나사		
			바깥지름 d	유효지름 d_2	골지름 d_1
TM 8 × 1.5	1.5	0.75	8.000	7.250	6.500
TM 10 × 2	2	1	10.000	9.000	8.000
TM 12 × 3	3	1.5	12.000	10.500	9.000
TM 16 × 4	4	2	16.000	14.000	12.000
TM 20 × 4	4	2	20.000	18.000	16.000
TM 24 × 5	5	2.5	24.000	21.500	19.000
TM 28 × 5	5	2.5	28.000	25.500	23.000
TM 32 × 6	6	3	32.000	29.000	26.000
TM 36 × 6	6	3	36.000	33.000	30.000
TM 40 × 7	7	3.5	40.000	36.500	33.000
TM 44 × 7	7	3.5	44.000	40.500	37.000
TM 48 × 8	8	4	48.000	44.000	40.000
TM 52 × 8	8	4	52.000	48.000	44.000
TM 60 × 9	9	4.5	60.000	55.500	51.000
TM 70 × 10	10	5	70.000	65.000	60.000
TM 80 × 10	10	5	80.000	75.000	70.000
TM 90 × 12	12	6	90.000	84.000	78.000
TM 100 × 12	12	6	100.000	94.000	88.000

3) 톱니나사

톱니나사(buttress thread)는 축하중이 한 방향으로만 작용하는 경우에 사용되며, 하중을 받는 면은 그림 15.7의 기준산 모양과 같이 수직에 가까운 3°의 경사로 하여 나사의 효율을 좋게 하고 있다. 반대 면은 30°로 경사지게 함으로써 나사산의 뿌리부를 굵게 하여 강도를 높이고 있다. 톱니나사로는 사각나사와 사다리꼴나사의 장점을 살린 것으로서 공작물을 물리는 바이스에 적합한 나사이다.

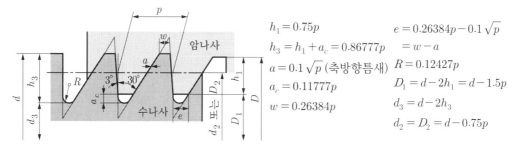

$$h_1 = 0.75p \qquad\qquad e = 0.26384p - 0.1\sqrt{p}$$
$$h_3 = h_1 + a_c = 0.86777p \qquad\quad = w - a$$
$$a = 0.1\sqrt{p}\,(축방향틈새) \quad R = 0.12427p$$
$$a_c = 0.11777p \qquad\qquad D_1 = d - 2h_1 = d - 1.5p$$
$$w = 0.26384p \qquad\qquad d_3 = d - 2h_3$$
$$d_2 = D_2 = d - 0.75p$$

그림 15.7 톱니나사의 기준산 모양

4) 둥근나사

운동용 둥근나사(round thread)는 사다리꼴나사의 산봉우리와 골밑을 둥글게 한 것으로 나사산각은 30°이고, 나사 사이에 이물질이 들어가는 것을 방지하는 데 적합하다. 그림 15.8은 운동용 둥근나사의 모양과 기준치수를 나타내고, 그림 15.9는 자동차 스티어링휠에 사용되는 볼 스크류의 둥근나사를 나타낸다.

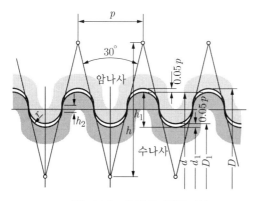

그림 15.8 운동용 둥근나사

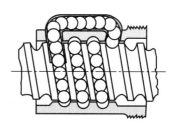

그림 15.9 볼 스크류(ball screw)

15.1.3 볼트의 종류

나사부품으로 널리 사용되는 것은 볼트와 너트이고, 주로 6각볼트, 6각너트가 많이 사용된다. 나사 재료에는 사용목적에 따라 강 또는 황동이 사용되나 강계통의 것은 일반적으로 냉간 인발재가 많이 쓰이고 있다. 인장강도는 $34 \sim 45 \, kg/mm^2$, 연신율은 $15 \sim 30 \, \%$ 정도의 연강이 가장 많이 쓰인다.

볼트의 종류를 용도에 따라 분류하면 다음과 같다.

(1) 관통볼트(through bolt)

이것은 보통볼트라 부르는 것으로서 그림 15.10과 같이 반드시 너트와 짝을 이루고 있다. 미리 재료에 볼트의 지름보다 약간 큰 구멍을 뚫어 놓고, 이에 머리붙이 볼트를 관통시켜 너트로 죄는 것이다.

(2) 탭볼트(tap bolt)

그림 15.11과 같이 관통볼트와 같은 모양이나, 관통볼트를 사용하기 어려울 때 너트를 사용하지 않고, 체결하는 상대 쪽에 암나사를 내고 부품을 체결하는 볼트이다.

(3) 스터드볼트(stud bolt)

그림 15.12와 같이 관통볼트 구멍을 뚫을 수 없을 때 사용되는 것으로 둥근 봉의 양끝에 나사를 낸 머리 없는 볼트의 한쪽 끝을 상대 쪽의 암나사 부분에 미리 반영구적으로 나사를 박고, 다른 쪽 끝에 너트를 끼워 죄거나 풀어서 부품을 부착하거나 분해하거나 할 수 있는 것이다.

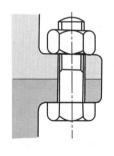

그림 15.10 관통볼트

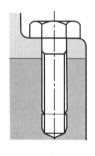

그림 15.11 탭볼트

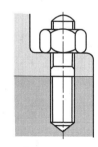

그림 15.12 스터드볼트

(4) 캡볼트(cap bolt)

탭볼트와 같은 모양이지만, 머리부의 모양과 크기가 다르다. 캡볼트에는 머리부의 치수 규격은 없고, 대체로 머리부의 지름이나 치수가 그림 15.13과 같이 관통볼트보다 작으므로 좁은 장소에서 사용하는 데 적합하다.

(5) 리머볼트(reamer bolt)

볼트와 볼트구멍의 끼워맞춤을 중간 또는 억지끼워맞춤으로 하기 위하여 볼트구멍을 리머로 다듬질하고 볼트를 꼭 끼울 때에 사용되는 볼트를 리머볼트라 한다. 리머볼트는 볼트에 전단력이 작용하는 곳에 많이 사용되며, 이때 전단력이 나사부에 걸리지 않도록 하여야 한다. 특히 큰 전단력을 받는 경우라든가, 볼트구멍에 의하여 위치결정을 하는 경우에는 그림 15.14(a)와 같이 링으로 전단력을 받게 하거나, 그림 15.14(b)와 같이 볼트의 축부분을 테이퍼지게 하여 구멍에 끼운다.

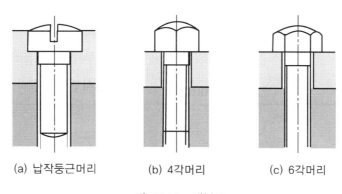

(a) 납작둥근머리   (b) 4각머리   (c) 6각머리

그림 15.13 캡볼트

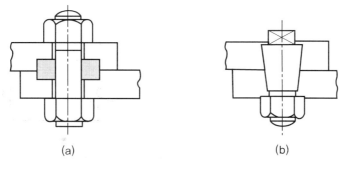

(a)   (b)

그림 15.14 리머볼트

15.2 나사의 역학

15.2.1 나사의 회전 토크

(1) 사각나사

나사를 돌려서 조이거나 푼다는 것은 그림 15.15와 같이 수평력 P를 가해 무게 Q인 물체를 리드각(나선각) β의 경사면을 따라 밀어 올리거나 내리는 것에 해당된다. 여기서 수평력 P는 나사를 돌리는 힘이고, 무게 Q는 축방향으로 가해지는 힘이다.

체결용 나사에서 나사를 조이는 경우를 생각하면, 나사에서 무게 Q인 물체를 밀어 올리는 것이므로 무게 Q인 물체의 움직임을 방해하는 방향으로 마찰력이 작용한다. 이때 마찰계수 μ, 마찰면의 수직하중 N이라 하면, 마찰력은 μN이다. 그림 15.15(a)의 나선을 펼치면, 그림 15.15(b)의 직삼각형에서 빗변과 같은 경사면 위에 무게 Q인 물체를 올려놓은 것과 같다.

따라서 나사를 조이는 것은 수평력 P로 경사면 위에서 무게 Q인 물체를 밀어 올리는 경우에 해당된다. 경사면에서 물체를 밀어 올릴 때, 경사면에 수직한 방향의 힘의 평형은

$$\Sigma F_v = 0 \,; \quad Q\cos\beta + P\sin\beta = N \tag{15.3}$$

이고, 한편 경사면에 평행한 방향의 힘의 평형은

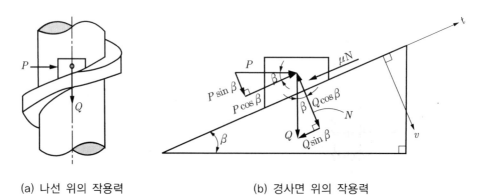

(a) 나선 위의 작용력   (b) 경사면 위의 작용력

그림 15.15 나사를 조일 때 작용하는 힘

$$\Sigma F_t = 0 \ ; \ P\cos\beta - Q\sin\beta = \mu N \tag{15.4}$$

이다. 식 (15.3)을 식 (15.4)에 대입하면 다음과 같다.

$$P\cos\beta - Q\sin\beta = \mu Q\cos\beta + \mu P\sin\beta \tag{15.5}$$

여기서, 마찰각을 ρ라 하면, 마찰계수 $\mu = \tan\rho$이므로 식 (15.5)를 정리하면

$$P = \frac{\mu\cos\beta + \sin\beta}{\cos\beta - \mu\sin\beta} Q$$

$$= \frac{\tan\rho + \tan\beta}{1 - \tan\rho\tan\beta} Q = Q\tan(\rho + \beta) \tag{15.6}$$

이다. 그런데 $\tan\beta = \dfrac{p}{\pi d_2}$이므로 식 (15.6)을 다음과 같이 바꿔 쓸 수 있다.

$$P = \frac{\mu\pi d_2 + p}{\pi d_2 - \mu p} Q \tag{15.7}$$

이때, 전달토크 T는

$$T = P\frac{d_2}{2} = \frac{Qd_2}{2}\tan(\rho + \beta) \tag{15.8}$$

이다. 여기서, d_2는 유효지름이다.

나사를 푸는 경우는 그림 15.16과 같이 무게 Q인 물체를 경사면에서 내리는 것으로 물체의 움직임이 반대로 되므로 마찰력의 방향이 반대로 바뀐다. 따라서, 나사를 조이는 경우의 마찰력 방향과 수평으로 작용하는 힘의 방향을 반대로 하면 되므로 식 (15.6)에서 마찰계수 μ 대신에 $-\mu$를, P 대신에 $-P'$를 대입하면 나사를 푸는 경우의 P'와 Q의 관계가 되며 다음과 같다.

$$P' = Q\tan(\rho - \beta) \tag{15.9}$$

여기서, 나사를 푸는 데 필요한 토크 T'은

$$T' = P'r = Q\frac{d_2}{2}\tan(\rho - \beta) \tag{15.10}$$

이다.

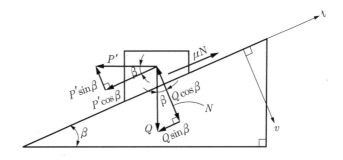

그림 15.16 나사를 풀 때 작용하는 힘

(2) 삼각나사

삼각나사를 돌려서 조이거나 푸는 경우는 그림 15.17과 같이 나사산이 나사산 각도 α 인 삼각형이므로 마찰면의 수직력은 N' 으로 변한다. 사각나사에서 유도된 식들을 삼각나사에도 사용할 수 있다. 단지 마찰면의 수직력이 N 에서 N' 으로 바뀌므로 마찰력만 바꾸어 나타내면 된다.

$$\mu N' = \frac{\mu}{\cos \dfrac{\alpha}{2}} N = \mu' N \tag{15.11}$$

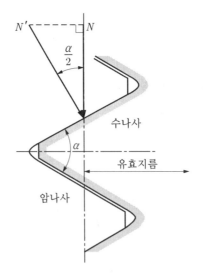

그림 15.17 삼각나사의 마찰면 수직력

여기서, μ'은 유효마찰계수라 하는데, 유효마찰각을 ρ'이 할 때에 유효마찰계수는 다음과 같이 정한다.

$$\mu' = \frac{\mu}{\cos\dfrac{\alpha}{2}} = \tan\rho' \tag{15.12}$$

식 (15.8)과 식 (15.10)에 마찰각 ρ 대신에 유효마찰각 ρ'을 대입하면, 삼각나사를 조이는 데 필요한 토크 T_Δ와 푸는 데 필요한 토크 T_Δ'은

$$T_\Delta = Q\,\frac{d_2}{2}\tan(\rho' + \beta) \tag{15.13}$$

$$T_\Delta' = Q\,\frac{d_2}{2}\tan(\rho' - \beta) \tag{15.14}$$

이다.

그런데 그림 15.18과 같이 삼각나사로 체결된 볼트와 너트를 스패너로 강하게 조일 때는 나사면의 마찰저항뿐만 아니라 너트나 와셔가 조이는 기계 부품과 접촉하는 면에서 발생하는 마찰저항도 고려해야 한다. 너트나 와셔가 기계부품과 접촉하는 면의 마찰저항 토크 T_c는 다음과 같다.

$$T_c = \mu_c Q\,r_c \tag{15.15}$$

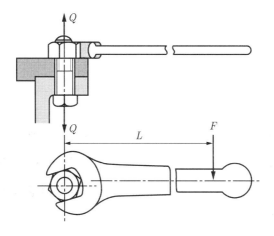

그림 15.18 스패너로 조여지는 볼트

여기서 μ_c는 너트나 와셔 접촉면의 마찰계수, Q는 볼트를 조일 때 발생하는 인장력, r_c는 너트나 와셔 접촉면의 평균 반지름이다. 암나사의 골지름을 d라 할 때, 너트 접촉면의 평균반지름은 $r_c = 0.74\,d$이고, 와셔 접촉면의 평균반지름은 $r_c = 0.35\sqrt{d_w^2 + D_w^2}$ 이다. 여기서 d_w는 와셔의 안지름이고, D_w는 와셔의 바깥지름이다. 그러므로 삼각나사인 볼트를 스패너로 세게 조일 때 필요한 토크 T_s는 다음과 같다.

$$T_s = T_\triangle + T_c = Q\left[\frac{d_2}{2}\tan(\rho' + \beta) + \mu_c r_c\right] \qquad (15.16)$$

15.2.2 나사의 자립조건

나사를 조이는 토크 T(또는 $T_\triangle$)을 가해 체결시킨 후에 다시 풀지 않는다면, 나사의 체결상태가 그대로 유지되어야 한다. 따라서 나사를 푸는 토크 T'을 가하기 전에는 저절로 풀리지 않기 위해서는 나사를 푸는 데 필요한 토크 T'(또는 $T_\triangle{}'$)이 항상 (+)로 유지되어야 한다. 이와 같은 상태를 유지하는 조건을 나사의 자립조건이라 하며, 이는 식 (15.10)과 식 (15.14)에서

$$T' = Q\frac{d_2}{2}\tan(\rho - \beta) \geq 0 \qquad (15.17a)$$

$$T_\triangle{}' = Q\frac{d_2}{2}\tan(\rho' - \beta) \geq 0 \qquad (15.17b)$$

이므로

$$\rho \geq \beta \;\; 또는 \;\; \rho' \geq \beta$$

를 만족해야 한다.

미터 보통나사에서 1종류의 피치가 정해져 있는데, 이것은 나사가 자립이 되도록 리드각 β를 잡아서 피치를 정한 것이다. 그러나 나사 결합체에 진동이 가해지면 정적인 상태에서 생각했던 마찰계수보다 매우 작으므로 나사설계 과정에서 나사의 자립여부에 대한 세심한 검토가 필요하다.

15.2.3 나사의 효율

효율은 공급되는 에너지에 대한 실제로 수행된 일의 비를 말한다. 그림 15.15와 같이 수평력 P로 나사를 1회전할 때 공급되는 에너지는 $\pi d_2 P$이고, 실제로 수행된 일은 1줄 나사의 경우에 Qp이다. 그러므로 사각나사의 효율 η는 다음과 같다.

$$\eta = \frac{Qp}{\pi d_2 P} \tag{15.18a}$$

그런데 식 (15.6)의 $P = Q\tan(\rho + \beta)$를 위 식에 대입하여 정리하면 사각나사의 효율은

$$\eta = \frac{Q(p/\pi d_2)}{Q\tan(\rho + \beta)} = \frac{\tan\beta}{\tan(\rho + \beta)} \tag{15.18b}$$

로 표시된다. 한편 삼각나사의 효율은 마찰각만 다르므로 다음과 같이 표시된다.

$$\eta' = \frac{\tan\beta}{\tan(\rho' + \beta)} \tag{15.19}$$

나사의 효율은 나선각의 함수이므로 최대효율을 갖는 나선각을 구하면

$$\beta = \frac{\pi}{4} - \frac{\rho}{2} \tag{15.20}$$

이고, 최대효율 $\eta_{\max}$는

$$\eta_{\max} = \tan^2\left(\frac{\pi}{4} - \frac{\rho}{2}\right) \tag{15.21}$$

이다.

나사가 자립되는 한계는 $\beta = \rho$일 때이므로 이 값을 식 (15.18b)에 대입하면

$$\eta = \frac{\tan\beta}{\tan 2\beta} = \frac{1}{2} - \frac{1}{2}\tan^2\beta < 0.5$$

이다. 그러므로 나사가 자립상태를 유지하기 위한 효율은 50 %보다 작다.

[예제 15.1] 그림 15.18과 같이 볼트와 체결된 너트를 스패너의 끝에 $F = 30\,\text{kg}$의 힘으로 강하게 조일 때, 나사의 효율과 볼트에 작용하는 인장력을 구하라. 단, 사용된 나사는 M24 미터나사이고, 나사의 마찰계수 $\mu = 0.1$, 너트 밑면의 마찰계수 $\mu_c = 0.15$, 너트 접촉면의 평균지름 $r_c = 0.74d$, 스패너의 길이 $L = 200\,\text{mm}$ 이다.

[풀이] M24 나사의 치수는 표 15.1에서 바깥지름 $d = 24\,\text{mm}$, 유효지름 $d_2 = 22.051\,\text{mm}$, 골지름 $d_1 = 20.752\,\text{mm}$, 피치 $p = 3\,\text{mm}$ 이므로 나선각은

$$\beta = \tan^{-1}\frac{p}{\pi d_2} = \tan^{-1}\frac{3}{\pi \times 22.051} = 2.5°$$

이고 나사의 유효마찰각은

$$\rho' = \tan^{-1}\frac{\mu}{\cos(\alpha/2)} = \tan^{-1}\frac{0.1}{\cos 30°} = 6.6°$$

나사의 효율은 식 (15.19)에 의하여

$$\eta' = \frac{\tan\beta}{\tan(\rho' + \beta)} = \frac{\tan 2.5°}{\tan(2.5° + 6.6°)} = 0.273 = 27.3\,\%$$

스패너에 작용하는 토크는

$$T_s = FL = 30 \times 200 = 6000\,(\text{kg} \cdot \text{mm})$$

그런데 식 (15.16)에서 전달토크는

$$\begin{aligned}
T_s &= Q\left[\frac{d_2}{2}\tan(\rho' + \beta) + \mu_c r_c\right] \\
&= Q\left[\frac{22.051}{2}\tan(6.6° + 2.5°) + 0.15 \times 0.74 \times 24\right] \\
&= 4.43\,Q\,(\text{kg} \cdot \text{mm})
\end{aligned}$$

이므로 강하게 조여지는 볼트에 작용하는 인장력은

$$Q = \frac{T_s}{4.43} = \frac{6000}{4.43} = 1354\,(\text{kg})$$

[예제 15.2] M20 나사에서 마찰계수가 $\mu = 0.12$일 때, 이 나사가 자립조건을 만족하는가를 검토하라.

[풀이] M20 나사의 치수는 표 15.1에서 바깥지름 $d = 20\,\text{mm}$, 유효지름 $d_2 = 18.376\,\text{mm}$, 안지름 $d_1 = 17.294\,\text{mm}$, 피치 $p = 2.5\,\text{mm}$ 이므로 나선각은

$$\beta = \tan^{-1}\frac{p}{\pi d_2} = \tan^{-1}\frac{2.5}{\pi \times 18.376} = 2.5°$$

이고, 나사의 유효마찰각은

$$\rho' = \tan^{-1}\frac{\mu}{\cos(\alpha/2)} = \tan^{-1}\frac{0.12}{\cos 30°} = 7.9°$$

삼각나사의 자립조건은 식 (15.17b)에 의하여

$$\rho' = 7.9° \geq \beta = 2.5°$$

이므로 이 나사는 자립조건을 만족한다.

예제 15.3 바깥지름 $d = 30\,\text{mm}$인 사각나사의 마찰계수 $\mu = 0.1$일 때, 자립상태를 유지하기 위한 피치와 효율을 구하라.

풀이 마찰각은

$$\rho = \tan^{-1}\mu = \tan^{-1}0.1 = 5.71°$$

이고, 나사가 자립상태를 유지하기 위해서는 마찰각이 나선각보다 커야 하므로 나선각 $\beta = 5.7°$로 가정한다. 한편 사각나사의 유효지름은 $d_2 = d - p/2$이므로

$$\tan\beta = \frac{p}{\pi d_2} = \frac{p}{\pi(d - p/2)} = 0.1$$

이다. 위 식을 피치 p에 관해서 정리하고, 주어진 값들을 대입하면

$$p = \frac{\pi d\tan\beta}{1 + \pi\tan\beta/2} = \frac{\pi \times 30 \times 0.1}{1 + \pi \times 0.1/2} = 8.1\,(\text{mm})$$

피치 $p = 8.1\,\text{mm}$에 대하여 나선각을 다시 계산하면

$$\beta = \tan^{-1}\frac{p}{\pi d_2} = \tan^{-1}\frac{8.1}{\pi \times 25.95} = 5.68° < \rho = 5.71°$$

위와 같이 자립조건을 만족시키는 상태에서 이 사각나사의 효율은

$$\eta = \frac{\tan\beta}{\tan(\rho + \beta)} = \frac{\tan 5.68°}{\tan(5.71° + 5.68°)} = 0.495 = 49.5\,\%$$

15.3 나사의 설계

15.3.1 볼트의 지름

(1) 단순 축하중을 받는 경우

그림 15.19는 축하중을 받는 아이볼트(eye bolt)이다. 이 볼트에 작용하는 인장력 Q에 의하여 발생하는 인장응력 σ_t는

$$\sigma_t = \frac{4Q}{\pi d_1^2} \le \sigma_{ta} \tag{15.22}$$

이다. 여기서, d_1은 볼트의 골지름이고, σ_{ta}는 볼트의 허용 인장응력이다. 위 식에서 볼트의 골지름 d_1을 구하면 다음과 같다.

$$d_1 \ge \sqrt{\frac{4Q}{\pi \sigma_{ta}}} \tag{15.23}$$

이 골지름에 의하여 나사 규격표에서 호칭지름 d를 구할 수 있다.

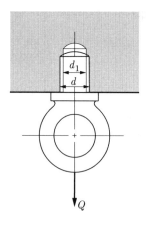

그림 15.19 축하중을 받는 아이볼트

(2) 축하중과 토크를 같이 받는 경우

축하중을 받고 있는 나사를 회전시키는 예로 그림 15.20과 같은 스크류잭에서 핸들을 돌려서 무게 Q인 물체를 들어 올리는 경우이다. 스크류잭의 나사축에 작용하는 압축력 Q에 의하여 발생하는 압축응력 σ_c는

$$\sigma_c = \frac{4Q}{\pi d_1^2} \tag{15.24}$$

이다. 한편 사다리꼴나사로 만든 스크류잭에 작용하는 토크 T는 식 (15.13)에 의하여

$$T = FL = \frac{Qd_2}{2} \tan(\rho' + \beta) \tag{15.25}$$

이다. 그런데 많이 쓰이는 미터 보통나사의 유효지름과 골지름의 비 $\dfrac{d_2}{d_1} = 1.1$ 정도이다.

만일 나사의 마찰계수 $\mu = 0.15$라 하면, 마찰각 ρ'은

$$\rho' = \tan^{-1}\left(\frac{\mu}{\cos\dfrac{\alpha}{2}}\right) = \tan^{-1}\left(\frac{0.15}{\cos 15°}\right) = 8.8°$$

이다. 여기서, 스크류잭은 미터 사다리꼴나사로서 나사산각 $\alpha = 30°$이다. 또한 미터나사의 리드각 $\beta = 2.5°$ 정도이므로 $\tan(\rho' + \beta) = 0.20$이다.

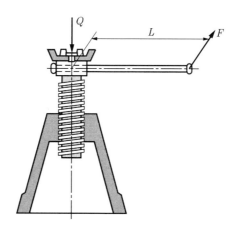

그림 15.20 축하중과 토크를 받는 스크류잭

그러므로 나사의 회전토크 식 (15.25)는 다음과 같이 정리된다.

$$T = 0.11\,Qd_1 = \frac{\pi d_1^3}{16}\tau \qquad (15.26)$$

식 (15.26)에서 나사축에 발생하는 전단응력 τ를 구하면

$$\tau = \frac{16 \times 0.11\,Q}{\pi d_1^2} = 0.44\left(\frac{4Q}{\pi d_1^2}\right) = 0.44\sigma_c \qquad (15.27)$$

이다. 볼트는 주로 연강이 사용되므로 연성재료에 적합한 최대 전단응력 파손이론을 적용하면

$$\tau_{\max} = \sqrt{\left(\frac{\sigma_c}{2}\right)^2 + \tau^2} \doteqdot \frac{0.848\,Q}{d_1^2} \leqq \tau_a$$

이므로 볼트의 골지름은

$$d_1 \geqq \sqrt{\frac{0.848\,Q}{\tau_a}} \qquad (15.28)$$

이다. 또한 전단변형에너지 파손이론을 적용한다면

$$\sigma_V = \sqrt{\sigma^2 + 3\tau^2} \doteqdot \frac{1.60\,Q}{d_1^2} \leqq \sigma_a$$

이므로 골지름은 다음과 같이 구할 수 있다.

$$d_1 \geqq \sqrt{\frac{1.60\,Q}{\sigma_a}} \qquad (15.29)$$

(3) 초기 체결력과 추가 인장력을 받는 경우

이 경우는 그림 15.21과 같은 고압용기 덮개에서 플랜지를 체결하는 볼트와 너트에 해당한다. 그림 15.21(a)에서 고압용기에서 내부에 있는 가스의 유출을 방지하기 위하여 고압용기덮개의 플랜지를 볼트와 너트로 강하게 조이면, 초기 체결력 P_0에 의하여 고압용기의 플랜지와 중간에 있는 개스킷(gasket)은 압축을 받아 줄어들지만, 볼트는 그 반작용으로 P_0의 인장력을 받아서 늘어나게 된다.

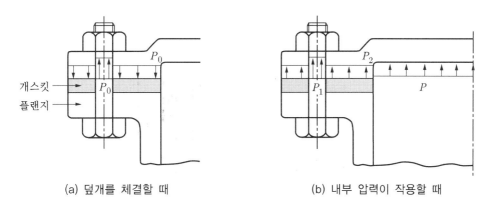

(a) 덮개를 체결할 때   (b) 내부 압력이 작용할 때

그림 15.21 고압용기 덮개에 작용하는 힘

초기체결력 P_0를 주기 위하여 너트가 고압용기 플랜지의 표면에 접촉을 시작할 때부터 각도 ϕ만큼 회전시켰을 때, 볼트의 늘어난 양 δ_b와 볼트로 조여진 중간재(플랜지와 개스킷)의 줄어든 양 δ_c의 관계는 그림 15.22와 같이

$$\delta_b + \delta_c = l\left(\frac{\phi}{2\pi}\right) = \delta_0 \tag{15.30}$$

이다. 여기서, l은 나사의 리드, δ_0는 너트의 축방향 이동거리이다.

고압용기 내부에 고압가스가 유입되어 덮개에 수직력 P가 작용한다면, 그림 15.21(b) 와 같이 수직력 P의 일부는 볼트에 추가인장력 P_1으로 사용되고, 나머지는 플랜지와 개스킷의 복원력 P_2로 사용된다. 이때 볼트 추가 늘음량 δ는 중간재의 복원량과 같다. 이와 같이 중간재의 탄성회복에 의하여 고압가스가 유출되는 것을 방지하기 위하여 초기 체결력 $P_0 \geqq 1.3P$이어야 한다.

그림 15.22에 의하면, 최종적으로 볼트와 중간재(개스킷)에 작용하는 힘은 각각 다음과 같다.

$$\text{볼트의 작용력 : } Q = P_0 + P_1 = P + P_3 \tag{15.31a}$$

$$\text{중간재(개스킷)의 작용력 : } P_3 = P_0 - P_2 \tag{15.31b}$$

볼트의 지름을 계산하기 위해서는 볼트에 작용하는 최대 인장력 Q를 알아야 한다. 그런데 식 (15.31a)에서 Q를 구하기 위해서는 P_1이나 P_3를 구해야 한다. 그림 15.22에서 볼트에 작용하는 힘과 변형의 관계는

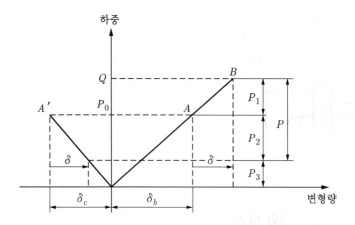

그림 15.22 고압용기에서 하중과 변형량

$$\frac{Q}{P_0} = \frac{\delta_b + \delta}{\delta_b}$$

이므로

$$\delta = \frac{\delta_b}{P_0}(Q - P_0) \qquad (15.32)$$

이다. 한편, 중간재에 작용하는 힘과 변형의 관계는

$$\frac{P_3}{P_0} = \frac{\delta_c - \delta}{\delta_c}$$

이므로

$$P_3 = P_0 \left(\frac{\delta_c - \delta}{\delta_c} \right) \qquad (15.33a)$$

이다. 식 (15.32)를 식 (15.33a)에 대입하여 P_3를 구하면

$$P_3 = P_0 - \frac{\delta_b(Q - P_0)}{\delta_c} \qquad (15.33b)$$

이고, 위 식을 식 (15.31a)에 대입하여 정리하면, 볼트에 작용하는 최대하중은

$$Q = P_0 + P \left(\frac{\delta_c}{\delta_b + \delta_c} \right) \qquad (15.34)$$

이다.

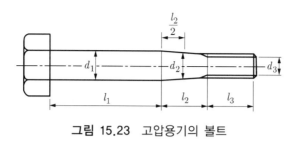

그림 15.23 고압용기의 볼트

그림 15.23과 같이 고압용기에 사용되는 볼트의 단면의 크기가 다를 때, 전체 변형량 δ_b는 각 단면의 변형량 δ_{bi}를 합하여 다음과 같이 구한다.

$$\delta_b = 0.95(\delta_{b1} + \delta_{b2} + \delta_{b3}) \qquad (15.35a)$$

볼트의 각 단면에서 변형량은

$$\delta_{bi} = \frac{P_0 l_i}{A_{bi} E_b Z} \qquad (15.35b)$$

이다. 여기서, A_{bi}는 볼트의 단면적, E_b는 볼트의 종탄성계수, Z는 볼트의 수, l_i는 각 단면에서 볼트의 길이이다.

초기 체결력 P_0에 의하여 압축되는 중간재의 변형량 δ_c는 고압용기 덮개의 플랜지와 같은 판재의 압축 변형량 δ_p와 개스킷의 변형량 δ_g를 더한 값이므로 나누어서 계산할 수 있다. 그림 15.24는 6각 볼트를 졸라 맬 때에 중간 판재가 압축으로 변형되는 영역을 나타내고 있다. 그러므로 압축되는 영역에서 판재의 변형량 δ_p는 다음과 같이 구한다.

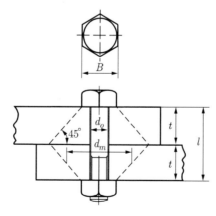

그림 15.24 6각 볼트에 의한 판의 압축변형 영역

$$\delta_p = \frac{4P_0 l}{\pi(d_m^2 - d_0^2)E_p Z} \tag{15.36a}$$

여기서 d_m은 너트 밑면의 끝에서 45° 경사면을 형성한 원추형태의 평균지름, d_o는 드릴 구멍지름이다. 보통 $\delta_p/\delta_b = 0.65 \sim 1.0$이고, $d_m = B + t$, B는 너트의 마주 보는 변의 거리이다. 보통 M10~M36 나사에서 B는 호칭지름(d)의 1.5~1.7배이다. E_p는 판재의 종탄성계수, l은 볼트로 조여지는 판재의 두께이다.

또한 개스킷의 변형량 δ_g는 다음과 같이 구할 수 있다.

$$\delta_g = \frac{4P_0 t_g}{\pi(D_o{}^2 - D_i{}^2)E_g} \tag{15.36b}$$

여기서, D_o는 개스킷의 바깥지름, D_i는 개스킷의 안지름, E_g는 개스킷의 종탄성계수, t_g는 개스킷의 두께이다.

볼트와 중간재(판재와 개스킷)의 변형량을 식 (15.35)와 식 (15.36)에서 구하고, 식 (15.34)에서 최대하중을 구한 다음, 축하중만 작용하는 경우에 골지름을 구하는 식 (15.23)을 이용하여 고압용기 덮개의 플랜지를 체결하는 볼트의 골지름 d_1을 구할 수 있다.

15.3.2 너트의 높이

볼트가 너트로 체결되어 있을 때 하중을 받는 너트의 나사산 수를 n, 높이를 H, 나사의 피치를 p라고 하면, 너트의 높이는 다음과 같다.

$$H = np \tag{15.37}$$

나사산은 축하중을 받아 굽힘 또는 전단에 의하여 파단되거나 면압에 의하여 나사면이 파손된다. 일반적으로 체결용 삼각나사는 굽힘강도 또는 전단강도를 기초로 하여 너트의 높이가 결정되고, 운동용 나사의 경우는 면압강도에 의하여 높이가 결정된다. 표 15.1에서 미터 보통나사의 표준치수를 보면 접촉하는 나사산의 높이는 피치의 약 54 %, 나사산의 밑부분의 두께는 피치의 75 %이다. 또한 그림 15.25와 같이 볼트의 골지름을 d_1, 너트의 골지름을 d라고 하면, 나사를 1회전할 경우에 골부분의 길이는 볼트에서 πd_1, 너트에서 πd 이다. 그런데 $d > d_1$ 이므로 πd_1 이 πd 보다 작고, 다른 조건은 같으므로 굽힘이나 전단에 대한 저항력은 볼트 쪽이 약하다. 따라서 강도계산은 볼트의 나사산에 대하여 하기로 한다.

(1) 굽힘강도

그림 15.25(a)는 체결된 볼트와 너트에 인장하중 Q가 작용하는 상태를 나타내고, 그림 15.25(b)는 인장하중 Q가 나사산 높이의 중간(유효지름)에 작용하여 나사산이 굽힘을 받을 때, 암나사와 체결된 수나사의 나사산을 펼쳐서 나타낸 것이다. 15.25(b)에서 나사를 수나사의 골지름 d_1 에서 나사산의 높이 h 만큼 돌출된 외팔보로 볼 수 있다. 이때 최대 굽힘 모멘트는 M은 다음과 같다.

$$M = \frac{Qh}{2} = Z\sigma_b \qquad (15.38)$$

여기서 볼트에 작용하는 인장하중 $Q = \frac{\pi d_1^2}{4}\sigma_t$, 나사뿌리 부분의 단면계수 $Z = \frac{n\pi d_1 t^2}{6}$ 를 위 식에 대입하여 정리하면, 수나사와 맞물리는 암나사의 산수 n을 구할 수 있다.

$$n = \frac{3 d_1 \sigma_t h}{4 t^2 \sigma_b} \qquad (15.39)$$

삼각나사의 경우에 접촉하는 나사산의 높이 $h = 0.54p$, 나사뿌리 부분의 두께 $t = 0.75p$ 이므로 너트에서 하중을 받는 나사산수는 다음과 같다.

$$n = 0.72 \frac{d_1 \sigma_t}{p \sigma_b} \qquad (15.40)$$

삼각나사에서 너트의 높이 H는

$$H = np = 0.72 \frac{d_1 \sigma_t}{\sigma_b} \qquad (15.41)$$

이다. 만약 $\sigma_b \approx \sigma_t$가 같다면 $H = 0.72 d_1$ 이다.

그런데, 미터 보통나사 규격에서 $d_1/d \fallingdotseq 0.8$ 정도이므로, 너트의 높이 H를 호칭지름 d로 표현하면

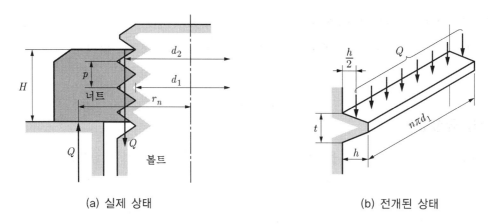

(a) 실제 상태   (b) 전개된 상태

그림 15.25 나사산의 하중상태

$$H = 0.72 \times 0.8d \fallingdotseq 0.6\,d \tag{15.42}$$

이다. 식 (15.42)에서 너트가 볼트와 같은 재료 또는 볼트보다 강한 재료로 되어 있다면, 너트의 높이는 대체로 $0.6\,d$ 정도면 된다는 것을 알 수 있다.

(2) 전단강도

그림 15.26은 볼트의 축방향으로 작용하는 하중 Q에 의하여 체결된 나사산이 뿌리부분에서 전단파괴가 일어나는 것을 보여주고 있다. 볼트에 작용하는 인장하중 Q에 의하여 수나사의 뿌리부분에서 전단 파괴가 일어난다고 가정하자. 이때 나사산의 뿌리부분에 작용하는 전단력은

$$Q = A_s \tau \tag{15.43}$$

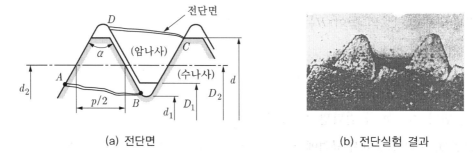

(a) 전단면   (b) 전단실험 결과

그림 15.26 나사산의 전단 파괴

여기서, A_s는 전단되는 나사 뿌리부분의 면적이고, 그림 15.25(b)에서 $A_s = n\pi d_1 t$이고, $Q = \dfrac{\pi}{4} d_1^2 \sigma_t$이다. 이 값들을 위 식에 대입하여 수나사와 맞물리는 암나사의 산수 n을 구할 수 있다.

$$n = \frac{d_1 \sigma_t}{4 t \tau} \tag{15.44}$$

삼각나사의 경우에 나사 뿌리부분의 두께 $t = 0.75p$이고, 나사 뿌리부분의 전단응력 $\tau = 0.6\sigma_t$ 라고 하면, 너트에서 하중을 받는 나사산수는

$$n = 0.56 \frac{d_1}{p} \tag{15.45}$$

삼각나사에서 너트의 높이 H는

$$H = np = 0.56 d_1 \tag{15.46}$$

$d_1/d \fallingdotseq 0.8$로 잡으면

$$H = 0.45 d \tag{15.47}$$

이상의 굽힘강도와 전단강도 해석 결과를 고려하여 KS에서는 규격 너트의 높이를 $0.8d$ 정도로 규정하고 있다. 너트 재료가 볼트 재료보다 약한 주철의 경우에는 $H \fallingdotseq 1.5d$로 하고 있으나, 그 밖의 재료에 대하여는 표 15.7과 같이 잡는 것이 보통이다.

표 15.7 너트의 높이 H

볼트재료	너트재료	너트의 높이 H
강	강	d
강	주철	$1.5d$
동	청동	$1.25d$

(3) 면압강도

선반의 이송용 나사와 같이 나사의 접촉면에서 마찰로 마모가 발생하여 기계의 작동

에 영향을 미치는 운동용 나사는 나사산의 접촉면에 작용하는 허용압력 p_a를 제한해야 한다. 나사산에 작용하는 수직력 N'은 다음과 같이 구할 수 있다.

$$N' = A_c\, p_a \tag{15.48}$$

여기서 운동용인 사다리꼴나사의 접촉면에 작용하는 수직력 N'은 나선각 β의 영향을 무시하면, 그림 15.27에서 $N' = \dfrac{Q}{\cos(\alpha/2)}$ 이고, 나사산의 접촉면적 $A_c = \dfrac{n\pi(d^2 - d_1^2)}{4\cos(\alpha/2)}$ 이다. 이 값들을 위 식에 대입하여 수나사와 맞물리는 암나사의 산수 n을 구하면 다음과 같다.

$$n = \frac{4Q}{\pi(d^2 - d_1^2)p_a} \tag{15.49}$$

그러므로 너트의 높이는

$$H = np = \frac{4Q\,p}{\pi(d^2 - d_1^2)p_a} \tag{15.50}$$

나사의 접촉면에서 허용 접촉압력 p_a는 표 15.8과 같다.

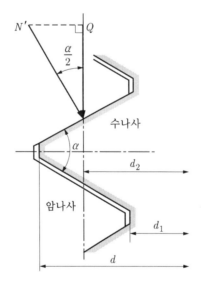

그림 15.27 사다리꼴나사의 마찰면 수직력

표 15.8 허용 접촉압력 p_a

재료		p_a (kg/mm^2)	
볼트	너트	체결용	전동용
연강	연강 또는 청동	3.0	1.0
경강	경강 또는 청동	4.0	1.3
강	주철	1.5	0.5

예제 15.4 그림 15.19와 같이 무게 $Q = 200\,\mathrm{kg}$의 하중을 받고 있는 아이볼트를 선정하고, 볼트와 체결되는 암나사부의 길이를 구하라. 단, 볼트와 너트는 같은 재질이며, 나사의 허용 인장응력 $\sigma_{ta} = 6\,\mathrm{kg/mm^2}$이다.

풀이 아이볼트의 골지름은 식 (15.23)에 의하여

$$d_1 = \sqrt{\frac{4Q}{\pi \sigma_{ta}}} = \sqrt{\frac{4 \times 200}{\pi \times 6}} = 6.515\,(\mathrm{mm})$$

이다. 체결용 나사이므로 표 15.1에서 미터 보통나사 M8 볼트의 골지름이 6.647 mm이므로 M8을 선정한다.

또한 굽힘강도면에서 암나사부의 길이를 식 (15.42)에 의하여 구하면

$$H = 0.6d = 0.6 \times 8 = 4.8\,(\mathrm{mm})$$

이다. 그런데 수나사와 암나사가 연강이고, 너트로 체결하는 경우에 KS에 의하여 너트높이 $H = d = 8\,\mathrm{mm}$로 정한다.

예제 15.5 바깥지름 $d = 38\,\mathrm{mm}$, 피치 $p = 10\,\mathrm{mm}$인 사각나사 잭(jack)에서 길이 $L = 300\,\mathrm{mm}$인 핸들을 돌려서 $Q = 3.5\,\mathrm{ton}$의 무게를 올리려고 할 때, 핸들에 가해야 하는 힘을 구하라. 또한 잭에서 나사봉의 안전여부를 검토하라. 단, 나사의 마찰계수 $\mu = 0.12$, 허용 전단응력 $\tau_a = 4.5\,\mathrm{kg/mm^2}$이다.

풀이 유효지름은 평균지름이므로

$$d_2 = \frac{d + d_1}{2} = \frac{38 + (38 - 10)}{2} = 33\,(\mathrm{mm})$$

식 (15.1)에 의하여

$$\tan\beta = \frac{p}{\pi d_2} = \frac{10}{\pi \times 33} = 0.0965$$

이므로 나선각은 $\beta = 5.51°$이고, 마찰계수 $\mu = \tan\rho = 0.12$이므로 마찰각은 $\rho = 6.84°$이다.

전달토크는 식 (15.8)에 의하여

$$T = Q\frac{d_2}{2}\tan(\beta + \rho) = 3500 \times \frac{33}{2} \times \tan(5.51° + 6.84°)$$
$$= 12644 \,(\text{kg} \cdot \text{mm})$$

이므로 핸들에 가하는 힘은

$$F = \frac{T}{L} = \frac{12644}{300} = 42.1 \,(\text{kg})$$

비틀림 모멘트에 의한 전단응력은 나사의 골지름 $d_1 = d - p = 38 - 10 = 28 \,(\text{mm})$이므로

$$\tau = \frac{16\,T}{\pi d_1^3} = \frac{16 \times 12644}{\pi \times 28^3} = 2.93 \,(\text{kg/mm}^2)$$

축방향 하중에 의한 압축응력은

$$\sigma_c = \frac{4Q}{\pi d_1^2} = \frac{4 \times 3500}{\pi \times 28^2} = 5.68 \,(\text{kg/mm}^2)$$

최대 전단응력은 식 (2.3b)에 의하여

$$\tau_{\max} = \sqrt{(\frac{\sigma_c}{2})^2 + \tau^2}$$
$$= \sqrt{(\frac{5.68}{2})^2 + 2.93^2} = 4.08 (\text{kg/mm}^2) < \tau_\text{a} = 4.5 \,\text{kg/mm}^2$$

이므로 나사봉은 안전하다.

[예제 15.6] 그림 15.28과 같이 브래킷(bracket)을 M24 볼트로 벽에 고정하였을 때, 이 브래킷에 작용할 수 있는 하중을 구하라. 단, 나사의 허용 전단응력 $\tau_a = 4\,\text{kg/mm}^2$이다.

풀이   우선 문제를 단순화하기 위하여 브래킷은 C점을 중심으로 회전하고, 브래킷을 강체라고 가정한다. 그러면 A와 B점의 볼트에는 인장력과 전단력이 작용하고, C점의 볼트에는 전단력만 작용한다.

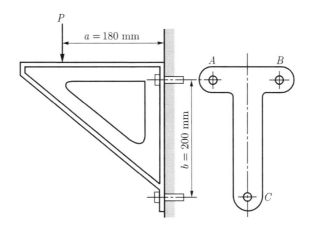

그림 15.28 볼트로 고정된 브래킷

각 볼트에 작용하는 전단력은 동일하므로 볼트에 발생하는 전단응력은 다음과 같다.

$$\tau = \frac{4P}{3\pi d_1^2}$$

A, B점의 볼트에 작용하는 인장력 F는 C점에 관한 모멘트의 평형에 의하여 다음과 같이 구할 수 있다.

$$F = \frac{Pa}{2b}$$

이 인장력 F에 의하여 볼트에 발생하는 인장응력은 다음과 같다.

$$\sigma_t = \frac{2Pa}{\pi d_1^2 b}$$

최대 전단응력을 구하기 위해 식 (2.3b)에 앞에서 구한 인장응력과 전단응력의 식을 대입하면

$$\tau_{\max} = \sqrt{(\frac{\sigma_t}{2})^2 + \tau^2}$$

$$= \sqrt{\left(\frac{Pa}{\pi d_1^2 b}\right)^2 + \left(\frac{4P}{3\pi d_1^2}\right)^2} = \frac{P}{\pi d_1^2}\sqrt{\frac{a^2}{b^2} + \frac{16}{9}}$$

$$= \frac{P}{\pi \times 20.752^2}\sqrt{\frac{180^2}{200^2} + \frac{16}{9}} = \frac{P}{840} \leq \tau_a$$

이다. 그러므로 브래킷에 작용할 수 있는 하중 P는 다음과 같다.

$$P = 840\,\tau_a = 840 \times 4 = 3360\ (\text{kg})$$

그림 15.21과 같이 내부에 $p = 0.1\ \mathrm{kg/mm^2}$의 압력이 작용하는 고압용기 덮개를 M20 볼트 12개로 체결하였다. 볼트의 초기 체결력은 내부 작용력의 1.4배이고, 개스킷의 안지름 $D_i = 200\ \mathrm{mm}$, 바깥지름 $D_0 = 250\ \mathrm{mm}$ 이다. 볼트의 변형량과 중간재의 변형량의 비 $\delta_b/\delta_c = 2$일 경우에 볼트에 작용하는 최대응력을 구하고, 플랜지의 기밀이 유지되는지를 검토하라.

풀이 내압에 의하여 작용하는 힘 P는

$$P = \frac{\pi D_i^2 p}{4} = \frac{\pi \times 200^2 \times 0.1}{4} = 3140\ (\mathrm{kg})$$

초기 체결력 P_0는

$$P_0 = 1.4P = 1.4 \times 3140 = 4396\ (\mathrm{kg})$$

볼트에 작용하는 최종 인장력 Q는 식 (15.34)에 의하여

$$Q = P_0 + P\left(\frac{\delta_c}{\delta_b + \delta_c}\right) = 4396 + 3140 \times \frac{1}{3} = 5443\ (\mathrm{kg})$$

볼트에 작용하는 최대 인장응력은

$$\sigma_t = \frac{4Q}{\pi d_1^2 Z} = \frac{4 \times 5443}{\pi \times 17.294^2 \times 12} = 1.93\ (\mathrm{kg/mm^2})$$

개스킷에 작용하는 최종 압축력 P_3는 식 (15.33b)에 의하여

$$P_3 = P_0 - \frac{\delta_b(Q - P_0)}{\delta_c} = 4396 - 2 \times (5443 - 4396) = 2302\ (\mathrm{kg})$$

개스킷에 작용하는 최종 압축응력은

$$\sigma_g = \frac{4P_3}{\pi(D_o^2 - D_i^2)} = \frac{4 \times 2302}{\pi \times (250^2 - 200^2)} = 0.13\ (\mathrm{kg/mm^2}) > p = 0.1\ \mathrm{kg/mm^2}$$

이므로 플랜지는 기밀이 유지된다.

15장 연습문제

15.1 그림 15.20과 같은 스크류잭이 TM28 나사로 만들어져 있고, 이 잭을 이용하여 하중 1000 kg을 들어 올리려 할 때, 길이 280 mm인 핸들에 가해야 하는 힘과 나사의 효율을 구하라. 또한 암나사부의 길이를 구하라. 단, 나사의 마찰계수는 0.2이고, 스크류잭의 나사봉은 연강이고, 몸체는 주철이다.

15.2 자동차의 구조물에 미터 보통나사 M36을 사용하여 두 부재를 체결하였다. 설계자는 정지 마찰계수 0.15를 기준으로 나사의 자립 상태를 만족하도록 설계했으므로 두 부재의 체결에 문제가 없다고 주장한다. 그러나 자동차 운행 중에 나사풀림현상이 발생한다고 보고되고 있다. 그 이유를 설명하고, 방지대책을 강구하라.

15.3 M20의 볼트와 체결된 너트를 스패너로 강하게 조여서 볼트에 800 kg의 인장력이 작용할 때, 길이 200 mm인 스패너에 작용하는 힘을 구하라. 또한 볼트의 안전여부를 검토하라. 단, 나사의 마찰계수는 0.1, 너트 밑면의 마찰계수는 0.15, 허용 전단응력은 4 kg/mm^2이다.

15.4 그림 15.29와 같은 주강제 압력용기의 덮개가 M24 강재 볼트 12개로 체결되어 있고, 초기 체결력은 추가 작용력의 1.4배이다. 이 압력용기의 내부에 0.12 kg/mm^2의 압력이 가해지는 경우에 볼트의 안전여부와 기밀이 유지되는지를 검토하라. 단, 개스킷의 종탄성계수는 8400 kg/mm^2이고, 강재 볼트와 고압용기의 종탄성계수는 21000 kg/mm^2, 볼트의 허용 인장응력은 6 kg/mm^2, 개스킷의 바깥지름은 270 mm, 안지름은 250 mm이다. 그림에서 치수의 단위는 mm이다.

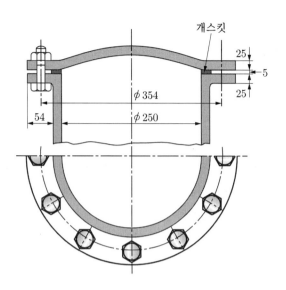

개스킷

$\phi\,354$

$\phi\,250$

54

25

5

25

그림 15.29 고압용기의 덮개 체결

15.5 그림 15.19와 같은 아이볼트로 4000 kg의 중량물을 들어 올릴 때, 아이볼트의 지름과 암나사부의 길이를 구하라. 단, 수나사와 암나사는 같은 재질이고, 허용 인장응력은 $6\,kg/mm^2$이다.

15.6 바깥지름 50 mm, 피치 5 mm, 2.5회전으로 25 mm를 전진시키는 4각 나사에서 너트를 스패너로 돌려서 물체를 끌어올리려고 한다. 핸들길이 100 mm인 스패너에 20 kg의 힘을 가하여 너트를 돌린다면, 끌어 올릴 수 있는 물체의 하중과 나사의 효율을 구하라. 단, 나사의 마찰계수는 0.2이다.

15.7 그림 15.30과 같이 하중 1200 kg이 작용하는 브래킷(bracket)을 M20 볼트 세 개로 벽에 고정하였을 때, 볼트의 안전여부를 검토하라. 단, 나사의 허용 전단응력은 $4\,kg/mm^2$이다.

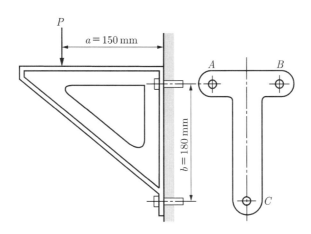

그림 15.30   세 개의 볼트로 고정된 브래킷

15.8 40 ton 프레스에서 사각나사의 볼트 바깥지름 120 mm, 골지름 100 mm, 피치 22 mm 라 할 때, 나사의 안전여부를 검토하라. 단, 나사의 마찰계수는 0.1, 허용 전단응력은 4 kg/mm²이다.

리벳

16.1 리벳이음의 개요

리벳이음은 결합하려는 강판에 먼저 구멍을 뚫고 리벳을 넣어 머리를 만들어 접합시키는 반영구적인 이음이다. 리벳이음의 특징은 구조가 간단하고 현지조립이 용이한 장점이 있는 반면에, 리벳 결합 시에 인장응력이 발생하므로 리벳의 축방향 하중에 매우 약하다. 따라서, 축방향 하중이 걸리는 구조에는 적당하지 않고, 기밀유지가 어려운 단점이 있다.

리베팅(riveting) 작업은 그림 16.1과 같이 리벳을 철판에 뚫린 구멍에 넣고 머리를 만들어 두 강판을 결합시키는 작업이다. 이는 상온에서 시행하는 냉간 리베팅 작업과 가열해서 시행하는 열간 리베팅 작업이 있다. 냉간 리베팅 작업에서는 작업 완료 후에 리벳의 수축이 없으므로 판을 죄는 힘이 없으나, 열간 리베팅 작업은 강리벳을 높은 온도로 가열해서 성형하므로 작업 완료 후에 냉각에 의한 리벳의 수축에 의하여 판을 죄는 힘이 생겨 기밀의 효과를 얻을 수 있다. 그러나 기밀의 신뢰성을 높이기 위해서는 그림 16.2와 같이 리베팅하고 코킹(caulking)이나 풀러링(fullering) 작업을 별도로 시행한다. 코킹은 리벳 둘레와 강판의 가장자리를 정 같은 공구로 때리는 것이고 풀러링은 기밀을 더 좋게 하기 위하여 강판과 같은 두께의 공구로 때려 붙이는 것이다. 리벳의 모양과 치수는 KS로 규격화되어 있으므로 이 규격을 참고하여 설계해야 한다.

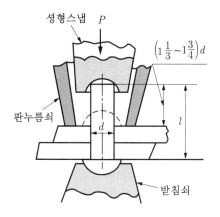

그림 16.1 리베팅 작업

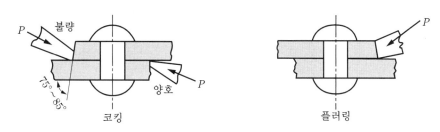

그림 16.2 코킹과 플러링

16.2 리벳이음의 강도 및 효율

16.2.1 리벳이음의 강도

(1) 리벳의 전단강도

판재가 리벳으로 결합된 경우 리벳 축에 수직한 방향으로 판재에 인장력이 작용하면, 판재 사이의 마찰력과 리벳의 전단력이 발생하여 힘의 평형을 이루게 된다. 그런데 판재 사이의 마찰력과 리벳을 조여서 발생하는 인장력의 크기를 알기가 어려우므로 판재 사이의 마찰력은 무시하고 리벳의 전단력이 판재의 인장력과 평형을 이룬다고 가정한다.

실제로 리벳이음의 경우 판재에서 미끄럼이 발생하여도 압력용기나 보일러 등의 파괴로 이어지지는 않는다. 리벳의 전단파괴가 가장 중요한 강도해석의 관점이므로 리벳이음을 설계할 경우에는 리벳의 허용 전단응력을 기준으로 하면 된다. 겹치기 이음이나 한쪽 덮개판 이음과 같이 리벳의 전단면이 하나인 경우 마찰저항을 감안한 전단저항 P는 다음 식과 같다.

$$P = \frac{\pi}{4} d^2 \tau_a \tag{16.1}$$

여기서, d는 리벳의 지름, τ_a는 허용 전단응력이다. 보통 강철재의 리벳은 $\tau_a = 6 \sim 7$ kg/mm²의 값을 가진다.

한편 양쪽 덮개판 이음과 같이 리벳의 전단면이 여러 개인 경우, 예를 들면 1열 리벳이음에서는 1개의 리벳에 2개의 전단면이 생긴다. 이때는 경험적으로 다음 식처럼 단면적을 2배로 계산하지 않고 1.8배로 취한다.

$$P = 1.8 \frac{\pi}{4} d^2 \tau_a \tag{16.2}$$

그리고 다수열 리벳의 경우 바깥쪽과 안쪽의 리벳에 작용하는 힘이 다르게 되므로 균일하게 취급할 수 없다. 하중의 분포 상태는 표 16.1과 같고 3열 이상에는 가장 바깥쪽의 리벳은 평균하중보다 10~15 %의 과부하를 받는 것이 보통이다. 따라서 리벳 1피치당 강도는

표 16.1 다수열 리벳의 하중분포 상태

리벳번호 / 리벳열수 z	리벳의 하중분포 비율						맨 바깥쪽 리벳 하중의 평균치 초과 비율 %	응력에 대한 평균화 계수 α_z
	1	2	3	4	5	6		
2	0.5	0.5					0	1.0
3	0.368	0.264	0.368				11	0.9
4	0.307	0.193	0.193	0.307			23	0.8
5	0.272	0.163	0.130	0.163	0.272		36	0.75
6	0.247	0.147	0.106	0.106	0.147	0.247	48	0.7

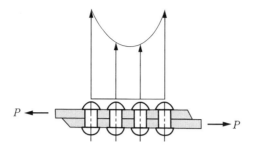

그림 16.3 리벳이음에서 리벳의 하중분포

$$P = \alpha_z z \tau_a \frac{\pi}{4} d^2 \tag{16.3}$$

여기서, z : 리벳의 열수

$\quad \alpha_z$: 열수에 의한 부하평균화 계수

    그림 16.3은 두께가 같은 판재를 2열로 리벳이음했을 경우 하중분포를 나타낸다. 설계할 때는 식 (16.3)과 같이 α_z의 값을 생각하여 계산하고, 맨 바깥쪽 리벳이 파괴되지 않는 조건으로 하여야 한다. 안쪽 리벳은 바깥쪽 리벳보다 하중을 작게 받지만 동일 지름의 리벳으로 설계하는 것이 좋다. 그러므로 열수를 너무 많게 하는 것은 경제적이지 못하므로 최대 3열이나 4열까지만 허용하는 편이 좋다.

(2) 리벳이음의 파손형태

    리벳이음에서 리벳의 축선에 직각으로 인장력이 작용하는 경우, 그 파손 형태는 그림 16.4에 나타낸 것과 같이 다섯 가지가 고려된다.

  1) 리벳이 전단되는 경우

  2) 리벳구멍 부분에서 압축으로 강판이 찌그러진 경우

  3) 리벳구멍 사이의 강판이 끊어지는 경우

  4) 강판의 가장자리가 갈라지는 경우

  5) 강판의 가장자리가 전단되는 경우

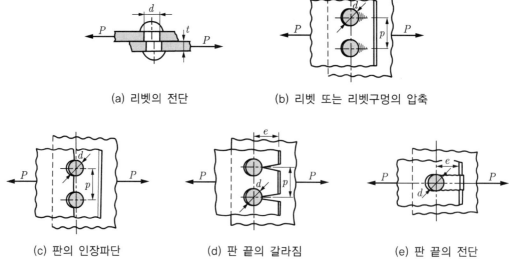

(a) 리벳의 전단   (b) 리벳 또는 리벳구멍의 압축

(c) 판의 인장파단   (d) 판 끝의 갈라짐   (e) 판 끝의 전단

그림 16.4 리벳이음의 파손형태

    리벳이음에서 판의 인장하중(리벳이음의 전달하중)을 P, 리벳의 피치를 p, 리벳의 중심에서 강판의 가장자리까지 거리를 e, 강판의 두께를 t, 리벳지름 또는 구멍지름을 d, 리벳의 전단응력을 τ_r, 강판의 전단응력을 τ_p, 강판의 인장응력을 σ_t, 리벳 또는 강판의 압축응력을 σ_c라 하고, 각 파손형태에서 한 피치 사이의 저항력, 즉 리벳이음의 전달하중을 계산하고자 한다.

    그림 16.4(a)와 같이 리벳이 전단되는 경우, 전달하중 P는

$$P = \frac{\pi}{4} d^2 \tau_r \tag{16.4}$$

그림 16.4(b)와 같이 리벳구멍 부분에서 압축으로 강판이 찌그러진 경우, 전달하중 P는

$$P = d t \sigma_c \tag{16.5}$$

그림 16.4(c)와 같이 리벳구멍 사이의 강판이 끊어지는 경우, 전달하중 P는

$$P = (p - d) t \sigma_t \tag{16.6}$$

그림 16.4(d)와 같이 강판의 가장자리가 갈라지는 경우, 이때는 리벳의 지름과 같은 길이의 판재의 중앙에 P의 집중하중을 받아 판재가 굽는다고 생각할 수 있다. 따라서

굽힘 모멘트 M에 의하여 발생하는 응력을 σ_b, 굽혀서 갈라지는 부분의 판재의 단면계수 $Z = \dfrac{1}{6} \left(e - \dfrac{d}{2} \right)^2 t$라 하면

$$M = \frac{1}{8} P d = \sigma_b Z = \sigma_b \frac{1}{6} \left(e - \frac{d}{2} \right)^2 t$$

이므로

$$P = \frac{1}{3d} (2e - d)^2 t \sigma_b \tag{16.7}$$

그림 16.4(e)와 같이 강판의 가장자리가 전단되는 경우, 전달하중 P는

$$P = 2 e t \tau_p \tag{16.8}$$

(3) 리벳이음의 설계

앞에서 설명한 리벳이음에서 다섯 가지의 파손이 전혀 일어나지 않도록 하기 위해서 각 경우의 저항력이 모두 같은 값을 갖도록 각 부의 치수를 설계하여야 한다. 그러나 실제설계에서는 이것을 모두 만족시킬 수는 없으므로 리벳의 전단저항력식 (16.4)와 강판의 파손저항력식 (16.5)~(16.8) 중 하나가 같다고 가정하여 리벳이음에 필요한 치수를 결정한다. 리벳이음에서 구해야 할 치수는 판재의 두께 t를 알 경우, 리벳의 지름 d, 피치 p와 리벳의 중심에서 판 가장자리까지의 거리 e이다.

우선 리벳의 전단저항력식 (16.4)와 강판의 압축저항력식 (16.5)가 같다고 하면

$$\frac{\pi}{4} d^2 \tau_r = d t \sigma_c$$

이므로 리벳의 지름은

$$d = \frac{4 t \sigma_c}{\pi \tau_r} \tag{16.9}$$

이때 최대 전단응력 이론에 의하여 $\dfrac{\sigma_c}{2} = \tau_r$이라면, 리벳의 지름 $d = 2.55t$이다.

그리고 리벳의 전단저항력식 (16.4)를 강판의 인장저항력식 (16.6)과 같게 하면

$$\frac{\pi}{4} d^2 \tau_r = (p - d) t \sigma_t$$

이므로 리벳의 피치는

$$p = d + \frac{\pi d^2 \tau_r}{4 t \sigma_t} \qquad (16.10)$$

σ_t와 τ_r에 적당한 값을 취할 수 있으므로 위 식에서 d와 t의 값에 대하여 리벳의 피치 p를 계산할 수 있다. 만일 $\tau_r = 0.85\sigma_t$, $t = d/2$라 하면, $p = 2.34d$이다. 한 줄 맞대기 이음이 아닌 경우에는 한 피치 사이에 있는 리벳의 전단면의 수를 n이라고 하면

$$p = d + \frac{\pi d^2 n \tau_r}{4 t \sigma_t} \qquad (16.11)$$

이고, 강판 3장을 졸라맬 때는 리벳 1개에 대하여 전단면이 2개이므로 $n = 2$로 해야 하나, 안전하게 하기 위하여 $n = 1.75 \sim 1.875$로 한다.

리벳의 전단저항력식 (16.4)를 강판의 굽힘저항력식 (16.7)과 같게 하면

$$\frac{\pi}{4} d^2 \tau_r = \frac{t (2e - d)^2 \sigma_b}{3 d}$$

이므로 리벳의 중심에서 판 가장자리까지의 거리는

$$e = \frac{1}{2} \left[d + \sqrt{\frac{3 \pi d^3 \tau_r}{4 t \sigma_b}} \right] \qquad (16.12)$$

이때 $\sigma_b = \sigma_t$이고, $\tau_r = 0.85\sigma_t$라면, $e = 1.5d$이다.

끝으로 리벳의 전단저항력식 (16.4)를 강판 가장자리의 전단저항력식 (16.8)과 같게 하면

$$\frac{\pi}{4} d^2 \tau_r = 2 t e \tau_p$$

이므로

$$e = \frac{\pi d^2 \tau_r}{8 t \tau_p} \qquad (16.13)$$

이때 $t = d/2$이고, $\tau_r = \tau_p$라면, $e = 0.785d$이다. 이 값은 식 (16.12)에서 구한 값보다 작으므로 이 값을 취하면 판의 가장자리가 굽힘에 의하여 갈라질 것이다. 따라서 e값의 계산은 안전한 식 (16.12)를 사용하는 것이 좋다. 실제 리벳이음 설계에서는 앞의 이론 식을 바탕으로 한 경험치를 사용한다. 표 16.2는 보일러 리벳이음의 경험치를 나타낸다.

표 16.2　보일러 리벳이음의 경험치 （단위: mm）

이음형식	d	p	e	그림
1열 겹치기	$\sqrt{50t}-4=t+8$	$2d+8$	$1.5d$	
2열 겹치기	$t+(7\sim8)$	$2.6d+15$	$1.5d$	
2열 양쪽 덮개판 맞대기	$t+(5\sim6)$	$3.5d+15$	$1.5d$	

16.2.2　리벳이음의 효율

리벳이음한 강판의 하중 전달능력을 리벳이음의 효율로 나타낸다. 리벳이음의 효율은 이음의 종류에 따라 조금 다르지만 다음 세 가지로 나눠진다.

(1) 판의 효율 : η_p

$$\eta_p = \frac{\text{구멍 뚫린 판의 인장저항력}}{\text{구멍 없는 판의 인장저항력}} \tag{16.14}$$

(2) 리벳의 효율 : η_r

$$\eta_r = \frac{\text{리벳의 전단저항력}}{\text{구멍없는 판의 인장저항력}} \tag{16.15}$$

(3) 연합 효율 : η_c

연합효율은 2열 이상의 리벳이음에서 바깥쪽 리벳이 전단되고, 안쪽 판이 인장에 의하여 끊어지는 경우이다.

$$\eta_c = \frac{\text{바깥 리벳의 전단저항력 + 안쪽판의 인장파단력}}{\text{구멍없는 판의 인장저항력}} \tag{16.16}$$

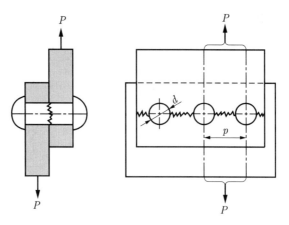

그림 16.5 1열 겹치기 이음

위의 세 가지 효율 중에서 가장 작은 값을 그 리벳이음의 효율로 정한다. 실제 리벳이음에서 효율을 살펴보면, 그림 16.5와 같은 1열 겹치기이음에서는

판의 효율 $\quad \eta_p = \dfrac{(p-d)\,t\,\sigma_t}{p\,t\,\sigma_t} = \dfrac{p-d}{p}$

리벳의 효율 $\quad \eta_r = \dfrac{\dfrac{\pi d^2 \tau_r}{4}}{p\,t\,\sigma_t}$

이다.

그림 16.6과 같은 2열 양쪽 덮개판 맞대기 이음에서 효율은 다음과 같다.

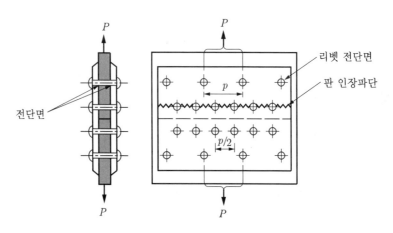

그림 16.6 2열 양쪽 덮개판 맞대기 이음

판의 효율 $\qquad \eta_p = \dfrac{p-d}{p}$

리벳의 효율 $\qquad \eta_r = \dfrac{3 \times 1.8 \times \dfrac{\pi d^2 \tau_r}{4}}{p t \sigma_t}$

연합 효율 $\qquad \eta_c = \dfrac{p-2d}{p} + \dfrac{1.8 \times \dfrac{\pi d^2 \tau_r}{4}}{p t \sigma_t}$

16.3 보일러 및 구조용 리벳이음

16.3.1 보일러 동체의 리벳이음

보일러나 압력용기는 모두 강판을 원통형으로 말아서 리베팅을 한다. 그런데 보일러 동체의 길이가 강판 한 장의 길이보다 길기 때문에 그림 16.7과 같이 두, 세장을 연결하여야 한다. 또한 보일러 동체의 리벳이음은 길이방향 이음과 원주방향 이음 두 가지로 이뤄진다.

보일러 동체의 리벳이음 치수는 사용하는 판재의 두께를 알고 있다고 가정하여 앞에서 설명한 리벳이음 설계식에 근거한 표 16.2의 경험식을 사용한다. 동체에 사용되는 판재의 두께는 동체의 파손을 고려한 강도설계에 의하여 결정한다. 내부에서 압력을 받는 보일러 동체는 그림 16.8(a)와 같이 원주방향의 응력에 의하여 세로단면이 파손되

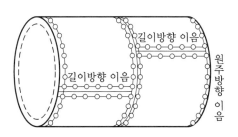

그림 16.7 보일러 동체의 리벳이음

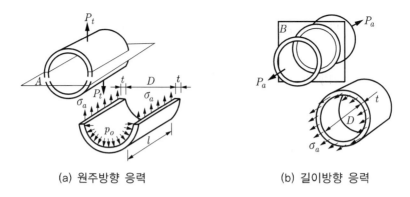

(a) 원주방향 응력   (b) 길이방향 응력

그림 16.8 보일러 동체에 발생하는 응력

거나 그림 16.8(b)와 같이 길이방향의 응력에 의하여 가로단면이 파손되는 경우를 생각할 수 있다.

(1) 원주방향의 응력

동체의 원주방향에서 발생하는 응력은 리벳의 길이방향 이음에 대한 저항력이다. 그림 16.8(a)를 참고하여 판재가 원주방향으로 받을 수 있는 인장응력을 계산하면 다음과 같다. 보일러 동체 내의 압력으로 인하여 동체에 발생하는 원주방향 인장력 P_t 는 내부압력에 투영면적을 곱한 것과 같다.

$$P_t = p_0 D l \tag{16.17}$$

여기서, p_0: 동체 내부압력

       D : 동체 안지름

       l : 동체의 길이

한편 내부압력에 대한 동체의 원주방향 저항력 P_t는 판재에 구멍이 없는 경우 판재의 허용 인장응력에 동체의 길이방향의 단면적을 곱한 것과 같다.

$$P_t = \sigma_a A = \sigma_a (2 t l) \tag{16.18}$$

여기서, σ_a: 판재의 허용 인장응력

       t : 판재의 두께

동체 내부압력에 의하여 발생하는 힘과 판재가 저항하는 힘은 평형을 이뤄야 하므로 원주방향의 인장응력은 다음 식과 같다.

$$\sigma_a = \frac{p_0 D}{2t} \tag{16.19}$$

판재의 허용 인장응력은 안전율을 S, 판재의 인장강도를 σ_t 라 하면, $\sigma_a = \dfrac{\sigma_t}{S}$ 이다. 또한 동체의 부식여유량 C 를 고려하면, 동체에 사용되는 판재의 두께 t 는

$$t = \frac{p_0 D S}{2\sigma_t} + C \tag{16.20}$$

일반적으로 부식여유량 C 는 $1\,\mathrm{mm}$ 정도로 잡는다.

앞에서 구한 동체 두께 식은 판재에 구멍이 없는 경우인데, 구멍 뚫린 판재는 힘을 받는 단면이 줄어든다. 그러므로 구멍의 면적을 제외한 판재의 면적으로 내부압력을 견딜 수 있도록 리벳이음의 효율 η 를 고려하여 판재의 두께를 다음 식으로 계산해야 한다.

$$t = \frac{p_0 D S}{2\sigma_t \eta} + C \tag{16.21}$$

리벳이음에 대하여 KS에서 다음과 같이 제한하고 있다.

1) 한쪽 덮개판 맞대기 이음은 사용하지 않는다.
2) $D < 1000\,\mathrm{mm}$ 이고, $p_0 < 0.07\,\mathrm{kg/mm^2}$ 인 경우에는 겹치기 이음을 사용해도 좋다.
3) $D > 1000\,\mathrm{mm}$ 인 경우에는 겹치기 이음을 사용하지 않는다.

(2) 길이방향의 응력

동체의 길이방향의 응력은 리벳의 원주방향 이음에서 발생하는 응력이고, 그림 16.8(b)를 참조하여 길이방향의 인장응력을 계산하면 다음과 같다.

동체 내의 압력이 동체에 가하는 길이방향 인장력 P_a 는 내부압력에 투영면적을 곱한 것과 같으므로

$$P_a = \frac{\pi D^2}{4} p_0 \qquad (16.22)$$

내부압력에 대한 동체의 길이방향 저항력 P_a는 판재의 허용 인장응력에 동체의 원주방향의 단면적을 곱한 것과 같으므로

$$P_a = \sigma_a (\pi D t) \qquad (16.23)$$

동체내부의 압력에 의하여 발생하는 힘과 판재가 저항하는 힘은 평형을 이뤄야 하므로 길이방향의 인장응력은 다음 식과 같다.

$$\sigma_a = \frac{\dfrac{\pi D^2}{4} p_0}{\pi D t} = \frac{p_0 D}{4 t} \qquad (16.24)$$

판재의 두께 t는 안전율 S를 고려하고, 부식여유량 C를 추가하면

$$t = \frac{p_0 D S}{4 \sigma_t} + C \qquad (16.25)$$

이다.

판재에 리벳구멍이 있는 경우는 구멍의 면적을 제외한 판재의 면적으로 압력을 견딜 수 있도록 판재효율을 고려하여 판재의 두께를 더 크게 조정한다.

$$t = \frac{p_0 D S}{4 \sigma_t \eta} + C \qquad (16.26)$$

위 식에서 알 수 있는 바와 같이 원주방향 인장응력이 길이방향 인장응력의 2배가 된다. 그러므로 동체에 사용되는 판재의 두께는 원주방향 인장응력(리벳의 길이방향 이음에 대한 강도)을 고려하여 정해야 한다.

[예제 16.1] 압력 $p_0 = 0.2\,\mathrm{kg/mm^2}$, 안지름 $D = 1200\,\mathrm{mm}$, 인장강도 $\sigma_t = 48\,\mathrm{kg/mm^2}$의 보일러가 있다. 세로이음은 양쪽 덮개판 2줄 지그재그형 맞대기 리벳이음, 원주이음은 1줄 겹치기 이음을 채택하였다고 할 때 강판의 두께와 리벳이음을 설계하여라. 단, 리벳이음 효율 $\eta = 80\,\%$, 안전율 $S = 4$, 부식여유량 $C = 1$이다.

풀이 효율 $\eta = 72\,\%$, 안전율 $S = 4$이므로 강판의 두께는 식 (16.21)에 의하여

$$t = \frac{p_0 DS}{2\sigma_t \eta} + C = \frac{0.2 \times 1200 \times 4}{2 \times 48 \times 0.8} + 1 = 13.5 \, (\mathrm{mm})$$

이므로 $t = 14\,\mathrm{mm}$로 정한다.

세로이음은 양쪽 덮개판 2줄 맞대기 이음이므로 표 16.2에서

$$d = t + 6 = 14 + 6 = 20 \, (\mathrm{mm})$$

$$p = 3.5d + 15 = 3.5 \times 20 + 15 = 85 \, (\mathrm{mm})$$

$$e = 1.5d = 1.5 \times 20 = 30 \, (\mathrm{mm})$$

원주이음은 1줄 겹치기 이음이므로 표 16.2에서

$$d = t + 8 = 14 + 8 = 22 \, (\mathrm{mm})$$

$$p = 2d + 8 = 2 \times 22 + 8 = 52 \, (\mathrm{mm})$$

$$e = 1.5d = 1.5 \times 22 = 33 \, (\mathrm{mm})$$

예제 16.2 안지름 $D = 1000\,\mathrm{mm}$, 압력 $p_0 = 0.1\,\mathrm{kg/mm^2}$의 보일러에서 길이이음을 설계하여라. 단, 강판의 인장강도 $\sigma_t = 45\,\mathrm{kg/mm^2}$이고, 리벳의 전단강도 $\tau_r = 35\,\mathrm{kg/mm^2}$, 안전율 $S = 5$, 효율 $\eta = 60\,\%$, 부식여유량 $C = 1$이다.

풀이 판재의 두께는 식 (16.21)에 의하여

$$t = \frac{p_0 DS}{2\sigma_t \eta} + C = \frac{0.1 \times 1000 \times 5}{2 \times 45 \times 0.6} + 1 = 10.26 \, (\mathrm{mm})$$

이므로 $t = 11\,\mathrm{mm}$로 정한다.

길이이음을 1줄 겹치기 이음으로 한다면, 리벳지름은 표 16.2에 의하여

$$d = \sqrt{50t} - 4 = \sqrt{50 \times 11} - 4 = 19.45 \, (\mathrm{mm})$$

이므로 $d = 20\,\mathrm{mm}$로 정한다. 또한 피치와 판 가장자리까지의 거리는

$$p = 2d + 8 = 2 \times 20 + 8 = 48 \, (\mathrm{mm})$$

$$e = 1.5d = 1.5 \times 20 = 30 \, (\mathrm{mm})$$

설계치수에 의한 리벳이음 효율은 식 (16.14)와 식 (16.15)에 의하여

$$강판효율 \ \eta_p = \frac{p - d}{p} = \frac{48 - 20}{48} = 0.583 = 58.3\,\%$$

$$\text{리벳효율} \quad \eta_r = \frac{\pi d^2 \tau_r}{4pt\sigma_t} = \frac{\pi \times 20^2 \times 35}{4 \times 48 \times 11 \times 45} = 0.463 = 46.3\%$$

그러므로 리벳이음의 효율은 작은 값인 46.3%를 선택한다.

16.3.2 구조용 리벳이음

철교, 기중기, 철근건축물 등은 형강, 평강, 강판 등을 적당히 리벳으로 이어서 만든다. 이러한 구조물은 리벳이음의 부분에서 리벳에 전단력만 작용하도록 각 부분을 배치하고, 굽힘이 일어나지 않도록 하는 것이 좋다. 구조물에 작용하는 힘으로는 자중, 작용하중, 풍압, 관성력 등을 생각할 수 있다. 설계에서는 작용하는 모든 힘에 대한 합력의 크기와 특성(정하중 혹은 동하중)을 고려하여야 한다. 그림 16.9와 같은 구조용 리벳은 기밀은 생각하지 않고 강도만을 고려하므로 보일러용 리벳의 치수보다 설계치수가 크다. 표 16.3은 구조용 리벳이음의 경험적인 설계치수를 나타낸다.

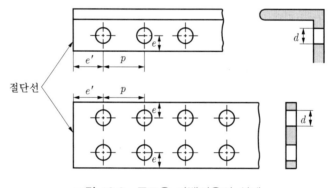

그림 16.9 구조용 리벳이음의 설계

표 16.3 구조용 리벳이음의 설계치수(경험치) (단위: mm)

두께 t	리벳지름 d	피치 p	e	e'
10 이하	14	40~100	22 이상	25 이상
	17	50~110	25 이상	28 이상
10~12.5	20.5	57~150	28 이상	32 이상
12.5~15	23.5	66~150	32 이상	38 이상

16.3.3 편심하중을 받는 구조용 리벳

그림 16.10과 같이 n개의 리벳이 리벳이음의 도심 O로부터 e만큼 떨어진 곳에서 편심하중 P를 받고 있을 때, 편심하중에 의한 모멘트로 인하여 리벳들은 리벳이음의 도심 O를 중심으로 회전한다고 가정한다. 이때 각 리벳에는 하중에 의한 직접 전단력과 회전 모멘트에 의한 간접 전단력을 받는다.

(1) 하중에 의한 직접 전단력

편심하중 P에 의하여 각 리벳은 같은 크기와 방향인 직접 전단력을 받는다. 리벳 한 개가 직접 전단력에 의해 받는 힘 F_d는 다음과 같다.

$$F_d = \frac{P}{n} \tag{16.27}$$

여기서, n은 리벳의 개수이다.

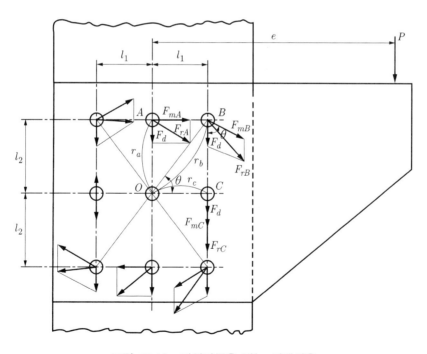

그림 16.10 편심하중을 받는 리벳이음

(2) 회전 모멘트에 의한 간접 전단력

편심하중 P에 의하여 리벳이음의 도심 O에 대한 회전 모멘트 $P \cdot e$는 간접 전단력 F_{mi}에 의한 저항 모멘트와 평형을 이루므로 다음과 같은 관계가 성립해야 한다.

$$P \cdot e = \sum F_{mi} \cdot r_i \tag{16.28}$$

여기서, r_i : 리벳이음의 도심 O에서 각 리벳 중심까지의 거리

F_{mi} : 회전 모멘트에 의해 발생한 각 리벳의 전단력

편심하중에 의해 생긴 모멘트로 인하여 리벳에 발생되는 전단력의 크기는 중심으로 부터의 거리에 비례하고, 전단력의 방향은 리벳이음의 도심에서 리벳의 중심을 잇는 선에 수직한 방향이다.

그러므로 간접 전단력과 리벳이음의 도심에서 리벳 중심까지의 거리의 비례상수 K 는 다음과 같다.

$$K = \frac{F_{m1}}{r_1} = \frac{F_{m2}}{r_2} = \cdots = \frac{F_{mi}}{r_i} \tag{16.29}$$

식 (16.29)를 식 (16.28)에 대입하고 K에 대하여 정리하면 다음과 같다.

$$K = \frac{P \cdot e}{\displaystyle\sum_{i=1}^{n} r_i^2} \tag{16.30}$$

한편, 리벳이음에서 도심의 위치는 다음 식에 따라 구한다.

$$\overline{y} = \frac{\displaystyle\sum_{i=1}^{n} y_i}{n} \tag{16.31}$$

여기서, y_i: 기준점에서 리벳의 중심까지의 거리

n : 리벳의 개수

(3) 합성 전단력

각 리벳에서 직접 전단력 F_{di}와 간접 전단력 F_{mi}을 벡터 합성하여야 한다. 그림 16.11과 같이 F_{di}와 F_{mi}의 사잇각이 θ_i라 하면, 합성 전단력 F_{ri}은

$$F_{ri} = \sqrt{F_{di}^2 + F_{mi}^2 + 2F_{di}F_{mi}\cos\theta_i} \tag{16.32}$$

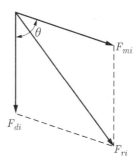

그림 16.11 전단력의 합성

(4) 최대 전단응력

각 리벳에 작용하는 합성 전단력 F_r 중에서 가장 큰 값을 택하여 최대 전단응력 $\tau_{\max}$를 구하고, 이 최대 전단응력이 허용 전단응력 τ_a보다 작도록 리벳지름 d를 정해야 한다. 즉,

$$\tau_{\max} = \frac{4(F_{ri})_{\max}}{\pi d^2} \le \tau_a \tag{16.33}$$

이므로 리벳지름 d는

$$d \ge \sqrt{\frac{4(F_{ri})_{\max}}{\pi \tau_a}} \tag{16.34}$$

이다.

[예제 16.3] 그림 16.12와 같이 편심하중 $P = 1500\,\mathrm{kg}$을 받는 리벳이음에서 리벳의 안전여부를 검토하라. 단, 리벳의 허용 전단응력 $\tau_a = 7\,\mathrm{kg/mm^2}$, 리벳지름 $d = 20\,\mathrm{mm}$이다. 치수의 단위는 mm이다.

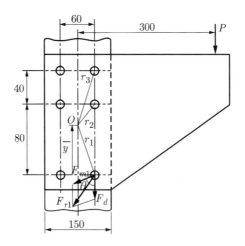

그림 16.12 편심하중을 받는 리벳이음 구조물

풀이 하중에 의한 직접 전단력은

$$F_d = \frac{P}{n} = \frac{1500}{6} = 250 \,(\mathrm{kg})$$

도심의 위치는 식 (16.31)에 의하여

$$\overline{y} = \frac{\sum_{i=1}^{n} y_i}{n} = \frac{2 \times (80+40) + 2 \times 80}{6} = 66.7 \,(\mathrm{mm})$$

이고, 각 리벳에서 도심까지의 거리는

$$r_1 = \sqrt{30^2 + 66.7^2} = 73.1 \,(\mathrm{mm})$$

$$r_2 = \sqrt{30^2 + 13.3^2} = 32.8 \,(\mathrm{mm})$$

$$r_3 = \sqrt{30^2 + 53.3^2} = 61.2 \,(\mathrm{mm})$$

비례상수 K는 식 (16.30)에 의하여

$$K = \frac{Pe}{2(r_1^2 + r_2^2 + r_3^2)} = \frac{1500 \times 300}{2(73.1^2 + 32.8^2 + 61.2^2)} = 22.1 \,(\mathrm{kg/mm})$$

직접 전단력과 간접 전단력이 이루는 각은

$$\theta_1 = \tan^{-1}\left(\frac{66.7}{30}\right) = 65.8°, \quad \theta_2 = \tan^{-1}\left(\frac{13.3}{30}\right) = 23.9°, \quad \theta_3 = \tan^{-1}\left(\frac{53.3}{30}\right) = 60.6°$$

간접 전단력은 식 (16.29)에 의하여

$$F_{m1} = Kr_1 = 22.1 \times 73.1 = 1616\,(\mathrm{kg})$$

$$F_{m2} = Kr_2 = 22.1 \times 32.8 = 725\,(\mathrm{kg})$$

$$F_{m3} = Kr_3 = 22.1 \times 61.2 = 1353\,(\mathrm{kg})$$

합성 전단력은 식 (16.32)에 의하여

$$F_{ri} = \sqrt{F_{di}^2 + F_{mi}^2 + 2F_{di}\,F_{mi}\cos\theta_i}$$

이므로 각 리벳의 합성 전단력은

$$F_{r_1} = \sqrt{250^2 + 1616^2 + 2 \times 250 \times 1616 \times \cos 65.8°} = 1734\,(\mathrm{kg})$$

$$F_{r_2} = \sqrt{250^2 + 725^2 + 2 \times 250 \times 725 \times \cos 23.9°} = 959\,(\mathrm{kg})$$

$$F_{r_3} = \sqrt{250^2 + 1353^2 + 2 \times 250 \times 1353 \times \cos 60.6°} = 1492\,(\mathrm{kg})$$

위 합성 전단력 중에서 F_{r_1}이 제일 크므로 최대 전단응력은 식 (16.33)에 의하여

$$\tau_{\max} = \frac{4\,F_{r_1}}{\pi d^2} = \frac{4 \times 1734}{\pi \times 20^2} = 5.52\,(\mathrm{kg/mm^2}) < \tau_a = 7\mathrm{kg/mm^2}$$

이므로 리벳이음에서 리벳은 안전하다.

16장 연습문제

16.1 두께 14 mm의 판을 지름이 20 mm인 리벳으로 한쪽 덮개판 1열 맞대기 이음을 할 때 피치를 구하라. 단, 판의 허용 인장응력은 10 kg/mm²이고 리벳의 허용 전단응력은 7 kg/mm²이다.

16.2 판두께가 10 mm이고, 리벳의 지름이 16 mm, 피치가 38 mm인 1열 겹치기 이음에서 1피치당 하중을 1.5 ton으로 하면 판에 생기는 인장응력, 리벳의 전단응력과 리벳이음의 효율을 구하라.

16.3 리벳지름 15 mm, 피치 45 mm, 판두께 10 mm인 한쪽 덮개판 1열 맞대기이음의 효율을 구하라. 단, 리벳의 전단강도는 판의 인장강도의 85 %이다.

16.4 두께 14 mm, 안지름 1800 mm인 원통형의 압력용기를 지름 19 mm인 리벳으로 양쪽 덮개판 2열 맞대기 이음을 할 때, 리벳이음의 효율과 허용내부 압력을 구하라. 단, 리벳의 허용 전단응력은 7 kg/mm², 판재의 허용 인장응력 12 kg/mm²이다. 또한, 부식을 고려한 여유두께는 1 mm이고, 안전율은 1로 한다.

16.5 그림 16.13과 같이 겹치기 리벳이음에서 편심하중 $P = 1200$ kg이 작용할 때, 사용할 수 있는 리벳지름을 구하라. 단, 그림 16.13에서 치수의 단위는 mm이고, 리벳의 허용 전단응력 6 kg/mm²이다.

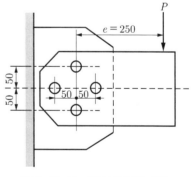

그림 16.13 편심하중을 받는 리벳이음 구조물

Chapter 17

용접

17.1 용접의 개요

17.1.1 용접의 특징

금속제품을 결합시키는 방법으로는 볼트와 너트를 이용한 나사결합, 금속의 소성변형을 이용한 리벳이음과 금속을 녹여서 붙이는 용접이 있다. 이들 중 나사결합은 임시적인 결합이고, 리벳이음과 용접은 반영구적인 이음이므로 리벳과 용접을 비교해 보자. 리벳이음은 제품의 중량 및 가공 원가의 증가, 설계상의 제약 등이 문제가 되며, 용접은 열영향부의 결정조직의 변화에 따라 기계적인 강도가 떨어지는 것이 큰 문제점이다. 용접의 경우에 열영향부의 문제점을 극복한다면, 리벳이음에 비해서 다음과 같은 장점을 갖고 있다.

- 사용되는 판의 두께에 제한을 받지 않는다.
- 리벳이음의 효율이 60~80 %이지만, 용접의 이음효율은 90~100 %로 신뢰성이 높다.
- 리벳이음과 같이 구멍을 뚫거나 기밀처리를 하지 않으므로 생산시간의 단축과 생산 원가를 절감시킬 수 있다.
- 구조물 전체의 중량을 경감시킬 수 있고, 공장 자동화가 가능하다.

최근 용접기술의 발달로 열영향부의 강도저하 문제가 해결되어서 기계요소의 반영구적인 이음방법으로 리벳을 대신하여 용접이 많이 쓰이고 있다.

17.1.2 용접의 종류

표 7.1 용접법의 분류

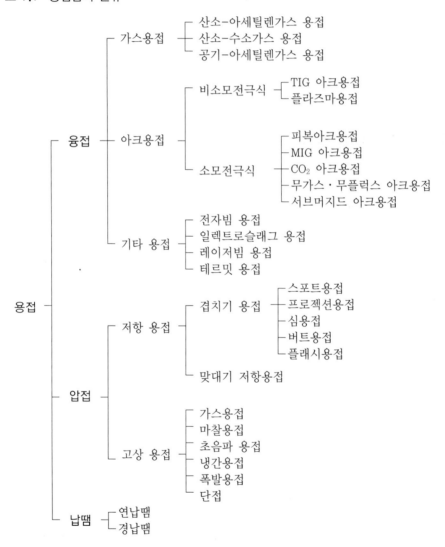

용접의 종류를 나누는 방법 중에서 대표적인 것이 표 17.1과 같이 용접할 때의 금속의 상태(고체 또는 액체), 가하는 압력의 유무에 따라 융접(fusion welding), 압접(pressure welding)과 납땜(brazing 혹은 soldering)으로 분류한다.

세 가지 용접의 특징을 살펴보면 다음과 같다.

용접은 접합재료인 모재의 접합부를 용융상태로 가열하여 모재와 용가재가 융합되도록 한 용접이다. 용가재로 쓰이는 접합재료로는 모재와 같은 재료 또는 유사한 재료를 사용한다. 용접부의 열팽창 및 수축과정에서 변형과 잔류응력이 발생한다.

압접은 모재의 접합부를 고체 상태에서 압력을 가하여 접합하거나, 접합부를 반용융 상태로 가열한 후에 압력을 가하여 접합하는 방법이다.

납땜은 모재를 용융시키지 않고 융점이 낮은 금속을 첨가재로 사용하여 접합시키는 방법이다.

17.1.3 용접부의 종류

용접은 접합할 금속에 열을 가하여 이음을 하는 방법이므로 가해진 열에 의해 접합금속이 영향을 받게 된다. 용접부는 그림 17.1과 같이 용착부, 열영향부와 모재로 나눌수 있다. 용착부는 용융된 금속이 응고된 부분으로 주조 조직을 나타내며, 모재와 구별되므로 이 부분을 용착금속이라고도 한다. 용착금속과 모재와의 경계부분에서는 용접열에 의하여 용융되지는 않지만 금속조직과 기계적 성질이 변화하므로 이 경계부분을열영향부라 한다. 용착부에서 치수보다 많이 덧붙여진 부분을 덧붙임이라 한다.

용접부의 종류는 용접의 종류에 따라 다양하게 세분할 수 있다. 그런데 대표적인 용접 방법인 아크 및 가스용접에서는 홈용접(groove welding), 필렛용접(fillet welding)과 플러그용접(plug welding)으로 나눌 수 있다.

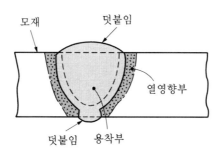

그림 17.1 용접부의 구성

(1) 홈용접

홈용접은 그림 17.2(a)와 같이 접합할 모재 사이에 홈(groove) 부분을 만들고, 이 홈에 용착금속을 채운 용접이다. 홈의 형상은 용접하기 쉽고 경제적인 홈이 되어야 하며, 홈의 형상 및 명칭은 그림 17.2(b)와 같다.

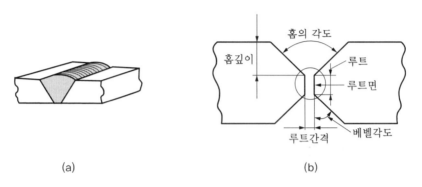

(a)   (b)

그림 17.2 홈용접

(2) 필렛용접

필렛용접은 그림 17.3과 같이 거의 직교하는 2개의 면을 결합하는 직삼각형 단면을 용접하는 것이다. 필렛용접의 종류는 용접선의 방향과 하중방향이 직각인 용접을 전면 필렛용접, 서로 평행인 용접을 측면필렛용접이라 한다. 필렛용접은 홈용접에 비하여 준비작업이 용이하고, 용접에 의한 변형, 잔류응력이 적고, 조립도 용이하다. 그러나 용접 결함이 생기기 쉽고, 용접 후 구조물의 중량이 증가한다.

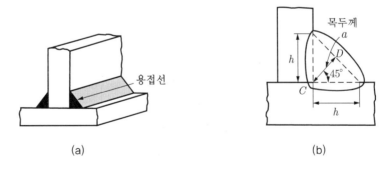

(a)   (b)

그림 17.3 필렛용접

필레용접부의 크기는 다리 길이 h로 표시하며, 용접부의 직삼각형의 모서리에서 빗변까지 거리 $\overline{CD}$를 목두께 a라 한다. 이 목두께는 용접부의 강도 계산에서 사용한다.

(3) 플러그용접

플러그용접은 그림 17.4와 같이 위아래로 겹쳐진 판재의 접합을 위하여 위쪽의 판재에 구멍을 뚫고, 이 구멍 안에 용가재를 녹여서 채우는 것이다. 구멍 형상은 원형, 타원형과 긴원형이 주로 사용된다. 이 중 긴원형은 양끝이 반원이고 좁고 긴 홈의 형태로, 이 경우를 슬롯용접(slot welding)이라고도 한다.

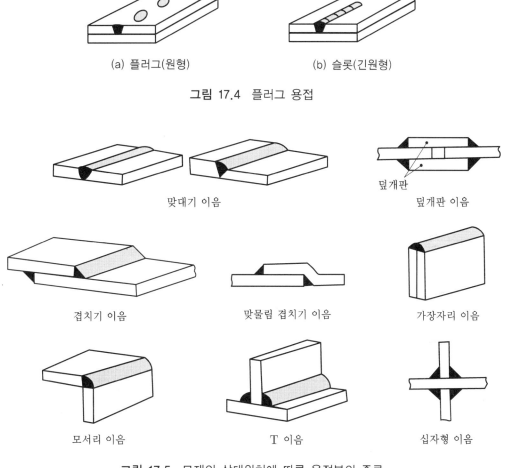

(a) 플러그(원형)　　　　　(b) 슬롯(긴원형)

그림 17.4 플러그 용접

맞대기 이음　　　　　　　　　　　　덮개판 이음

겹치기 이음　　　맞물림 겹치기 이음　　　가장자리 이음

모서리 이음　　　　　T 이음　　　　　십자형 이음

그림 17.5 모재의 상대위치에 따른 용접부의 종류

또한, 용접부의 종류는 그림 17.5와 같이 모재의 상대 위치에 따라 다음과 같이 나누기도 한다.

- 맞대기 이음(butt joint)
- 덮개판 이음(strapped joint)
- 겹치기 이음(lap joint)
- 가장자리 이음(edge joint)
- 모서리 이음(corner joint)
- T 이음(tee joint)
- 십자 이음(cross joint)

17.2 용접부의 설계

17.2.1 용접부 설계의 주의사항

기계요소를 용접에 의하여 결합할 때에는 각종 용접법의 특성과 적용 범위를 이해하고, 가장 적합한 용접법을 선택하여야 한다. 용접 설계에서 주의해야 할 사항으로는 대표적으로 재료의 용접성과 용접부의 결함을 들 수 있다.

(1) 재료의 용접성

금속 및 합금에서 용접의 난이도를 나타내는 데 용접성(weldability)이란 말을 사용한다. 용접성이 좋다는 것은 금속재료가 용접할 때에 결함이 발생하지 않고, 용접된 부분이 원하는 성능(강도, 내식성, 기밀성 등)을 가지는 것을 의미한다. 전자의 성질을 공작상의 용접성 또는 이음성(jointability), 후자를 사용성능에 대한 용접성(weld performance)이라 한다.

1) 공작상의 용접성(이음성)

공작상의 용접성은 용접의 난이도와 용접부의 결함의 유무에 따라 판정된다. 공작상의 용접 난이도는 용접법의 선택에 따라 크게 변하며, 이에 대해서는 표 17.2에 여러 가지 금속의 각종 용접법에 대한 난이도가 있다.

용접부에는 모재 또는 용접금속의 균열, 기공, 슬래그의 섞임, 용입불량 등 여러 가지의 결함이 생기기 쉽다. 이들 결함의 발생이 적을수록 재료의 이음성이 좋다고 말할 수 있다. 그러나 결함의 발생은 모재의 재질과 두께에 영향을 받을 뿐만 아니라 이음의 설계 및 시공조건에도 크게 영향을 받는다.

표 17.2 각종 금속 재료의 용접 난이도

(A: 일반적으로 사용, B: 때때로 사용, C: 가끔 사용, D: 사용하지 않음)

금속 및 합금명	피복아크용접	서브머지드아크용접	불활성가스 아크용접	산소아세틸렌용접	가스압접	스폿심용접	플래시용접	테르밋용접	납땜
순철	A	A	C	A	A	A	A	A	A
저탄소강	A	A	B	A	A	A	A	A	A
중탄소강	A	A	B	A	A	B	A	A	B
고탄소강	A	B	B	B	A	D	B	A	B
주강	A	A	B	A	B	B	A	A	B
회주철	B	D	B	A	D	D	D	B	C
가단주철	B	D	B	B	D	D	D	B	C
니켈강	A	A	B	A	A	A	A	B	B
크롬강	A	B	…	A	A	D	A	B	B
스테인리스강 크롬강(마르텐사이트계)	A	A	A	B	B	C	B	D	C
순알루미늄	B	D	A	A	C	A	A	D	B
알루미늄합금(열처리성)	B	D	B	B	C	A	A	D	C
마그네슘합금	D	D	A	B	C	A	A	D	C
티타늄합금(α계)	D	D	A	D	D	A	D	D	D
황동	B	D	A	B	C	C	C	D	B
알루미늄청동	B	D	A	D	C	C	C	D	C

2) 사용성능에 대한 용접성

용접구조물이 충분한 사용성능을 유지하기 위해서는 모재와 용접부가 충분한 강도, 연성 및 노치인성을 가질 필요가 있다. 또한, 구조물은 고온 및 부식 환경에서 장시간 사용할 때가 있으므로 이 경우에는 산화, 부식 등에 대한 저항력을 필요로 한다. 모재와 용접부의 재질이 틀릴 경우에는 전기화학적 작용으로 인하여 부식이 촉진될 경우가 있으므로 주의가 필요하다.

(2) 용접부의 결함

용접금속에는 여러 가지 결함을 수반하게 되고, 이로 인하여 용접부의 성능이 크게 손상된다. 용접금속의 결함으로는 용접금속의 균열, 기공(blow hole), 슬래그(slag)의 섞임, 형상불량 등을 생각할 수 있다.

1) 용접금속의 균열

용접금속의 균열은 중대한 용접결함으로서 육안으로 볼 수 있는 각종 균열 이외에 현미경으로 관찰되는 미소한 것도 있다. 용접금속의 균열은 응고온도범위 또는 그 바로 아래에서 발생하는 고온 균열과 약 200 ℃ 이하에서 일어나는 저온 균열로 나눌 수 있다.

2) 기공

용착금속 내의 기공은 구모양의 빈 구멍이다. 크기는 1 mm 정도부터 0.01 mm 정도까지 여러 종류가 있다. 기공은 용융금속 내의 어떤 가스의 기포가 표면에 부상할 여유가 없이 용접금속 내에 잔류하게 되어 형성된다. 아래보기 용접에서는 용접금속 내의 기포가 부상하기 쉬우나, 위보기 용접에서는 그렇지 못하므로 기공의 발생이 많다.

3) 슬래그의 섞임

용착금속 내의 슬래그 섞임은 다음의 두 가지 원인에 의하여 발생한다. 그 하나는 앞 층의 잔류슬래그가 그대로 남아 다음 용착금속 내에 남는 경우이고, 다른 하나는 용접조작이 나빠서 용착금속 내에 슬래그가 혼입되는 경우이다.

4) 형상불량

용착금속의 결함 중 형상에 관계하는 것으로는 용입불량, 언더컷(under cut), 오버랩(over lap)과 치수불량 등이 있다. 이들은 응력집중을 일으키는 노치가 되므로 용접부의 기계적 성질을 손상하게 된다. 이들은 주로 부적당한 용접기법에 원인이 있다.

17.2.2 용접부의 강도계산

용접부 강도계산의 내용과 순서는 하중의 설정, 응력계산, 단면계산 등에 대한 검토이다. 용접부의 종류가 많고, 용접부의 응력분포도 대단히 복잡하므로 용접부의 응력은 용접부의 목단면적에 균일하게 분포된다고 가정하여 계산한다.

목단면은 목두께 × 유효용접길이로 이루어지며, 덧붙임이나 필렛용접에서 생기는 용입은 무시한다. 유효용접길이는 용접의 끝 부근의 결함이 발생하기 쉬운 부분을 제외한 길이를 말한다.

지금, l'을 실제 용접길이, a를 목두께라고 할 때, 유효용접길이 l은 다음과 같다.

$$전둘레 용접 \ : \ l = l'$$
$$그 밖의 용접 \ : \ l = l' - 2a$$

단, $l \geq 50\,\text{mm}$ 또는 $l \geq 6a$로 잡아야 한다.

필렛용접의 다리길이가 강도상 안전하여도 판두께에 비하여 너무 작으면 터짐이 생기기 쉬우므로 판두께에 대한 최소 다리길이가 필요하고, 표 17.3은 판두께에 따른 최소 다리길이를 나타낸다.

표 17.3 필렛 다리길이의 최솟값

판두께(mm)	다리길이의 최솟값(mm)
3.2~5	3.2
6~8	5
9~16	6
19~25	9
28~35	13
38 이상	19

(1) 맞대기용접

그림 17.6(a)와 같은 맞대기용접부에 인장하중 P가 작용할 때, 용접부의 목단면에 발생하는 인장응력 σ_t는

$$\sigma_t = \frac{P}{al} \qquad (17.1)$$

여기서, a는 용접부의 목두께, l은 용접부의 길이이다.

또한, 그림 17.6(b)와 같은 맞대기용접에서 굽힘 모멘트 M이 작용할 때, 용접부의 목단면에 발생하는 굽힘응력 σ_b는

$$\sigma_b = \frac{M}{Z} = \frac{6M}{a^2 l} \qquad (17.2)$$

여기서, Z는 목단면의 단면계수이다.

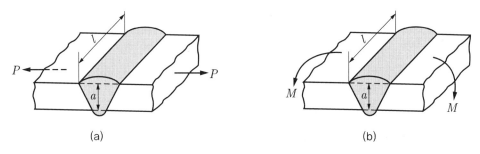

(a)   (b)

그림 17.6 맞대기용접

(2) 필렛용접

그림 17.7(a)와 같은 측면 필렛용접부에 전단력 P가 작용할 때, 용접부의 목단면에 발생하는 전단응력 τ는

$$\tau = \frac{P}{al} \qquad (17.3)$$

그런데 필렛용접에서 용접 다리길이를 h라고 하면, 목두께 a는 다음과 같다.

$$a = h\cos 45° = \frac{h}{\sqrt{2}} = 0.707\,h \qquad (17.4)$$

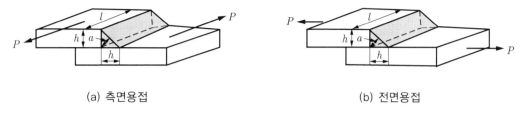

| (a) 측면용접 | (b) 전면용접 |

그림 17.7 필렛용접

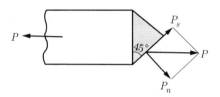

그림 17.8 목단면에 관한 자유물체도

일반적으로 용착금속의 전단강도는 그 인장강도의 약 60 %이다.

한편 그림 17.7(b)와 같은 전면 필렛용접부에 인장력 P가 작용할 때, 그림 17.8과 같이 전면 필렛용접부에서 수평면과 45°의 각도를 이루는 목단면의 응력을 생각해보자. 이 목단면 내에 작용하는 반력은 크기는 하중 P와 같고, 그 방향은 반대이다. 이 반력을 목단면에 수직한 방향과 평행한 방향으로 분해하면

$$P_n = P \sin 45° = 0.707\,P$$
$$P_s = P \cos 45° = 0.707\,P \tag{17.5}$$

이고, 수직응력 σ_n과 전단응력 τ는 각각

$$\sigma_n = P_n / a\,l = P/lh$$
$$\tau = P_s / a\,l = P/lh$$

이다. 따라서 목단면의 최대 전단응력 $\tau_{\max}$는

$$\tau_{\max} = \frac{1}{2}\sqrt{\sigma_n^2 + 4\tau^2} = 1.118\,P/lh \tag{17.6}$$

그러나 보통 간단하게 인장력 P를 목단면적으로 나눈 전단응력으로 강도를 계산하

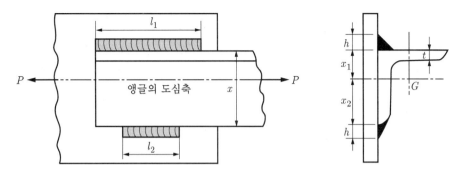

그림 17.9 필렛용접한 앵글

기도 한다. 이때에 전단강도의 식은 다음과 같다.

$$\tau = \frac{P}{al} = \frac{1.414P}{lh} \tag{17.7}$$

위의 간편식에 의한 전단응력은 목단면의 최대 전단응력의 1.26배가 되므로 간편식을 사용해도 무방하다.

앵글(angle)을 그림 17.9와 같이 필렛용접하고, 인장력 P를 앵글 단면의 도심축에 작용시키는 경우에 용접부의 전단응력 τ는 다음과 같이 구해진다.

$$\tau = \frac{P}{a(l_1 + l_2)} = \frac{P}{0.707\,h\,l} \tag{17.8}$$

여기서, $l = l_1 + l_2$로서 전체 용접길이이다. 그런데 그림 17.9에서 모멘트의 평형을 이루기 위하여 앵글 도심축의 위와 아래의 용접길이를 다르게 했으므로 길이 l_1, l_2를 구해야 한다. 따라서, 앵글 단면의 도심축에 관한 모멘트를 생각하면,

$$x_1\,a\,l_1\,\tau = x_2\,a\,l_2\,\tau$$

이므로

$$x_1\,l_1 = x_2\,l_2$$

이다. 여기서, x_1, x_2는 도심축에서 용접부까지의 거리이다.

지금 $x_1 + x_2 = x$라고 하면 용접길이는 각각

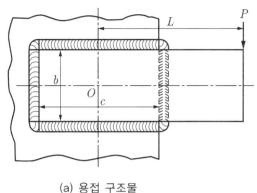

(a) 용접 구조물

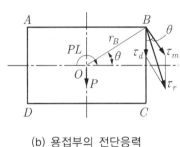

(b) 용접부의 전단응력

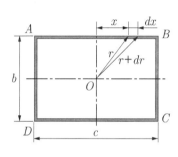

(c) 용접부의 목단면

그림 17.10 용접부에 비틀림 모멘트가 작용하는 경우

$$l_1 = l\frac{x_2}{x}, \quad l_2 = l\frac{x_1}{x} \tag{17.9}$$

로 된다.

그림 17.10과 같이 네 변을 필렛용접한 구조물에 편심하중 P가 작용하면, 용접부에는 직접 전단력 P와 용접부의 도심 O에 관한 비틀림 모멘트 T가 작용한다.

이 경우에 직접 전단력 P에 의하여 생기는 전단응력 τ_d는 다음과 같다.

$$\tau_d = \frac{P}{0.707\,h\,l} \tag{17.10}$$

여기서, 용접부의 길이 $l = 2(b+c)$이다.

또한 비틀림 모멘트 $T = PL$에 의한 전단응력은 목두께 a가 길이 b, c에 비해 매우 작으므로, 비틀림 모멘트 T에 의한 전단응력은 얇은 두께의 관(tube)의 비틀림으로 보고 전단응력을 구한다. 먼저 용접부를 단위두께의 선으로 보았을 때의 도심 O에 관한 극단면 2차 모멘트 I_p를 구한다.

그림 17.10(c)에서 $\overline{AB}$의 O에 관한 극 2차 모멘트 I_{px}는

$$I_{px} = \int r^2\,dx = 2\int_0^{\frac{c}{2}} \left[\left(\frac{b}{2}\right)^2 + x^2\right]^2 dx = \frac{b^2\,c}{4} + \frac{c^3}{12} \tag{17.11}$$

이고, 또 $\overline{BC}$의 O에 관한 극 2차 모멘트 I_{py}는

$$I_{py} = 2\int_0^{\frac{b}{2}} \left[\left(\frac{c}{2}\right)^2 + \mathrm{y}^2\right]^2 dy = \frac{c^2\,b}{4} + \frac{b^3}{12} \tag{17.12}$$

이다. 따라서 전체 극 2차 모멘트 I_o는

$$I_o = 2\,(I_{px} + I_{py}) = \frac{1}{6}\,(b+c)^3 \tag{17.13}$$

이며, 둘레의 폭이 목두께 a와 같은 단면에 대해서는

$$I_p = a\,I_o \tag{17.14}$$

이다. 그러므로 T에 의하여 생기는 도심 O에서 거리 r에서 전단응력 τ_m은

$$\tau_m = \frac{T \cdot r}{I_p} \tag{17.15}$$

이다. 위 식에 $T = PL$, $I_p = a\,I_o = 0.707\,h\,I_o$를 대입하면

$$\tau_m = \frac{PLr}{0.707\,h\,I_o} \tag{17.16}$$

이다. 이 τ_m의 최댓값은 r이 최대인 점(A, B, C, D)에서 일어난다. 그런데 직접 전단응력 τ_d와 비틀림 모멘트에 의한 전단응력 τ_m의 합성응력을 고려하면, 합성응력의 최대치는 B점에서 생긴다. B점의 반지름을 r_B라고 하면, 비틀림 모멘트에 의한 전단응력은

$$\tau_m = \frac{PLr_B}{0.707\,h\,I_o} \tag{17.17}$$

이다. 그러므로 그림 17.10(b)로부터 B점에서 합성된 최대 전단응력은

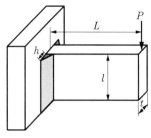

(a) T형 이음(양면용접)

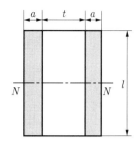

(b) 용접부의 목단면

그림 17.11 용접부에 굽힘 모멘트가 작용하는 경우

$$(\tau_r)_{\max} = \sqrt{\tau_d^2 + \tau_m^2 + 2\tau_d\,\tau_m \cos\theta} \tag{17.18}$$

이고, 전단응력들 사잇각 $\theta = \tan^{-1}(\dfrac{b}{c})$이다.

그림 17.11과 같이 필렛용접을 한 T형 이음에서 편심하중 P가 작용하면, 용접부에는 굽힘 모멘트 $M = PL$이 작용하게 된다.

이 경우에 용접부의 중립축 $\overline{NN}$에 관한 단면 2차 모멘트에서 단면계수 Z를 구하면

$$Z = 2 \times \frac{al^2}{6} = \frac{0.707hl^2}{3} \tag{17.19}$$

이므로 용접부에 생기는 최대 굽힘응력 σ_b와 전단응력 τ는 다음과 같이 구해진다.

$$\sigma_b = \frac{M}{Z} = \frac{3PL}{0.707hl^2} \tag{17.20}$$

$$\tau = \frac{P}{2\,al} = \frac{P}{1.414\,hl} \tag{17.21}$$

용접부에 생기는 최대 전단응력은

$$\tau_{\max} = \sqrt{(\frac{\sigma_b}{2})^2 + \tau^2}$$

이고, 용접부의 최대 전단응력이 허용 전단응력 이하가 되도록 하여야 한다.

예제 17.1 그림 17.12(a)와 같이 다리길이 h로 필렛용접을 한 지름 D인 둥근 봉에 비틀림 모멘트 T가 작용할 때 용접부에 생기는 전단응력의 식을 유도하라.

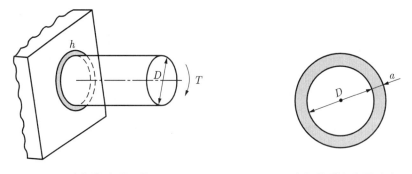

(a) 용접 구조물   (b) 용접부의 목단면

그림 17.12 비틀림 모멘트를 받는 용접구조물

풀이 목두께를 a라고 할 때 목단면은 그림 17.12(b)와 같다. 이 목단면의 극단면 2차 모멘트 I_p는 $D \gg a$이므로 다음과 같이 구할 수 있다.

$$I_p = \frac{\pi}{32}[(D+2a)^4 - D^4] \cong \frac{\pi D^3 a}{4}$$

이고, $a = h/\sqrt{2}$, $r = D/2$이므로 전단응력 τ_m은 식 (17.15)에 의하여

$$\tau_m = \frac{Tr}{I_p} \cong \frac{2\sqrt{2}\,T}{\pi D^2 h} = \frac{2.83\,T}{\pi D^2 h}$$

이다.

예제 17.2 다리길이 $h = 10\,\mathrm{mm}$인 전면 필렛용접부에 용접선의 직각방향으로 $P = 5\,\mathrm{ton}$의 인장하중이 작용할 때 용접부에 생기는 응력을 구하라. 단, 용접길이는 $l = 120\,\mathrm{mm}$이다.

풀이 전면 필렛용접에서 전단응력을 식 (17.7)으로 구하면

$$\tau = \frac{1.414P}{hl} = \frac{1.414 \times 5000}{10 \times 120} = 5.89\,(\mathrm{kg/mm^2})$$

또한 식 (17.6)으로 최대 전단응력을 구하면,

$$\tau_{\max} = \frac{1.118P}{hl} = \frac{1.118 \times 5000}{10 \times 120} = 4.66\,(\mathrm{kg/mm^2})$$

이다.

예제 17.3 허용 인장응력 $\sigma_{tp}=8\,\mathrm{kg/mm^2}$, 두께 $t=10\,\mathrm{mm}$의 강판을 용접길이 $l=150\,\mathrm{mm}$, 용접효율 $\eta=80\,\%$로 맞대기용접을 할 때, 목두께를 구하라. 단, 용접부의 허용응력을 $\sigma_{ta}=7\,\mathrm{kg/mm^2}$로 한다.

풀이 용접부재에 작용할 수 있는 하중은 식 (17.1)에 의하여

$$P=\sigma_{tp}tl=8\times10\times150=12000\,(\mathrm{kg})$$

그런데 용접효율이 $\eta=80\,\%$이므로 용접부의 허용하중은

$$P_a=\eta P=0.8\times12000=9600\,(\mathrm{kg})$$

맞대기용접의 강도계산식 (17.1)에 의하여 목두께 a는

$$a=\frac{P}{\sigma_{ta}l}=\frac{9600}{7\times150}=9.14\,(\mathrm{mm})$$

이므로 $a=9.2\,\mathrm{mm}$로 한다.

예제 17.4 그림 17.13과 같이 4곳의 측면 필렛 용접되어 $P=6000\,\mathrm{kg}$의 하중을 받고 있다. 용접부에 생기는 최대응력을 구하라. 치수의 단위는 mm이다.

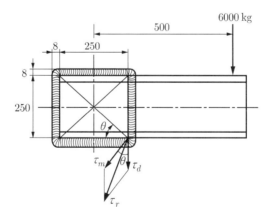

그림 17.13 편심하중을 받는 용접부

풀이 편심하중에 의한 직접 전단응력은 식 (17.10)에 의하여

$$\tau_d=\frac{P}{A}=\frac{P}{2\times0.707h(b+c)}=\frac{6000}{2\times0.707\times8\times(250+250)}$$
$$=1.06\,(\mathrm{kg/mm^2})$$

굽힘 모멘트에 의한 최대 전단응력이 발생하는 곳까지의 거리는

$$r_{\max} = \sqrt{\frac{b^2+c^2}{4}} = \sqrt{\frac{250^2+250^2}{4}} = 177 \, (\mathrm{mm})$$

용접부의 목에서 극단면 2차 모멘트는 식 (17.14)에 의하여

$$I_p = \frac{a(b+c)^3}{6} = \frac{0.707\times8\times(250+250)^3}{6} = 1.18\times10^8 \, (\mathrm{mm}^4)$$

굽힘 모멘트에 의한 최대 전단응력은 식 (17.17)에 의하여

$$\tau_m = \frac{PLr_{\max}}{I_p} = \frac{6000\times500\times177}{1.18\times10^8} = 4.5 \, (\mathrm{kg/mm}^2)$$

합성 전단응력을 구하기 위해 전단응력들의 사잇각을 구하면

$$\theta = \tan^{-1}\frac{b}{c} = \tan^{-1}\frac{250}{250} = 45°$$

이므로 합성 전단응력은 식 (17.18)에 의하여

$$\begin{aligned}
\tau_R &= \sqrt{\tau_d^2+\tau_m^2+2\tau_d\tau_m\cos\theta} \\
&= \sqrt{1.06^2+4.5^2+2\times1.06\times4.5\times\cos45°} = 5.3 \, (\mathrm{kg/mm}^2)
\end{aligned}$$

17장 연습문제

17.1 그림 17.14와 같은 하중 P를 받는 측면 필렛용접부에서 강판의 폭 140 mm, 두께 14 mm, 목두께 10 mm, 용접길이 100 mm, 용접부의 허용 전단응력 6.0 kg/mm²일 때, 허용 하중 P를 구하라. 단, 그림 17.14에서 치수의 단위는 mm이다.

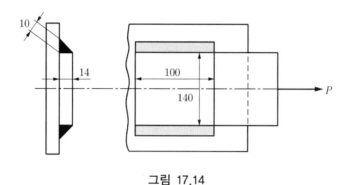

그림 17.14

17.2 그림 17.10에서 BC 부분에 용접이 안 되어 있는 경우에 허용하중 P를 구하라. 단, $b = 150\,\text{mm}$, $c = 100\,\text{mm}$, $L = 350\,\text{mm}$, 목두께는 14 mm이고, 용접부의 허용 전단응력은 6.0 kg/mm²이다.

17.3 그림 17.15와 같이 필렛용접부에 하중 $P = 1000\,\text{kg}$이 작용할 때의 합성응력을 구하라. 단, 그림 17.15에서 치수의 단위는 mm이고, 용접부의 목두께는 5 mm, 용접길이는 80 mm이다.

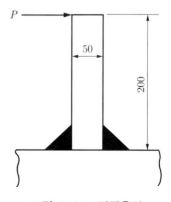

그림 17.15 필렛용접

17.4 그림 17.16과 같은 강철 브래킷(bracket)을 프레임(frame)에 양쪽 필렛용접을 하였다. 목두께는 8 mm, 용접길이 $l = 100\,\mathrm{mm}$, $c = 20\,\mathrm{mm}$, 허용응력 $12\,\mathrm{kg/mm^2}$라고 할 때, 수평하중 P의 최댓값을 구하라.

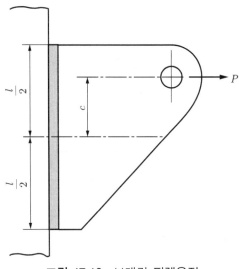

그림 17.16 브래킷 필렛용접

17.5 그림 17.17과 같이 양쪽 필렛용접을 한 브래킷에서, $b = 30\,\mathrm{mm}$, $c = 20\,\mathrm{mm}$, $l_1 = 50\,\mathrm{mm}$, $l_2 = 70\,\mathrm{mm}$, $P = 2\,\mathrm{ton}$일 때, 용접부의 최대응력을 구하라. 단, 용접부의 목두께는 6 mm이다.

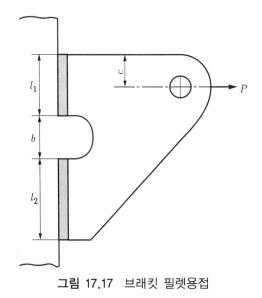

그림 17.17 브래킷 필렛용접

Chapter 18
설계 프로젝트의 수행

18장에서는 이 책을 읽는 독자들이 지금까지 배워온 기계요소설계 지식을 바탕으로 1장에서 살펴본 설계과정의 기본 절차에 따라 실제 제품을 설계하는 것을 연습할 수 있도록 구성하였다. 이러한 연습에 도움이 되도록 설계 프로젝트의 고려사항, 수행 절차와 수행 지침에 대하여 설명한다.

18.1 설계 프로젝트의 고려사항

설계 프로젝트의 기본적인 고려사항은 설계 수행에 꼭 필요한 네 가지 요소로 창의성, 복합성, 선택과 타협이다. 창의성은 기존의 것과 다른 새로운 개념을 부가해야 된다는 것을 의미하고, 복합성은 아이디어 구상에서 제작까지 여러 가지 설계변수를 다 고려해야 된다는 것을 나타낸다. 그리고 선택이라는 것은 주어진 상황에 맞게 최적의 조건으로 설계변수와 제작변수를 선택하는 것이고, 타협은 그러한 다양한 변수들 간에 서로 충돌이 일어날 경우에 균형을 이룰 수 있도록 해야 한다는 것을 의미한다. 이러한 네 가지 요소들이 모두 충족할 때 좋은 설계라고 할 수 있을 것이다. 그리고 좋은 설계에 대한 더 자세하고 추가적인 개념과 절차에 대해서는 이 책의 범위를 넘어서는 부분이 있기 때문에 공학설계, 제품설계 등의 관련 서적을 참고하길 바란다. 다만 설계 프로젝트를 수행할 때에 더 추가로 고려할 사항들은 다음과 같다.

(1) 설계 요구조건에 대한 반영

설계의 목적이 새로운 제품을 개발하거나 기존 제품의 개선에 있기 때문에 요구하는 조건을 충분히 반영한 설계가 이루어져야 한다. 다시 말해서 설계된 제품의 성능이 만족스러워야 한다. 이것을 위해서는 기본적으로 분석이라는 과정이 필요하다. 설계 단계에서는 실제 제품이 없는 경우가 많기 때문에 컴퓨터상에서 가상의 완성된 제품을 가지고 여러 가지 조건에 맞게 시뮬레이션(simulation)을 실시하여 원하는 제품의 강도, 수명, 안전성 등을 평가해볼 수 있다. 물론 구조가 간단한 경우에는 이러한 컴퓨터 시뮬레이션보다는 자료집을 참고하든지 수학적 모델링을 통하여 예측해볼 수도 있다. 또한 제품의 생산 과정도 컴퓨터 시뮬레이션으로 프레스 성형, 사출성형, 주조, 용접 등 다양한 제품생산 과정에서 발생되는 문제점을 사전에 예측해서 설계에 반영할 수 있다. 이러한 공학적 분석을 위해서 다양한 해석 프로그램들이 잘 개발되어 있으며, 많은 기업에서 제품을 설계할 때에 이러한 프로그램을 활용하고 있다.

(2) 환경에 대한 영향과 경제성을 평가

제품을 빠른 시일 내에 개발하여 싼 가격으로 대량으로 시장에 내놓는 것이 중요하다. 그러나 최근에는 이 외에도 환경에 대한 영향 평가도 중요하게 취급되고 있다. 예를 들면, 제품이 수명을 다한 경우 일부 부품의 재활용이나 분리수거를 통하여 재생하는 비용이 저렴할수록 좋은 제품으로 평가되고 있다. 따라서 제품 설계 단계에서 이러한 요소를 고려해서 어떤 재료를 사용할 것인지, 재료의 수급 문제가 수월한지, 경제성이 있는지 등을 반영해야 한다. 또한 경제성 관점에서는 제작 비용을 고려하여 직접 제작할 것인지 아니면 다른 회사에 의뢰할 것인지도 고려해야 한다.

(3) 외관 디자인과 사회적 규범에 대한 점검

설계된 제품은 요구되는 성능에 대한 만족도도 당연히 높아야 하겠지만 제품에 소비자의 이목을 집중하기 위해서는 사용의 편리성과 함께 외관 디자인이 우수해야 한다. 아무리 성능이 우수하더라도 소비자의 주목을 받지 못하는 제품은 결국 시장에서 사장되고 만다. 그러므로 제품설계자는 제품의 외관 디자이너와 제품 설계에 대하여 긴밀하게 의사소통을 하여야 한다. 왜냐하면 공학적으로 구현할 수 없는 외관 디자인을 제안하거나 성능을 향상시키기 위해 외관 디자인의 변경을 요구하는 경우에 서로 의견 대립이 생기기 때문이다. 이러한 의견 대립을 제때에 해결하지 못하면 경쟁사보다 제품 출시가 늦어서 결국 자기 회사가 큰 손해를 보게 된다. 또한 좋은 제품은 사회적 규범에도 적합해야 한다. 미풍양속을 저해하는 제품을 설계한다든지 제품의 성능향상에만 집중하여 전자파가 과도하게 많이 발생하는 제품을 생산하는 경우에는 먼 안목으로 볼 때 생산한 기업에 이미지 손상이나 큰 손해를 끼치게 된다.

(4) 의사소통이 가능한 설계도면 작성

일반적으로 제품에 대한 아이디어를 구성하는 사람이 제작까지 혼자서 다 해결할 수가 없다. 소량생산을 위주로 하는 주문자 중심의 제품제작 방식에서는 한 사람이 설계부터 제작까지 모두 담당할 수 있지만, 대부분의 경우는 설계자와 제작자가 서로 다른 경우가 많다. 따라서 설계자의 의도가 제작자에게 충분히 전달될 수 있도록 해야 한다. 요즘 인터넷이 널리 보급되어 있어서 서로 간의 의사소통에 전혀 문제가 없을 것 같지만 실제로는 그렇지 않다. 만약 의사소통이 잘못되어서 설계자의 의도와 다른 제품이 생산되는 경우에 불량품으로 처리되거나 제품이 소비자에게 외면을 받아서 자기 회사가 큰 손해를 입게 된다. 따라서 설계자와 제작자의 상호 간의 의사를 문제없이 소통하기 위하여 KS규격으로 정해진 제도표준에 따라 설계도면을 작성해야 한다.

18.2 설계 프로젝트의 수행 절차 및 지침

18.2.1 설계 프로젝트의 수행 절차

앞서 기술한 것처럼 독자들이 이제까지 배운 공학적 지식을 바탕으로 설계 프로젝트의 수행 과정을 경험할 수 있도록 다음에 제시하는 절차에 따라 프로젝트를 수행하길 권장한다. 설계 프로젝트는 개인별로 수행할 수 있지만 실제 현장에서는 팀을 이루어 설계업무를 수행하는 경우가 많으므로 팀워크를 배우기 위해 팀을 구성하여 프로젝트를 수행하도록 한다. 팀의 인원은 상황에 맞게 조절하면 되지만, 팀당 4명 이내를 권장한다.

(1) 프로젝트 과제의 선정을 위한 검토사항

과제 선정 단계에서 어떤 것을 설계하고 어디까지 프로젝트 범위에 넣을 것인지에 대하여 사전 검토가 필요하다. 과제 선정을 위하여 검토를 해야 할 사항은 표 18.1과 같다.

표 18.1 프로젝트 과제의 선정을 위한 검토사항

고려사항	설명
설계 대상 결정	• 설계 대상이 무엇인지 먼저 결정한다: 팀원 간 브레인 스토밍(brain storming)과 같은 아이디어 발상법을 활용할 필요가 있다. • 기존 제품에 대한 불편한 점, 성능 개선을 위하여 필요한 점 등을 파악하여 설계 대상을 결정한다. • 소비자의 요구에 대한 설문조사를 통하여 설계 대상을 결정할 수도 있다.
설계 내용과 범위 결정	• 설계 대상이 결정되면, 관련 자료수집을 통하여 설계 내용을 결정한다. • 예를 들면, 기존 제품의 기계적 수명이 짧은 경우에 수명 연장을 설계 내용과 범위로 결정할 수 있다.
설계 대상 및 범위의 평가	• 결정된 설계 대상과 범위가 요구사항을 잘 만족하는지를 평가한 후에 필요한 경우에 수정 및 보완한다.

(2) 프로젝트 과제 제안서 작성 및 제출

설계 대상과 범위가 결정되면 전체적인 과제 내용을 한눈에 알아볼 수 있도록 제안서(proposal)를 작성하여 제출한다. 제안서 작성의 목적은 개발자(설계자)가 프로젝트를 기획하면서 전체적인 연구 내용과 결론을 추론하여 정리하기 위한 것이다. 그러므로 개발자 입장에서는 본격적인 일의 시작 전에 미리 문제점을 파악하고, 일정 계획을 세워봄으로써 전체적인 일의 흐름을 파악해볼 수 있다. 그러나 제안서의 가장 중요한 목적은 연구업무를 관장하는 상사로부터 연구 개시에 대한 허락을 받는 것이므로 상사가 제안서를 읽고 판단할 수 있는 근거를 잘 기술할 필요가 있다. 제안서의 구성내용을 정리하면 표 18.2와 같다.

표 18.2 설계 프로젝트 제안서의 구성내용

전체 분류	세부 내용	내용 설명
개요	설계 프로젝트의 배경 및 목적	• 설계 대상을 선정한 이유와 설계의 목적에 대하여 기술한다.
	관련 사례 분석	• 기존 설계나 연구사례를 분석하여 문제점을 제시한다. 예를 들면, 시장의 요구사항, 기존 제품의 문제점, 시장 규모 등에 대하여 조사한다.
	설계 목표	• 설계 대상의 성능을 명확하게 정하고, 그 제품이 출시되었을 때 미치는 효과에 대하여 기술한다. • SWOT 분석표를 작성하여 상사에게 과제 수행의 중요성을 부각시킨다. * SWOT : Strength(강점), Weakness(약점), Opportunity(기회), Threat(위험) 요인에 대하여 분석하는 기법
설계 내용	설계 절차	• 어떤 과정을 통하여 설계할 것인지 간략하게 기술한다.
	개념 설계와 스케치(선택사항)	• 구상한 제품의 개념(아이디어)을 스케치하고 설명한다. 이때 아이디어는 아주 구체적이지 않아도 되고, 프로젝트가 시작될 무렵에 수정할 수 있다. 이 단계에서 스케치는 손으로 작성하는 것을 권장한다(선택사항).
일정 계획	향후 일정과 담당자 선정 제작원가를 산출 (선택사항)	• 향후 일정과 세부항목별 담당자를 정한다. • 만들 제품에 대한 제작원가를 계산하여 표로 제시한다: 과제에 소용되는 비용을 의사결정자가 판단할 수 있는 근거를 제시한다(선택사항). • 보고서 작성에 참고한 문헌을 기입한다.
기타	기타 참고사항 또는 추가사항 정리	• 추가로 참고할 만한 내용을 정리하여 기입한다: 설계 내용에 대한 타당성을 뒷받침하는 자료를 자세하게 설명하는 부분이다.

(3) 프로젝트 수행 및 결과보고서 제출

제안서에 기술된 설계 항목별 담당자가 실제 일을 수행한다. 설계 프로젝트는 그림 18.1과 같은 절차에 따라 수행되는 과정에서 다양한 부품과 재료를 선정하고 제작방법을 선택한다. 프로젝트를 수행하면서 각 과정에서 선택한 근거에 대하여 자세히 기술하여 프로젝트 종료 후에 결과보고서의 형태로 제출한다.

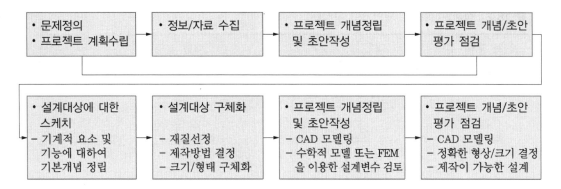

그림 18.1 설계 프로젝트의 수행 절차

18.2.2 설계 프로젝트의 수행 지침

설계 프로젝트를 원활히 수행하기 위한 지침들은 다음과 같다.

(1) 제안서 작성 및 제출

먼저 본인이 하고 싶은 설계과제에 대하여 제안서를 작성하여 제출하며, 발표평가를 통하여 필요한 숫자만큼 제안서를 선정한다. 이때 모든 학생이 과제의 제안서를 제출할 필요는 없으며, 보통 20개 정도의 후보과제를 선정한다. 이후에 선정된 제안서에 대해서만 설계 프로젝트가 시작된다. 이때 선정된 제안서의 작성자는 과제팀장이 되고, 프로젝트의 평가에서 과제팀장에게 가산점을 줄 수 있다.

설계과제 제안서는 표 18.2의 내용을 참조하여 A4 용지 5장 정도로 작성한다. 작성된 제안서는 담당교수 또는 교과목 조교에게 정해진 기간 내에 제출한다. 담당교수는 제출된 제안서를 기계설계 과목 수강생들에게 제공하여 참여할 과제 하나를 선택하도록 한다. 제안서 작성을 위한 지침은 다음과 같다.

1) 설계 프로젝트 제목

프로젝트 제목은 프로젝트의 대상과 목적을 명확하게 전달할 수 있도록 정한다. 프로젝트의 대상은 기계설계 과목을 통하여 배운 지식을 바탕으로 소비자의 요구를 반영하여 한 학기에 완성할 수 있는 비교적 작은 기계장치나 구조물이 적합하다.

(설계 프로젝트 제목 예)

- 10톤 무게를 들어 올릴 수 있는 수동 나사 잭(screw jack) 설계
- 대형 냉장고 도어 처짐을 방지하는 도어 힌지(hinge) 구조 설계
- 고속절삭이 가능한 선반의 축과 가공물 물림장치 설계

2) 프로젝트 개요

프로젝트를 하게 된 배경, 자료 수집 및 분석을 통한 선행사례, 프로젝트 목표 등을 한눈에 알아볼 수 있도록 정리한다.

3) 프로젝트 수행 내용

프로젝트를 통하여 수행하게 될 내용들을 간략하게 정리하고, 스케치를 통하여 설계하고자 하는 전체 형상을 개략적으로 이해할 수 있도록 나타낸다.

4) 일정 계획 및 예산

프로젝트 전체 일정, 필요 인원, 실제 제작을 고려한 예산 계획 등을 기술한다. 예산 부분은 일반적인 제안서 구성요건에 필요한 것으로 이 프로젝트를 통하여 예산을 편성하는 것을 배우기 위한 것이므로 불필요한 경우에는 생략할 수 있다.

(2) 제안서 발표 및 선정

프로젝트 과제 제안자는 3장(표지 제외) 이내의 파워포인트로 만든 발표자료를 준비한다. 발표자료는 제안서에 나타낸 설계 프로젝트 내용의 핵심을 잘 이해할 수 있게 구성하여 수강생들이 프로젝트 제안서를 평가하는 데 도움이 되어야 한다. 예를 들면, 설계 필요성, 시장성 등 수강생들에게 호감을 줄 수 있는 내용이 포함되어야 한다. 준비된 발표자료는 과제 제안자가 기계설계 수강생들 앞에서 3분 이내에 발표하고, 기계설계 수강생들은 표 18.3과 같은 프로젝트 평가표를 사용하여 발표된 제안서를 평가한다. 수강생들이 평가한 점수 합계에 따라 고득점 순서로 필요한 팀 수만큼 과제 제안서를 선정한다.

표 18.3 프로젝트 평가표

평가자: (학번)		(성명)	
평가 항목		평가 내용	점수
제안서 평가	제안서의 구성	• 프로젝트 제목 선정, 설계 내용 구성, 일정 계획 등 전체 내용이 적절하게 잘 기술되었는가?	
	주제의 적합성	• 주제가 기계설계 과목 또는 관련 과목을 통하여 배운 지식을 충분히 활용할 수 있도록 구성되었는가?	
	설계과정의 적합성	• 개념 설계부터 CAD를 이용한 상세 설계까지 일반적인 설계 과정을 잘 반영하여 제안서를 구성하고, 일정 계획과 인원 배치는 적절한가?	
발표 평가	발표자료 구성 및 발표태도	• 발표자료에 설계 대상, 목적 및 내용이 분명하고, 그것들이 발표에서 잘 설명되었는가?	
총 점			

(3) 설계 팀 구성

선정된 과제에 대한 설계팀원의 구성은 중간고사 이전까지 완료하도록 하고, 팀은 4명 정도로 제한한다. 과제팀장은 구성된 팀원 명단을 담당 조교나 교수에게 제출한다. 팀원의 선발은 팀장(프로젝트 제안자)이 주관하고, 필요한 경우에만 담당 조교나 교수가 조정하도록 한다. 팀원 명단에는 반드시 담당할 설계 내용과 역할을 분명하게 제시해야 한다.

팀원 선정과 팀 운영을 위한 지침은 다음과 같다.

1) 팀원은 프로젝트의 원활한 수행을 위하여 필요한 자질을 갖춘 사람을 중복되지 않게 선정한다. 예를 들면, CAD 능력이 뛰어난 사람, 해석 능력이 뛰어난 사람, 워드프로세스에 능숙한 사람 등이다.
2) 팀원은 서로 의사소통이 원활하고, 업무에 적극적으로 협조할 수 있는 사람을 선정한다.
3) 팀의 원활한 운영을 위하여 주기적으로 정해진 일정에 따라 회의를 하고, 팀원의 맡은 역할에 대한 진행상황을 점검하고 회의록에 기록하여 팀원들이 공유하도록 한다.

(4) 설계 포트폴리오 작성 및 제출

설계 프로젝트 수행 과정을 통하여 얻은 결과물들을 정리하여 포트폴리오를 만들고, 담당 조교 또는 교수에게 제출하여 평가를 받는다. 포트폴리오에 포함해야 할 내용은 표 18.4와 같다.

표 18.4 설계 포트폴리오 구성내용

항 목	내 용	비 고
초기 제안서	초기 작성한 과제 제안서를 첨부한다.	
수정 제안서	팀을 구성한 후, 팀원들이 설계 대상부터 일정 계획까지 상세히 검토하여 서로 합의된 수정 사항을 반영한 수정 제안서를 작성하고 첨부한다.	프로젝트 대상은 원칙적으로는 수정이 불가능하며, 수정 제안서는 담당 조교나 교수의 검토를 받아야 함.
기존 제품 및 특허분석 보고서	설계 대상과 관련된 기존 제품이나 특허를 분석하여 그 문제점과 개선방안을 제시한다.	
설계 목표	설계 대상에 대한 목표를 명확하게 정리한 설계 사양(design specification)을 제시한다.	제안서에 설계 목표가 명확하게 기술된 경우에는 생략 가능함.
개념 스케치 1	설계 대상의 설계 방향에 대한 개념을 스케치한다. 이때 아이디어 회의에 대한 회의록을 반드시 작성한다.	담당 조교 또는 교수로부터 검토를 받음.
개념 스케치 2	담당 조교 또는 교수의 검토 의견을 반영한 설계 개념을 스케치한다. 이때 아이디어 회의에 대한 회의록을 반드시 작성한다.	담당 조교 또는 교수로부터 검토를 받음.
최종 개념 모델	확정된 최종 설계 개념에 대한 모델을 완성한다.	
CAD 모델링	최종 설계 개념을 CAD로 모델링하고 prototype 제작에 활용할 수 있는 자료를 만든다.	
설계변수 검토 보고서	설계 대상 CAD 모델을 이용하여 설계변수에 대한 해석적 계산 또는 수치해석을 통하여 설계변수 선정의 타당성을 검토한다.	
설계안 확정보고서	설계변수 검토를 통하여 확정된 설계안을 정리한다.	담당 조교 또는 교수에게 제출함.
제작방법 및 원가계산 보고서	제조방법 및 원가를 감안하여 비용을 산출하고 정리한다.	
포트폴리오 완성	설계 전체 과정을 간략하게 정리한다.	담당 교수에게 제출함.

(5) 설계 포트폴리오의 평가기준

제출된 설계 프로젝트의 포트폴리오에 대한 항목별 세부 평가 내용과 비중은 표 18.5 와 같다.

표 18.5 설계 포트폴리오의 항목별 세부 평가 내용과 비중

평가 항목	세부 내용	비중(%)
설계 관련 과목에 대한 관련성 평가	기계설계 지식을 잘 활용하였는가?	20
	제품 설계의 수행절차에 따라 잘 진행되었는가?	10
	상세 설계에 대한 근거가 잘 제시되었는가?	15
설계 대상에 대한 평가	설계 대상의 유용성이 높은가?	5
	설계 대상의 독창성이 큰가?	10
	설계 대상의 제작 가능성이 높은가?	15
프로젝트 수행에 대한 평가	팀원들의 역할 분담이 잘 되었는가?	5
	설계 포트폴리오(보고서) 구성이 충실한가?	15
	설계 단계별 결과물의 제출 기한을 잘 지켰는가?	5
합계		100

18.3 설계 프로젝트의 예제 및 과제

18.3.1 설계 프로젝트의 예제

이 설계 프로젝트 예제를 통하여 프로젝트 수행 과정과 제안서 및 결과보고서 작성 방법을 배우기 바란다.

(1) 문제 제시

A 사는 냉장고를 전문적으로 생산하는 기업이다. 최근 새로운 제품을 기획하면서 먼저 소비자의 요구조건을 조사해보았다. 소비자들이 냉장고를 사용하는 데 있어 가장 불편하다고 판단되는 것 중에 하나는 선반의 간격이다. 대부분 냉장고에서 선반의 간격이 고정되어 있거나, 손으로 선반을 냉장고 안에 있는 홈에 끼워서 그 간격을 조정할 수 있도록 되어 있다. 그런데 긴 병처럼 길이가 긴 것은 선반의 간격이 좁아서 냉장고에 넣을 수 없고, 높이가 낮은 음식용기는 선반 사이의 간격이 너무 넓어서 공간 사용 효율에 문제가 있다. 이러한 문제를 해결하기 위하여 수동으로 음식을 넣을 때 선반 사이의 간격을 쉽게 조절하는 기계장치를 설계하길 원한다.

(2) 설계 제안서 작성

1) 프로젝트 제목

상하 이동이 가능한 냉장고 선반의 설계

2) 프로젝트 배경

- 냉장고의 용량이 상당히 커짐에 따라 각 선반에 올려지는 음식물의 무게는 약 20 kg 임. 이러한 상황에 맞게 선반 사이의 간격을 조절하기가 쉽지 않음.
- 소비자가 냉장고 구입 시에 고려하는 것은 성능뿐만 아니라 사용의 편의성임. 따라서 사용의 편의성에 초점을 둔 냉장고 개발은 매우 중요함.
- 냉장고 선반에 음식물을 넣어둘 때, 공간 효율을 높이기 위하여 음식물을 담는 용기의 크기에 따라 마음대로 선반의 높이를 상하로 조절하는 장치가 필요함. 선반 높이의 상하 조절 장치는 다른 제품과의 차별화 포인트가 될 수 있음.
- 따라서 기어를 사용하여 상하 이동이 가능한 냉장고 선반을 설계하고자 함.

3) 설계 목표

- 무게 20 kg인 물건이 올려져 있는 상태에서 기어를 이용하여 상하 조절이 가능한 선반
- 선반의 최대 이동 거리는 100 mm

• 제작비용을 최소화하기 위해 가능한 한 간단한 구조

4) 설계 내용 및 개념 아이디어 스케치

• 현재 냉장고 선반의 구조를 분석하고 개선방안을 도출함.

• 아이디어 정립을 통하여 새로운 선반구조의 개념을 제시할 계획임: 기어를 이용하여 작은 회전력으로 상하로 이동이 가능한 구조를 제안하고자 함.

• 기어의 강도해석을 통하여 상세 설계방안을 제시할 계획임.

5) 일정 및 인원 계획

프로젝트 수행을 위한 일정 및 인원 계획은 표 18.6과 같다.

표 18.6 프로젝트 수행 계획

프로젝트 수행 내용	2013년 4~6월 (3개월)												비고
	4월				5월				6월				
	1	2	3	4	1	2	3	4	1	2	3	4	
(1) 자료 분석 및 아이디어 도출													전원 참여
· 기존 제품 및 특허 분석	■	■											
· 설계 조건의 타당성 분석		■	■										
· 아이디어 정리(브레인스토밍)			■	■									
(2) 개념 설계													전원 참여
· 아이디어 구체화 및 스케치					■	■							
· 수정 설계안 제시 및 검토						■	■						
· 개념 설계안 확정							■						
(3) 상세 설계													부품별 분담
· 각 부품 상세설계(계산 및 해석)								■	■				
· 전체 강도/강성 계산									■	■			
· CAD 도면 작성										■	■		
(4) 설계안 정리 및 분석													전원 참여
· 제작방안 설명											■		
· 제작원가 계산											■		
· 프로젝트 정리 및 보고서 작성												■	

(3) 포트폴리오 작성

1) 기존 설계 사례 및 특허 분석

특허분석을 통하여 기계적으로 선반을 올릴 수 있는 장치는 크게 세 가지 메커니즘으로 분류할 수 있었다. 하나는 나사봉(screw rod)을 이용하는 방식이고 다른 하나는 기어를 이용하여 상하 이동을 하는 방식, 나머지 하나는 가이드 홀(guide hole)을 이용하는 방식이다.

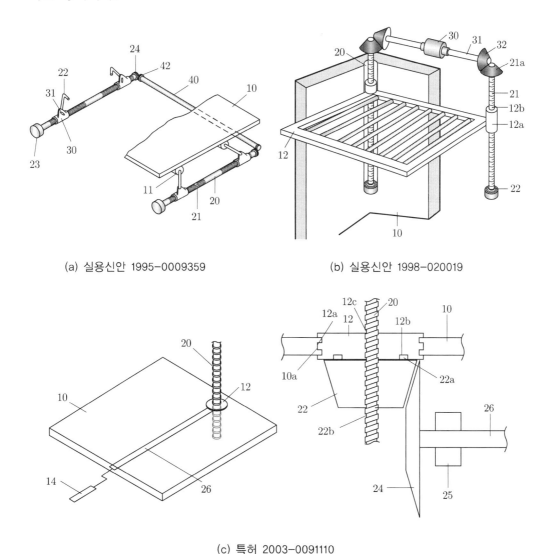

(a) 실용신안 1995-0009359   (b) 실용신안 1998-020019

(c) 특허 2003-0091110

그림 18.2 나사봉을 이용한 냉장고 선반의 구동방식

각 구동방식의 장단점을 살펴보자. 그림 18.2와 같은 나사봉을 이용한 방식은 막대형 나사봉을 모터로 회전시켜서 선반을 상하로 이동하는 방식이다. 따라서 추가적인 전기 장치가 필요하며 정밀한 속도제어가 가능한 반면에 장치의 설비비가 고가이다.

기어의 구동방식은 그림 18.3과 같이 랙(rack)과 피니언(pinion)을 이용하는 방식으로 피니언이 모터에 의하여 회전하면서 피니언에 부착된 선반이 상하로 이동하는 방식이다. 기어를 이용한 방식은 실제 제품에 적용된 적이 있으며, 큰 하중을 상하로 이동시킬 수 있는 장점이 있지만 장치가 복잡하고 역시 고가이다.

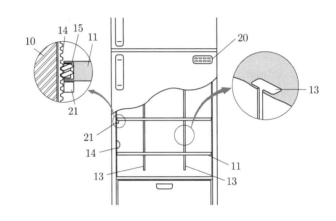

(a) 특허 1999-0041764

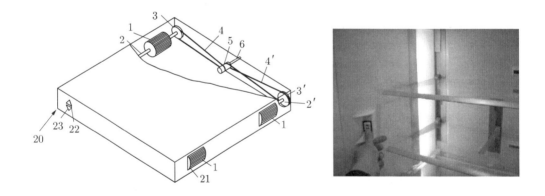

(b) 특허 1998-054642

그림 18.3 기어를 이용한 냉장고 선반의 구동방식

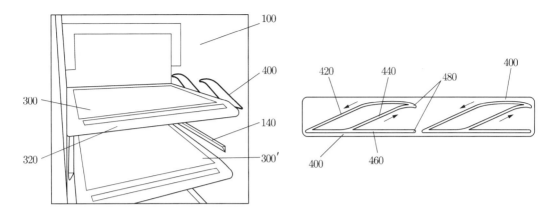

(a) 특허 10-2006-0040290

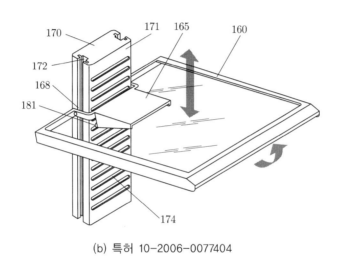

(b) 특허 10-2006-0077404

그림 18.4 가이드 홀을 이용한 냉장고 선반의 구동방식

그림 18.4와 같은 가이드 홀을 이용한 방식은 기존의 선반고정 방식과 거의 동일한 방식이지만, 가이드 홀을 경사지게 두어서 상하로 이동할 수 있게 하였다. 이 방식은 상하 이동이 제한적이며 선반이 앞뒤로 움직일 수 있기 때문에 100 mm 수준으로 상하 방향 선반 이동을 유도하기에는 부적합하다.

2) 개념 설계안 정리

아이디어 회의를 통하여 설계 목표인 제작 및 운영 비용을 최소화할 수 있는 그림 18.5와 같은 선반 구동장치를 선정하였다.

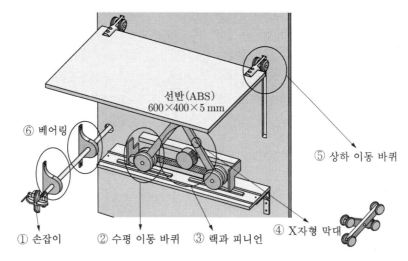

⑥ 베어링

선반(ABS)
600×400×5 mm

⑤ 상하 이동 바퀴

① 손잡이   ② 수평 이동 바퀴   ③ 랙과 피니언   ④ X자형 막대

그림 18.5 손잡이 회전을 이용한 냉장고 선반의 구동장치

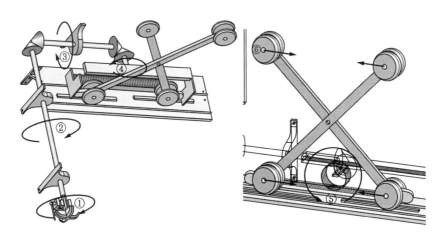

그림 18.6 냉장고 선반의 구동 메커니즘

그림 18.6에 나타낸 냉장고 선반의 구동 메커니즘처럼 손잡이를 손으로 회전시키면 I축이 회전하고 I축에 설치된 베벨기어가 회전하면서 II축과 III축에 각각 설치된 베벨기어가 차례로 회전한다. III축에 설치된 베벨기어가 회전하면, 같은 축에 설치된 피니언이 회전하고, 피니언과 맞물려 있는 랙의 이동으로 X자형 링크의 수평 간격이 좁아져서 X자형 링크에 연결된 선반이 위쪽으로 이동하게 된다. 그림 18.7은 X자형 링크에 의한 선반의 이동 상태를 개념적으로 나타낸 것이다.

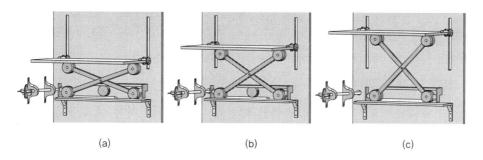

(a)　　　　　　　　　(b)　　　　　　　　　(c)

그림 18.7 냉장고 선반의 이동 상태

3) 각 구성부품에 대한 상세설계

다음에 기술된 상세설계에서는 축 및 축이음의 계산 과정, 베어링의 선정 과정이 생략되어 있지만, 실제 설계보고서에는 그 과정들을 모두 기술해야 한다.

① 선반구조 설계

선반에 걸리는 하중과 모멘트를 계산하기 위하여 선반의 크기를 길이(l) 600 mm, 폭(b) 400 mm, 두께(t) 5 mm로 가정하면, 선반의 중량은 소재인 플라스틱(ABS)의 비중량을 이용하여 식 (18.1)과 같이 계산할 수 있다. 선반 소재의 비중량 $\gamma = 1.07 \sim 1.15 \ \mathrm{g/cm^3}$이고, 선반의 부피 $V = 60 \times 40 \times 0.5 = 1200 \ (\mathrm{cm^3})$이므로 선반의 중량 W_s는

$$W_s = \gamma V = \frac{1.15 \times 1200}{1000} = 1.38 \ (\mathrm{kg}) \tag{18.1}$$

선반에 걸리는 전체 하중 W는 선반에 올려지는 음식용기의 무게 W_f를 20 kg으로 가정하면 식 (18.2)와 같이 계산된다.

$$W = W_s + W_f = 1.38 + 20 = 21.38 \ (\mathrm{kg}) \tag{18.2}$$

선반 소재(ABS)의 최대 허용응력(σ_a)을 항복응력($\sigma_Y = 7 \sim 11 \ \mathrm{kg/mm^2}$)의 30 %로 정하면 약 $2.1 \sim 3.3 \ \mathrm{kg/mm^2}$가 된다. 선반을 단순 지지된 보의 중앙에 집중하중 W가 작용하는 것으로 가정하여 선반에 작용하는 최대 굽힘응력을 계산하면 식 (18.3)과 같다. 즉 최대 굽힘응력이 허용응력보다 작으므로 선반은 안전하다.

$$\sigma = \frac{M}{Z} = \frac{Wl/4}{bt^2/6} = \frac{6 \times 21.38 \times 600}{4 \times 400 \times 25} = 1.93 \, (\text{kg/mm}^2) < \sigma_a \tag{18.3}$$

② 선반 지지부 설계

그림 18.5에서 ⑤ 상하 이동 바퀴를 선반에 나사로 체결하는 봉의 지름을 정해야 한다. 선반에 작용하는 하중을 선반 밑에 있는 X자형 막대가 충분히 지지할 수 있다고 생각된다. 그러므로 나사로 체결되는 봉의 지름은 상하 이동 바퀴를 수용할 수 있는 정도로 한다.

그림 18.8과 같이 선반의 하중을 지지하는 X자형 막대(그림 18.5의 ④)를 다음과 같이 설계하였다.

선반에 작용하는 하중 W를 X자형 막대가 1/2씩 나누어 받는다면, 막대 1개에 작용하는 축력 F는 식 (18.4)와 같이 계산된다.

$$F = \frac{W}{2\cos\theta} \tag{18.4}$$

핀을 알루미늄으로 만들고 핀의 허용 전단응력 $\tau = 2.5 \, \text{kg/mm}^2$, X자형 막대의 최소 교차각 $2\theta = 40°$라 할 때, 교차되는 부분의 핀 지름(d)을 식 (18.5)와 같이 구할 수 있다.

$$d = \sqrt{\frac{4F}{\pi\tau}} = \sqrt{\frac{2W}{\pi\tau\cos\theta}} = \sqrt{\frac{2 \times 21.38}{3.14 \times 2.5 \times \cos20°}} = 2.42 \, (\text{mm}) \tag{18.5}$$

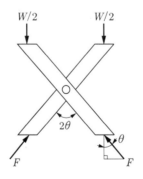

그림 18.8 X자형 막대의 부하 상태

실제 핀의 지름은 3 mm로 정한다. 또한 X자형 막대의 단면치수는 막대 양끝에 작용하는 압축하중을 충분히 견딜 수 있도록 설계하면 된다.

③ 축 및 축이음 설계

기계설계에서 배운 지식을 활용하여 계산하면 되는데, 여기서는 내용이 많아서 생략한다.

④ 베어링 선정

기계설계에서 배운 지식을 활용하여 계산하면 되는데, 여기서는 내용이 많아서 생략한다.

4) 원가 계산

이 프로젝트에서 제안된 선반이동장치의 제작원가를 계산해보면 35000원이다. 이 제작원가는 연간 10000대를 생산한다고 가정하여 산출한 것이다. 표 18.7은 제작원가를 산출한 내역이다.

표 18.7 제작원가 산출내역

부품명	개당 가격(원)	필요 수량(개)	가격 소계(원)
선반(ABS)	2000	1	2000
X자형 막대	2000	2	4000
구름 베어링	2000	4	8000
손잡이	500	1	500
베벨기어 셋	5000	2	10000
랙과 피니언 셋	3000	1	3000
축	2500	3	7500
합계	–	–	35000

5) 프로젝트 역할 분담표

이 프로젝트 수행을 위하여 매주 월요일에 개최되는 과제진행 점검회의를 통하여 아이디어를 도출하였으며, 팀원이 각자 수행한 과제내용을 살펴보면 표 18.8과 같다.

표 18.8 팀원이 수행한 내용

팀원	수행한 내용
남효석	프로젝트 총괄(과제 제안자), CAD 모델링
임민호	자료 수집, 도출된 개념 설계안 정리
배경수	역학 계산
방태욱	상세 설계안 정리, 보고서 작성을 위한 자료 정리

6) 결론

이 설계과제를 수행하여 얻은 결론은 다음과 같다.

- 기어(랙과 피니언)의 운동 메커니즘을 이용하여 냉장고 선반의 상하 이동이 가능한 구조를 도출하고 상세 설계안을 제시하였다.
- 선반이동장치는 표준부품을 사용하여 설계되었으며, 연간 1만 대를 생산한다고 가정하여 산출한 대당 원가는 35000원이었다.
- 향후 과제는 설계된 대로 시제품을 제작해보고 요구되는 성능이 충분히 나오는지를 검증하는 실험이 필요하다.

7) 과제수행을 통해서 느낀 점

과제를 수행하면서 느낀 점을 간략하게 기술한다.

8) 참고문헌

1. J.M. Gere, *Mechanics of Materials*, 6th Edition, Brooks and Cole, 2004.
2. 송지복, 배원병, 조용주, 황상문, 조윤호, 박상후, <u>기계설계</u>, 북스힐, 2013.
3. W.D. Callister, *Materials Science and Engineering*, John Wiley & Sons, 1994.
4. 홍장표, <u>기계설계</u>, 교보문고, 2008.
5. 원가계산표 인터넷 자료, http://www.psyhobby.com/shop

18.3.2 설계 프로젝트의 과제

▮ 과제 1 휠체어 구동장치 설계 (난이도 A)

A 업체는 장애인용 휠체어를 제작하는 업체이다. 최근에 이 업체에서 개발하고자 하는 제품은 연세가 많으신 노인들이 쉽게 사용할 수 있는 휠체어이다. 노인의 근력을 고려해서 최소한의 힘으로 작동되는 휠체어나 새로운 방식으로 쉽게 전진과 후진이 가능한 휠체어를 설계하여야 한다. 제품의 기본적인 요구사항을 정리하면 다음과 같다.

- 50 kg의 몸무게를 가진 장애인 또는 노인이 조작할 수 있는 휠체어
- 제작비용을 줄이기 위하여 바퀴와 의자는 기존의 제품을 그대로 사용함(바퀴 지름은 600 mm로 함)
- 기어, 체인 등의 기계적 동력전달장치 사용 가능함
- 제품 전체를 설계하지 않고, 핵심적인 동력전달장치 부분만 설계(브레이크 장치는 설계 대상에서 제외함)

일반적인 휠체어 구조를 살펴보면 그림 18.9와 같다.

① 손잡이(handle)
② 큰바퀴(large wheel)
③ 바퀴손잡이(hand rim)
④ 등받침(back rest)
⑤ 팔걸이(arm rest)
⑥ 가드(guard): 스커트가드
⑦ 받침쇠(support pipe)
⑧ 좌석(seat)
⑨ 브레이크(brake)
⑩ 다리받침(leg rest): 발걸이
⑪ 발받침(foot rest)
⑫ 작은바퀴(caster)

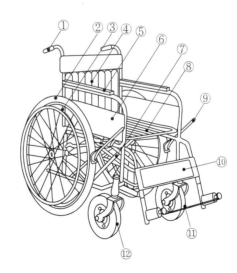

그림 18.9 일반 휠체어의 구조

과제 2 승용차용 수동 잭 설계 (난이도 B)

자동차 부품업체인 B사는 대형 승용차에 들어가는 수동 잭(jack)을 제작하여 자동차 업체에 납품한다. 이번에 자동차업체에서 기계식으로 고객이 보다 쉽게 차를 들어 올릴 수 있는 잭을 주문하였다. B사의 설계팀은 생산하고 있는 기존의 잭 구조를 일부 개선하여 설계하고자 한다. 납품단가가 기존 제품과 동일하게 책정되었기 때문에 구조를 완전히 새롭게 하더라도 제품단가가 비슷하도록 설계해야 한다. 여러분에게 이 과제가 의뢰되었다면 어떤 구조로 설계를 하겠는가? 다음 요구조건을 검토하여 제안서와 설계보고서에 작성하여 제출하길 바란다.

- 대형 승용차의 경우 총 무게가 1.5 ton 정도이며, 실제 수동 잭으로 들어 올리는 경우는 자동차의 바퀴 교환 시에만 사용되므로 전체 무게를 들어 올릴 필요는 없음.
- 잭으로 승용차를 들어 올렸을 때, 문제가 발생하지 않도록 설계 안전율을 10으로 둠(높은 안전성이 요구되는 제품임).
- 기존 제품과 대비하여 제작비용을 검토한 보고서를 작성해야 함.
- 기존 제품을 개선해서 설계안을 제시하거나 완전히 새로운 구조로 설계해도 됨.

그림 18.10은 보통 사용하는 자동차용 나사 잭이다.

그림 18.10 자동차용 나사 잭

과제 3 풍력발전기 회전축 및 지지구조 설계 (난이도 A)

국내 A사는 효율이 높은 소형 풍력발전기를 개발 중이다. 회전 블레이드(blade)의 형태가 기존의 것과 달리 그림 18.11과 같은 스파이럴 형태를 적용하고자 한다. 그런데 블레이드의 모양이 특이하므로 연결 축과 축을 지지하는 구조의 설계가 매우 중요하다. 다음의 설계조건을 검토하여 회전축과 지지 구조를 설계하라.

- 스파이럴 블레이드의 크기는 지름 1.8 m, 폭 1.5 m, 두께 5 mm로 설계되어 있음.
- 블레이드는 신소재를 사용하고, 작용 하중은 5 kg으로 설계되었음.
- 발전기와 축이 잘 지지될 수 있도록 축, 축이음과 지지 구조를 설계해야 함.
- 블레이드의 회전수는 기어감속기로 제어하며, 최대 허용 회전수는 2000 rpm임.
- 바람이 일정하게 정면으로 불지 않을 수 있으므로 진동과 굽힘을 고려해야 함.
- 풍속이 최대 30 m/s에 견딜 수 있도록 설계함.
- 발전기의 정격 토크는 5000 kg·mm로 알려짐.

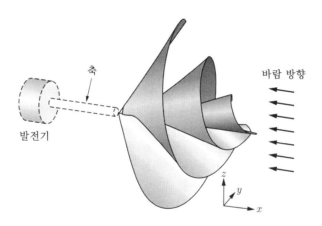

그림 18.11 스파이럴형 블레이드

▚ 과제 4 휠체어 이동용 리프트(lift) 설계 (난이도 A)

부산 지역에 국립 노인병원이 개원을 위한 준비 단계에 있다. 병원구조상 높이 1 m인 문턱이 많아서 노인병원에서 휠체어 이동을 위한 리프트를 주문하였다. 이 리프트는 총 무게 100 kg의 하중을 높이 1 m까지 수직으로 안전하게 이동할 수 있도록 설계되어야 한다. 기어, 베어링, 축, 클러치, 체인 등 기계요소설계의 지식을 바탕으로 전체 시스템을 설계해야 하며, 각 요소들은 안전율을 충분히 고려하여 설계해야 한다.

설계 요구사항으로는 리프트의 이동 속도는 1 m 높이 이동에 약 30초가 걸리도록 설계하고, 충분한 토크를 낼 수 있는 전기모터가 설계자에게 제공된다. 리프트가 설치될 수 있는 공간은 충분하지 않으며, 주어진 공간은 2 m×2 m이다. 이러한 요구조건들을 만족하는 최종 설계안을 마련하고, 설계 전체 과정에 대한 포트폴리오를 제시하라. 리프트의 주문자는 가급적이면 적은 비용으로 장치를 제작하기를 원한다. 그림 18.12는 가정에 설치된 휠체어 리프트의 예이다.

그림 18.12 가정에 설치된 휠체어 리프트

참 고 문 헌

1. 송지복, 배원병, 허경재, 조용주 공저, 기계설계공학, 보성각, 1998.

2. 정선모, 한동철, 장인배 공저, 표준 기계설계학, 개정신판, 동명사, 2010.

3. 배원병, 권영두, 김용연, 김재환, 김철, 양성모, 조용주, 최환 공역(A. C. Ugral 원저), 기계설계, 한티미디어, 2005.

4. 김영진, 김태우, 김현수, 이건상, 최재봉 공역(J. E. Shigley 원저), 기계설계, 7판, McGraw-Hill Korea, 2006.

5. 홍장표, 기계설계, 5판, 교보문고, 2008.

6. 이종선, 박정선, 배원병, 정일섭, 조용주, 최재봉 공역(R. C. Juvinall and K. M. Marshek 원저), 기계요소설계, 3판, 사이텍미디어, 2002.

7. 정재천, 최상훈, 이용복, 장희석 공저, 종합 기계설계, 청문각, 2002.

8. A. S. Hall, A. R. Holowenko and H. G. Laughlin, *Schaum's Outline Series of Theory and Problems of Machine Design*, McGraw-Hill, 1980.

9. R. L. Norton, *Machine Design*, Prentice-Hall, 1996.

10. 山本 晃 著, ねじ締結の 理論と 計算, 養賢當, 1972.

연습문제 해답

4.1 $d_o = 42.59 \, \text{mm}$

4.2 $d = 36.29 \, \text{mm}$ (동하중 설계)

4.3 $d = 66.5 \, \text{mm}$ (수정된 피로한도 : $\sigma_e = 12.5 \, \text{kg/mm}^2$)

4.4 $d = 17.4 \, \text{cm}$

4.5 $N_c = 519 \, \text{rpm}$

4.6 $d = 57.6 \, \text{mm}$

4.7 $F = 31 \, \text{kg}$

4.8 $\tau_k = 0.39 \, \text{kg/mm}^2 < 4 \, \text{kg/mm}^2$, $\sigma_c = 0.98 \, \text{kg/mm}^2 < 6.5 \, \text{kg/mm}^2$이므로 안전하다.

5.1 $H = 47.1 \, \text{ps}$

5.2 토크 변화는 다음과 같다.

θ	0°	90°	180°	270°	360°
$T_2 \, (\text{kg} \cdot \text{m})$	15.53	14.49	15.53	14.49	15.53

5.3 $R_1 = 120 \, \text{mm}$, $R_2 = 180 \, \text{mm}$

5.4 $\mu = 0.373$

5.5 $b = 5.98 \, \text{mm}$, $D_1 = 118.4 \, \text{mm}$, $D_2 = 121.6 \, \text{mm}$

6.1 $d = 100 \, \text{mm}$, $l = 200 \, \text{mm}$

6.2 $d = 45.1 \, \text{mm}$, $l = 90.2 \, \text{mm}$,
$p = 0.295 \, \text{kg/mm}^2$, $pv = 0.557 \, \text{kg/mm}^2 \cdot \text{m/sec}$

6.3 $P = 1019\,\mathrm{kg}$

6.4 $p = 0.0354\,\mathrm{kg/mm^2},\ pv = 0.083\,\mathrm{kg/mm^2 \cdot m/sec}$

6.5 $P = 450\,\mathrm{kg}$

6.6 $p = 0.169\,\mathrm{kg/mm^2},\ \eta \fallingdotseq 2.8 \times 10^{-9}\,\mathrm{kg \cdot sec/mm^2}$

   $S = 0.121,\ h_{\min} = 0.0152\,\mathrm{mm},\ \mu = 0.006,\ p_{\max} = 0.423\,\mathrm{kg/mm^2}$

   $\phi^\circ = 51.5^\circ,\ \theta_{pmax} = 18.5^\circ,\ \theta_{p0} = 75^\circ,$

   $Q = 243600\,\mathrm{mm^3/sec},\ Q_s = 168084\,\mathrm{mm^3/sec}$

7.1 No. 1208

7.2 $L = 835 \times 10^6\,\mathrm{rev}$

7.3 $P = 5900\,\mathrm{kg}$

7.4 $N\,310$

7.5 $L_h = 21229\,\mathrm{hr}$

7.6 No. 6307

7.7 $L_h = 5781\,\mathrm{hr}$

7.8 $L_h = 17745\,\mathrm{hr}$

8.1 $H = 13.97\,\mathrm{ps}$

8.2 $D_A = 120\,\mathrm{mm},\ D_B = 360\,\mathrm{mm},\ Z = 8$

8.3 $\alpha = 10.8^\circ,\ \beta = 34.2^\circ$

8.4 $P_A = 159.7\,\mathrm{kg},\ P_B = 399.2\,\mathrm{kg}$

8.5 $N_B = 59.4\,\mathrm{rpm}$

9.1 $Z_1 = 20,\ Z_2 = 80,\ D_1 = 80\,\mathrm{mm},\ D_{k1} = 88\,\mathrm{mm},\ D_2 = 320\,\mathrm{mm},\ D_{k2} = 328\,\mathrm{mm}$

9.2 $Z_1 = 25,\ Z_2 = 100,\ D_1 = 100\,\mathrm{mm},\ D_2 = 400\,\mathrm{mm},\ m = 4$

9.3 $\epsilon = 1.72$

9.4 $h_k = 4.099\,\mathrm{mm}$

9.5 $x_1 = 0.375,\ x_2 = 0.0625$

9.6 $m = 4,\ b = 40\,\mathrm{mm},\ Z_1 = 37,\ Z_2 = 112,\ H_B = 200$

9.7 $H = 9.6\,\text{ps}$

9.8 $\text{SM 15 CK} (H_B = 400)$

10.1 $C = 255.4\,\text{mm}$, $D_{S1} = 127.7\,\text{mm}$, $D_{S2} = 383.1\,\text{mm}$,

$D_{k1} = 135.7\,\text{mm}$, $D_{k2} = 391.1\,\text{mm}$

10.2 $H = 90\,\text{ps}$

10.3 $m = 4$, $Z_1 = 38$, $Z_2 = 125$

10.4 $m_i = 3$, $m_c = 4$, $Z_e = 23$

10.5 $\delta_1 = 26.6°$, $\delta_2 = 63.4°$, $D_1 = 120\,\text{mm}$, $D_2 = 240\,\text{mm}$

$l_1 = 134.0\,\text{mm}$, $l_2 = 134.2\,\text{mm}$, $Z_{e1} = 45$, $Z_{e2} = 179$

10.6 $H = 21.8\,\text{ps}$

10.7 $m = 3$

10.8 $D_w = 37.82\,\text{mm}$, $D_g = 360\,\text{mm}$

10.9 $F_1 = 298\,\text{kg}$, $F_2 = 995\,\text{kg}$, $\eta = 63.6\,\%$

10.10 $H = 1.05\,\text{ps}$

11.1 $A = 844\,\text{mm}^2$, $L = 11572\,\text{mm}$

11.2 $H = 2.77\,\text{ps}$

11.3 $A = 488\,\text{mm}^2$

11.4 $P = 59.71\,\text{kg}$, $A = 1059.2\,\text{mm}^2$, $R = 102.3\,\text{kg}$

11.5 $H_0 = 4.28\,\text{ps}$

11.6 $Z = 3$개

11.7 C형 7개

11.8 B형 7개

12.1 $D_p = 164.1\,\text{mm}$, $D_o = 174.4\,\text{mm}$

12.2 $H = 4.33\,\text{ps}$

12.3 $v_m = 3.82\,\text{m/s}$

12.4 #60 체인, $Z_1 = 17$, $Z_2 = 68$, $L_n \fallingdotseq 128$개, $C = 799\,\text{mm}$

12.5 $L = 1867.5 \, \text{mm}$, $H = 7.07 \, \text{ps}$

12.6 #50 체인, $Z_1 = 22$, $Z_2 = 58$, $b = 138 \, \text{mm}$, $L_n = 192$ 개

12.7 $Z_1 = 17$, $Z_2 = 119$, $p = 12 \, \text{mm}$, $b = 132 \, \text{mm}$, $L_n = 151$ 개

13.1 $T = 9099 \, \text{kg} \cdot \text{mm}$, 우회전 $- A = 6740 \, \text{mm}^2$, 좌회전 $- A = 8450 \, \text{mm}^2$

13.2 $p = 0.59 \, \text{kg/mm}^2$

13.3 $W = 89.3 \, \text{kg}$

13.4 $H = 6.3 \, \text{ps}$

13.5 $P_t = 316 \, \text{kg}$, $w = 79.2 \, \text{mm}$

13.6 $p = 33.2 \, \text{mm}$, $e = 17 \, \text{mm}$, $h = 12 \, \text{mm}$, $D = 190 \, \text{mm}$, $b = 10 \, \text{mm}$

13.7 $J = 8.11 \, \text{kg} \cdot \text{m} \cdot \text{sec}^2$

13.8 $J = 2.14 \, \text{kg} \cdot \text{m} \cdot \text{sec}^2$, $W = 262.6 \, \text{kg}$

14.1 $d = 9.31 \, \text{mm}$, $h_f = 127.14 \, \text{mm}$, $h_{cr} = 244.85 \, \text{mm}$ (좌굴 없음)

14.2 $P = 5.97 \, \text{kg}$, $h_f = 51.85 \, \text{mm}$, $p = 4.99 \, \text{mm}$, $h_{cr} = 75.1 \, \text{mm}$ (좌굴 없음)

14.3 $d = 1.77 \, \text{mm}$, $D = 12.39 \, \text{mm}$, $k = 0.17 \, \text{kg/mm}$, $S_c = 1.89$, $S_A = 1.52$, $S_B = 1.83$

14.4 $N_a = 84.4$, $k = 0.077 \, \text{kg/mm}$, $\delta = 285.7 \, \text{mm}$, $h_f = 400 \, \text{mm}$, $S_c = 1.47$, $S_A = 1.01$, $S_B = 1.51$

14.5 $M = 30.62 \, \text{kg} \cdot \text{mm}$, $k = 1.46 \, \text{kg/mm}$, $\theta_t = 21$ 회

14.6 $P = 1422 \, \text{kg}$, $\delta = 50.2 \, \text{mm}$

14.7 $h = 5 \, \text{mm}$, $b = 260 \, \text{mm}$

15.1 $F = 12.5 \, \text{kg}$, $\eta = 23 \, \%$, $H = 50 \, \text{mm}$

15.2 진동이 없는 경우, $\beta = 2.2° < \rho' = 9.8°$ => 나사체결이 유지

진동이 있는 경우, 동적 마찰계수는 정적 마찰계수 이하인 $\mu' \leq 0.03$ 라면

$\beta = 2.2° \geq \rho'$ 이므로 나사가 풀린다. 스프링 와셔로 조여야 한다.

15.3 $P = 14.8 \, \text{kg}$, $\tau_{\max} = 2.06 \, \text{kg/mm}^2$ (나사는 안전)

15.4 $\sigma_t = 2.3 \, (\text{kg/mm}^2) < \sigma_a = 6 \, \text{kg/mm}^2$ (볼트는 안전),

$$\sigma_c = 0.43 \text{ kg/mm}^2 > p = 0.12 \text{ kg/mm}^2 \text{ (플랜지는 기밀이 유지됨)}$$

15.5 M33 나사, $H = 19.8$ mm

15.6 $Q = 312$ kg, $\eta = 24.6$ %

15.7 $\tau_{max} = 2.01 \text{ kg/mm}^2$ (나사는 안전)

15.8 $\tau_{max} = 3.15 \text{ kg/mm}^2$ (나사는 안전)

16.1 $p = 35.7$ mm

16.2 $\sigma_t = 6.82 \text{ kg/mm}^2$, $\tau_r = 7.46 \text{ kg/mm}^2$, 효율은 57.8 %

16.3 효율은 33.4 %

16.4 $p_0 = 0.266 \text{ kg/mm}^2$

16.5 $d = 19.5$ mm

17.1 $W = 12000$ kg

17.2 $P = 3429$ kg

17.3 $\tau_{max} = 5.1 \text{ kg/mm}^2$

17.4 $P = 8727$ kg

17.5 $\sigma_{max} = 4.09 \text{ kg/mm}^2$

찾아보기

기 계 설 계

초판 1쇄 발행 | 2013년 03월 05일
초판 9쇄 발행 | 2023년 01월 10일

지은이 | 송지복·배원병·조용주
황상문·김 철·박상후
펴낸이 | 조승식
펴낸곳 | (주)도서출판 북스힐

등 록 | 1998년 7월 28일 제 22-457호
주 소 | 서울시 강북구 한천로 153길 17
전 화 | (02) 994-0071
팩 스 | (02) 994-0073

홈페이지 | www.bookshill.com
이메일 | bookshill@bookshill.com

정가 30,000원

ISBN 978-89-5526-380-0